핵심만 가득

AutoCAD
(기초부터 3D 모델링까지)

이해진 지음

光 文 閣
www.kwangmoonkag.co.kr

머리말

이 교재는 AutoCAD의 기초 활용서입니다.

현대 공학 및 디자인 분야에서 핵심 도구로 자리잡은 AutoCAD는 2D 및 3D 모델링, 도면 작성, 시뮬레이션 등 다양한 기능을 제공하여 창의적이고 효율적인 작업을 하는데 많이 사용됩니다.

이 교재는 초보자부터 숙련자까지 모두에게 효과적인 학습을 제공하며 체계적인 학습 경로를 통해 기초부터 심화까지 AutoCAD의 다양한 기능과 활용법을 체득할 수 있습니다. 더불어, 실무에서의 적용을 고려하여 구성된 실전 예제와 도면작성 실습을 통해 실력 향상을 도모합니다.

본 교재를 통해 AutoCAD의 세계에 진입하여 새로운 능력과 기술을 습득하시길 기대합니다. 궁금한 사항이나 어려움이 있을 경우 언제든 도움을 청해 주세요. 함께하는 여정에서 더 나은 미래를 향한 발걸음을 시작해보시기를 바랍니다!

2024년 3월 저자 올림

목차

3. AutoCAD 기본 명령어 2   111

AutoCAD 작업환경 설정

AUTO CAD

1.1 바탕화면 아이콘 중 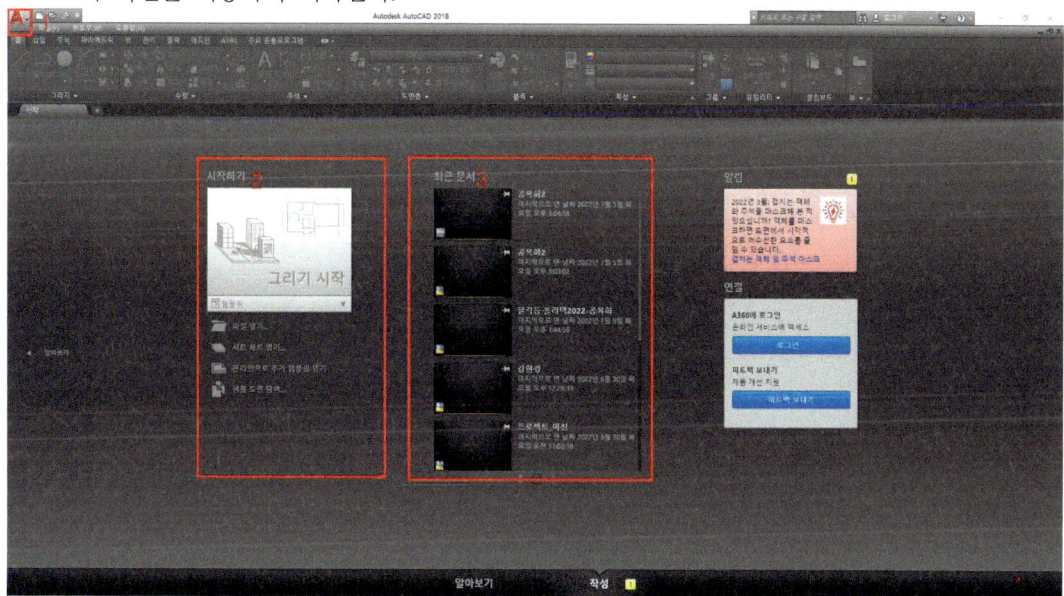(AutoCAD2018-한국어(Korean)을 선택한다.
 초기 화면을 이용하여 시작한다.

1: 시작하는 아이콘으로 시작 시 필요한 내용이 다운 형식으로 나타난다.
2: 시작하기_그리기 시작, 파일 열기, 시트 열기 등을 표시한다.
3: 최근에 사용한 작업 내역의 파일을 표시한다.

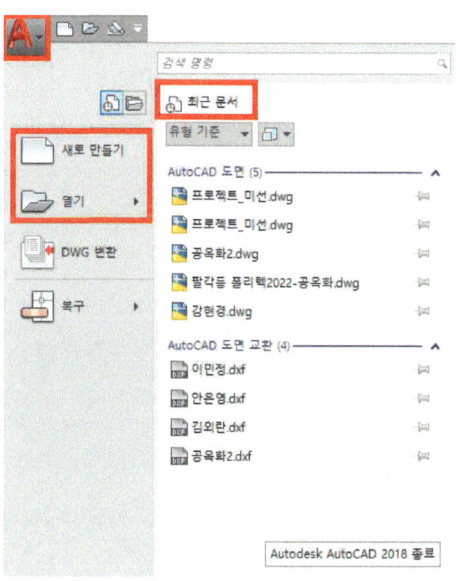

1_1. 시작 아이콘 내용
새로 만들기는 새로운 창을 생성시키는 작업을 하며 보편적으로 도면 작업 시 주로 사용이 많이 된다.

열기는 저장되어 있던 작업 파일을 다시 수정 작업을 하거나 확인 시 사용된다.

최근 문서는 최근 마지막 작업 내역부터 나타나며 일반적으로 9개의 파일까지 나타낼 수 있다.
이는 작업은 하였지만 파일의 위치를 찾기가 힘들거나 작업 파일의 위치를 찾지 아니하고 편리하게 바로 확인을 할 수 있도록 하는 기능이다.
또한, 최근 문서에서 보이는 파일의 개수는 옵션 사항에서 수정이 가능하다.

02. AutoCAD 작업환경

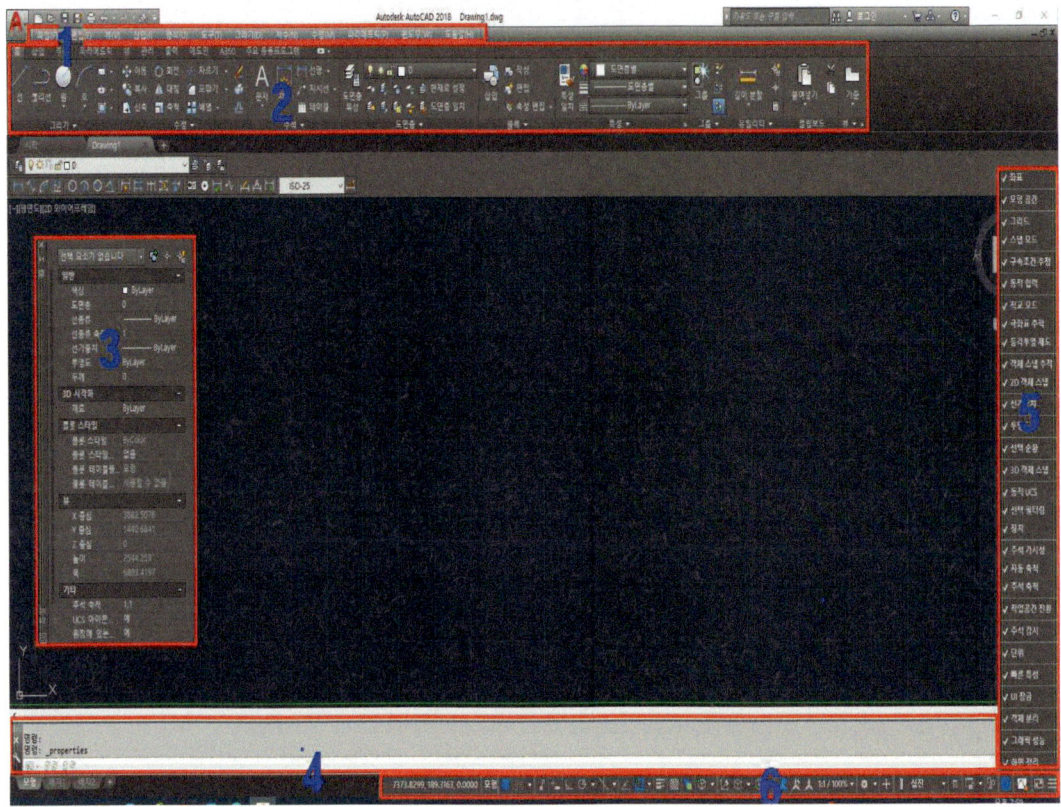

1. 풀다운 메뉴　　　　　2. 리본탭, 리본 패널

3. 객체 특성창　　　　　4. 명령창

5. 상태 막대 메뉴창　　　6. 상태 막대

1_1. 풀다운 메뉴바는 초기 화면 상태에서 나타나지 않을 수 있다.

이는 명령어창에서 "MENUBAR" 명령을 수행시켰을 때 숫자 "0"으로 되어 있다면 보이지 않을 것이다.

이때 "MENUBAR" 명령을 수행하여 숫자 "0"을 "1"로 바꾸어 주면 나타나게 될 것이다.

"MENUBAR" 상태의 숫자가 "0"일 경우

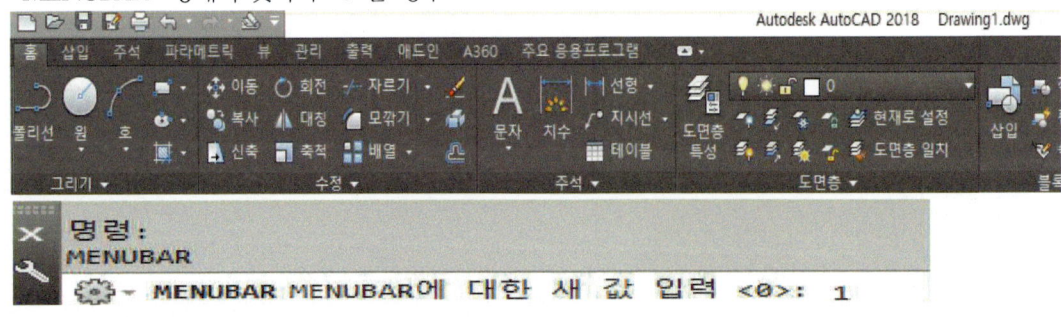

"MENUBAR" 상태의 숫자가 "1"일 경우 풀다운 메뉴바가 상단에 나타난다.

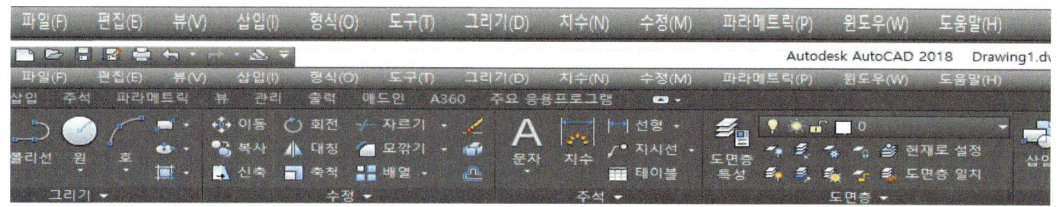

2_1. 리본탭 및 리본 패널을 보면 기본 그리기, 수정, 주석, 도면층, 블록, 특성, 그룹, 유틸리티, 클립보드, 뷰 등이 나타나 있으며 이러한 툴을 화면상에 사용하기 쉽게 아이콘 이미지 형태의 표현이 되어 있다.
아래에 대표적인 아이콘의 이미지만 나타내어 보았다.

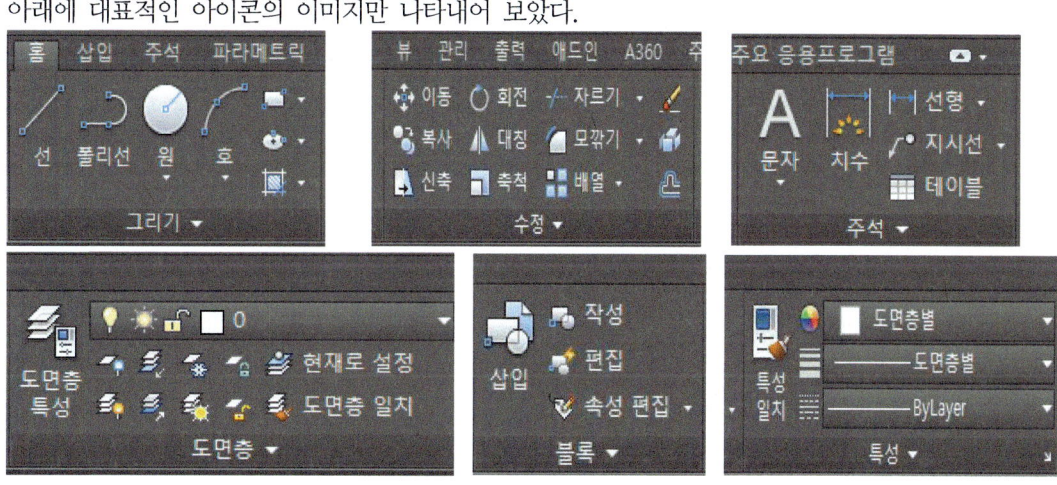

AutoCAD 버전이 계속 바뀌면서 화면의 아이콘이나 위치 등은 계속 바뀌어진다.
하지만 편리한 기능은 실제 사용하는 작업자에게 어느 정도 그 편리성이 적용되는지 모른다.
본 교재에서는 주로 상위의 아이콘을 많은 부분 사용하지 아니하고 명령어를 직접 사용하여 AutoCAD 버전에 바뀌었을 때 문제가 되는 부분에 대한 영향을 주지 않도록 설명할 것이다.

3_1. 특성창에 내용을 살펴본다면 다음과 같다.

특성창의 표현은 작업 시에 필요에 따라 활성화하여 사용하거나 혹은 왼쪽이나 오른쪽에 고정하여 사용할 수 있다.
활성화시 사용 명령은 "Ctrl+1"을 사용하면 켜기와 끄기가 된다.

주로 본 교재에서는 특성창에서 사용되는 부분은 일반적으로 도면층 및 객체를 수정 시 작업을 하게 된다. 이는 객체를 선택 시 특성창에 객체에 대한 내용이 나타나며 이를 수정할 때 용이하게 사용된다.

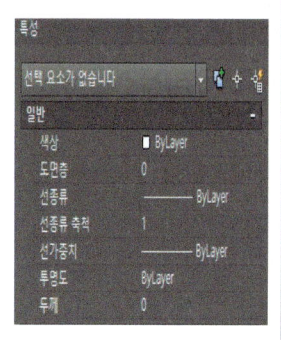
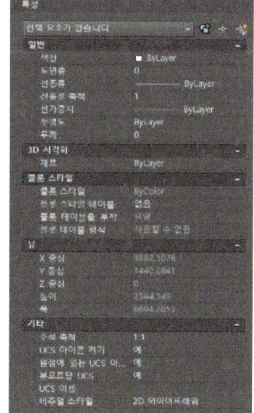

예를 들어 본다면 치수를 작성한 다음 수정 시 작성된 치수를 선택한 후 특성창을 보면 상단 쪽에 선택된 객체에 대한 내용이 나타나며, 일반적으로 수정을 할 수 있도록 선의 종류에서 축척값과 선 및 화살표 또한 치수의 스타일 그리고 문자 와 맞춤에 대한 내용과 1차 단위 그리고 대체 단위 그리고 공차 등으로 나타나게 되어 수정이 이루어져야 할 부분을 선택적으로 사용할 수 있다.

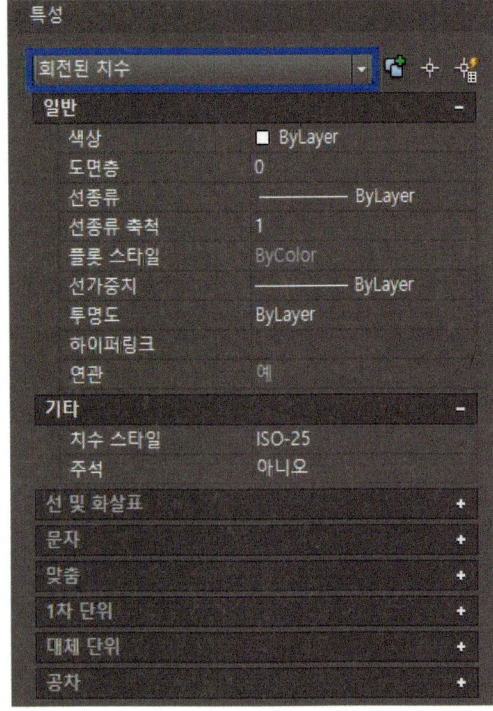 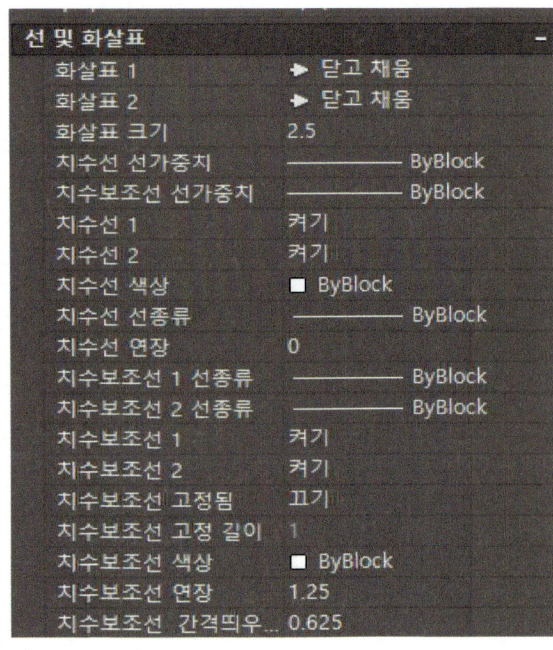

또한, 특성창 상단 아이콘 중 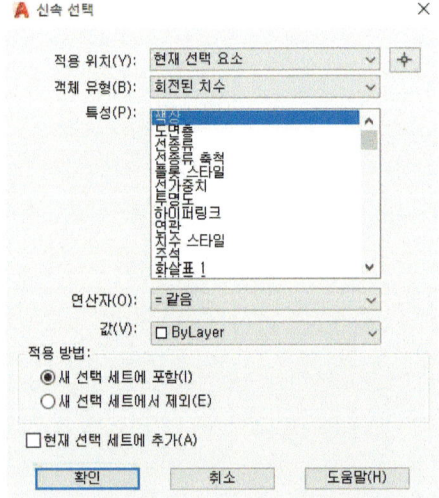 신속 선택 아이콘을 선택하면 신속 선택에 해당하는 창이 따로 열리며 복잡한 작업 시 빠르게 특정 부분에 해당되는 객체를 선택할 수 있다.

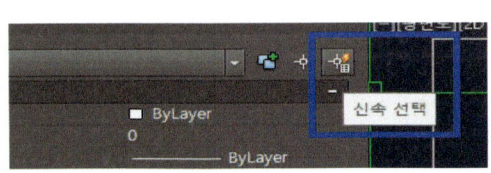

객체의 색상이나 도면 층별 또는 선의 종류에 따른 방식 등 여러 가지 방식으로 객체를 한 번에 선택이 가능하도록 되어 있으며, 이는 작업 시 효과적으로 작업의 능률을 올릴 수 있는 하나의 스킬이라 보면 된다.

4_1. 명령창이 활성화되어 있지 않다면 "Ctrl+9"를 사용하면 켜기/끄기를 사용할 수 있다.

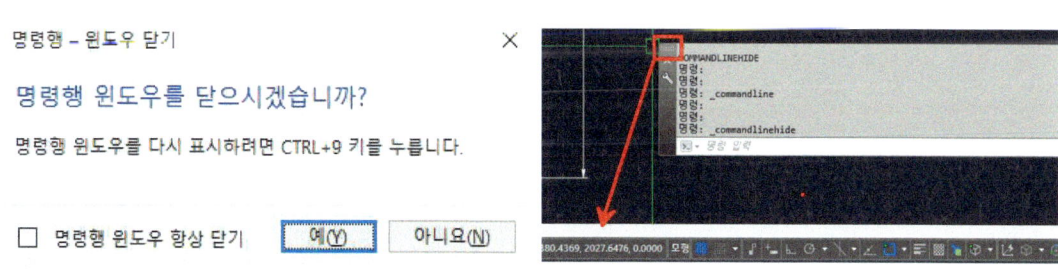

 부분을 마우스로 선택한 상태로 끌어서 하단이나 상단에 위치하여 고정할 수 있다.

명령창은 어떠한 명령이 이루어지고 나면 다음의 수행해야 할 명령이 항상 나타나며 작업 시 원만한 작업이 잘 이루어지지 않을 때는 항상 명령창에 어떠한 명령이 수행되고 있는지 혹은 어떠한 명령을 지시하고 있는지를 주의 깊게 봐야 한다.

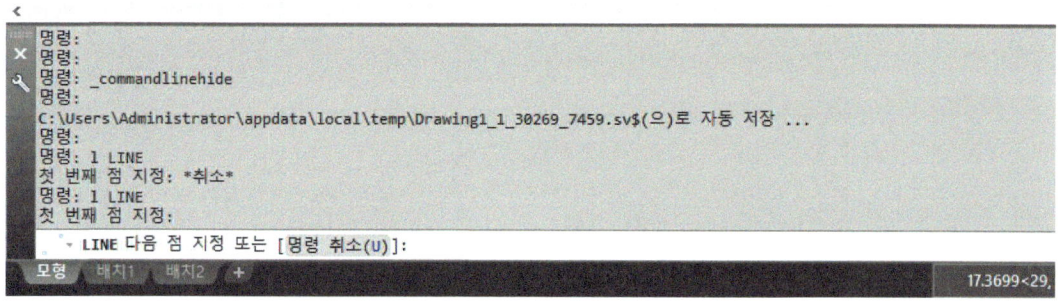

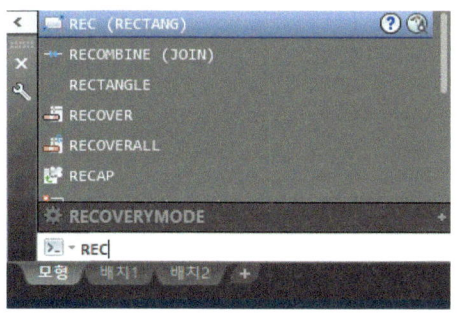

명령창에 어떠한 명령을 수행하고자 할 때 몇 개의 문자를 입력하면 그림과 같이 연관되는 여러 가지 명령들이 나타나게 되며, 작업 시 이를 잘 활용한다면 단축 명령어를 전부 암기하여 사용하는 부담이 없을 것이며 해당되는 명령의 개념을 알고 문자의 철자 몇 개만 사용하여도 연관 명령을 잘 활용할 수 있을 것이다.

5_1, 6_1 상태 막대 메뉴창에 대하여 설명하면 상태바와 연결하여 이야기를 해야 한다.

하단 상태바 메뉴 중 "▤"를 선택하면 상태 막대 메뉴창이 세로 방향으로 나타나게 되며, 이를 활용하여 하단의 상태바에 메뉴를 추가하거나 삭제할 수 있다.

상태 메뉴 중 몇 가지만 들어서 설명한다면 다음과 같이 이야기할 수 있다.

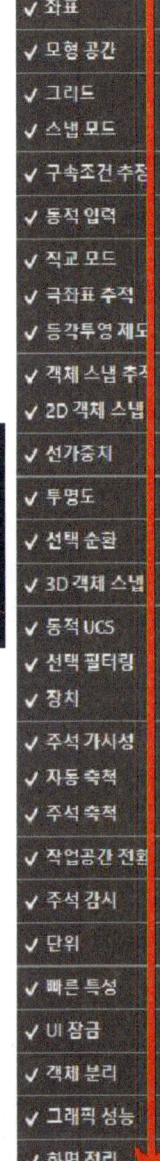

✓ 좌표 좌표는 마우스 커서의 현재 위치를 절대 좌표에서 거릿값을 표현되게 하는데 제일 앞에 수치는 "X"값을 나타내며 두 번째는 "Y"값 그리고 세 번째는 "Z"값을 나타내는데 앞에 있는 "X, Y" 좌표의 값은 변하지만 세 번째 있는 "Z" 좌푯값은 변하지 않는다. 그 이유는 현재 2D상태에서 (PLAN) 작업되기 때문이다.

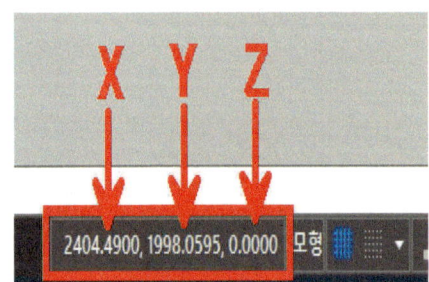

AutoCAD 작업은 환경상 선 및 도형 등 여러 가지 작업 내역이 X,Y 평면상에서만 작도가 되기에 따로 지정하지 않는다면 "Z"값의 좌표는 변화하지 않는 것이다.

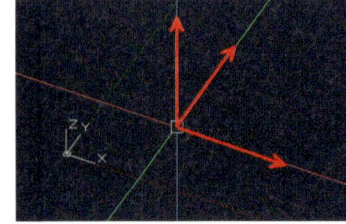

또 한 가지 설명을 한다면 동적 입력 부분인데, 작업 시 활성화되어 있으면 마우스 커서 옆의 대화상자창에 직접 입력된 내용이 나타나게 된다.

선 그리기 작업 시 첫 번째 절대 좌표 입력 시 "X값 0, Y값 0"을 주면 원점에 작성된다. 또한 두 번째 "X값10, Y값0"을 주면, 또한 정상적으로 좌푯값대로 절대 좌표 원점에서 작업이 되지만, 세 번째 "X값 10, Y값 10"을 입력하여 실행하면 대각으로 상대 좌푯값으로 입력되어 실행된다.

이는 동적 입력이 활성화되어 있기에 좌표 입력 시 명령창을 보면 "@"가 좌푯값에 적용되고 있는 것이 확인될 것이다. 즉 수행하고 있는 명령의 선 그리기 마지막 점이 원점으로 인식하고 있다는 것이며 이는 증분 지령으로 작업되고 있다는 것이다.

```
다음 점 지정 또는 [명령 취소(U)]: @10,0
다음 점 지정 또는 [명령 취소(U)]: @10,10
```

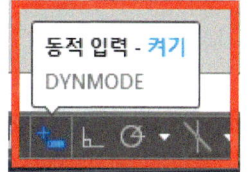

이때에는 하단에 있는 상태 바에서 동적 입력 기능을 잠시 꺼두고 작업을 하여야 정상적으로 절대 지령으로 작업이 되어질 것이다.

03. 메뉴 막대(Menubar) 활용 / 풀다운 메뉴 구성

앞서 설명한 것으로 "MENUBAR" 상태의 숫자가 "1"일 경우 풀다운 메뉴바가 상단에 나타난다. 이것은 AutoCAD 클래식 메뉴로써 일반적으로 가장 많이 사용되는 메뉴가 되며 버전과는 상관없이 일관성 있게 표현이 계속적으로 되고 있다.

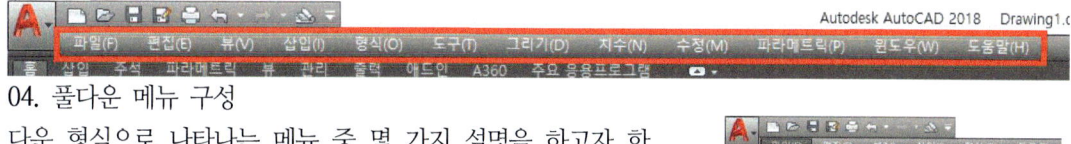

04. 풀다운 메뉴 구성

다운 형식으로 나타나는 메뉴 중 몇 가지 설명을 하고자 한다.

파일(F)

새로 작업을 시작하기 위해서는 처음 시작화면에서 시작하기와 마찬가지인 "새로 만들기"를 선택하면 된다.

"열기"는 이미 작업되어 있는 파일을 열고자 할 때 사용하면 된다.

"가져오기"는 확장자명이 AutoCAD 파일이 아닌 지원이 되는 다른 확장자명을 가지는 파일을 불러오고자 할 때 사용한다.

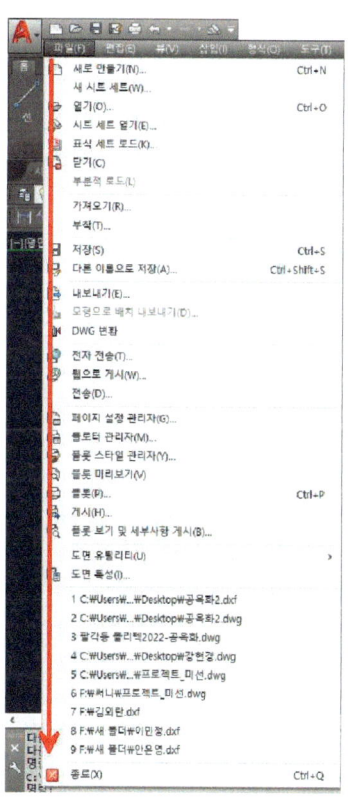

"저장"은 옵션에서 설정된 AutoCAD 버전의 파일로 저장되며, "다른 이름으로 저장"은 파일의 형식에서 변형을 주며 또한 버전 자체에도 변화를 주어 저장하며 저장의 위치를 직접 설정하도록 한다.

"내보내기"는 파일의 유형을 바꾸어 저장하며, 이를 활용하여 AutoCAD가 아닌 다른 소프트웨어에서 작업된 내용을 활용하고자 할 때 사용된다.

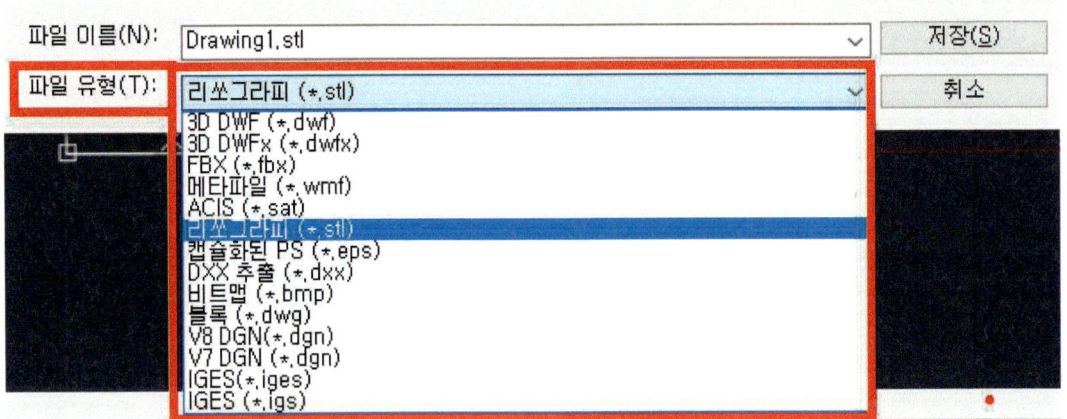

플로터 관리 및 플롯 스타일 관리자 와 플롯은 작업 내역을 출력하는 것과 출력하는 데 있어 결과물에 대한 여러 가지 설정을 하는 데 사용되며 다음의 내용은 출력학습 단원에서 다시 한번 소개로 하도록 한다.

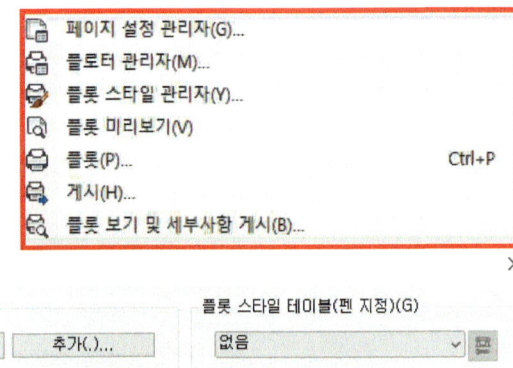

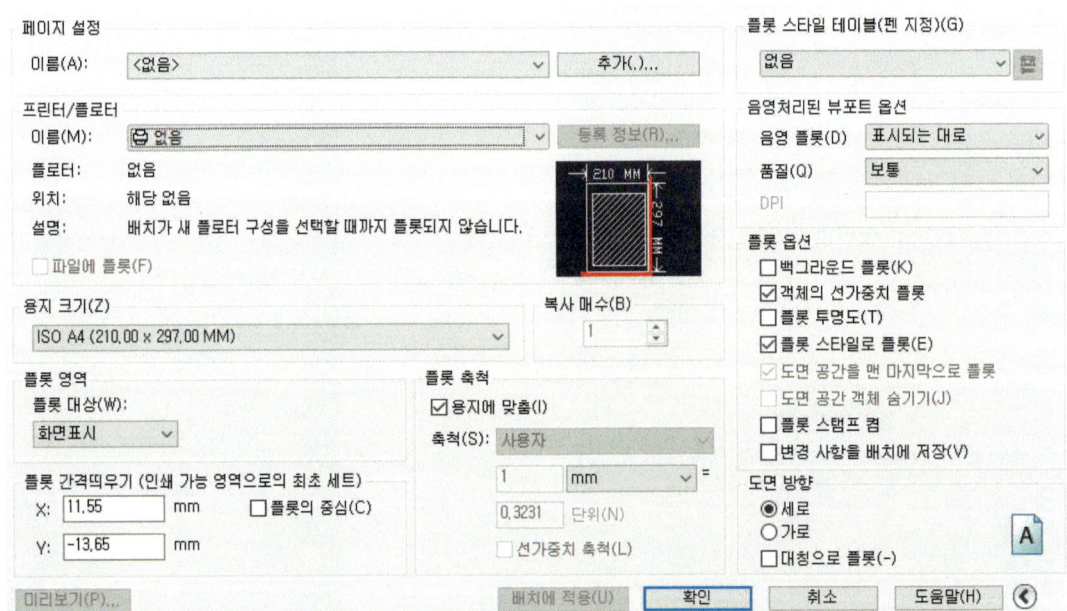

도면 유틸리티(U)에서 "소거"라는 부분은 도면의 작업에 대하여 직접적인 영향을 미치지는 않는 부분이지만 중요하게 사용되고 있다.

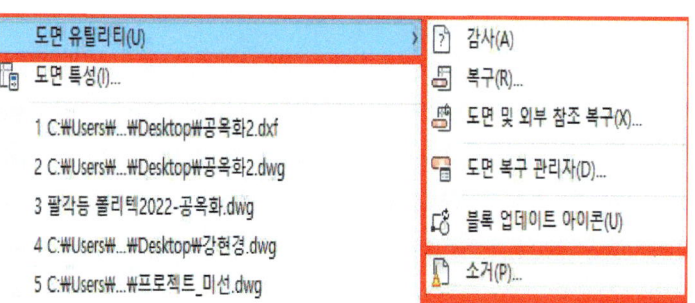

선택을 하면 해당 창이 열리며 작업 내역의 보이지는 않지만 여러 가지 속성의 내용이 불필요하게 파일의 용량을 크게 하는 부분을 제거하여 준다. 그림에서 보이는 것과 같이 여러 항목을 확인하여 소거한다면 아주 복잡하고 많은 작업이 이루어진 파일을 현저하게 파일 용량을 줄일 수 있을 것이다.

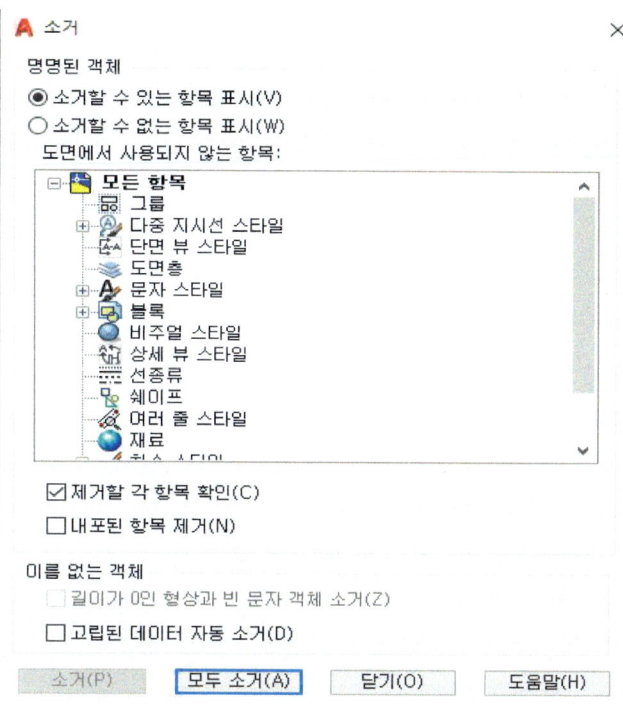

편집(E)

오른쪽 마우스를 선택하면 편집 내용이 열리게 된다. 풀다운 메뉴와 동일한 내용으로 나타난다.

편집에서 주로 확인하고자 하는 내용은 "기준점 사용하여 복사하기" 기능으로 따로 그룹을 설정하여 블록을 만들지 않고 즉각적으로 그룹 형태의 객체처럼 사용할 수 있다는 장점이 있다. 단점은 작업화면에서 지정된 부분만 활용되고 따로 저장되어 있지 않기 때문에 일회성으로 조립성을 테스트하거나 작업 시 그룹 단위의 작업이 이루어질 때 용이하게 사용된다. 이때 기준점을 사용하여 복사하면 "블록으로 붙여넣기"가 활성화된다. 사용하는 데 순서를 명확히 하여 작업을 하여야 하며 내용은 다음 그림과 같은 순서로 작업한다.

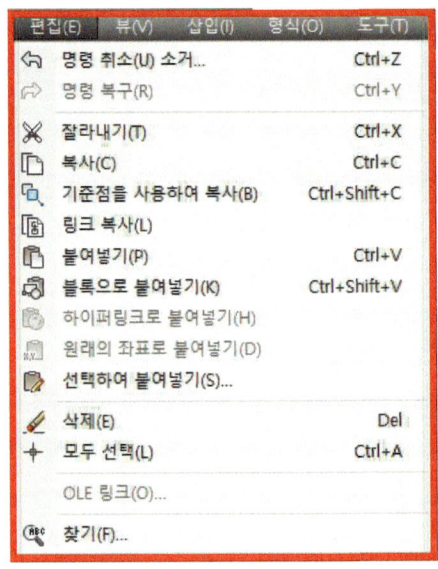

1. 블록 지정 전

객체를 선택하였을 때 각각의 객체에 그립의 내용이 보인다.

2. 블록이 될 객체 선택 후 오른쪽 마우스 클릭

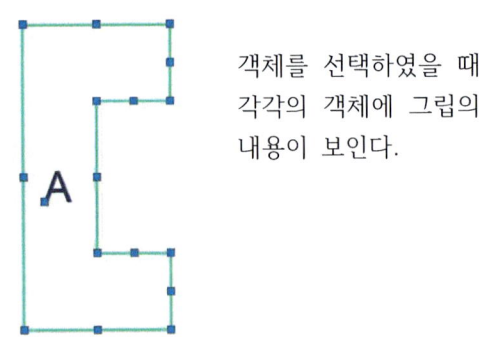

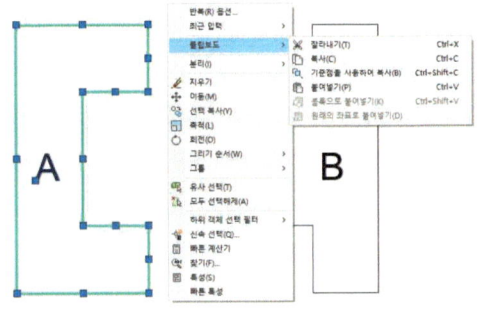

3. 클립보드에서 '기준점을 사용하여 복사'를 선택

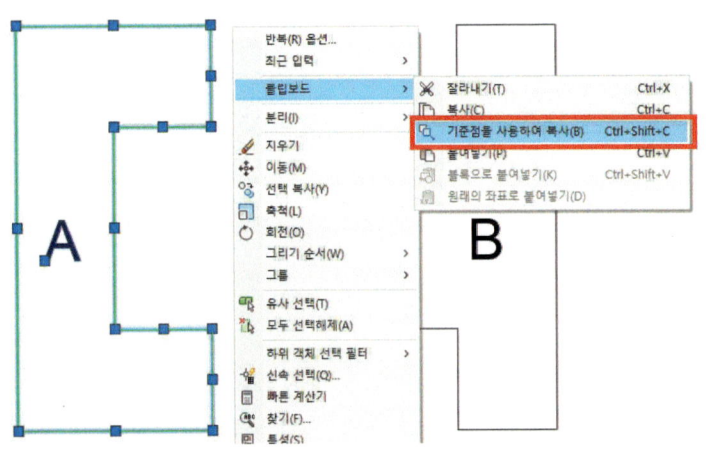

블록으로 지정할 객체만 선택하여 마우스 우클릭 후 클립보드를 선택하는데 이때 객체의 색상 및 내용을 원하는 대로 수정한 후 작업을 진행하여야 한다.

블록으로 지정되고 나면 수정이 불가하기 때문이다.

4. 바탕화면의 객체에서 기준점을 클릭한다.

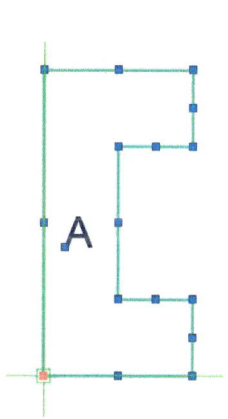

이때 클릭 후 ESC를 눌러 해제하면 블록으로 만들어지지 않기 때문에 클릭 후 반드시 마우스 우클릭을 하여 메뉴창에서 처음처럼 클립보드에 블록으로 붙여넣기를 선택하여야 한다.

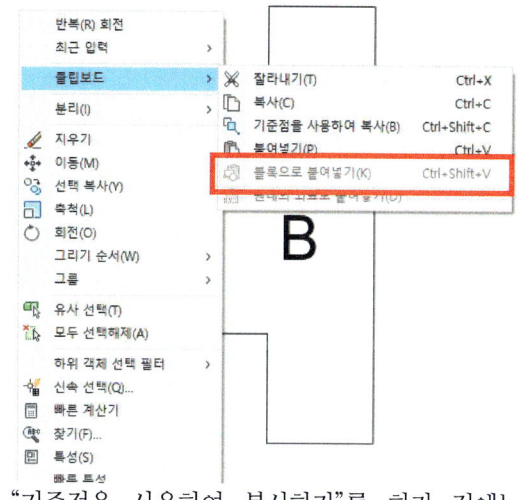

"기준점을 사용하여 복사하기"를 하기 전에는 위에 나타난 것과 같이 "블록으로 붙여넣기"가 비 활성화된 것을 확인할 수 있다.

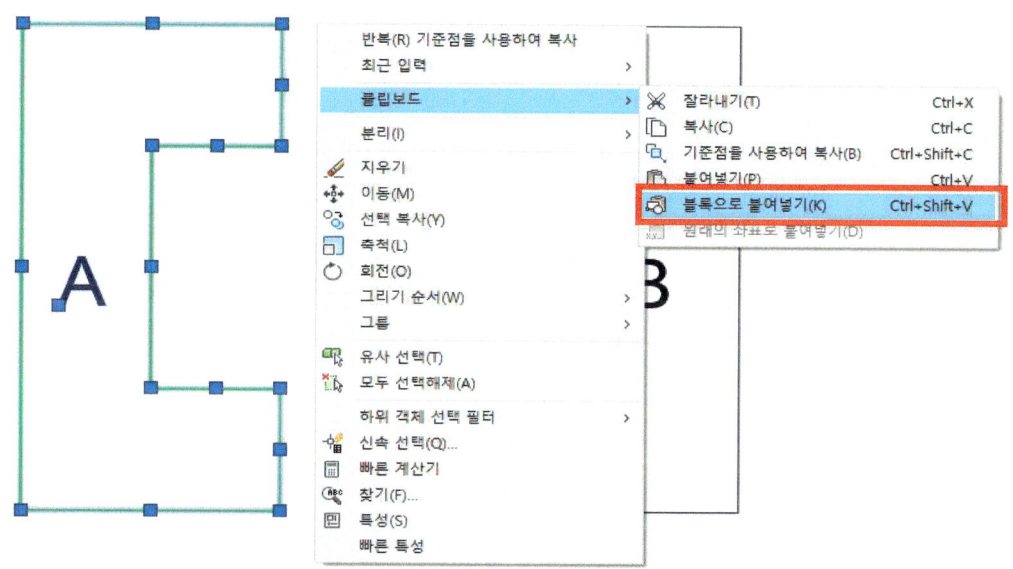

5. "블록으로 붙여넣기"를 클릭하면 객체가 복사된 것처럼 나타난다. 이때 바탕을 클릭하면 하나의 객체로 된 듯한 내용으로 블록 단위로 되어 조립성 검사나 작업이 용이하게 나타난다. 이후 다른 명령을 수행하기 전에 마우스 오른쪽 클릭을 하면 계속 블록 작업된 내역을 사용할 수 있다.

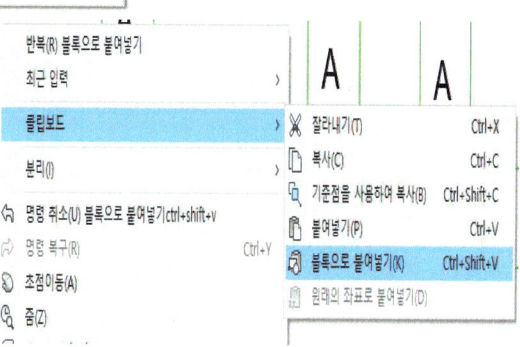

6. 블록 사용 검토

블록 생성된 객체와 생선 전 객체

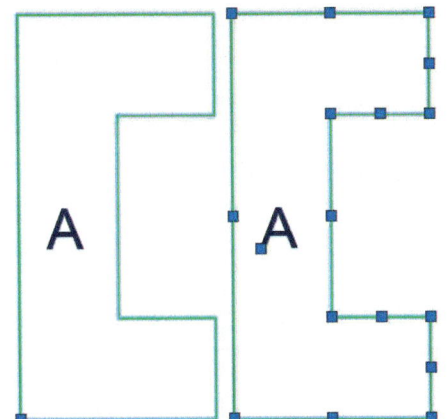

조립성 테스트 예시

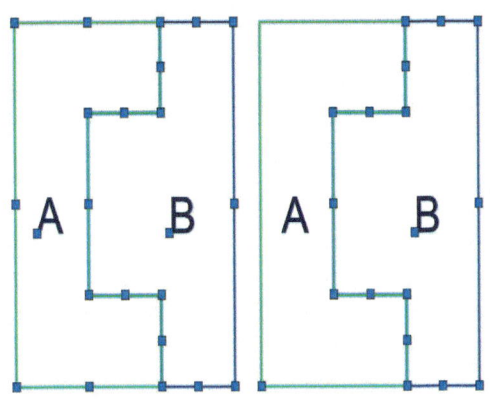

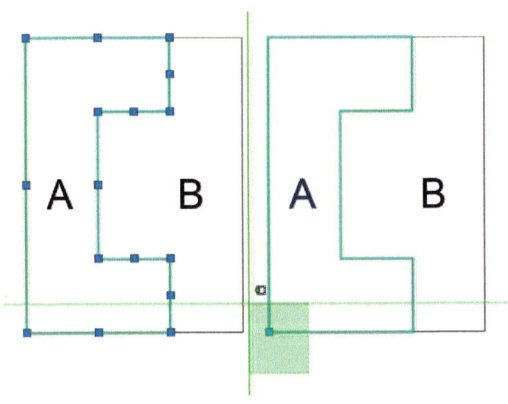

조립성 테스트 할 때 분해 조립 시 좌측에 블록이 아닌 일반 객체의 형상은 "A"와 "B" 분리 시 객체 라인이 중복으로 겹쳐져 선 각각을 선택하여 분리하여야 하지만, 우측에 있는 블록으로 만들어진다면 그림처럼 "A" 객체 코너만 선택하여 객체를 선택하기에 "B" 객체에 영향을 주지 않고 사용할 수 있다.

객체 선택 시 마우스 커서를 선택하는 방향은 바탕화면의 우측 코너를 우선 선택하고 원하는 객체가 조금이라도 선택되도록 하여 좌측 바탕을 클릭하면 된다.

편집에서 사용하는 명령은 위에 내용이 주로 많이 사용되며 마우스 우클릭을 하였을 때 메뉴에는 한 가지 제일 하단에 보이는 옵션 명령을 많이 사용한다.

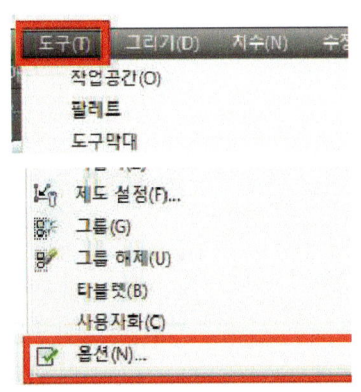

풀다운 메뉴의 도구에 옵션과 마우스 우클릭을 하여 나타나는 메뉴에 옵션은 같은 내용으로 옵션 메뉴 활용 시에는 주로 마우스 우클릭을 하여 많이 사용한다.

뷰(V)

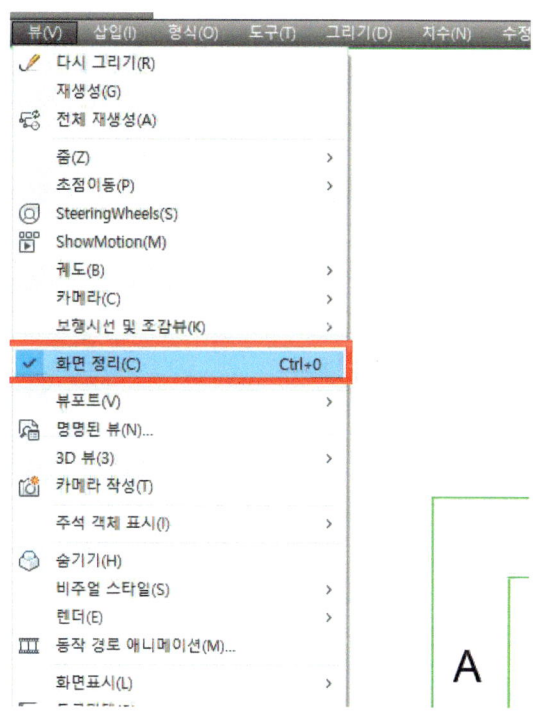

뷰에서는 보편적으로 본 교재에서 사용하는 내용은 많지는 않다. 하지만 작업 시 상위의 사용되는 메뉴 중에 풀다운 메뉴만 남기고 숨겨 주는 화면 정리 기능과 뷰포트와 비주얼 스타일 및 랜더 정도만 사용한다. 다만 이런 기능도 다른 단축 명령을 사용한다.

뷰포트에서는 아래의 그림처럼 하나의 객체 화면을 여러 개의 창으로 나누어 볼 수 있도록 하는 기능이다.

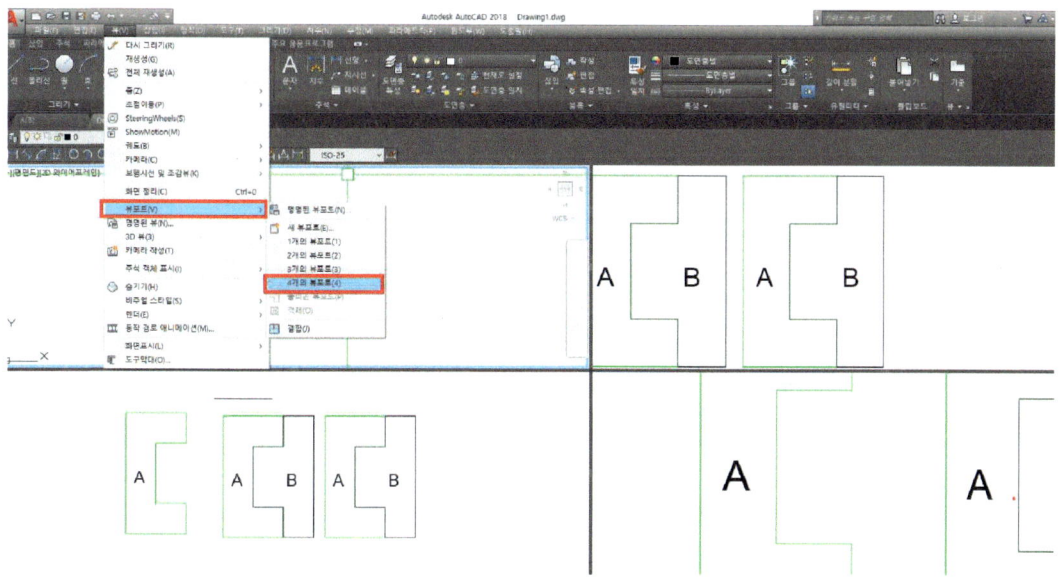

삽입[I]

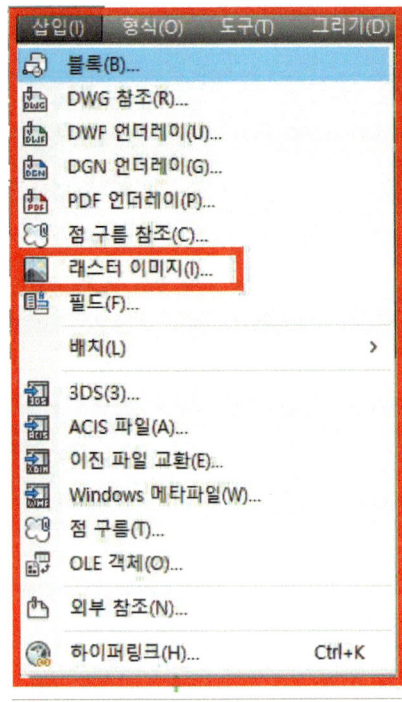

삽입에서는 본 교재에서 많이 표현되는 것은 그림을 라인으로 표현하는 것이며 그림파일을 불러올 때 사용된다.

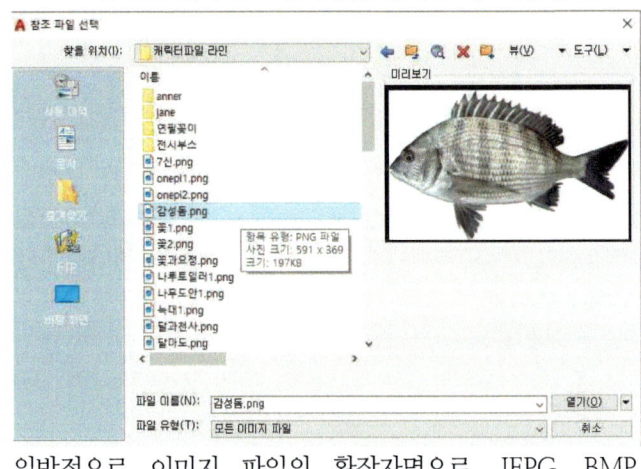

일반적으로 이미지 파일의 확장자명으로 .JEPG .BMP .TIFF .PNG .PDF 등을 사용하는데, 이 중에 .PNG 확장자명을 주로 많이 사용한다. 이는 그림의 선명도가 원본의 상태를 가장 잘 표현하기 때문이다.

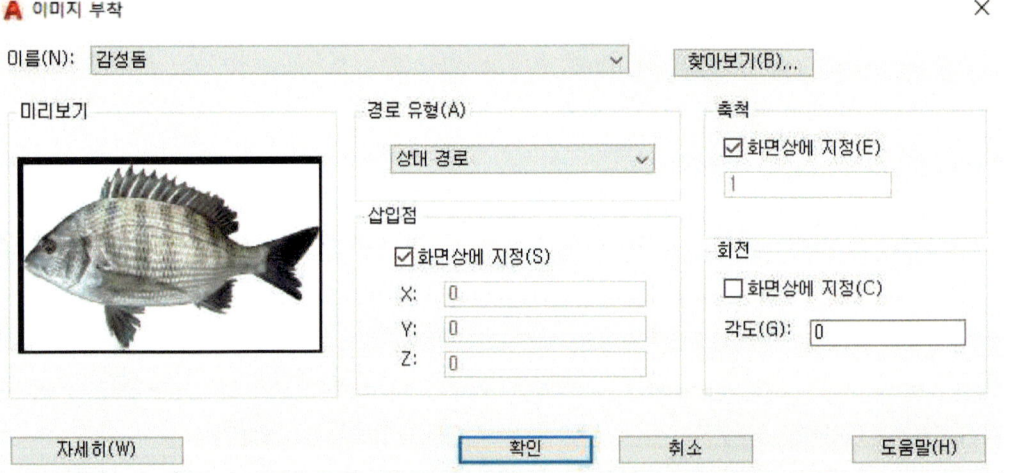

참조 파일의 선택 후 나타나는 창이며 여기에서 축척이나 삽입점을 화면상의 지정의 체크박스에 체크가 기본적으로 적용되어 있으며 사용자가 따로 삽입점을 절대 좌표 원점에서 원하고자 하는 좌표치가 있다면 본 창에서 지정하면 된다.

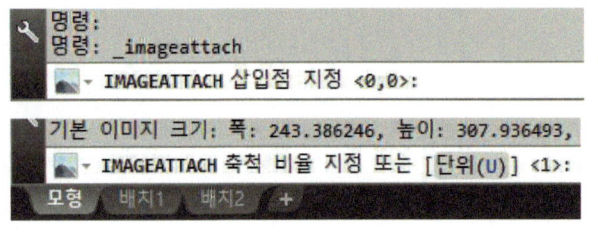

위 창에서 확인하면 다음과 같이 바탕화면에 삽입점을 마우스로 클릭하여 지정한다.

지정된 후 그림의 크기를 축척 비율을 지정하도록 한다.

이미지 작업은 본 교재에 주로 활용하고자 하는 부분은 목재나 아크릴을 주로 사용한 디자인을 위한 내용으로 레이져 절단기에서 각인을 위해서 작업하는 것이 많다.

본 내용은 예제로 선을 활용한 디자인편에서 다시 한번 설명하도록 하겠다.

형식[O]

풀다운 메뉴 중에 가장 많이 사용되는 "형식" 메뉴이며 도면 작업의 기본적인 설정을 80% 이상 형식에서 이루어진다고 보면 된다. 국가기술자격 실기시험에 대비한 내용으로 기준을 두고 설명을 하겠다. 우선 문자 스타일부터 시작한다.

문자 스타일을 선택하면 아래와 같은 창이 나타난다.

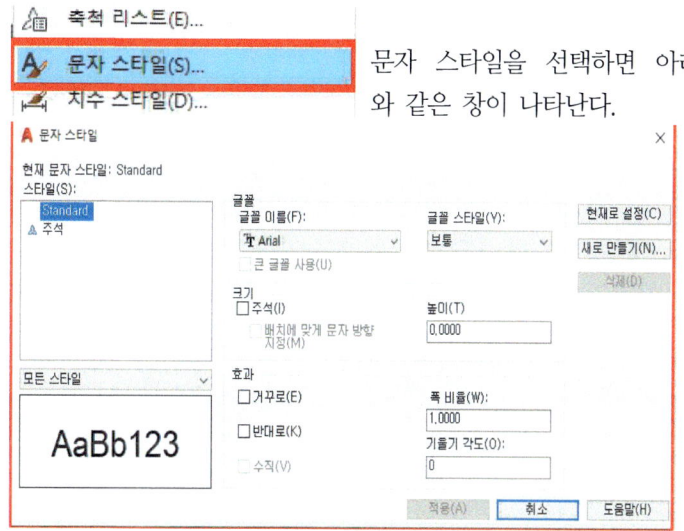

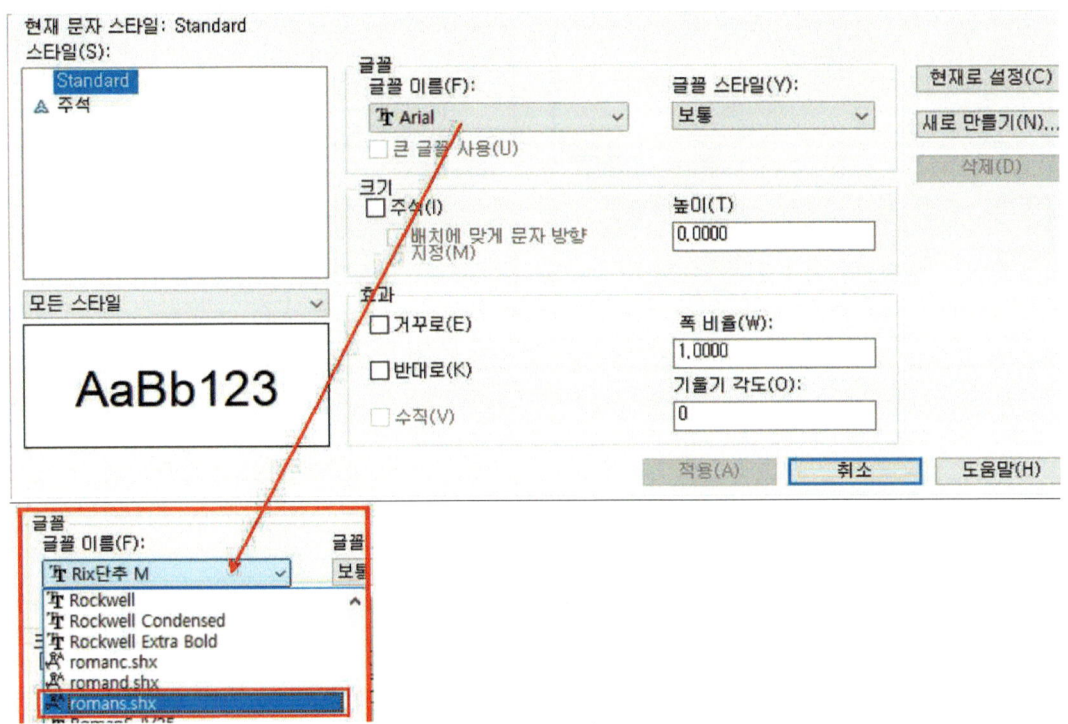

글꼴 이름 아래 있는 유형의 칸을 선택하면 여러 가지 유형이 아래쪽으로 길게 나타나게 된다. 그중에 "romans.shx"를 선택한다. 여러 가지 특수 문자나 기호 등이 오류 없이 표현이 잘되고 호환성이 가장 높은 문자 유형이기 때문이다.

문자 유형 선택 시 마우스 휠을 돌려서 찾을 수도 있지만, 빠르게 찾기 위해서는 아래쪽으로 내려온 유형의 위치에 마우스 커서가 있는 상태로 해당되는 문자 유형의 첫 글자의 "R"을 치면 "R"로 시작하는 문자열이 바로 나타나게 되어 조금 더 빠르게 찾을 수 있을 것이다.

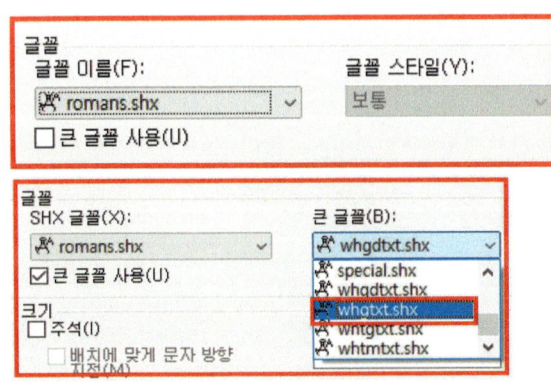

"romans.shx" 유형을 선택하고 나면 아래쪽의 □큰 글꼴 사용(U) 이 활성화되며 체크박스에 체크하면 바로 우측에 있는 큰 글꼴 부분의 문자 유형을 사용할 수 있도록 활성화가 된다.

앞서 내용처럼 문자 유형 선택 시 마우스 휠을 돌려서 찾을 수도 있지만, 빠르게 찾기 위해서는 아래쪽으로 내려온 유형의 위치에 마우스 커서가 있는 상태로 해당되는 문자 유형의 첫 글자 "W"를 치면 "W"로 시작하는 문자열이 바로 나타나게 되어 조금 더 빠르게 찾을 수 있을 것이다. 그중 "whgtxt.shx"를 선택한다.

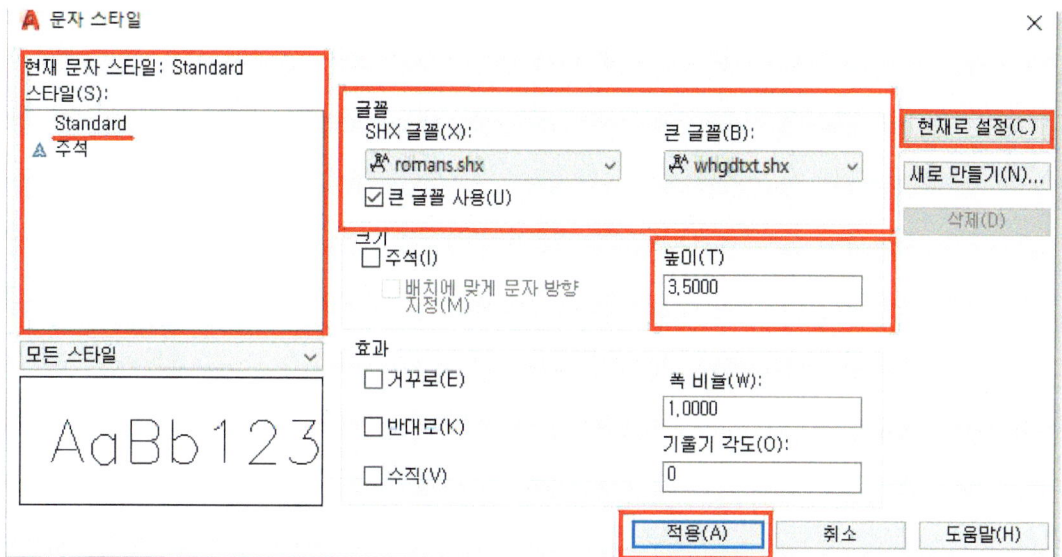

최종 문자 스타일을 정리해 보면 처음 스타일 부분에서 Standard가 선택되어 있고, 이를 수정하는데 글꼴에서 SHX 글꼴에서 "romans.shx"를 선택하고 아래 있는 큰 글꼴 사용의 체크박스에 체크를 하면 바로 오른쪽에 있는 큰 글꼴이 활성화된다. 이후 큰 글꼴에서도 "whgtxt.shx"를 선택하고 문자의 높이는 "3.5"로 한다. 그리고 현재로 설정 버튼을 선택하고 나면 아래 그림처럼 변경 사항에 대한 창이 나타나게 되고 "예" 버튼을 선택하면 아래 적용 버튼이 비활성화되고 취소 버튼이 닫기 버튼으로 바뀌게 된다. 그리고 닫기 버튼을 눌러 마무리하면 된다.

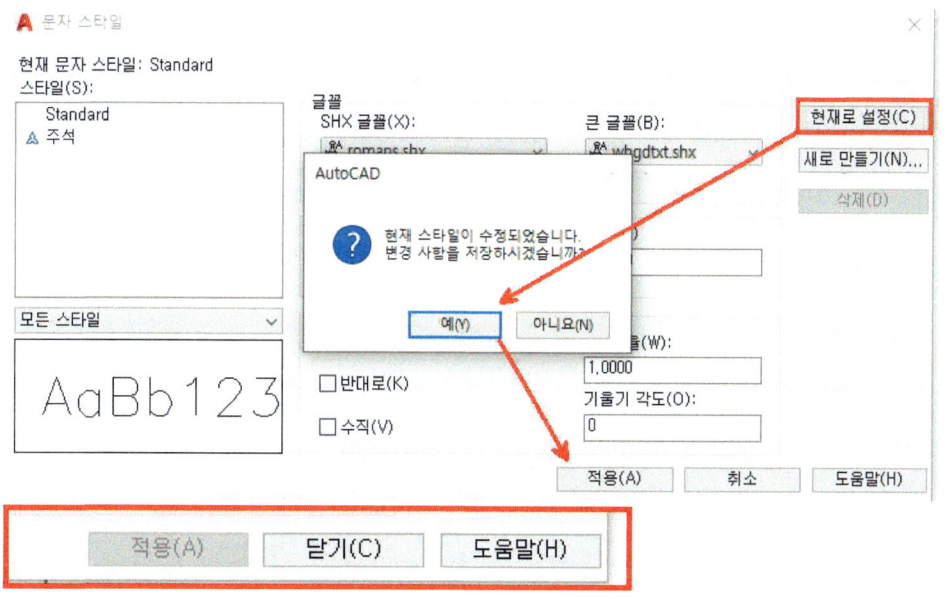

"Point"

문자 유형을 찾고자 할 때 문자 유형의 앞 철자를 입력하면 바로 입력된 철자의 문자와 같은 내용의 유형이 우선 나타나게 되어 조금 더 빠르게 찾을 수 있다.

다음은 치수 스타일을 설명하고자 한다. 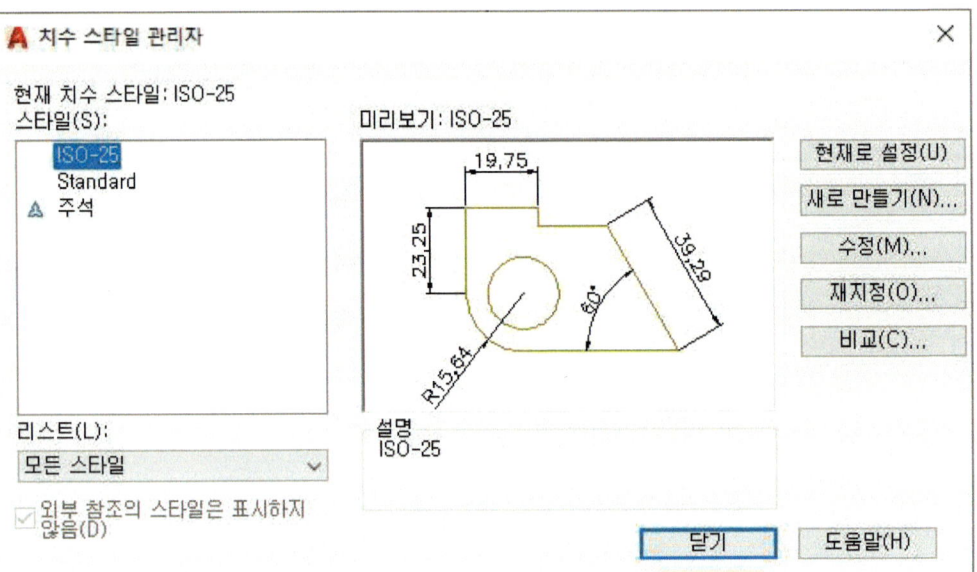 메뉴에서 선택하면 아래와 같이 창이 생성되며 여기에서 치수 유형을 수정 또는 "새로 만들기"를 활용하여 치수 유형을 설정한다.

스타일(S) 창에 ISO-25 및 Standard 등을 선택된 상태에서 좌측 버튼 중 새로 만들기 및 수정 버튼을 선택하여 치수 유형을 만들어 본다.

수정 버튼을 선택하면 다음과 같은 창이 생성된다.

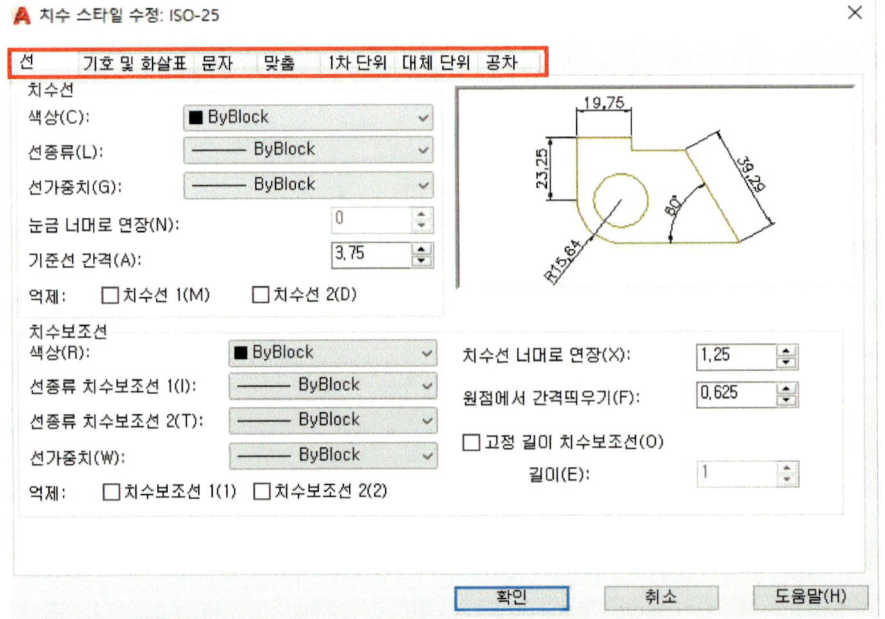

상위 탭 구성에서 "선"을 선택하여 유형의 구성을 만들어 본다.

"선" 탭에서 설정을 아래와 같이 하여 준다.

1. 치수선의 색상을 빨간색으로 설정
2. 기준선 간격 8mm
3. 치수 보조선 색상을 빨간색으로 설정
4. 치수선 너머로 연장 2mm
5. 원점에서 간격 띄우기 1mm

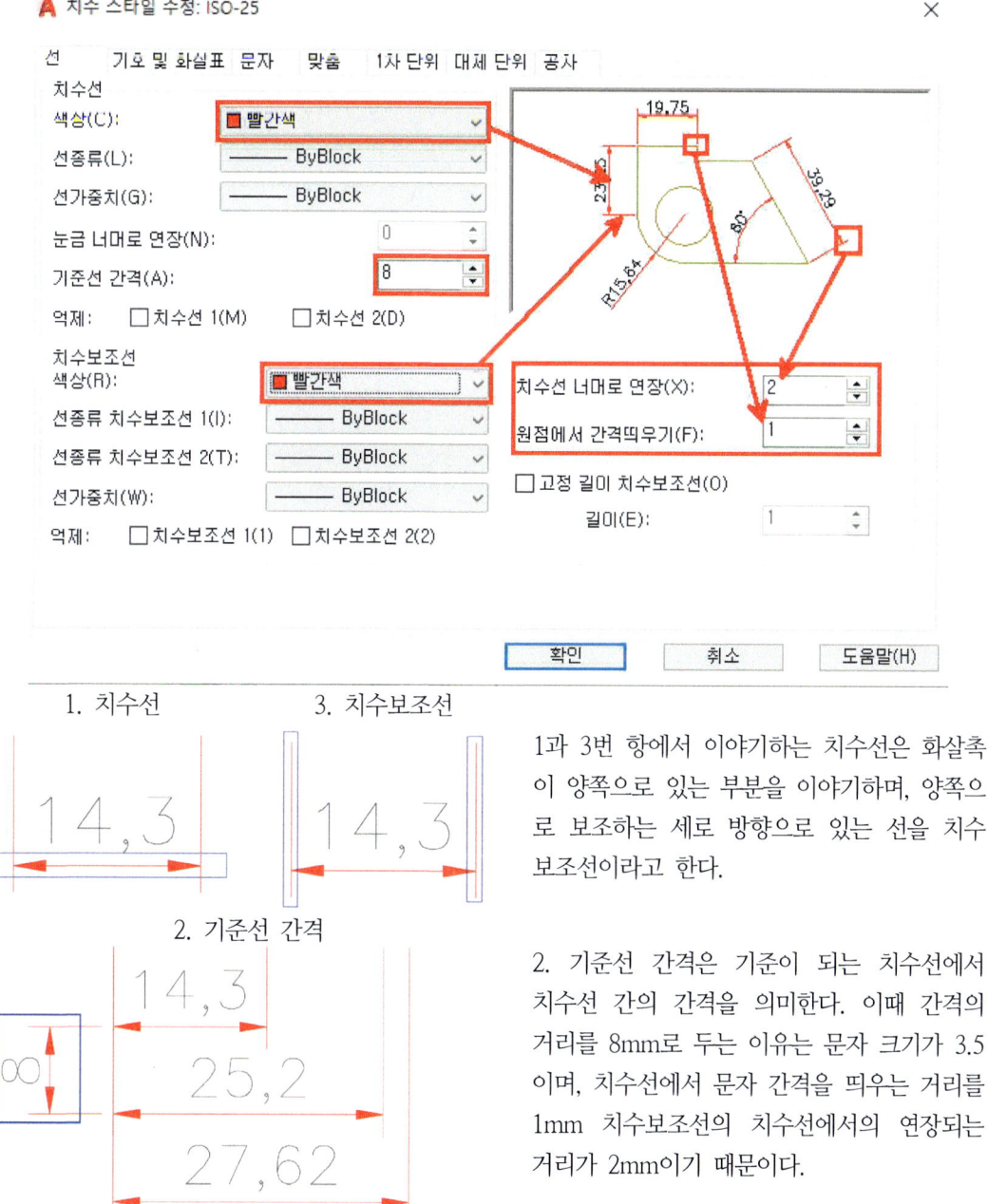

1과 3번 항에서 이야기하는 치수선은 화살촉이 양쪽으로 있는 부분을 이야기하며, 양쪽으로 보조하는 세로 방향으로 있는 선을 치수보조선이라고 한다.

2. 기준선 간격은 기준이 되는 치수선에서 치수선 간의 간격을 의미한다. 이때 간격의 거리를 8mm로 두는 이유는 문자 크기가 3.5이며, 치수선에서 문자 간격을 띄우는 거리를 1mm 치수보조선의 치수선에서의 연장되는 거리가 2mm이기 때문이다.

4. 치수선 너머로 연장과 5. 원점에서 간격 띄우기

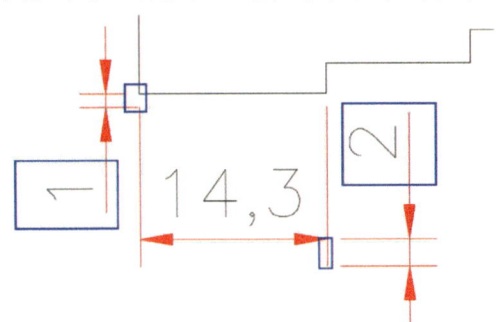

치수선 너머로 연장은 치수선에서 치수보조선이 조금 더 길게 나온 부분을 이야기하는 것이며 원점에서 간격 띄우기는 객체에서 치수보조선이 약간 떨어진 간격을 이야기하는 부분이다.

다음 탭인 기호 및 화살표를 보면 화살촉의 내용은 닫고 채움으로 하며 화살표의 크기는3mm로 한다. 또한, 중심 표식의 크기는 12mm로 한다.

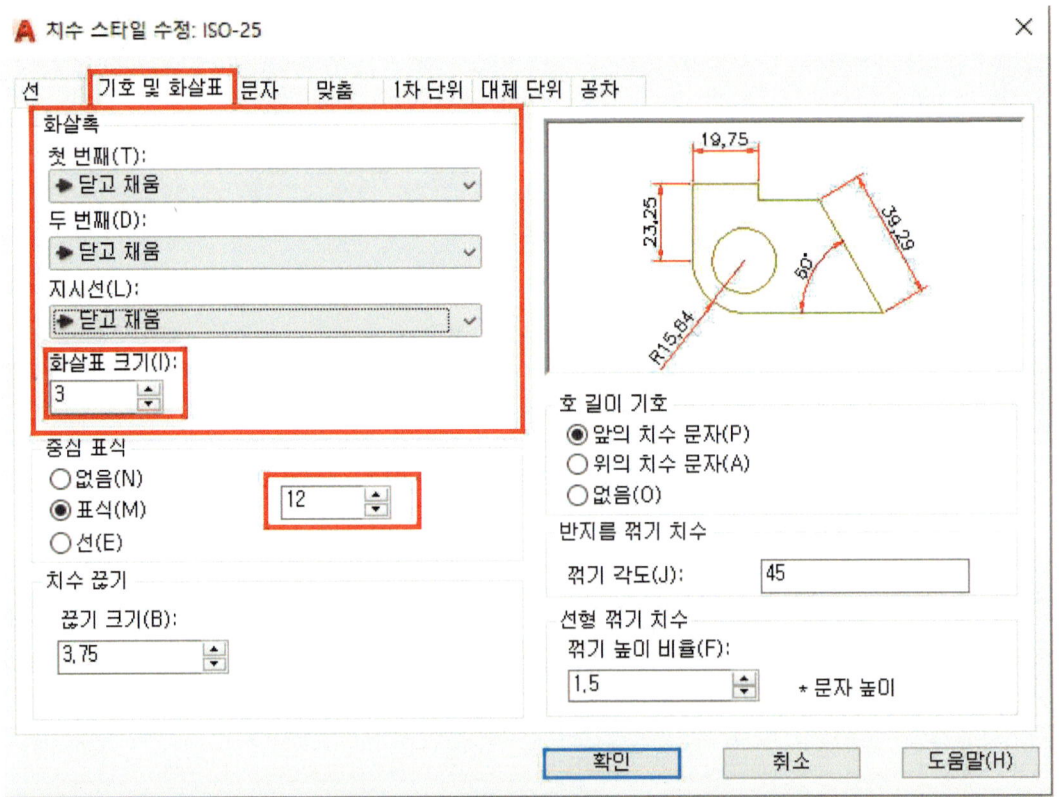

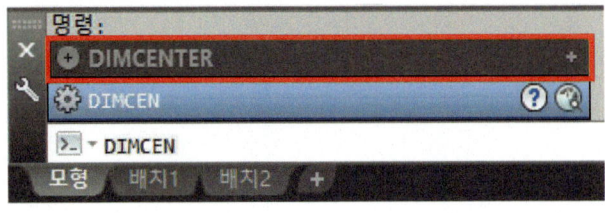

이때 중심 표식의 크기의 내용은 그려진 원의 객체를 "DIMCENTER" 명령을 활용하여 중심 마크선을 작성하는데, 이때 원에 중심에서 마크선의 끝 부위까지의 거리를 나타내는 것이다.

명령어 대신 치수 메뉴바가 활성화되어 있다면 아이콘을 사용하여 작성을 할 수도 있다.

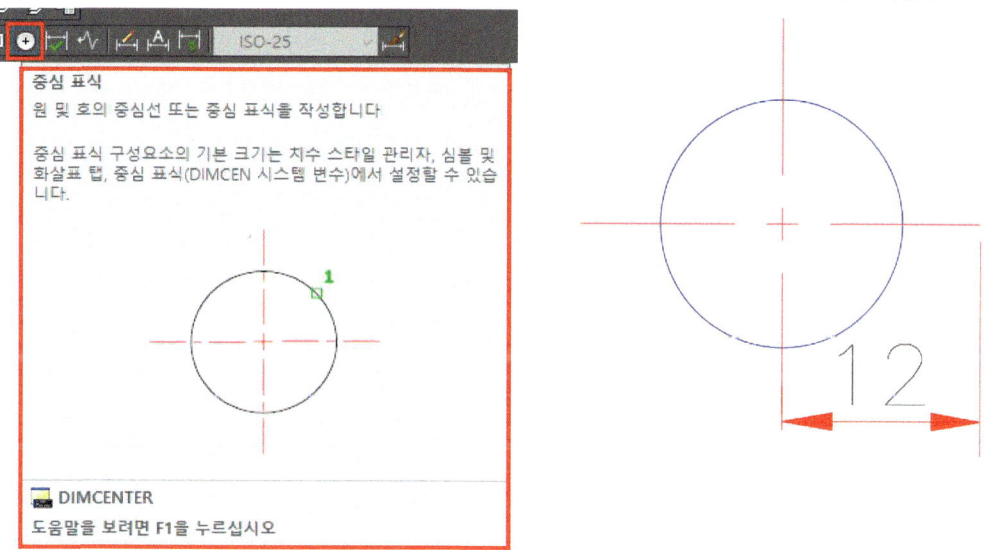

다음은 문자 탭에서는 문자 모양에서 문자 스타일이 Standard로 되어 있는 것을 확인할 수 있다. 앞서 문자 스타일이 기본 설정을 한 상태여서 그냥 수정하지 않고 넘어가도록 한다.

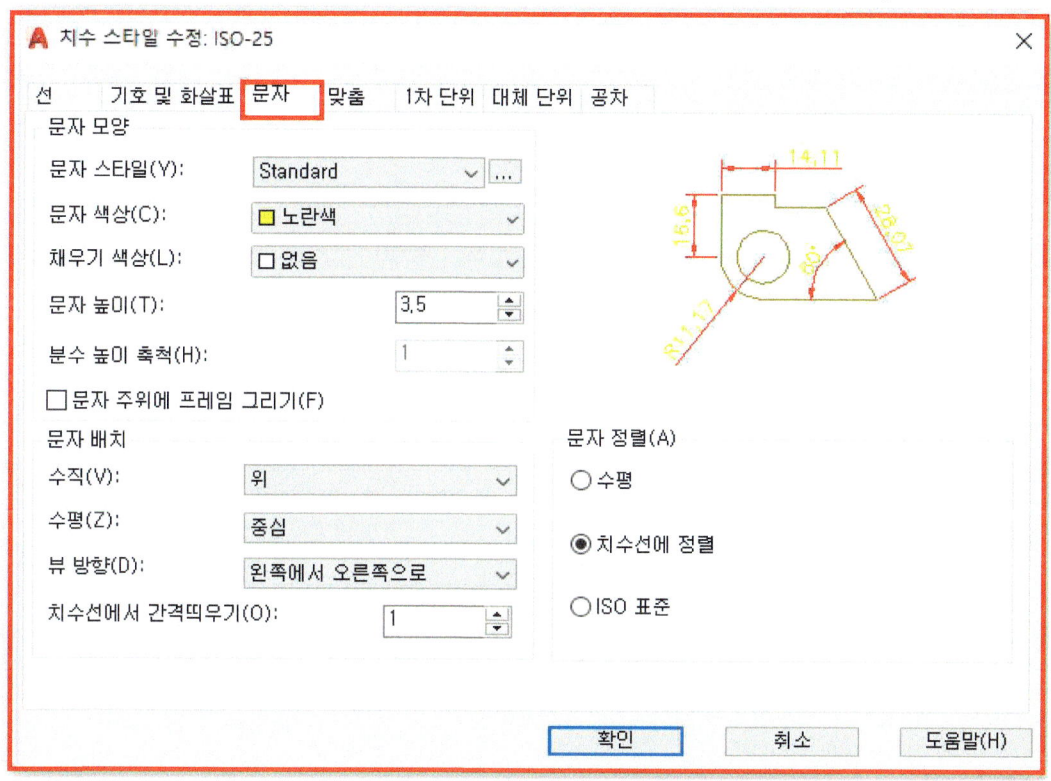

문자 모양에 있는 문자 색상은 "노란색"으로 하며 채우기 색상은 없음으로 하고, 문자의 높이는 3.5mm로 한다.

문자 배치와 문자 정렬은 아래의 그림처럼 설정한다.

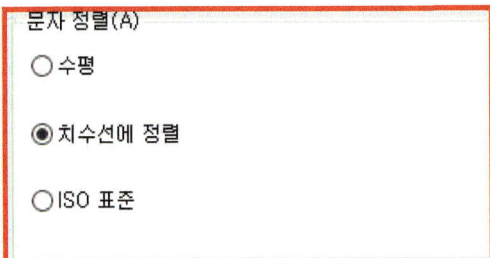

다음은 맞춤 탭에서 확인해야 할 사항은 치수 피처 축척인데 이는 기본 설정된 문자의 높이나 화살표의 크기 등이 작도되는 도면의 형상의 크기가 너무 작거나 아주 큰 경우는 전체 축척 사용을 활용하여 보이는 치수의 크기를 조정하여 표현하여야 한다.

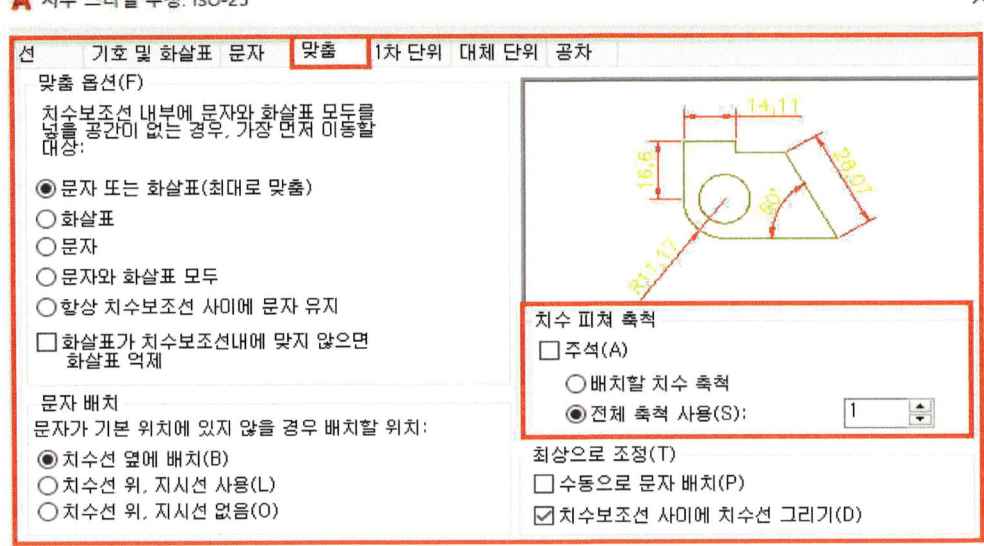

1차 단위 탭에서는 아래의 부분처럼 설정하여 준다.

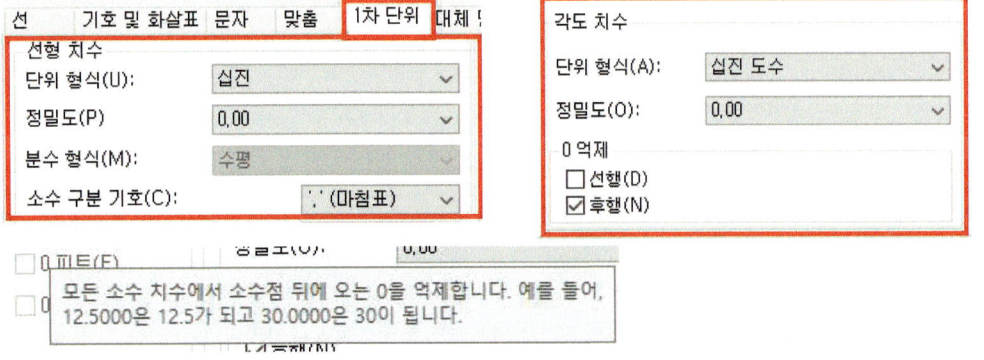

0 억제의 의미는 가령 10mm 되는 형상에 치수를 표현하게 되면 10.00mm 이렇게 나타난다. 즉 소수점 아래 지정된 정밀도에 해당되는 자리까지 수치가 없는 00이 표현된다.

일반적인 내용으로 전체 1차 단위에서는 아래와 같은 설정으로 마무리하면 된다.

다음 탭은 공차에 대한 내용으로 여기서 설정할 부분은 공차 형식에서 방법을 설정하고 높이에 대한 축척을 설정하고자 한다.

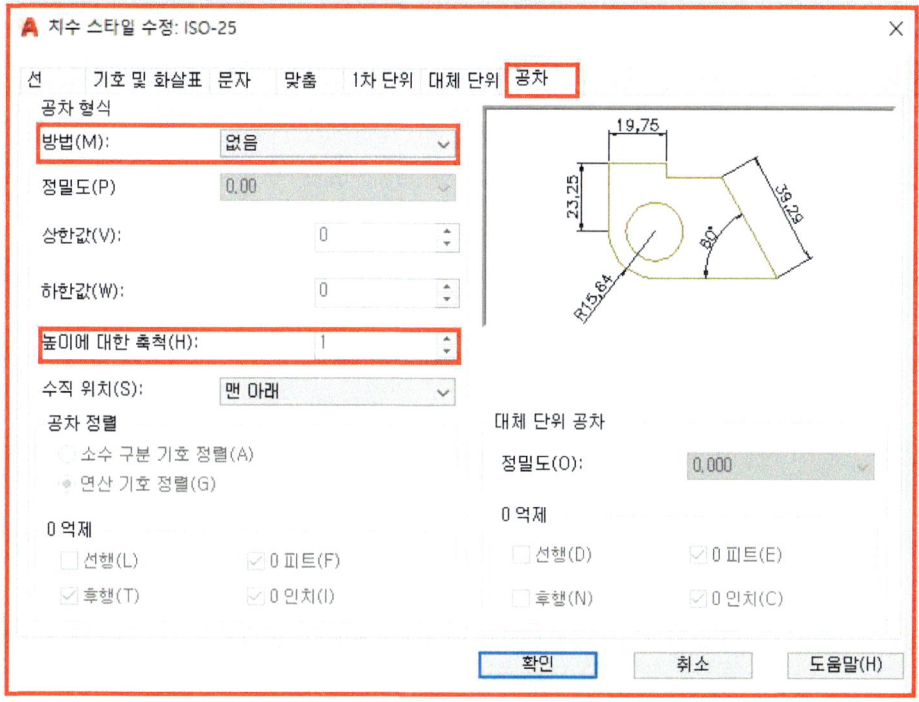

공차 형식에서 방법을 보면 "없음"에서 대칭, 편차, 한계, 기준으로 나타나며, 이것들 중 대칭을 선택하여 보면 가령 예를 들어 10mm에 대한 치수의 값이 있을 시 공차 수치를 적용하고자 한다면 10 ± 0.01 이런 식으로 표현될 것이다. 이때 뒤에 오는 공차 ± 0.01이 문자 높이가 치수와 같이 크기로 표현되기 때문에 높이에 대한 축적값을 치수 문자의 높이의 절반인 0.5 정도로 적용한다.

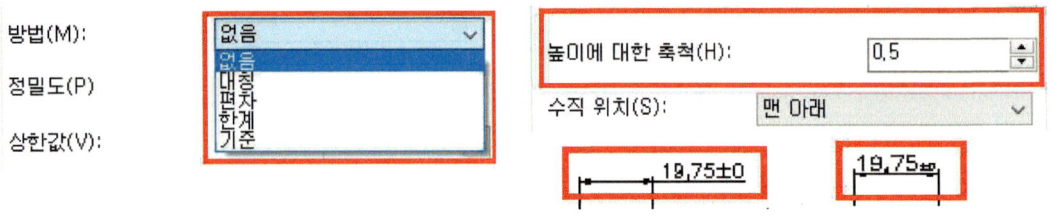

공차 형식의 방법을 살펴본다면 다음과 같이 나타난다.

	방 법	설 정	표 현
공차 형식	대 칭	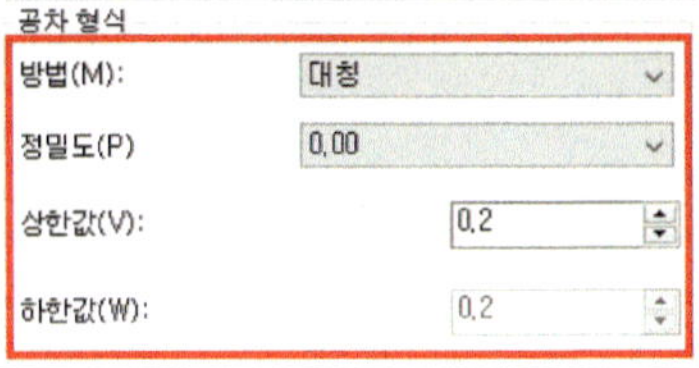 공차 형식 방법(M): 대칭 정밀도(P) 0,00 상한값(V) 0,2 하한값(W) 0,2	 10 ± 0
	편 차	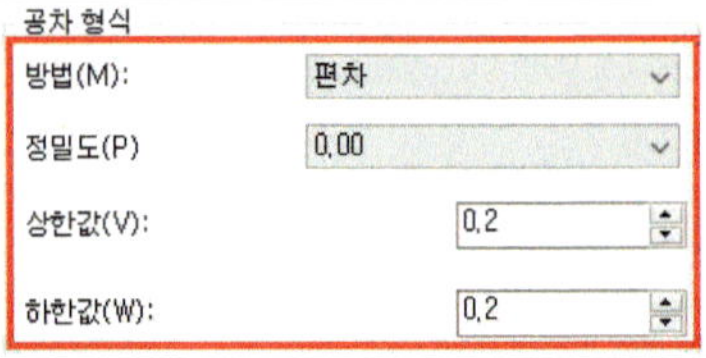 공차 형식 방법(M): 편차 정밀도(P) 0,00 상한값(V) 0,2 하한값(W) 0,2	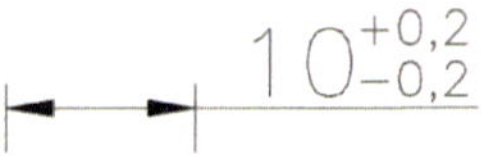 $10^{+0,2}_{-0,2}$
	한 계	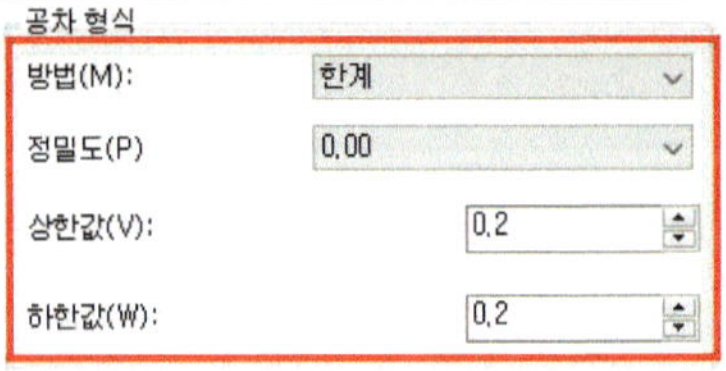 공차 형식 방법(M): 한계 정밀도(P) 0,00 상한값(V) 0,2 하한값(W) 0,2	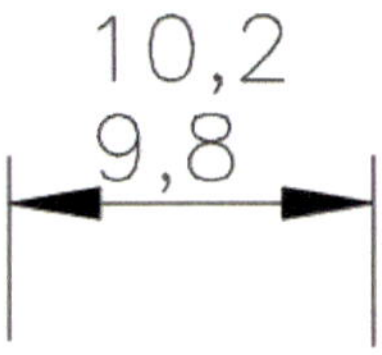 10,2 9,8
	기 준	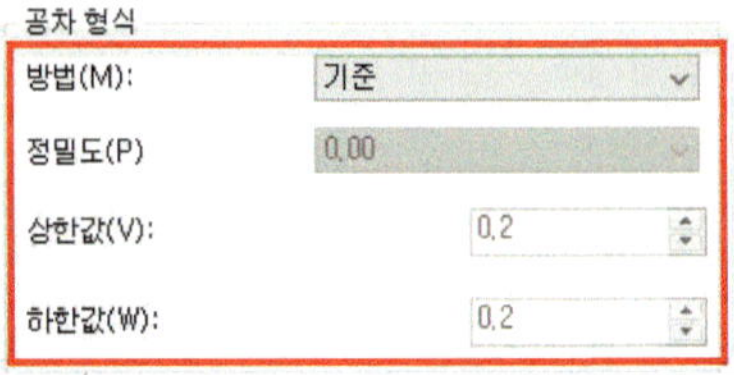 공차 형식 방법(M): 기준 정밀도(P) 0,00 상한값(V) 0,2 하한값(W) 0,2	 10

공차 형식
방법(M): 없음
정밀도(P) 0,00
상한값(V) 0,2
하한값(W) 0,2
높이에 대한 축척(H): 0,5

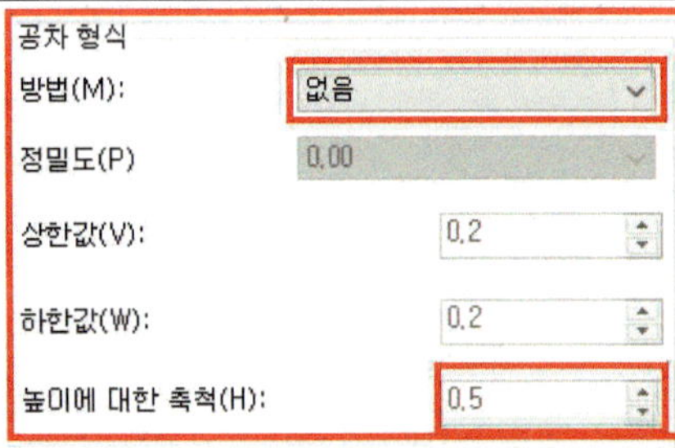

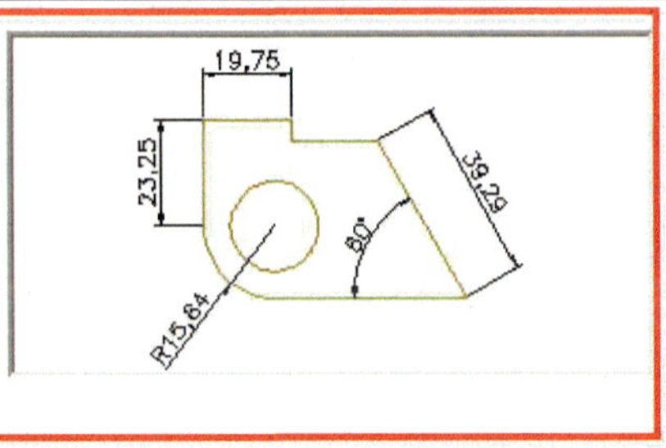

높이에 대한 축척값을 0.5로 설정한 다음에는 방법을 없음으로 하여 마무리한다.

마지막 탭인 공차 설정이 끝이 나면 확인을 선택하고 나서 다시 처음에 나타난 치수 스타일 관리자 창이 나타난다. 이때 현재로 설정을 클릭하고 닫기를 선택하여 마무리하도록 한다.

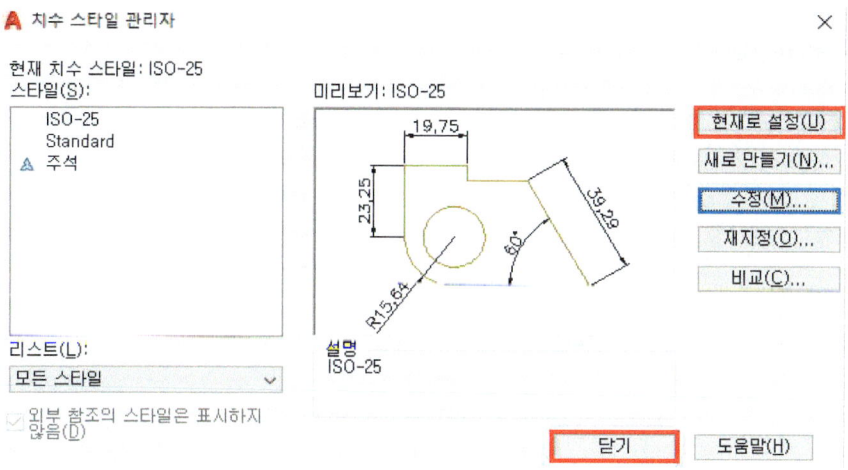

공차 적용 시에는 치수를 작성하고 나서 특성창을 열어서 해당되는 공차를 적용하면 된다.

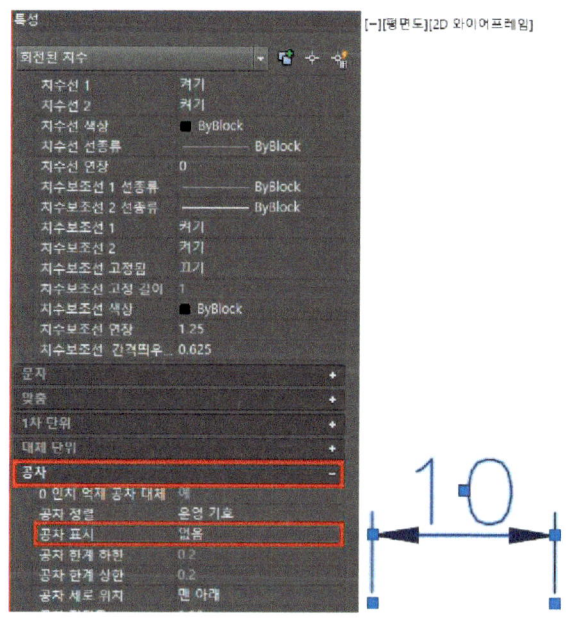

공차 부분에 공차 표시의 대칭을 적용한 예를 아래 표현해 보았다. 공차 적용되는 문자 크기가 설정한 0.5 크기로 적용된 것으로 표현되어 보인다.

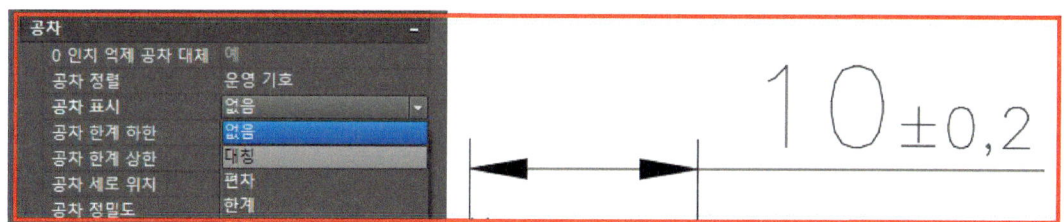

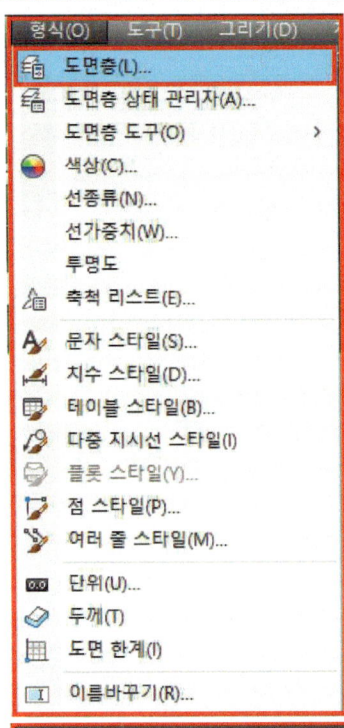

도면층에 메뉴에서는 여러 가지 선의 색상과 두께 및 선의 형식에 대한 내용을 설정한다.
도면층 메뉴를 선택하면 다음과 같은 창이 나타난다.

새 도면층을 선택하여 8개의 도면층을 생성시킨다.

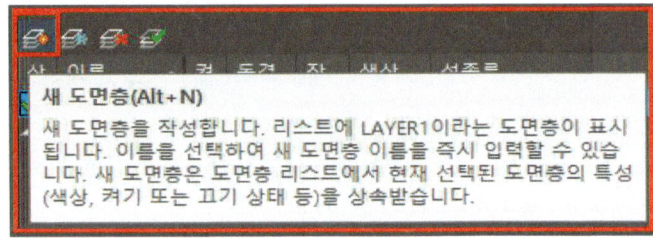

선택할 때마다 이름을 바꾸기 전에는 도면층 1번~8번 순서로 나타난다.

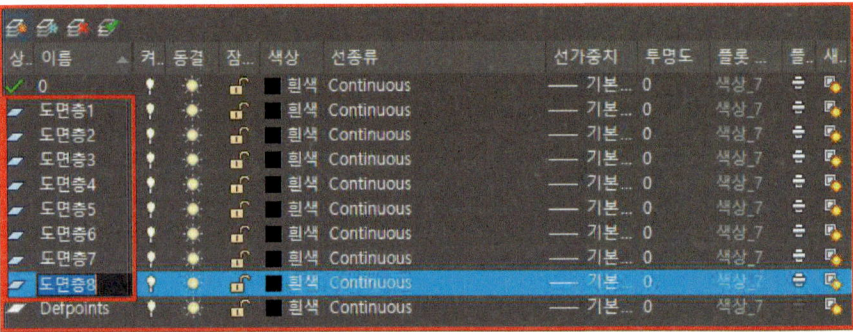

도면층1을 선택한 후 F2를 누르면 이름을 변경할 수 있다. 또한 색상 부분을 선택하여 설정한다.

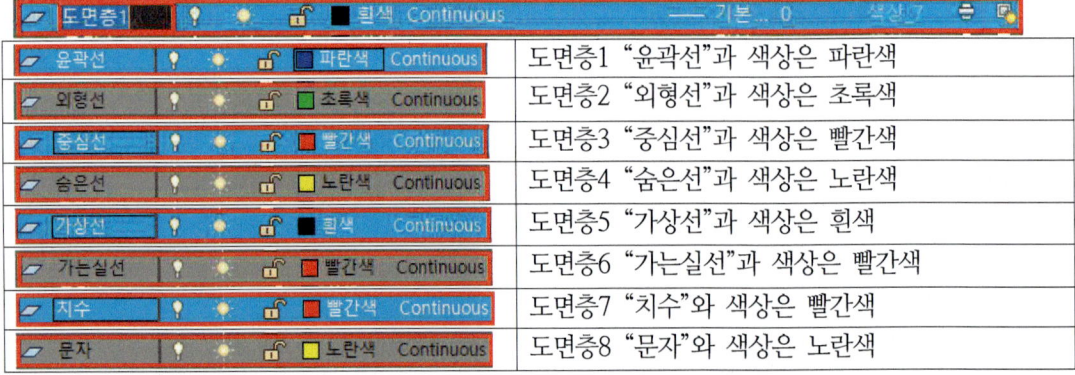

윤곽선 파란색 Continuous	도면층1 "윤곽선"과 색상은 파란색
외형선 초록색 Continuous	도면층2 "외형선"과 색상은 초록색
중심선 빨간색 Continuous	도면층3 "중심선"과 색상은 빨간색
숨은선 노란색 Continuous	도면층4 "숨은선"과 색상은 노란색
가상선 흰색 Continuous	도면층5 "가상선"과 색상은 흰색
가는실선 빨간색 Continuous	도면층6 "가는실선"과 색상은 빨간색
치수 빨간색 Continuous	도면층7 "치수"와 색상은 빨간색
문자 노란색 Continuous	도면층8 "문자"와 색상은 노란색

다음은 선종류에서 현재 전체 도면층의 선은 Continuous로 설정되어 있다. 이 중 "중심선, 숨은선, 가상선"을 바꾸어 설정한다. 우선 중심선의 "Continuous" 선택하면 선종류 선택창이 나타날 것이다.

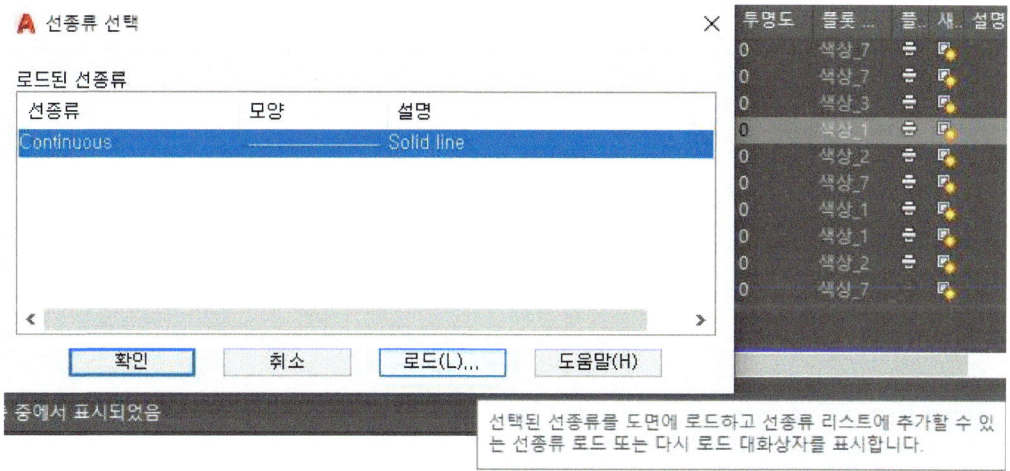

로드 버튼을 선택하면 사용 가능한 선종류 리스트창이 나타난다.

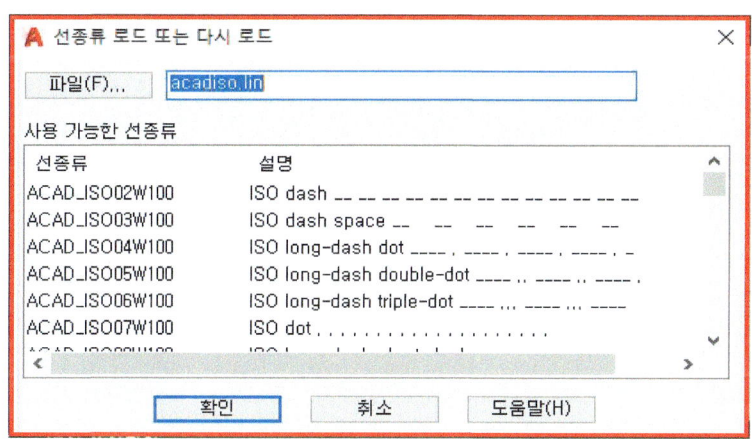

사용 가능한 선종류 아래 아무 선이나 선택한 후 영문 "C"를 키보드에 입력하면 "C"로 시작하는 선의 종류가 우선 나타나며 "CRENTER"가 선택되어 있을 것이다. 확인 버튼을 누르면 선종류 선택창이 다시 나타나고 로드된 선종류 창에 CRENTER가 추가되어 있다.

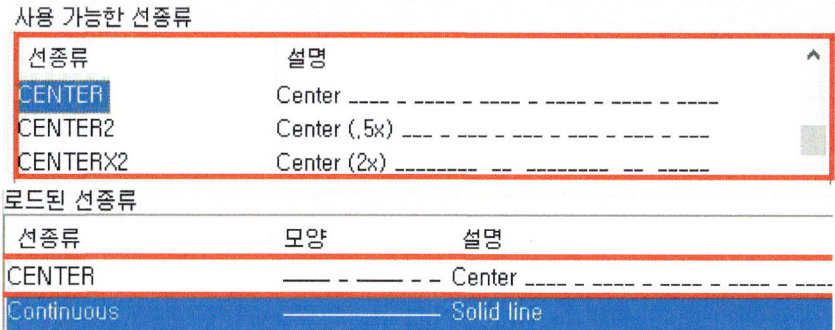

앞에 방식처럼 이번에는 로드 버튼을 눌러 선종류 리스트창에서 아래쪽의 아무 선이나 선택한 상태에서 "H"를 키보드에서 치면 "HIDDEN"이 선택된다. 또다시 확인 버튼을 누르면 선종류 선택창에 HIDDEN이 나타난다.

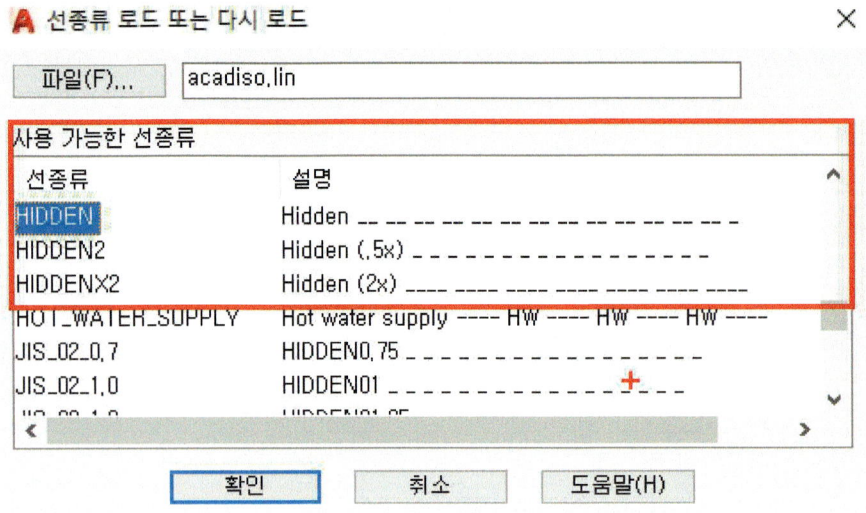

같은 방식으로 "P"를 키보드에 치고 PHANTOM을 선택한다.

이렇게 "C, H, P"를 순서대로 눌러서 CRENTER, HIDDEN, PHANTOM을 로드시키고, CRENTER를 선택하고 확인 버튼을 누른다.

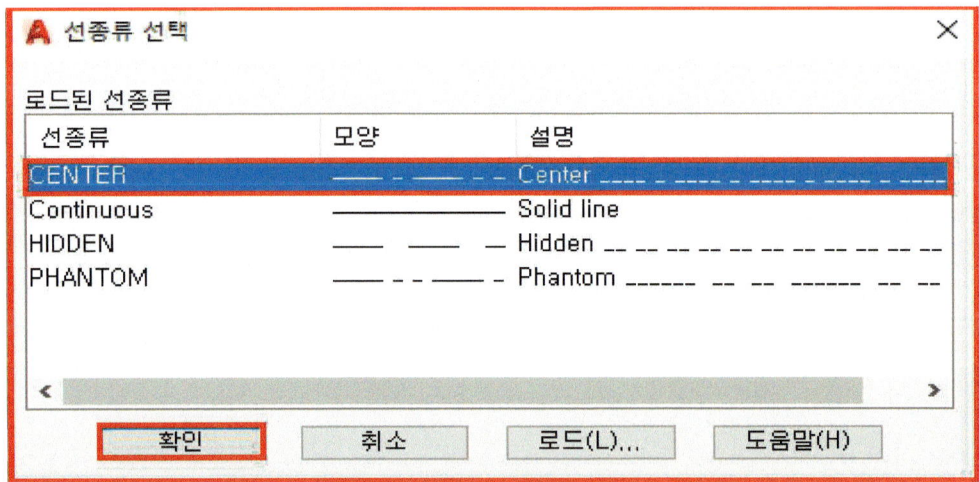

중심선 도면층에 선종류가 바뀌는 것을 확인할 수 있다.

다음 차례로 숨은선 도면층의 Continuous를 선택하여 HIDDEN으로 바꾸어 주고 마지막으로 가상선의 도면층의 Continuous를 선택하여 PHANTOM을 선택하여 3가지 도면층의 선종류를 바꾸어 준다.

마지막 설정으로 선의 굵기를 설정한다. 창에 선가중치에 해당되는 부분으로 선가중치 아래쪽 기본값을 선택하면 창이 뜨고 굵기를 선택하여 준다.

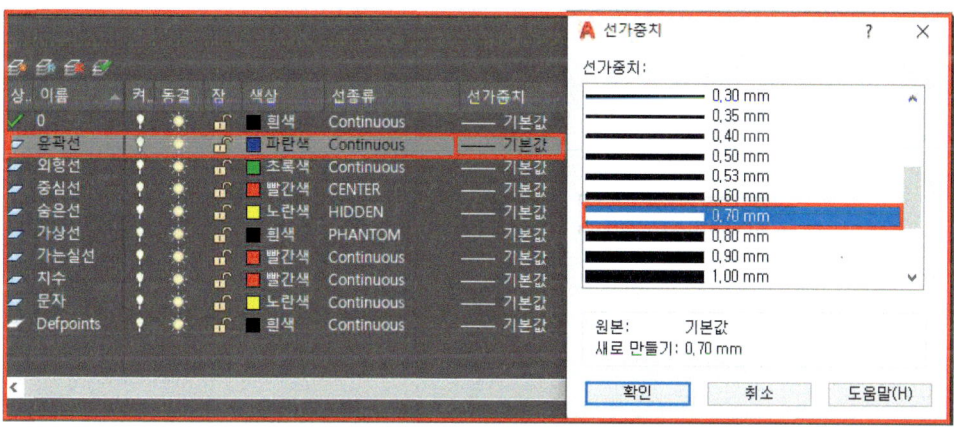

도면층 이름	선가중치	표 현
윤곽선	0.7mm	
외형선	0.5mm	
중심선	0.25mm	
숨은선	0.35mm	
가상선	0.5mm	
가는실선	0.25mm	
치수	0.25mm	
문자	0.35mm	

설정이 완료되면 창을 닫아 준다. 그리고 바탕화면에 나타난 도면층에 제대로 입력되어 있는 도면층을 확인한다.

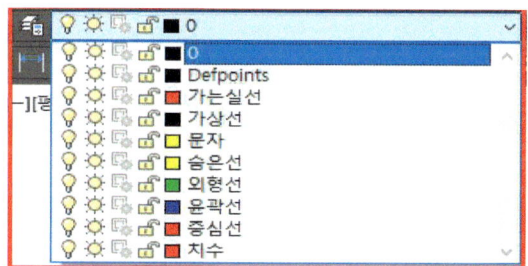

도면층 중 Defpoints는 치수 입력을 하면 자동 생성되는 도면층으로 내용의 설명은 도면틀 작성 시 한 번 더 설명하도록 하겠다.

점 스타일 메뉴는 많이 사용되지는 않지만, DIVIDE 명령을 수행할 경우 확인하고자 할 때 스타일을 변경하여 작업하는 경우가 많다.

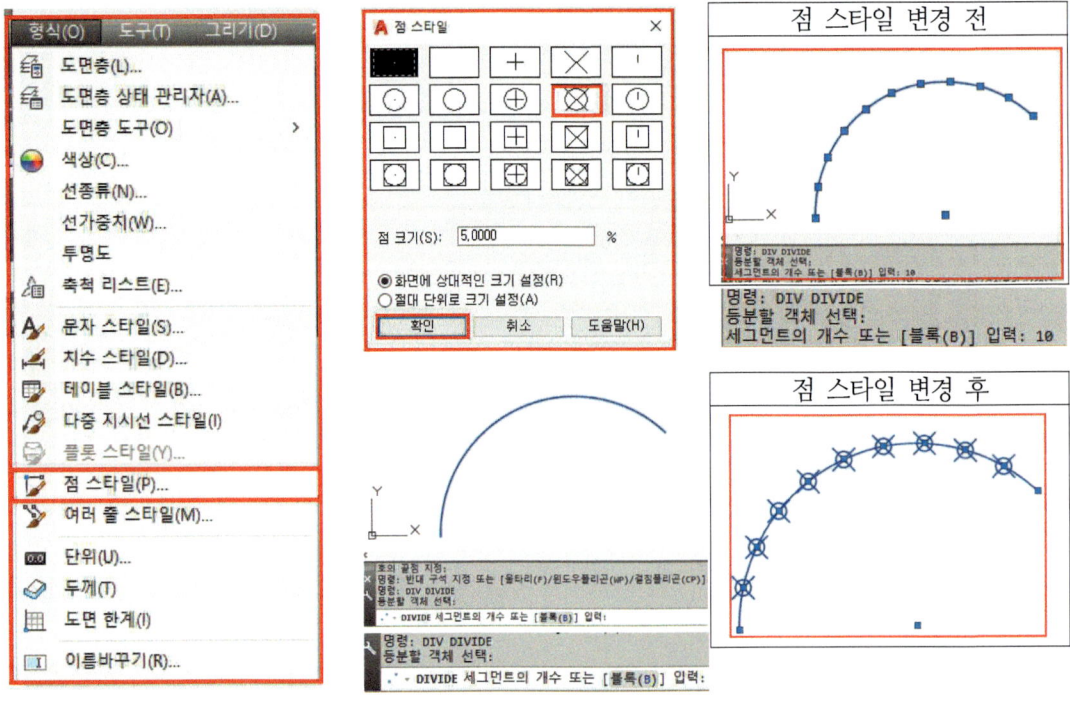

여러 줄 스타일은 여러 줄을 한 번에 작도하고자 할 때 사용한다.

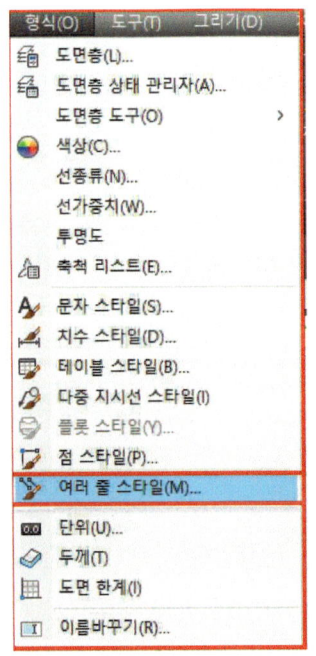

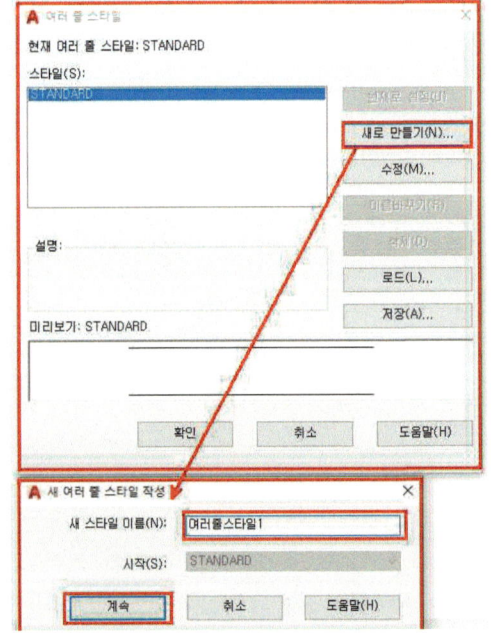

새로 만들기 버튼을 누른 후 새 스타일 이름을 작성 후 계속 버튼을 누르면 아래와 같은 창이 나타나며 요구하고자 하는 대로 설정하면 된다.

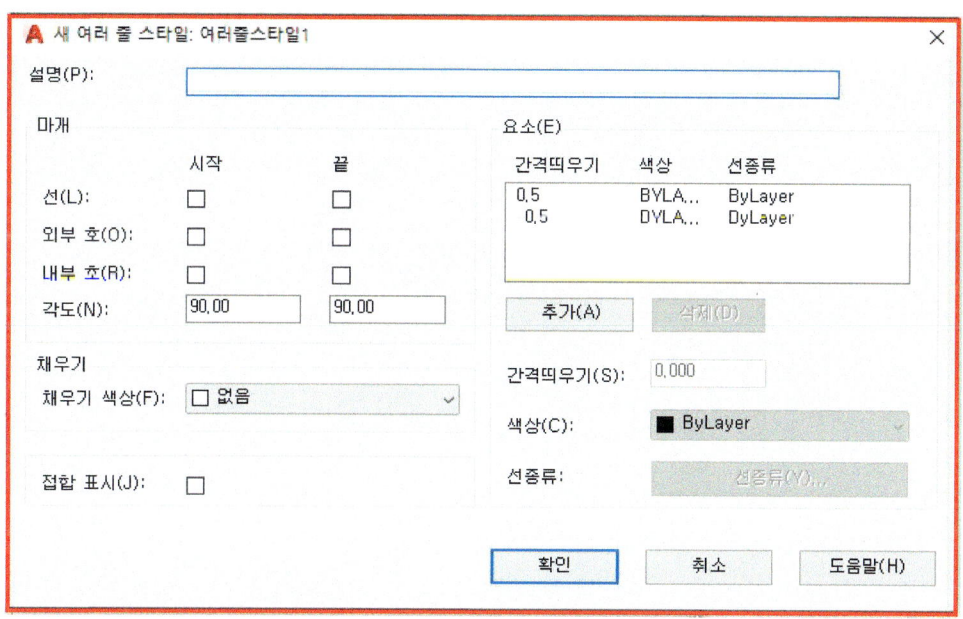

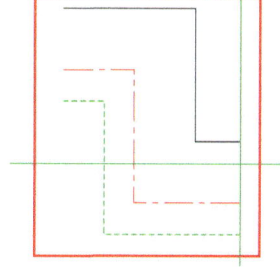

추가 버튼을 선택하여 선을 생성시킬 수 있다. 기본 생성되어 있는 선은 2개이며, 각각의 생성된 선은 간격을 원하는 대로 수정이 가능하고 색상이나 선의 종류 또한 수정이 가능하다.

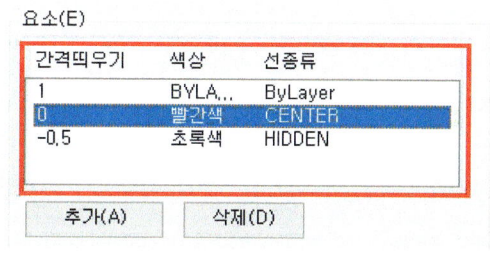

설정이 완료되면 확인 버튼을 눌러 처음 창인 여러 줄 스타일 아래쪽의 미리보기에 설정된 선이 보인다.

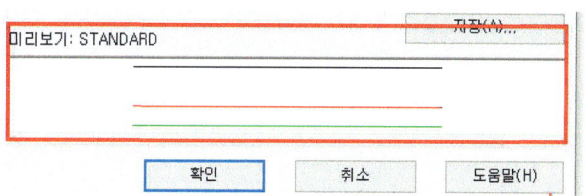

도면 단위는 현재의 화면에서 좌표에 대한 수치 정밀도 및 연계되는 소프트웨어상에 활용 시 단위에 대한 부분을 나타낸다.

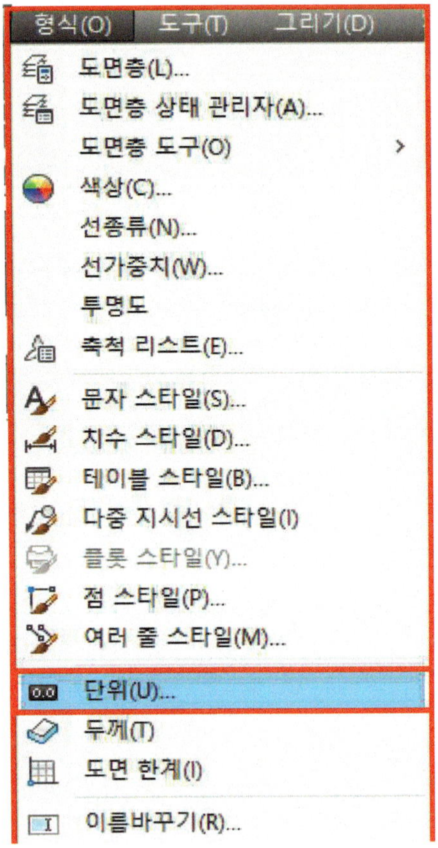

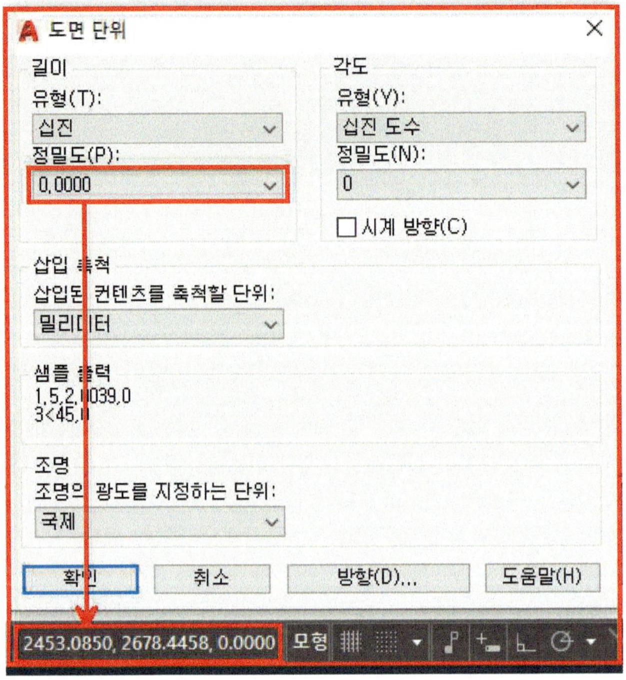

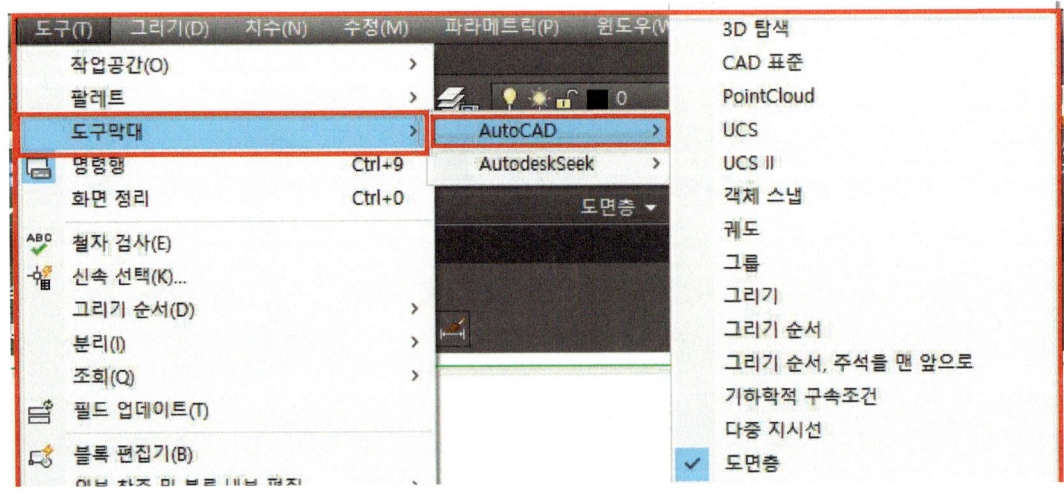

단위에서 정밀도가 소수점 4자리로 설정되어 있어 아래의 좌표치의 수치가 소수점 4자리로 표현되어 있는 것이다.

다음은 도구에서 확인되는 것은 도구막대이며 하위 메뉴에 AutoCAD 메뉴에 사용할 툴을 활성화할 수 있도록 되어 있다.

바탕화면에 사용할 메뉴바를 선택하여 활용할 수 있다.

다음은 도구에 사용자화 하위 창에 프로그램 매개변수 편집을 확인하여 보면 기본 AutoCAD에서 사용되는 명령어 및 단축키를 확인 및 설정할 수 있다.

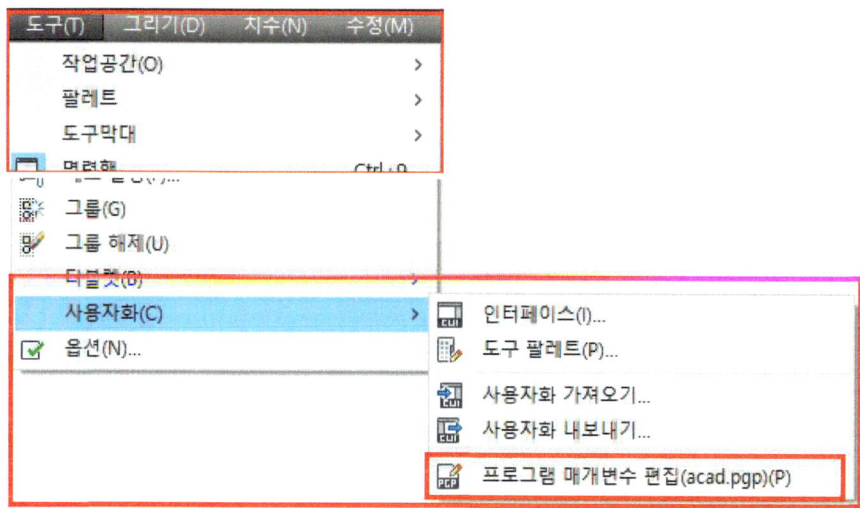

메모장에 나타난 우측에 문구는 단축 명령어이며 전체 명령어는 좌측에 표현되어 있다.
단축 명령어를 수정하여 저장하고 AutoCAD를 다시 실행하면 수정한 명령어가 적용이 된다.

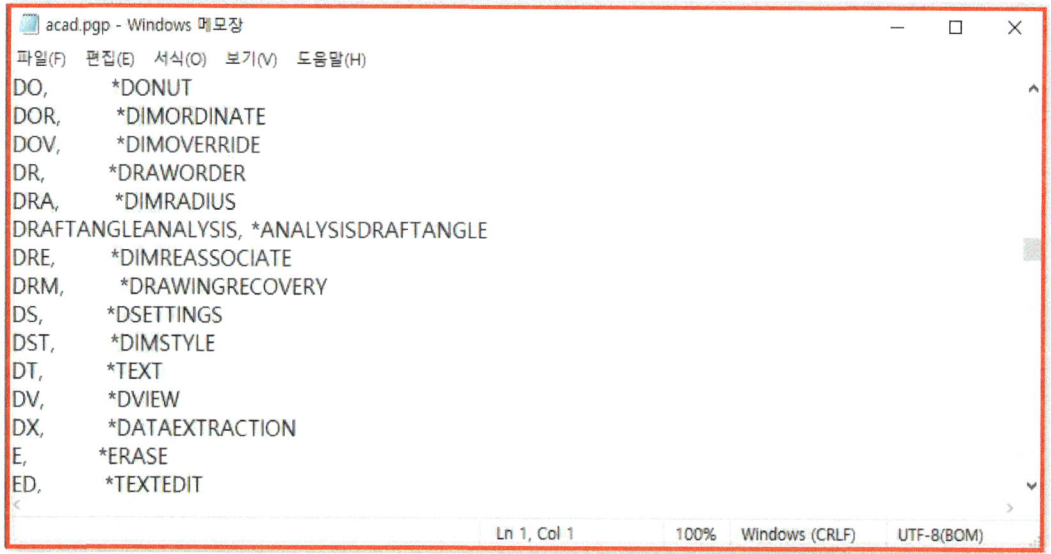

도구 메뉴에서 제일 하단에 있는 옵션을 선택하면 다음과 같은 창이 나타난다.

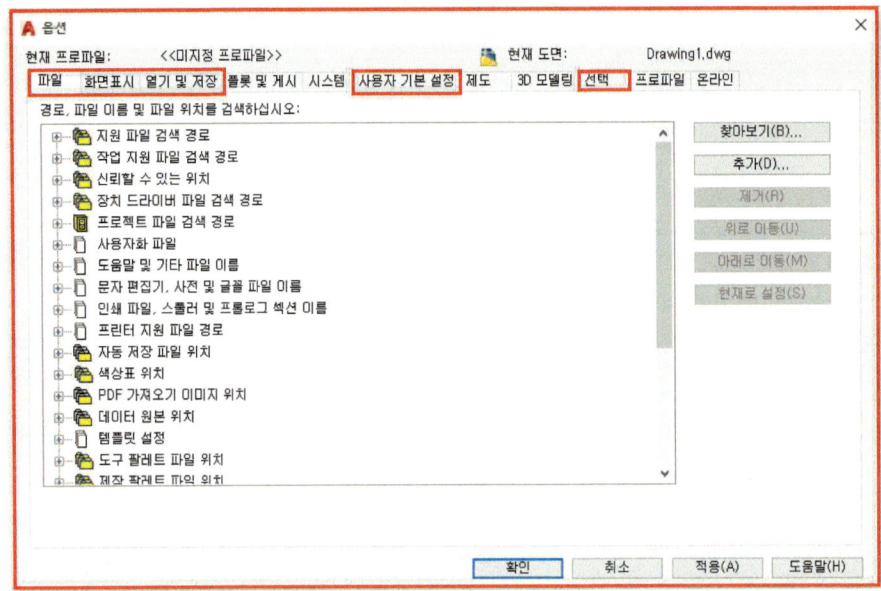

상단에 있는 탭을 보면 여러 가지의 내용으로 나타나 있으며 이 중 파일, 화면표시, 열기 및 저장, 사용자 기본 설정, 선택 부분만 설명하고자 한다.

우선 파일에서 아래 나타난 내용 중 자동 저장 파일 위치는 작업 시 물리적으로 컴퓨터가 꺼짐이 발생하거나 혹은 AutoCAD가 꺼짐이 발생할 경우 작업 내역을 저장하지 못하여 난감한 경우가 발생할 때 유용하게 사용되는 부분이다.

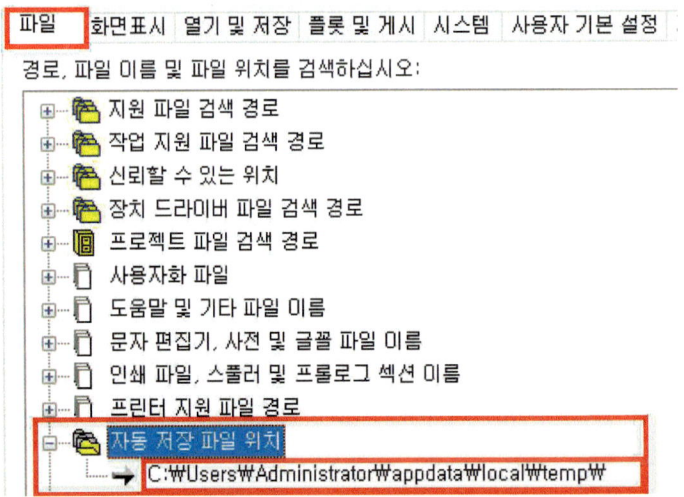

화면상의 저장 위치의 내용을 컴퓨터 주소창에 입력하면 해당되는 위치로 이동되며 이때 AutoCAD 자동 저장 도면 파일을 찾을 수가 있으며 확장자명을 ".DWG"로 수정하여 사용한다.

자동 저장 파일 위치의 하위에 있는 주소를 복사하여 내 컴퓨터의 주소창에 붙여넣기하여 본다.

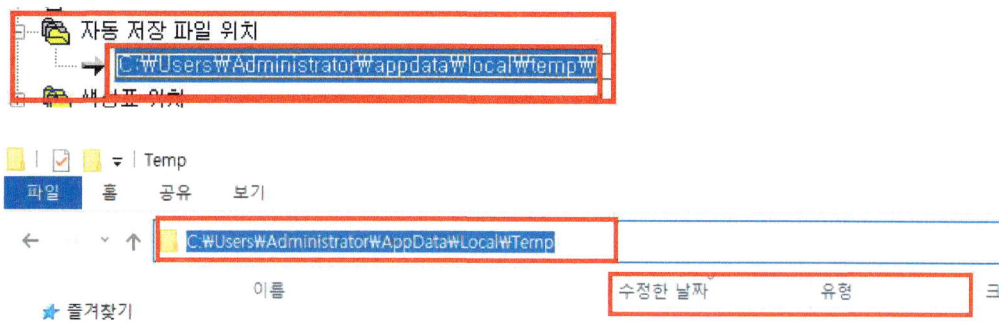

해당 창이 열리면 상위 수정한 날짜를 눌러 최근 순서로 정리되는 것을 확인한 후 유형에서 AutoCAD 자동 저장 도면 파일을 찾을 수 있을 것이다.

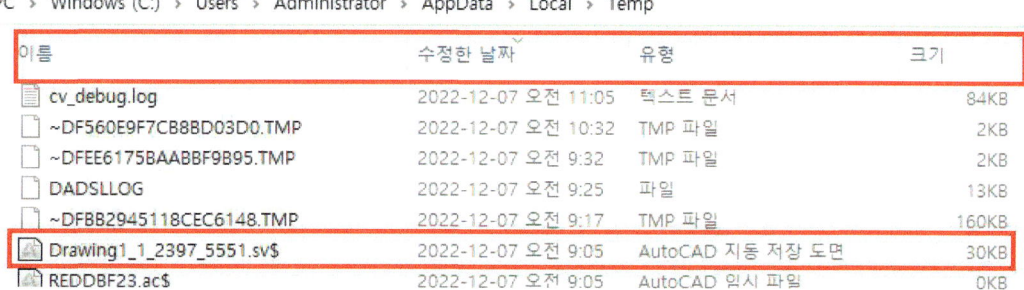

파일을 복사하여 다른 곳으로 붙여넣고 확장자명을 .DWG로 수정하여 본다.

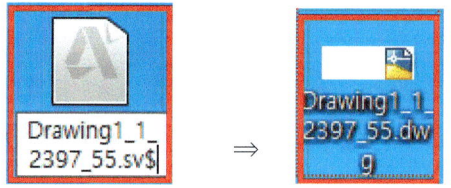

다음은 템플릿 설정에 빠른 새 도면의 기본 템플릿 파일 이름 부분에 있어 현재 상태에서는 없음으로 표시되어 있다. 미리 설정되어 있는 AutoCAD 템플릿 파일이 있다면 해당 위치를 찾아보기 버튼을 선택하여 적용하며 시작 시 항상 설정된 템플릿의 파일을 사용할 수 있다.

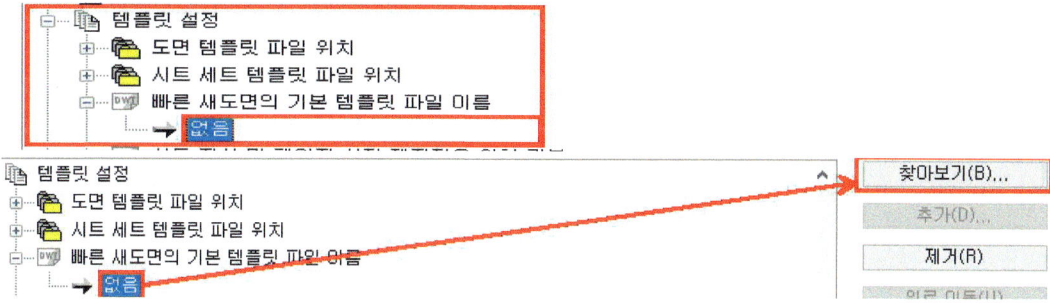

템플릿 파일의 설정은 자격검정 실기시험에 대비한 작성 시 설명을 다시 한번 언급하도록 하겠다.

화면표시에서는 우선 설정하는 것은 표시 해상도에 호 및 원 부드럽게에 수치를 9000으로 맞추어 준다. 그리고 십자선의 크기는 최대 크기로 하여 100을 맞추어 주고, 따로 색상을 바꾸어야 할 부분은 십자선의 색상을 이미지의 내용을 선으로 표현하고자 할 때 수정을 해야 작업성이 좋다.

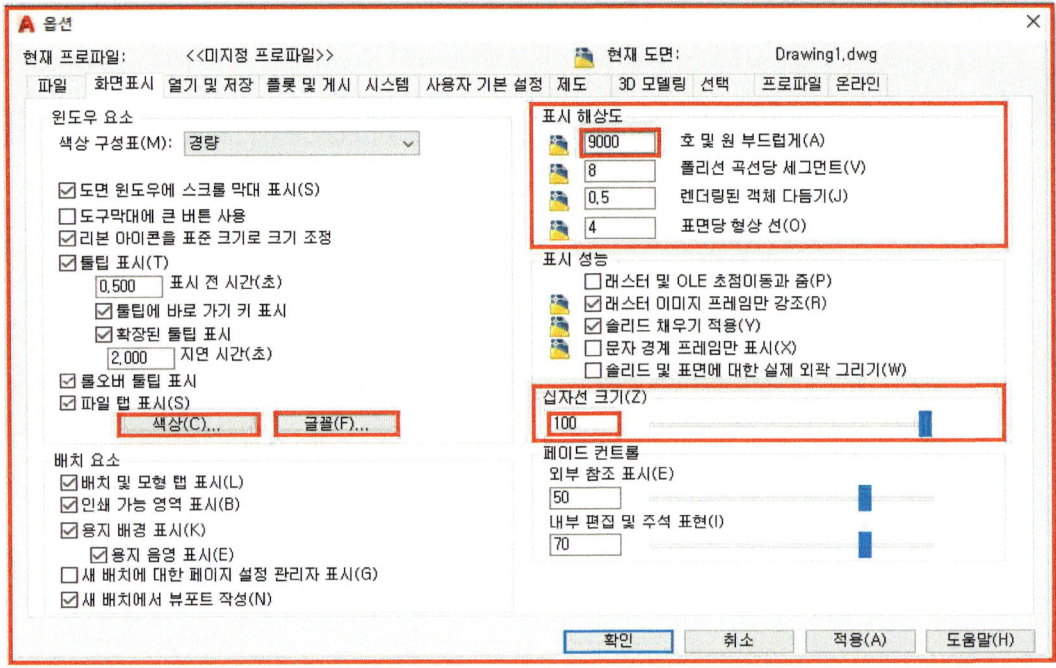

색상 버튼을 누르면 아래와 같이 설정할 수 있는 도면 윈도우 색상 창이 나타난다.

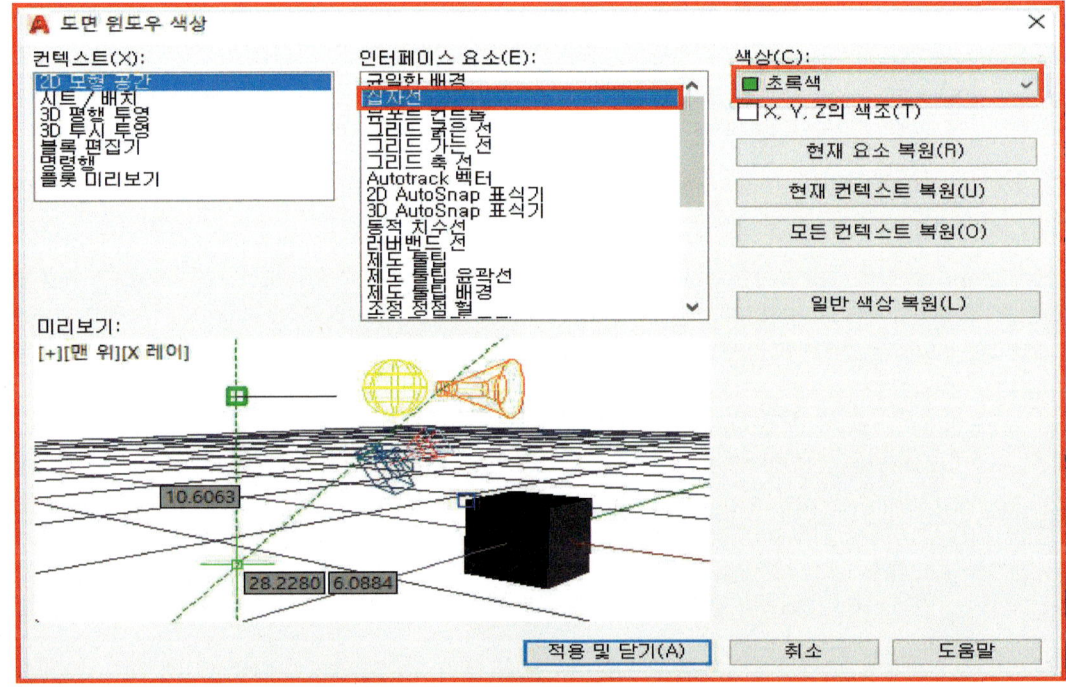

글꼴 버튼을 누르면 아래와 같이 창이 나타나며 여기에 해당되는 글꼴은 명령어 창에 나타나는 글꼴이 된다. 크기는 4에서 14로 제한적이다.

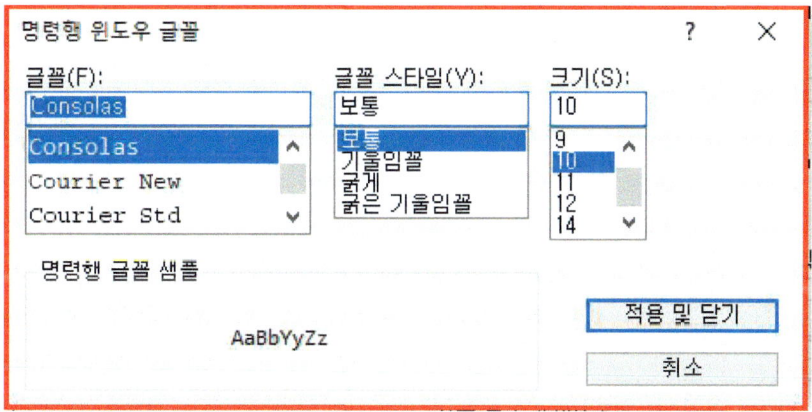

열기 및 저장에서는 파일을 저장하고자 할 때 기본 AutoCAD 버전을 설정할 수 있다.

또한, 앞서 설명된 파일 안전 예방 조치로 자동 저장되는 파일의 시간을 조정할 수 있으며 파일

열기에서 보면 시작에 해당되는 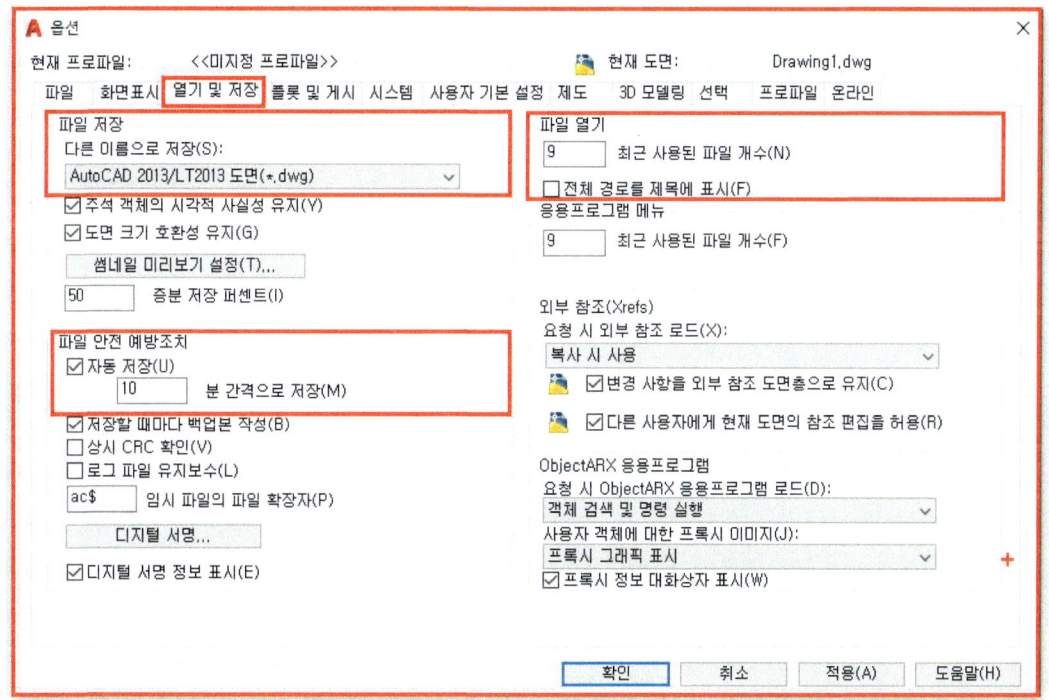 를 눌렀을 때 최근 작업한 파일의 개수가 나타나게 된다.

최대 표현은 9개까지로 제한적이다.

다음은 사용자 기본 설정으로 Windows 표준 동작에서 오른쪽 클릭 사용자화의 활성화함으로써 마우스 우클릭 시 메뉴가 나타나게 되며 비활성화 시에는 마우스 우클릭을 했을 때 Enter 기능을 한다.

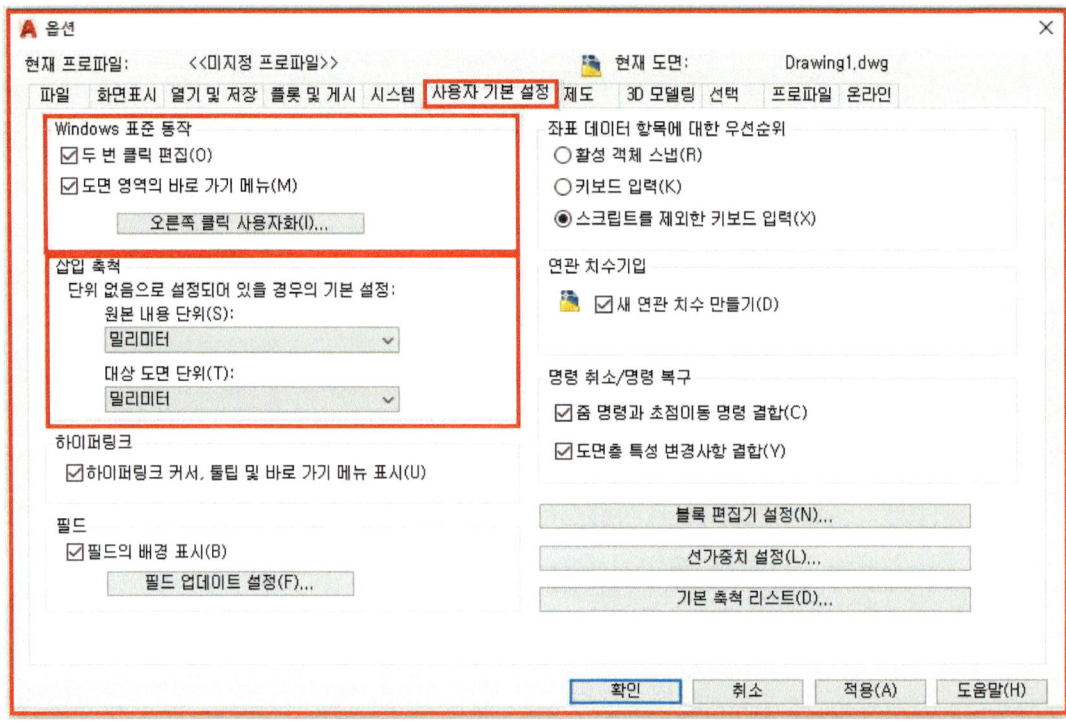

마우스 우클릭 시 나타나는 메뉴

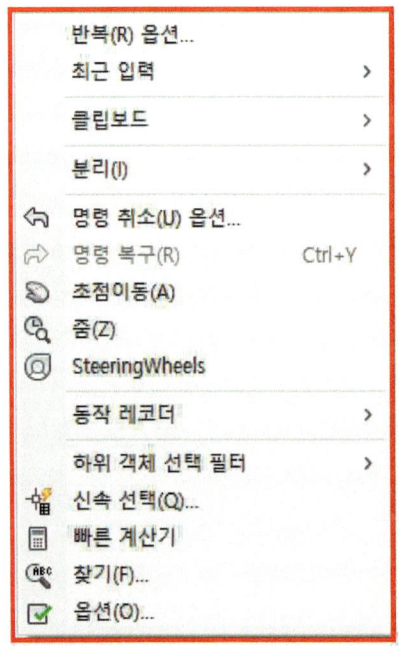

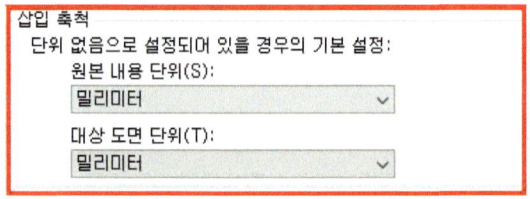

삽입 축척의 내용은 3D 소프트웨어에 작업한 객체의 인식이 될 시 단위에 대한 부분의 적용에 대한 내용을 담고 있으며, 보편적으로 밀리미터 단위를 많이 사용하고 있다.

선택에 내용 중에 확인란의 크기의 조절하는 부위를 잘 살펴보고 조절한다.

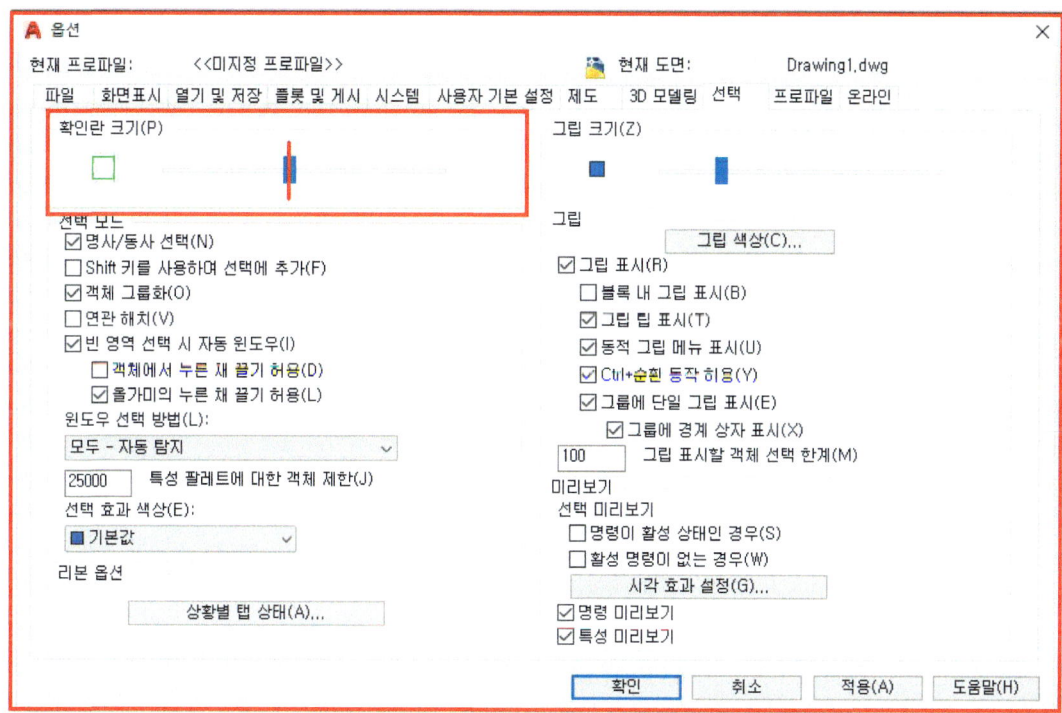

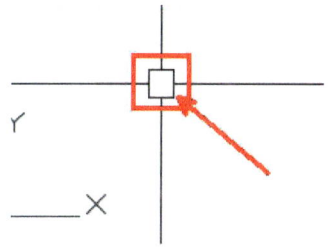

확인란 크기의 정도는 실제 작업하면서 부편함이 없는 크기로 설정해야 하는데, 너무 작게 되면 선택할 때 어려움이 있고 너무 크면 원하지 않은 객체까지 선택되는 경우가 많이 생긴다.
확인란 크기 조절 바를 중간 점에 두는 것이 제일 적당한 크기인 듯하다.

선택 모드에서 보면 "Shift 키를 사용하여 선택에 추가" 체크박스에 체크가 비어 있어야 객체를 선택할 때 중복적으로 선택이 가능하게 된다. 가령 체크박스에 체크가 되면 선택할 때 Shift 키를 누른 상태로 선택해야 중복적인 선택이 이루어질 것이다.

반대로 여러 가지 객체를 선택 후 원하는 객체를 선택 취소를 원하는 경우에는 Shift 키를 누른 상태로 객체를 선택하게 된다면 원하고자 하는 객체만 선택에서 해제할 수 있다.

AutoCAD 기본 명령어 1

A
U
T
O
C
A
D

예제1] 절대 좌표를 활용하여 작업한다.

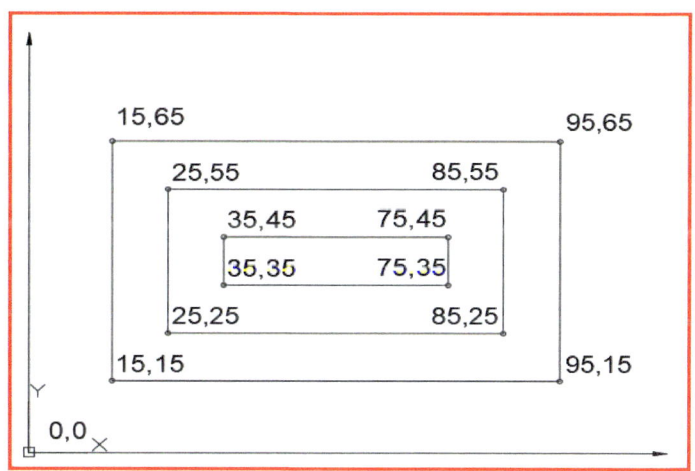

캐드 바탕화면에서 기준이 되는 좌표 "X축과 Y축"의 원점에서부터 설정되는 공간에 "LINE" 명령어를 실행하여 예시 도면상에 있는 5 좌표치를 순서대로 입력하여 작업한다.
단축키는 "L"을 입력하면 된다.

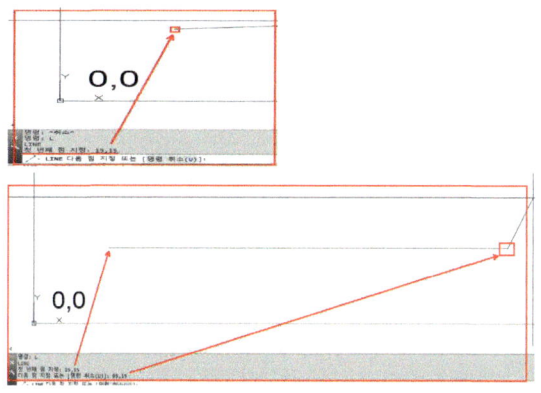

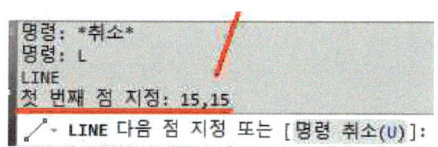

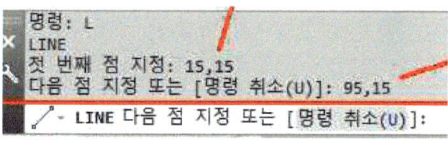

위의 그림 순서 대로 명령어 창에 "X축 좌표와 Y축 좌푯값을 입력한 후 "ENTER"를 눌러 실행한다.

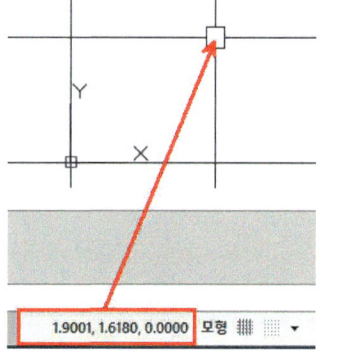

절대 좌표의 개념에 대하여 설명을 한다면 AutoCAD 화면상 원점이 되는 "X축과 Y축의 끝점에서부터 마우스 커서의 거릿값을 확인해 본다면 실제 "선(Line)" 명령을 수행할 때 원점에서부터 "선(Line)"의 첫 번째 점을 선택했을 때 원점과의 거릿값을 입력하고, 두 번째 점을 원점과의 거릿값을 입력하면 비로소 "선(Line)"이 나타나게 된다.

아래쪽의 좌표치에서 마우스 커서의 원점과의 거리를 확인할 수 있다.

원점에서 각도에 대한 내용으로 "X축과 Y축"을 보면 우측으로 0도 위쪽으로 90도 좌측으로 180도 아래쪽으로 270도로 지정되며, 회전 방향을 보면 원점으로부터 반시계 방향은 + 방향이며 시계 방향은 −방향이 된다.

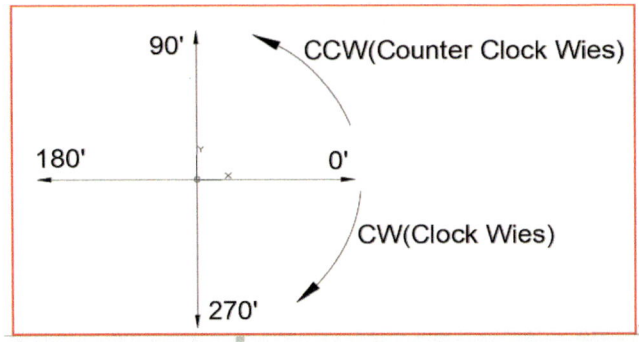

회전 방향의 표시: + 방향을 CCW(Counter Clock Wies)

− 방향을 CW(Clock Wies)로 표현한다.

예시를 진행하면서 "L(LINE) 명령어"를 사용하는데 명령어 창을 보면 처음 명령 후 계속 다음의 명령이 지령이 된다. 이를 확인해 가면서 작업한다.

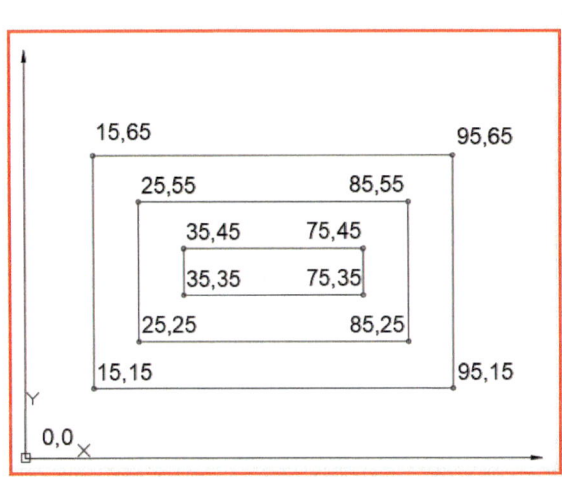

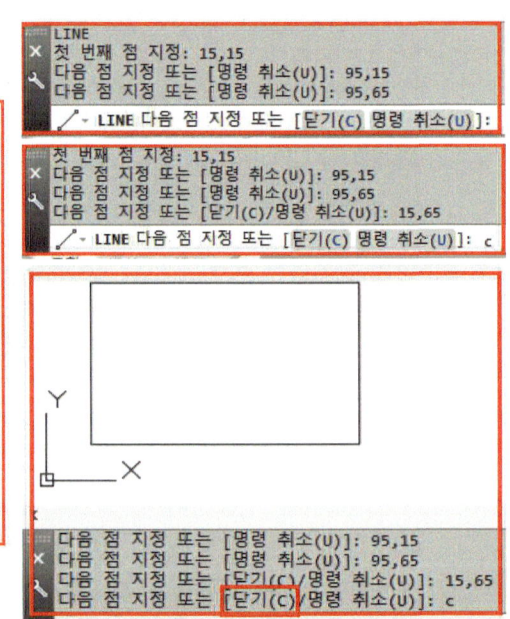

사각형 형태의 마무리에서 처음 좌표치를 입력하는 대신 닫기(C)를 활용하여 사각 형태의 도형을 마무리하면서 Line 명령을 빠져나온다.

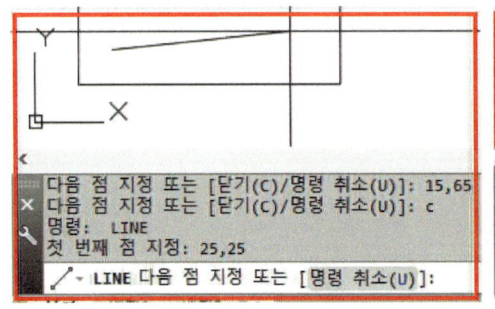

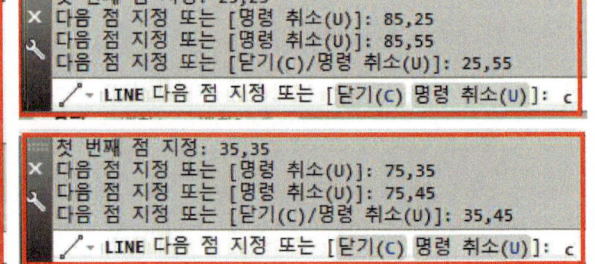

아래의 그림은 예제에 따라 작업이 완성된 것을 보여 주고 있다.

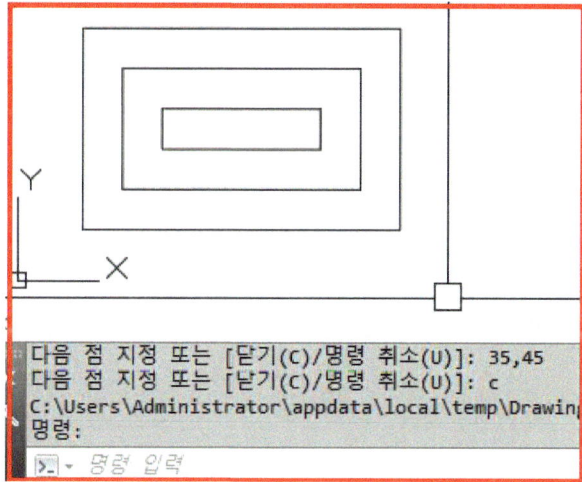

AutoCAD상에 원점에서부터 마우스 커서의 위치를 확인하고 조절하여 본다.

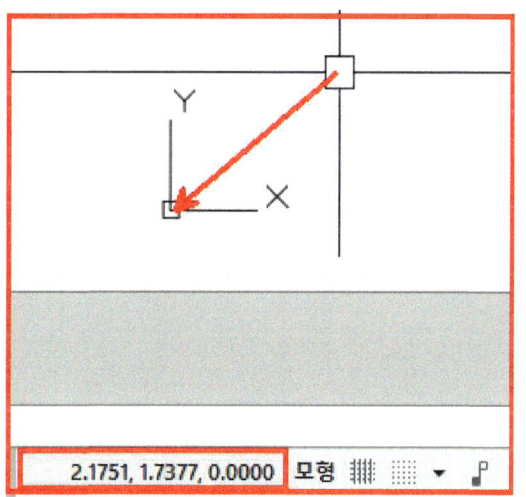

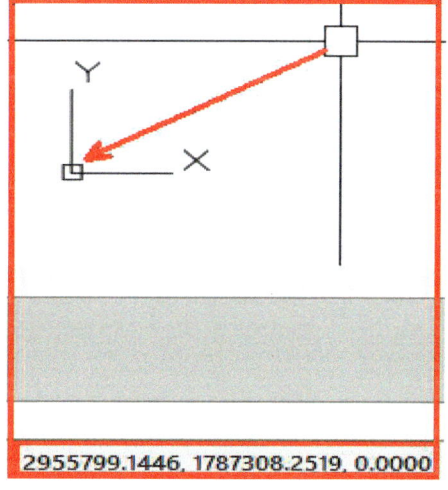

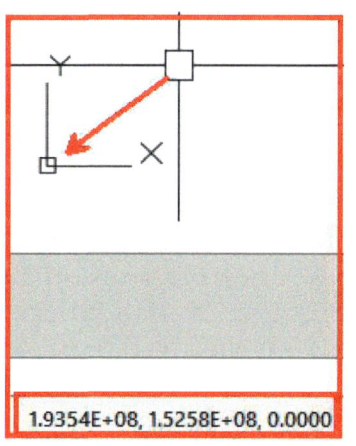

마우스 커서의 위치가 원점에서 표현되는 수치값 이상이 되면 좌측 이미지에서 보이는 것과 같이 E+값으로 나타나게 된다. 그리고 마우스 휠을 사용하여 화면상에 마우스의 위칫값을 원하는 위치로 이동하려고 조작하여도 불가능하게 되는 경우가 많다. 이때에는 ZOOM 기능을 활용하여 문제를 해결한다. "Z" Enter를 치고 "A" Enter를 눌러 화면상의 전체 객체의 내용을 다 보여 주면 재생성을 하여 화면상의 좌표를 다시 맞도록 재구성하여 준다.

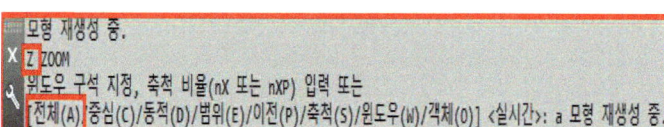

마우스 조작에 대하여 설명하고자 한다. 아래 그림은 선택 시 좌측에서 우측으로 선택하는 방식에 대하여 나타낸 것이다.

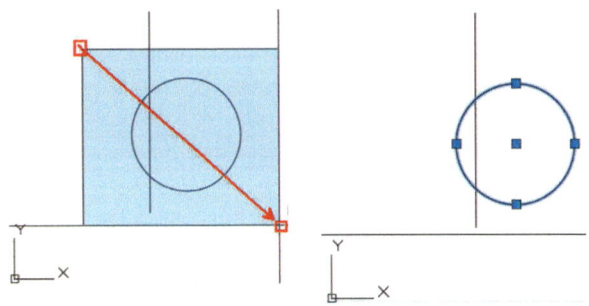

좌측에서 클릭하여 우측으로 이동하며 객체를 선택하여 클릭하면 선택하는 영역의 사각의 상자가 생성되는데, 이때 사각형 박스 안쪽으로 완전히 포함되는 객체는 선택되며 그 외 객체는 선택되지 않는다.

아래의 그림은 마우스 클릭을 우측에서 좌측으로 클릭하여 객체를 선택하는 방식에 대한 그림이다.

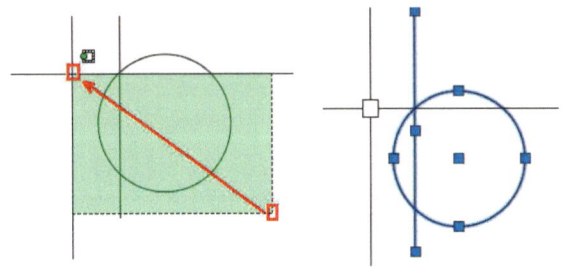

우측에서 클릭하여 좌측으로 이동하며, 객체를 선택하면 영역의 사각의 상자의 테두리가 점선처럼 나타나며, 객체의 일부분만이라도 걸쳐지면 선택된다.

마우스 휠을 누르면서 움직이면 화면이 이동되는 것을 확인할 수 있다.

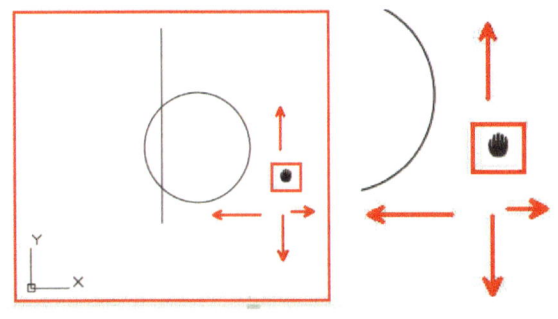

좌측에 나타난 것처럼 마우스 커서의 모양은 손 모양으로 나타나게 된다.

마우스 휠은 화면의 핸들링을 하거나 확대 축소를 하는 데 활용한다. 또한, 작업 시 활용을 많이 하는 데 능숙하게 사용할 수 있도록 여러 번의 연습이 필요하다.

예제 2] 다음의 예제를 절대 좌표와 상대 좌표를 활용하여 작업하여 본다.

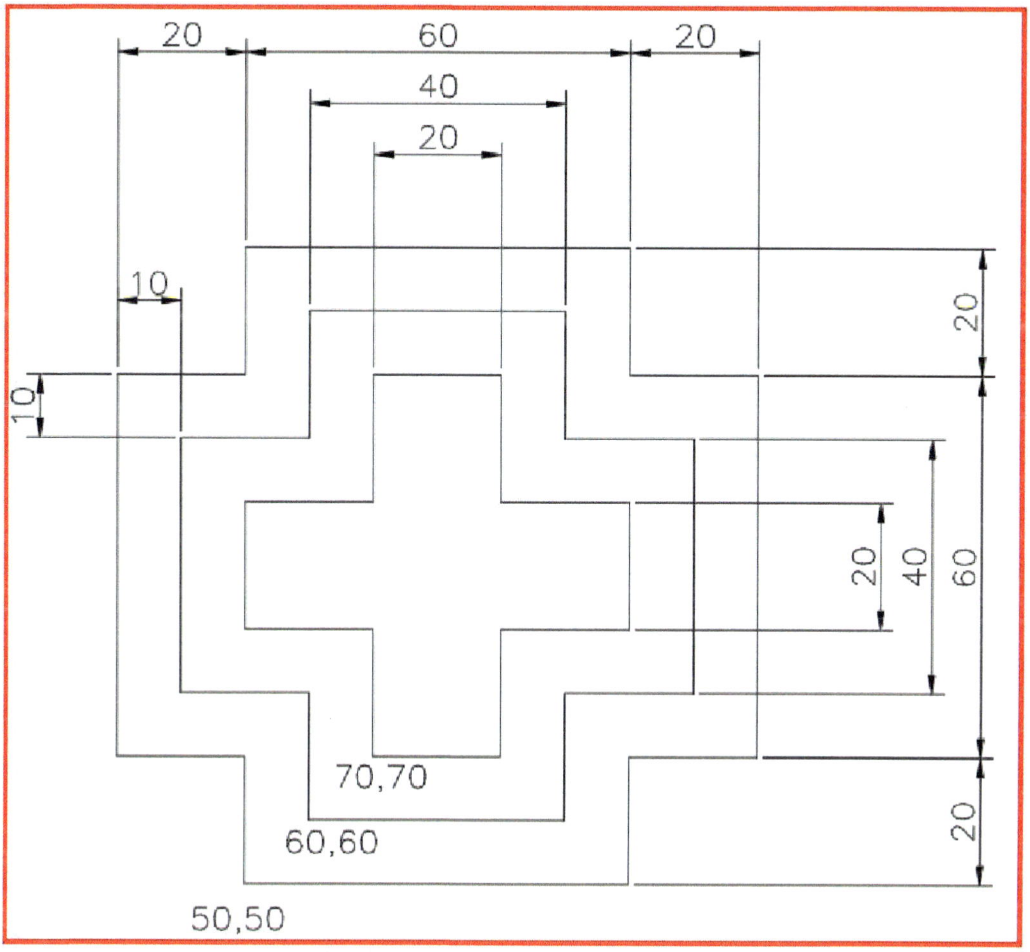

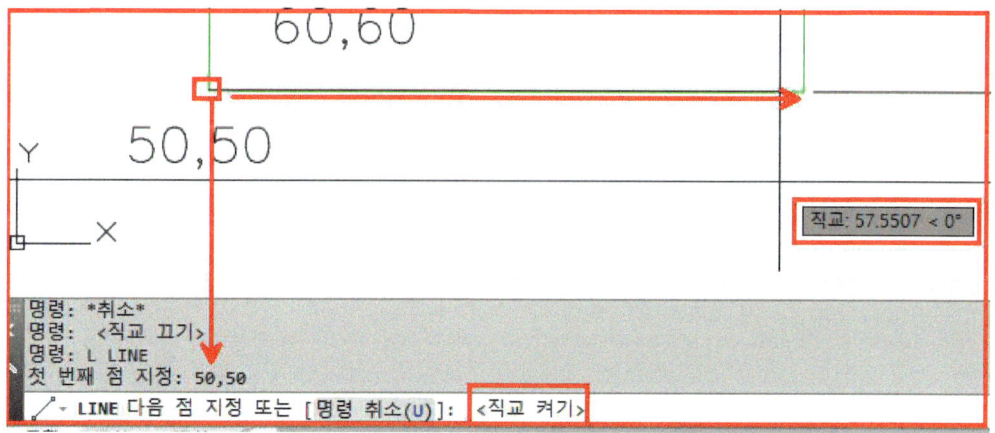

LINE 명령 "L"을 사용하여 작업을 시작한다.

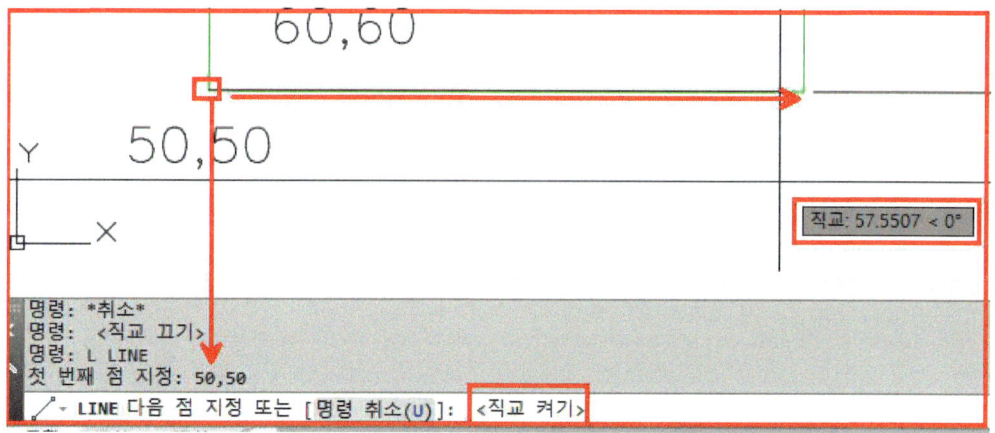

선 그리기 명령을 사용한 다음, 첫 번째 점을 절대 좌표를 활용하여 X축 50, Y축 50을 입력하여 작업을 시작하며, 두 번째 점을 선택할 때에는 상대 좌표를 활용하여 작업한다.

이때 마우스 커서의 방향이 위의 그림처럼 "직교 방향이 되도록 하며, 본인이 원하고자 하는 방향으로 마우스 커서를 설정하고 나서 원하고자 하는 수치만큼 입력하면 된다.

그리고 직교 모드를 켜고 *끄기*는 "F8"을 사용하면 된다.

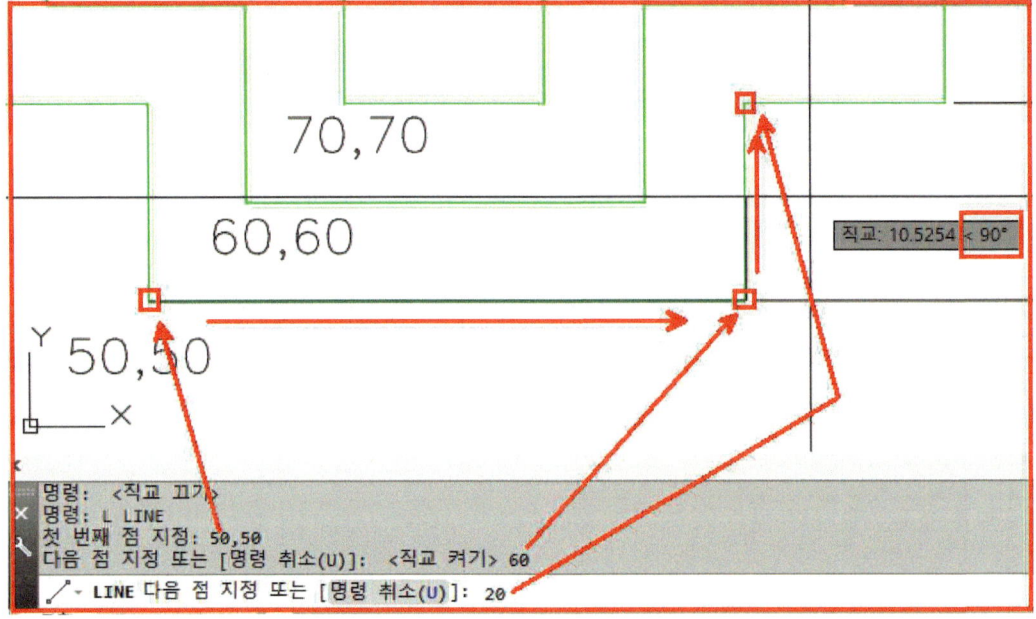

위의 그림과 같이 상대 좌표는 제일 마지막 입력한 좌표 위치가 원점이 되어 증분 좌표의 값으로 입력되기에 항상 원점이 변한다.

현재 입력하고자 하는 내용은 각도는 〈90이며 좌표 입력값이 아니라 거릿값으로 입력된다고 생각한다. 각도의 표현은 "〈"를 우선 입력한 후 뒤에 오는 수치는 각도 값으로 된다. 화면상의 나타나는 "〈" 값은 마우스 컨트롤을 통하여 방향을 설정하면 자동으로 생성되는 값이다. 방향이 선정되고 나면 거릿값을 입력하여 표현하면 된다.

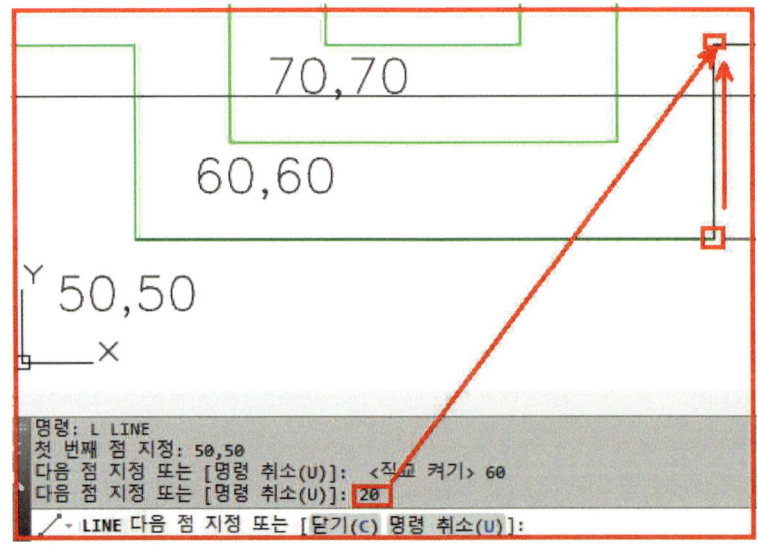

예시의 작업의 순서를 보면, 처음 50,50 절대 좌표치를 입력 후 상대 좌표를 활용하여 거릿값만
입력하며 직교의 방향 설정을 해 가면서 작업이 이루어진다.

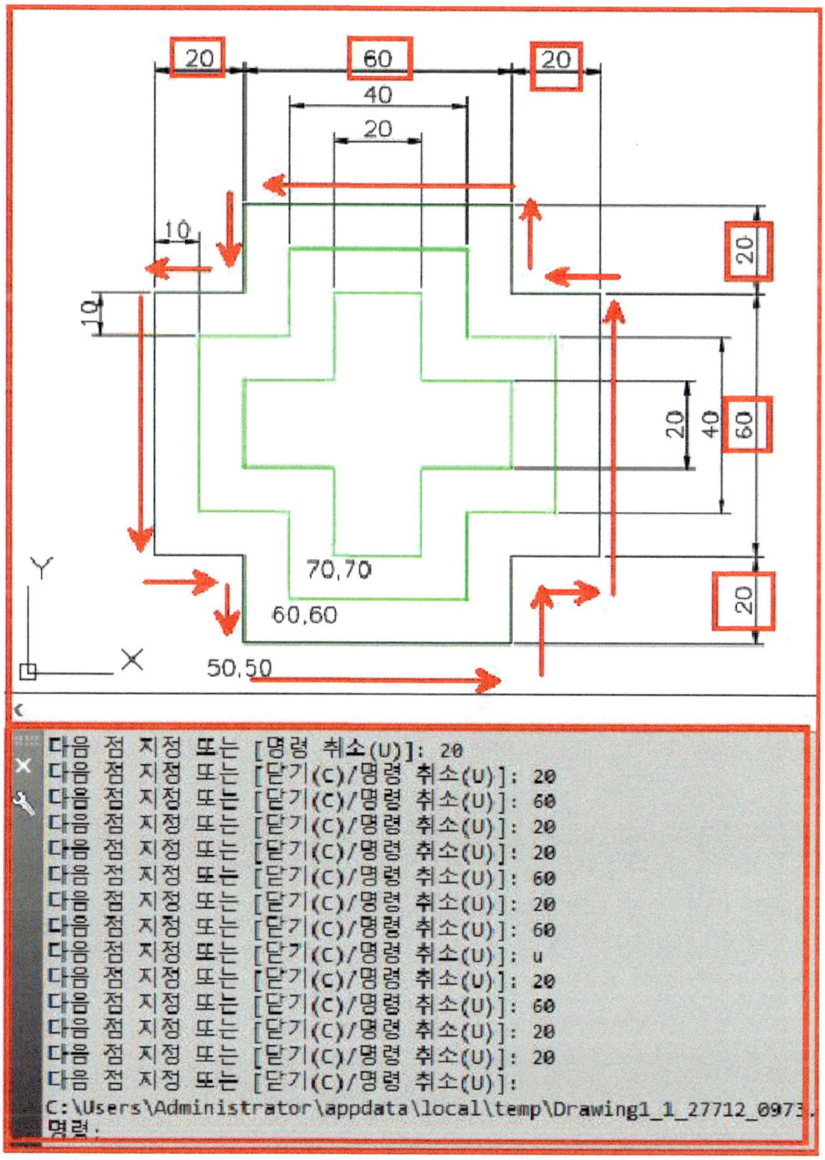

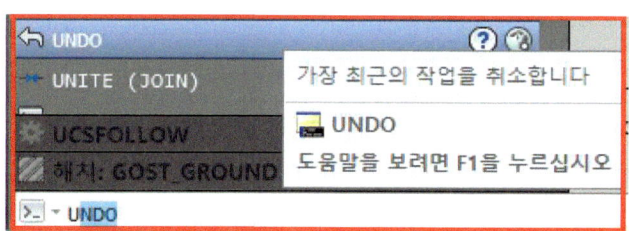

작업 중 입력이 잘못되었을 시에는 되돌리기 기능 "U"(UNDO)를 활용하여 다시 정확한 치수 값
을 입력한다.

예제 3] 상대 좌표를 활용하여 다음의 예시를 작성하여 본다.

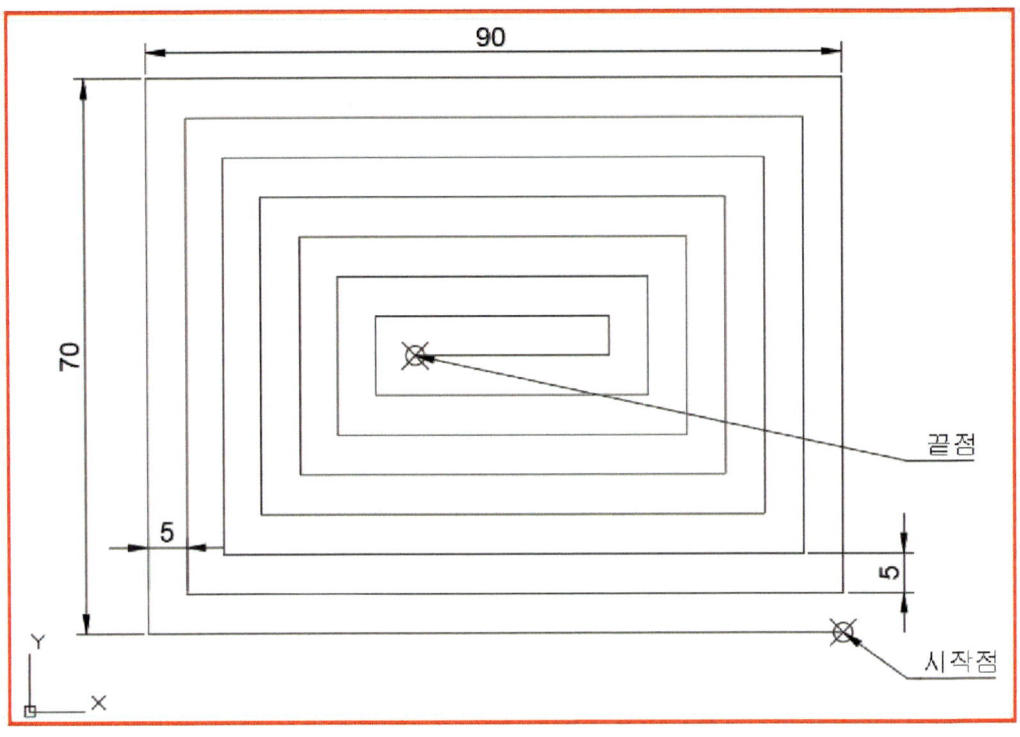

전체 크기는 가로 90mm 세로 70mm이며, 각각의 선의 간격은 5mm로 작성되어 있다. 값을 계산하여 작도를 할 수 있지만, 작업 시 마우스 커서의 위치 및 각도 창에 치수를 확인하여 5mm 단위의 값에 근접하는 값을 입력한다면 쉽게 작도가 될 것이다.

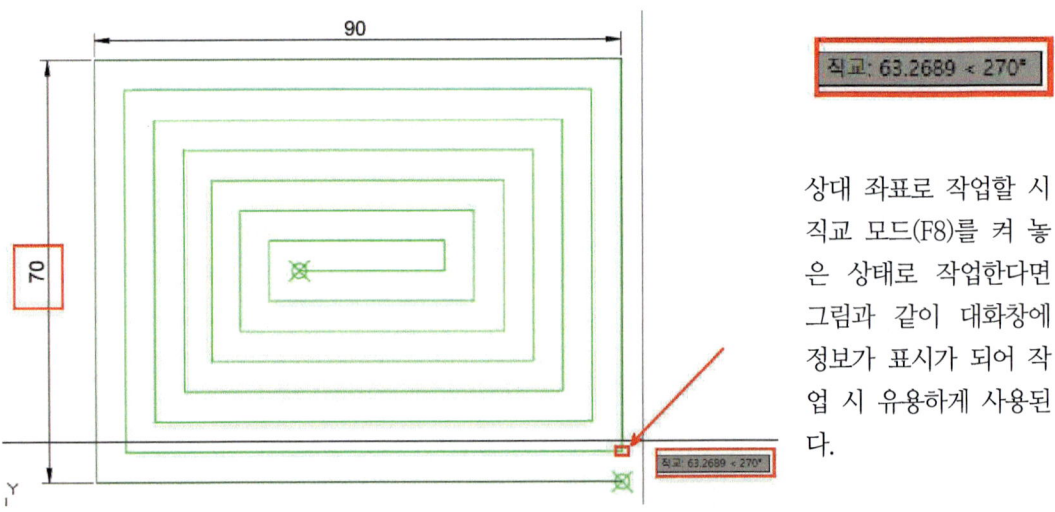

상대 좌표로 작업할 시 직교 모드(F8)를 켜 놓은 상태로 작업한다면 그림과 같이 대화창에 정보가 표시가 되어 작업 시 유용하게 사용된다.

AutoCAD 사용 시 작업성을 위한 손의 위치와 작업 시 명령어(단축키)를 사용하기 위한 내용을 설명하고자 한다.

이는 AutoCAD 버전이 업그레이드되면서 아이콘을 사용하는 것이 찾기 어려워지는 경우와 작업 속도를 올리는 데 안 좋은 영향을 미치기 때문이다.

[그림 1] 작업 시 손의 위치

항상 손의 위치는 특정한 경우를 제외하고 왼손의 엄지손가락 위치는 위의 [그림 1]과 같이 하며 이는 Enter 기능이 명령을 최종 실행하는 것이므로 명령어(단축키)를 사용 후 바로 space bar를 엄지손가락으로 자연스럽게 사용하면 Enter 기능이 적용된다.

이것은 Space bar와 Enter가 같이 최종 실행하는 것으로 적용되기 때문이다.

특히 AutoCAD에서 Enter는 최종 사용한 명령을 반복적으로 실행하거나 명령을 마무리할 때 사용을 하기 때문이다.

참고로 왼손의 위치를 잘 활용하여 명령어(단축키)를 사용한다면 처음 접하는 사용자는 좀 힘들 수 있으나 어느 정도 익숙해지는 시기가 된다면 작업의 효율적인 속도가 올라갈 것이다.

예제 4] 스냅을 활용하여 다음의 예시를 작성하여 본다.

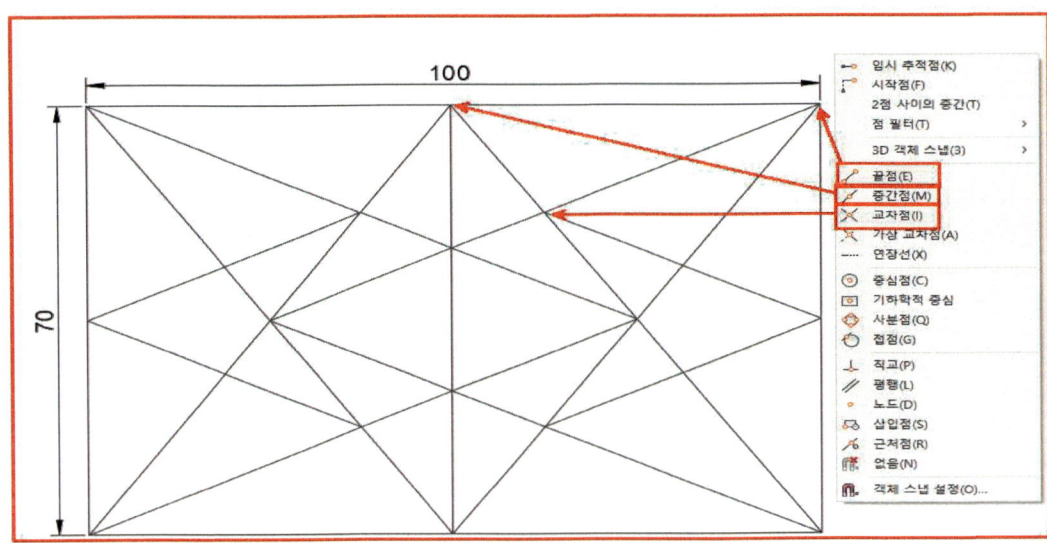

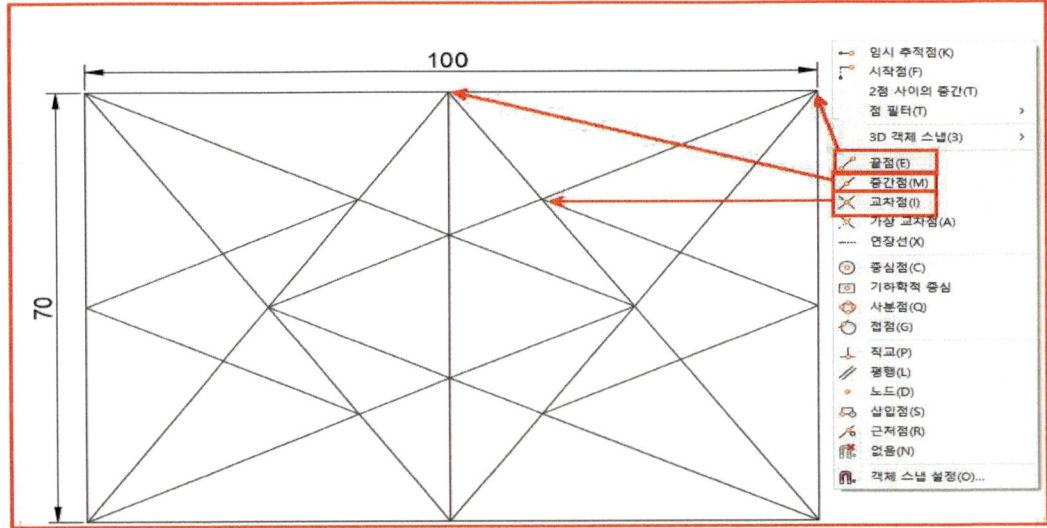

[그림 2] 스냅설정(OSNAP)

[그림 2]와 같이 작업 시에 선을 작도하고자 할 때 원하는 위치(중간점, 교차점, 끝점 등)에 선택 시에 "Ctrl+마우스 우클릭"을 하면 창이 나타나게 되며, 해당되는 영문 철자 하나만 선정하여 입력한다면 선택하고자 하는 스냅 기능만을 활용할 수 있게 된다.

작업 순서는 다음과 같이 표현하였다.

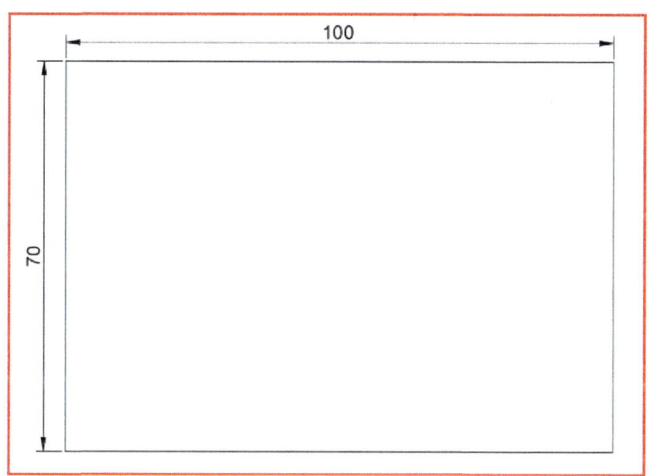

100

70

[그림 3] 사각 형태 틀 그리기

선 그리기를 활용하여 가로 100mm 세로 70mm의 사각 형태의 틀을 작도하여 본다.

절대 좌표에 대한 작도 방식이 아닌 상대 좌표로만 작업이 이루어지며 AutoCAD화면상에 어디든 선의 첫 번째 점을 선택하고 직교 모드(F8)를 활성화하여 작도한다.

[그림 4]와 같이 사각형 중간을 세로 방향으로 선을 작도하여 본다.

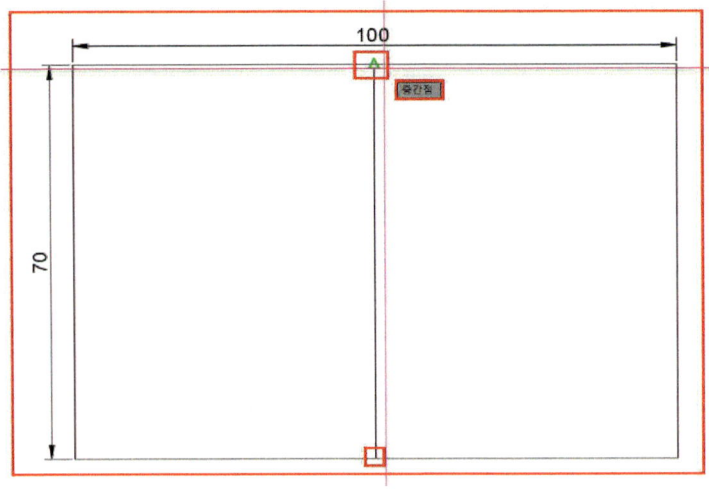

[그림 4] 중심 세로 선 작업

작도 시 선 명령이 수행되고 나서 사각형의 바닥선 중심에 가까이 가져가면 삼각형 모양의 스냅의 유형의 아이콘이 나타나게 된다. 이는 이미 스냅 설정에서 설정되어 있는 부분은 자동으로 활성화되기 때문에 일부러 "Ctrl+마우스 우클릭"을 활용하여 창을 나타내고 작업할 필요는 없다.
스냅의 기본 설정은 AutoCAD창 하단의 메뉴 중에 나타나며 순서는 [그림 5]와 [그림 6] 내용이다.

[그림 5] 객채 스냅 설정 아이콘

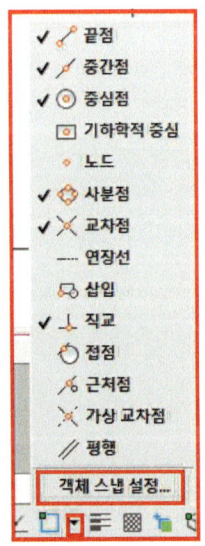
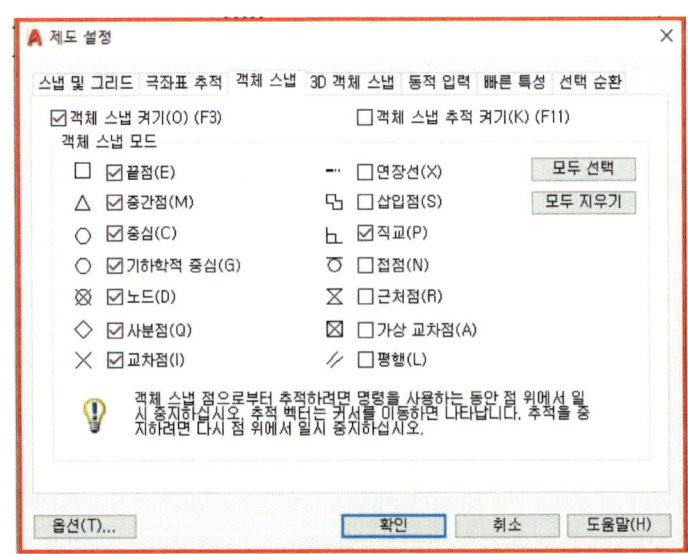

[그림 6] 객채 스냅 설정

객체 스냅의 기본 설정은 [그림 7]과 같이 한다.

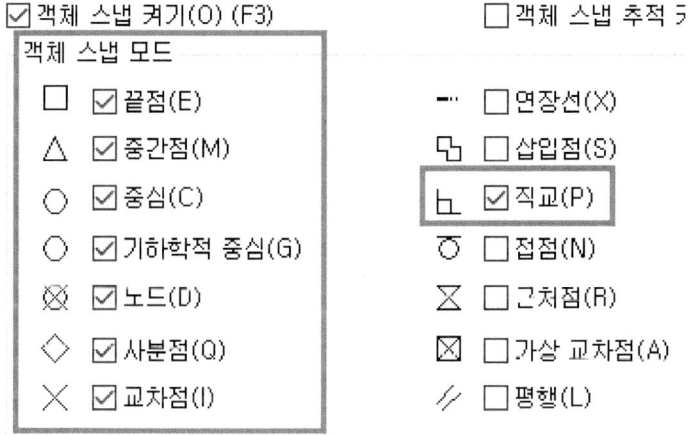

[그림 7] 객체 스냅설정

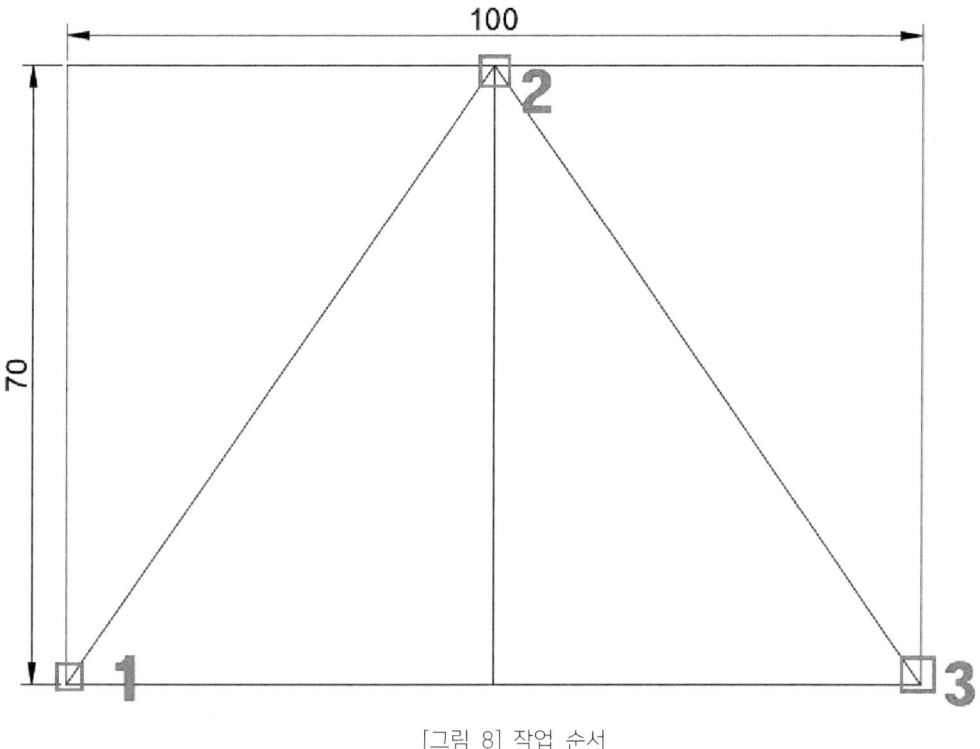

[그림 8] 작업 순서

[그림 8]과 같이 사각형 코너에서 선의 첫 번째 점을 선택하고, 두 번째 그리고 세 번째 점을 선택하여 마무리한다.

매번 작업 시 스냅의 형태가 뜰 것이다. 이것은 마우스 커서의 위치에 따라 가장 가까운 스냅의 지점이 우선 선택이 될 것이며, 스냅의 표현이 되지 않았다면 원하고자 하는 정확한 위치에 점이 선택이 되지 않았음을 의미하기 때문에 스냅 형태의 아이콘이 나타날 때 마우스를 클릭하여 작업한다.

다음 작업 순서는 [그림 9]와 같이 앞서 [그림 8] 작도 이후 상하 반대 방향으로 작도한다. 1번 끝점에서 2번 사각형의 아래쪽 중심 그리고 3번의 사각형의 우측 상단 모서리 끝점을 선택한다.

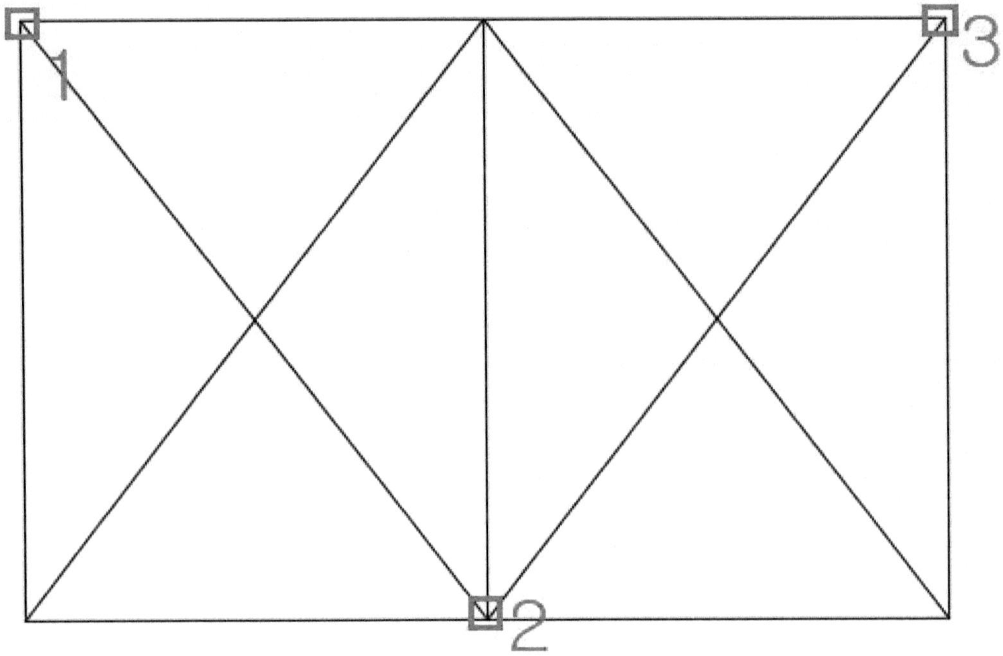

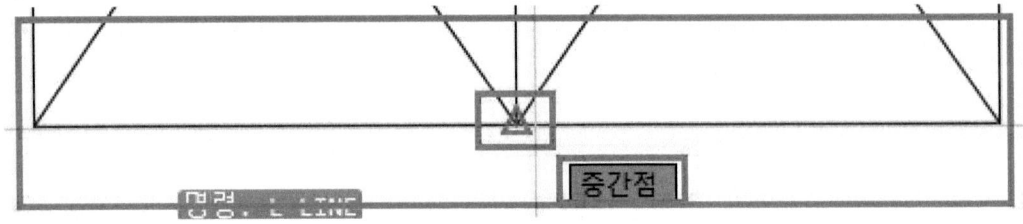

[그림 9] 작업 순서

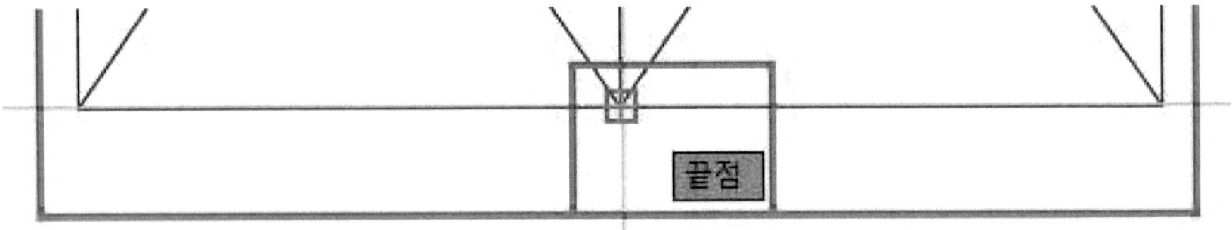

[그림 10] 스냅의 위치 지점

[그림 10]을 보면 2번 위치에 마우스 커서를 가져 갔을 때 사각형의 바닥선의 중심점이 아닌 사각형의 중심 지점을 지나고 있는 선의 아래쪽 끝으로 스냅이 잡히는 것이 보일 것이다. 이는 2번 지점이 사각형의 중심의 위치도 되지만 중심에 있는 세로 선의 끝점도 되기 때문이다.
만약 사용자가 끝점이 아닌 중심점을 잡고자 한다면 "Ctrl+마우스 우클릭"을 활용하여 스냅 활용 창을 열고 나서 "M"을 누르면 중심점 스냅만 잡을 수 있을 것이다.

[그림 11] 스냅의 위치 지점

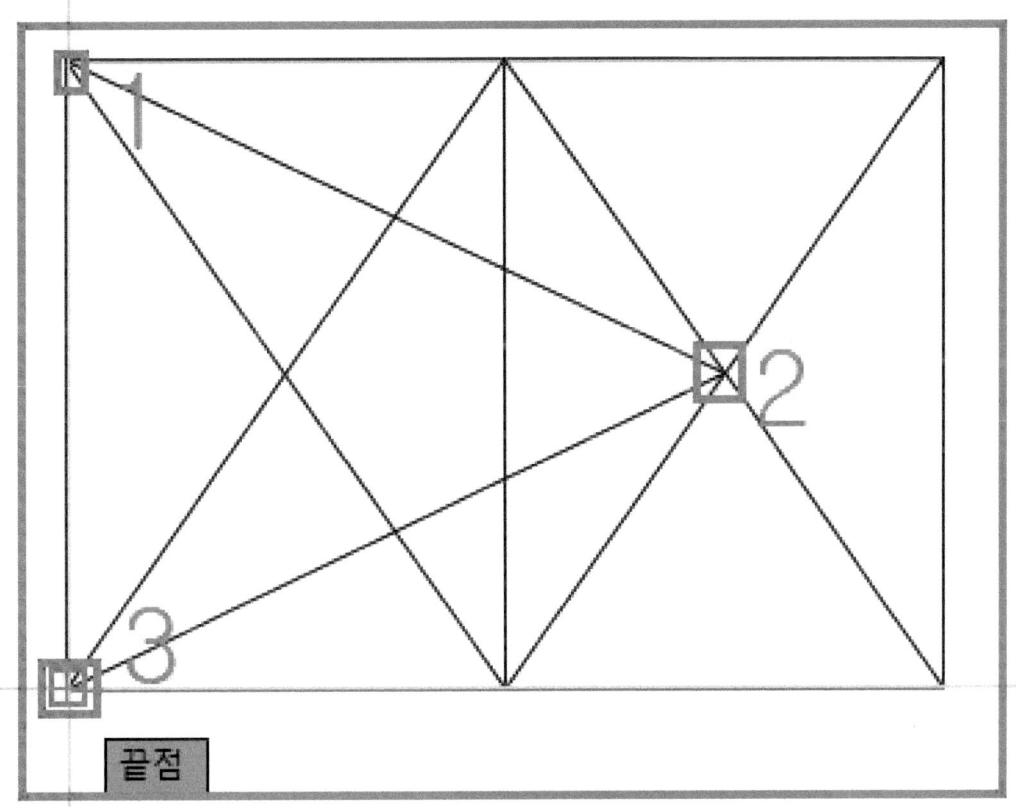

[그림 12] 스냅의 위치 지점

작업 순서에 따라 다음 스냅 지점은 [그림 12]에서와 같이 1번의 위치 선택 후 2번 위치를 선택하고 3번의 위치를 선택한다.

앞서 [그림 11]에서 설명한 것과 같이 2번의 위치 스냅에서 교차점의 스냅이 아닌 중심점 스냅이 자연스럽게 나타난다. 이는 대각으로 그려진 선의 중심과 교차점이 일치하기 때문이다. 마찬가지로 2번의 위치에 스냅을 교차점만을 선택하고 한다면 "Ctrl+마우스 우클릭"을 활용하여 스냅 중 교차점에 해당되는 "I"를 선택하면 된다.

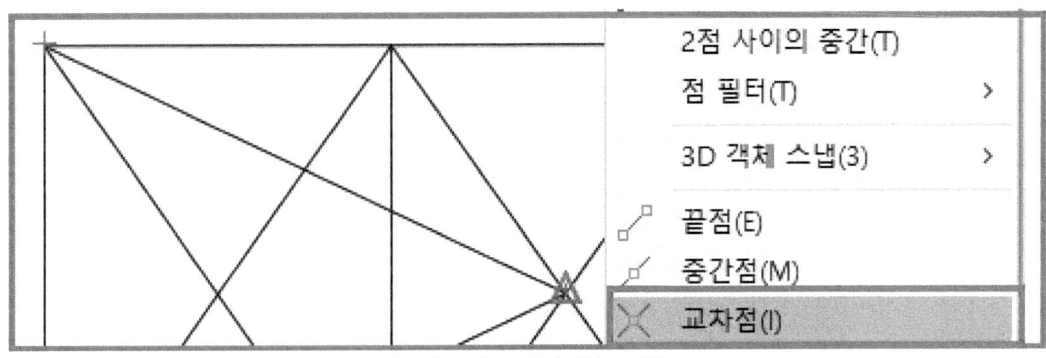

[그림 13] 스냅의 위치 지점

다음은 앞에 작업 순서 이후에 하는 작업 순서를 나타내었다.

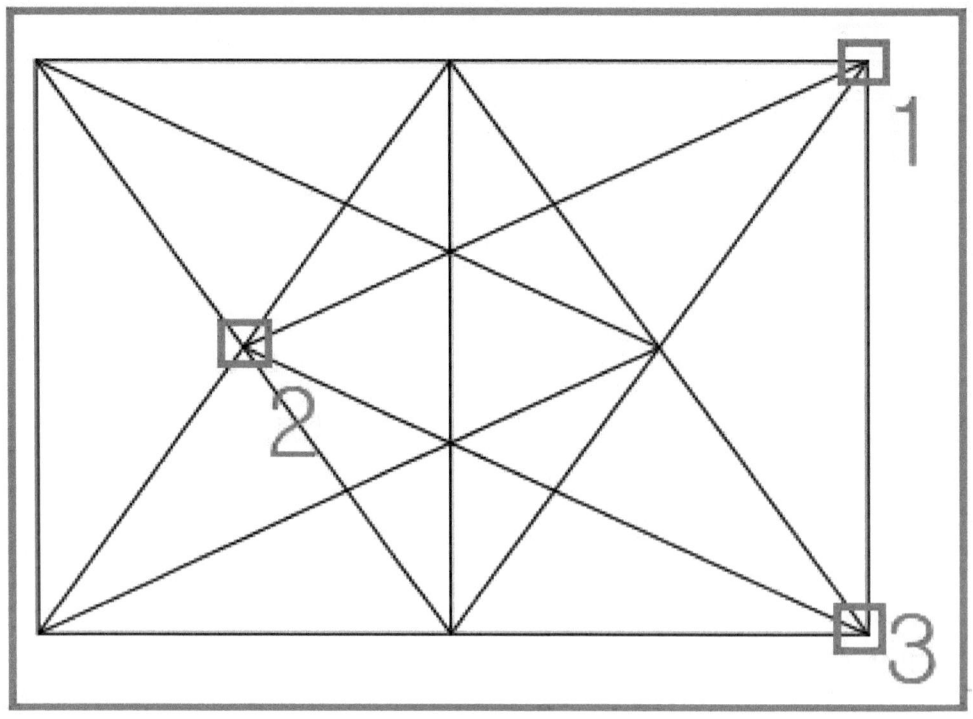

[그림 14] 스냅의 위치 지점

선 명령인 단축키 "L"을 계속해서 반복해서 사용하므로 "space bar"를 활용하여 작업하도록 한다. 명령 실행과 재명령을 할 때에는 단축키를 누르지 않고 "space bar"만 가지고 작업하는 것이 좀 더 효율적이다.

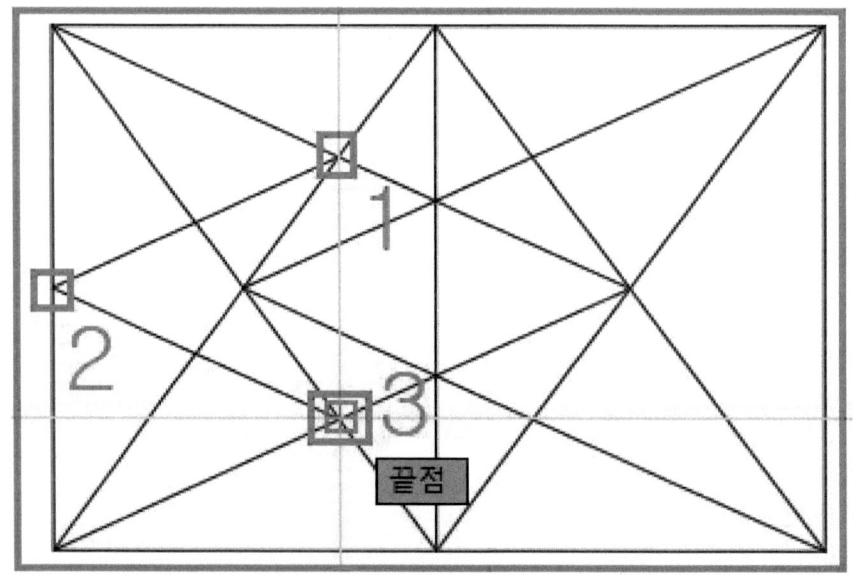

[그림 15] 스냅의 위치 지점

예제 마무리 작업을 보여 주는 그림으로 [그림 16]은 앞서 작도한 내용의 좌우 대칭 위치의 방향으로 작도가 된다.

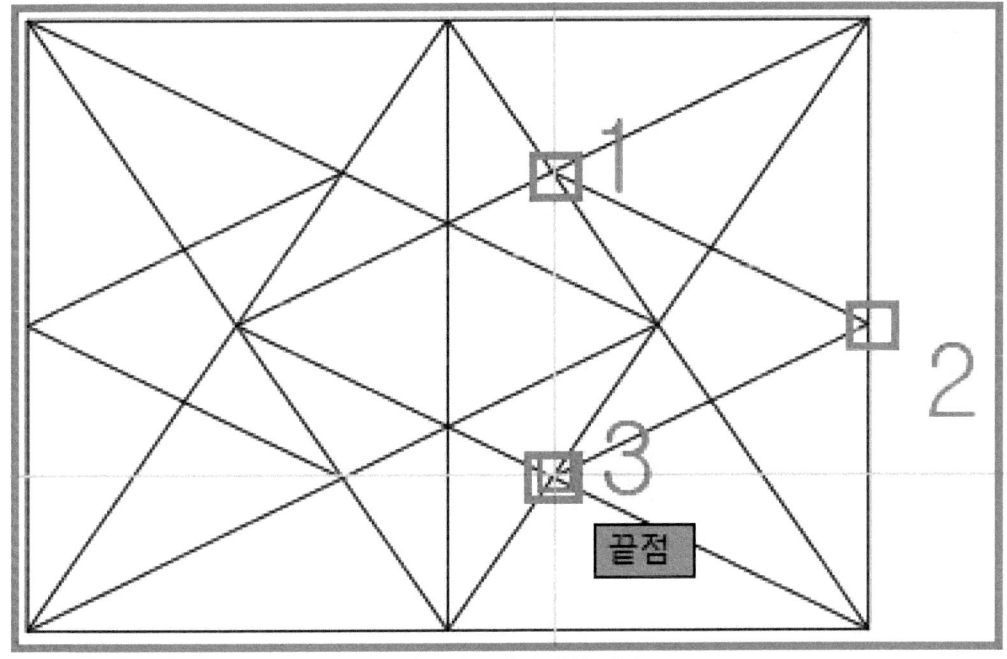

[그림 16] 스냅의 위치 지점

일반적으로 작업 시 스냅은 많이 활용되며 이는 기본 설정을 사용자가 원하는 대로 미리 설정해 두고 사용한다면 작업의 속도 및 능률적인 작업이 이루어질 것이다.

예제 5] 다음의 예제를 작도하면서 작업의 순서와 기준을 어떻게 할 것인가에 대해 학습을 할 수 있도록 하며 마우스 컨트롤 능력을 높여 본다.

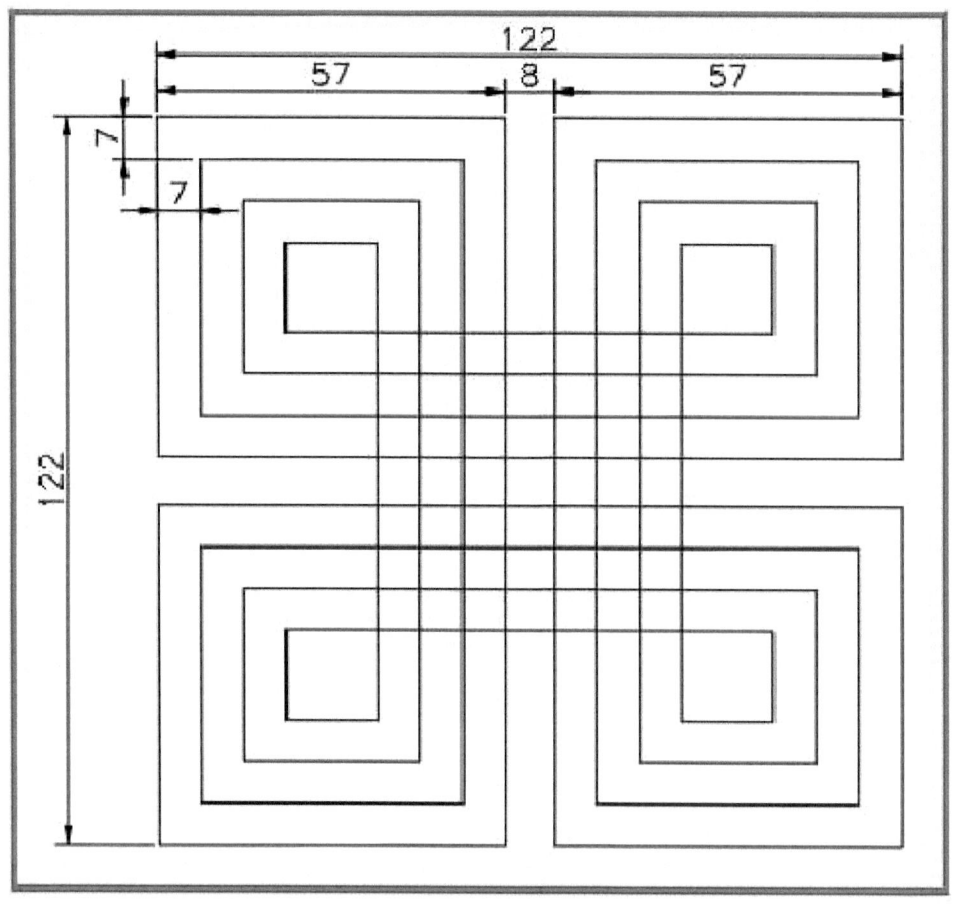

[그림 17] 예제5

[예제 5]의 전체 가로와 세로의 값을 확인하고 형상 또한 보면 평범한 한 변의 길이가 122mm인 정사각형이다.

수치 값을 본다면 122mm가 제일 큰 치수이며 그다음 치수는 57mm이며, 마지막으로 보면 각 선의 간격 값이 가로와 세로의 치수 값 7mm가 보일 것이다.

도면을 작도하거나 어떠한 사물을 보았을 때 우선 확인해야 할 부분은 전체 크기를 보고 외형의 모양이 제일 큰 치수부터 작업하고, 그다음 큰 치수 순서로 작업을 한다면 완성 형태의 내용이 크게 달라지거나 바뀌어지는 것은 없을 것이다.

이제 작업 순서에 맞추어 작도하면서 현재 사용될 "Trim" 명령과 "Offset" 명령에 대해 설명을 하고자 한다.

한 변의 길이가 122mm인 사각형을 우선 작도한다.

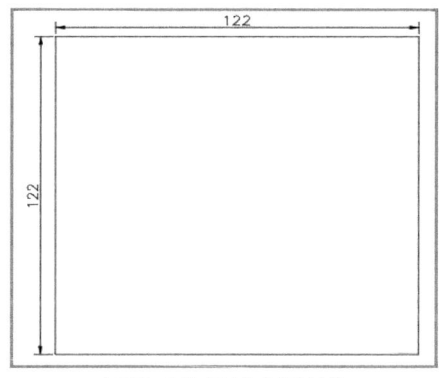
[그림 18] 전체 외곽형상

[그림 19] "Offset" 명령

Offset 명령의 단축키는 "O"이며 명령 이후에는 원하고자 하는 수치 값을 입력하여 객체를 선택하여 복사해 본다.

[그림 20] 간격 띄워 객체를 복사하는 기능의 명령

[그림 20]에서 나타난 것처럼 우선 거릿값을 57mm를 입력 후 옵셋 작업을 순서대로 표현하여 나타내었다.

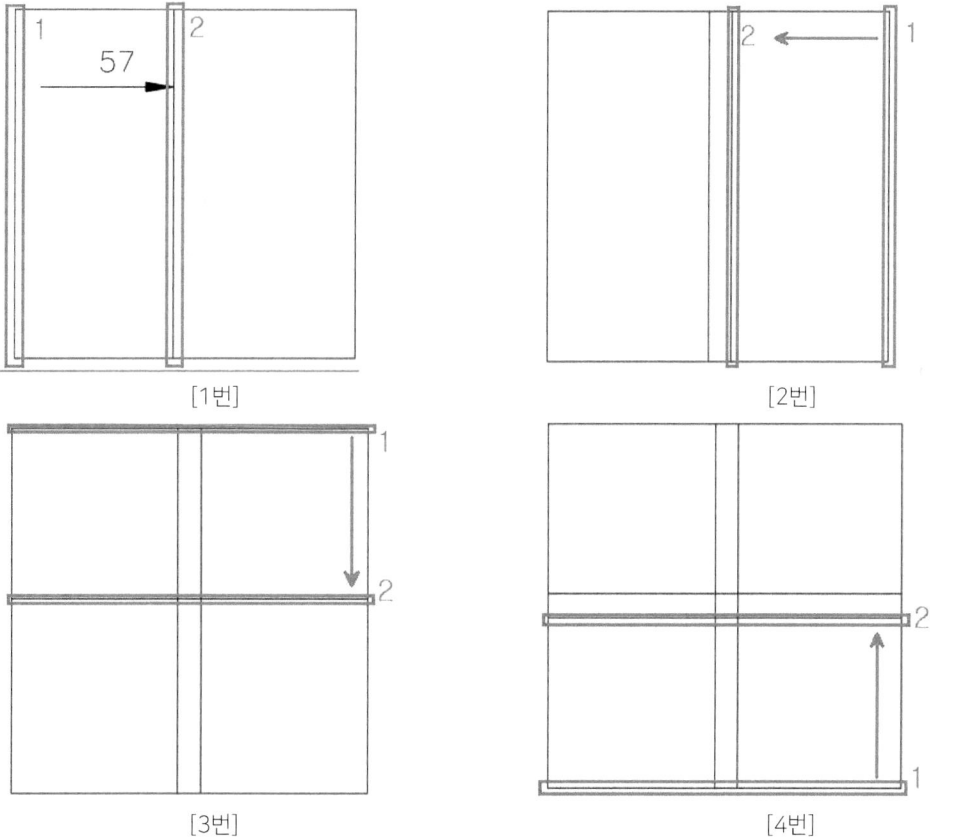
[1번]　　　　　　　　　　　　　[2번]
[3번]　　　　　　　　　　　　　[4번]

"Trim"(TR) 명령을 활용하여 57mm 형상을 표현하여 본다.

[그림 21] 트림 명령

"TR" 단축버튼을 누르고 명령어 창을 보면 객체 선택 명령이 나타난다. 이때 우선 자르고자 하는 객체가 아닌 자르고자 하는 기준이 되는 객체를 선택한다.

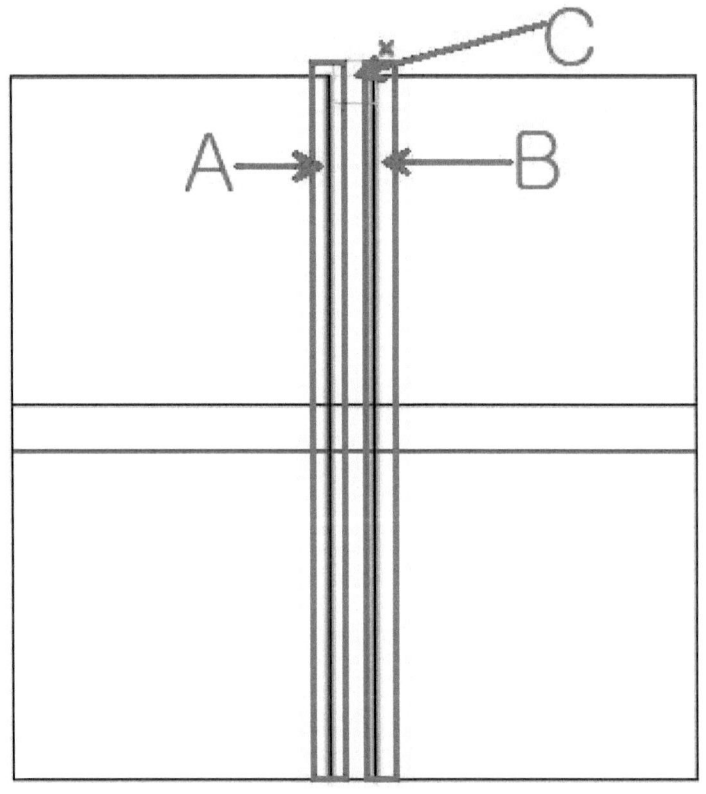

[그림 22] 트림 명령

[그림 22]에 나타난 것처럼 우선 자를 객체 "C" 부분을 자르고자 "A"와 "B"를 선택하고 "Enter"를 하고 나서 "C" 객체의 "A", "B" 객체 사이를 선택하여 자르기를 한다.
나머지 가로에 있는 객체도 같은 방식으로 작업하면 된다.

[그림 23]은 제일 처음 트림이 완성된 상태의 내용이며 [그림 24]는 옵셋(OFFSET)을 활용하여 7mm 간격으로 작업한 내용이다.

[그림 23]

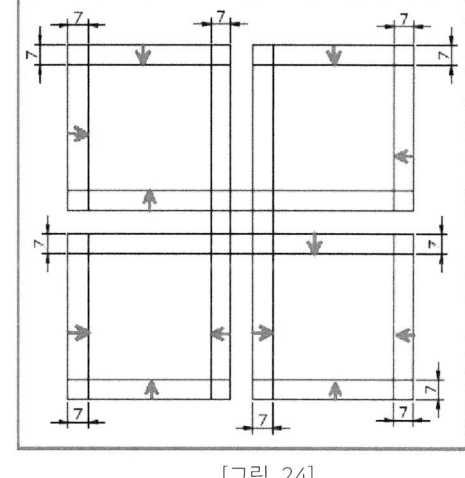

[그림 24]

[그림 24]에서처럼 옵셋을 하고 나서 트림(Trim) 작업을 하는데 이때 자를 객체와 그에 해당되는 기준 객체의 선택과 자르는 부분의 선택 시 마우스 컨트롤을 하여 확대 혹은 화면 핸들링을 하면 서 자르기 작업을 할 수 있도록 한다.

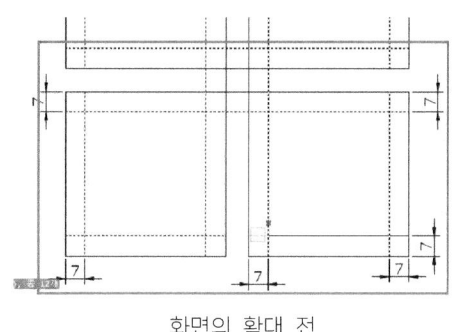

화면의 확대 전

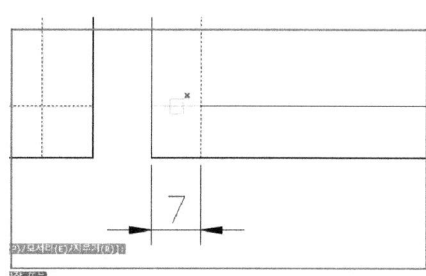

화면의 확대 후

화면의 확대 전에 작업을 하려면 제대로 원하는 객체의 선택이 어려울 수 있다. 이는 마우스 커서, 즉 선택 상자의 크기를 고려한 부분도 있다. 현재의 예제에서 제일 크게 학습을 요구하고자 하는 부분은 마우스 컨트롤을 자연스럽게 할 수 있게 하고자 하는 것이 많은 비중을 차지한다.

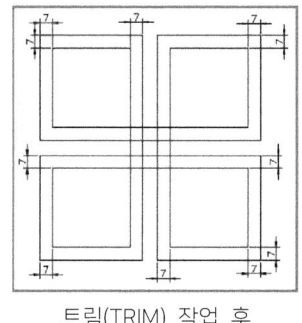

트림(TRIM) 작업 후

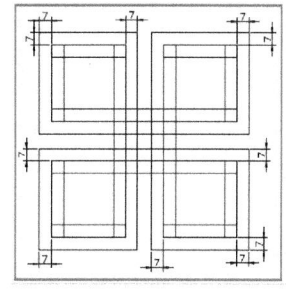

옵셋(OFFSET) 작업 후

앞장에서 나눈 내용으로 해서 단계마다 옵셋과 트림을 활용하여 작업해 가면서 차근차근 하면 [그림 25]와 같이 작업을 완성할 수 있다.

[그림 25] 완성된 예시

[그림 26]과 같이 처음부터 옵셋(OFFSET) 7mm로 작업을 다하고 자르려고(TRIM) 하면 어디를 선택해야 할지 어려워지고 작업성이 많이 떨어질 수 있다.

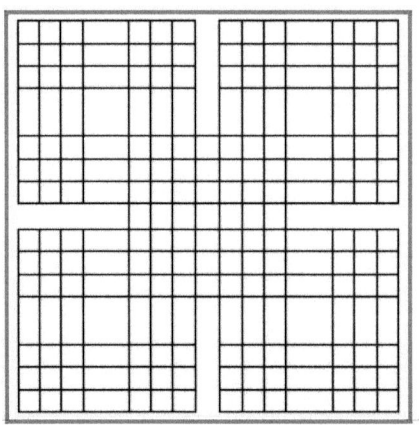

[그림 26] 잘못된 작업 방식의 예

매번 작업에는 순서를 지켜서 객체의 안쪽으로 7mm 옵셋(OFFSET)을 하고 나서 트림(TRIM) 작업으로 정리를 하고, 다시 객체 안쪽으로 옵셋(OFFSET)을 하는 방식으로 해 나가면서 마우스 컨트롤 연습도 해야 실력 향상에 많은 도움이 될 것이다.

처음에는 여러 가지 명령어의 단축키를 암기하기에는 힘들 것이지만, 명령어를 쓰기 위한 작업이 아니라 어떠한 작업을 하기 위해 사용한다고 생각하고 단축키를 암기하거나 또는 사용한다면 자연스럽게 습득되지 않을까 생각한다.

예제 6]

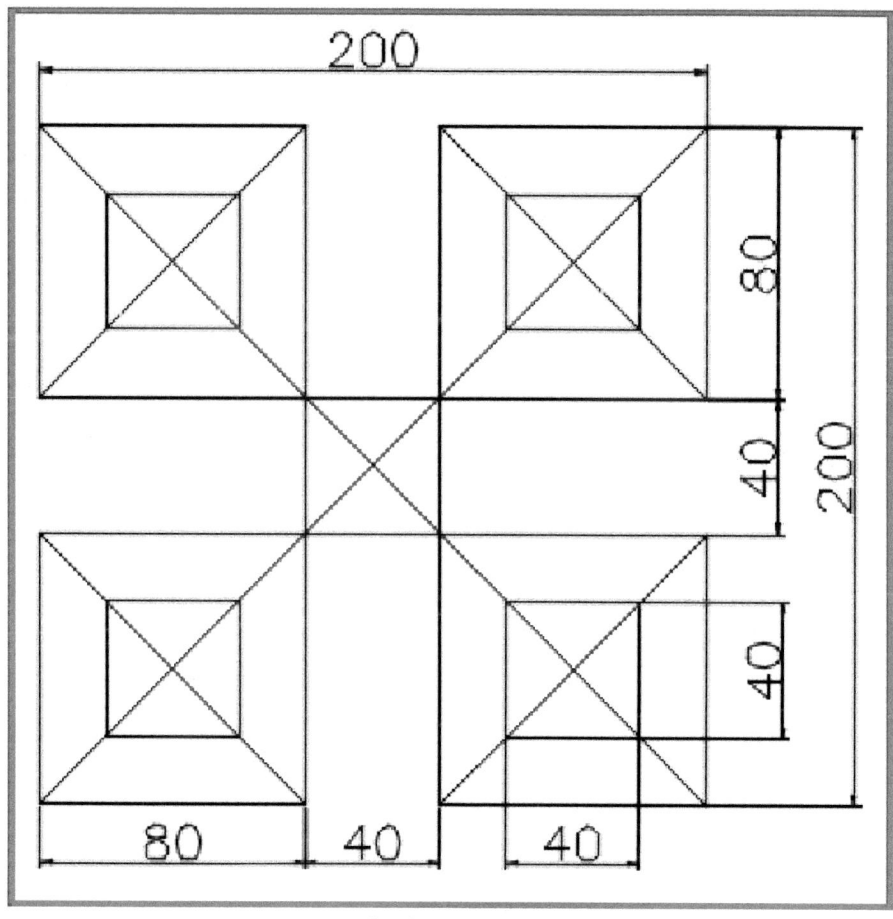

[그림 27] 예제 6

예제 6은 예제 5와 같은 방식의 작업으로 하면 된다.
단계별 작업 순서에 대한 예시를 아래 그림으로 표현하였다.

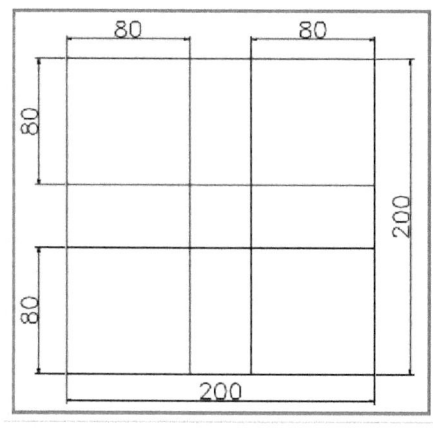

트림 작업 전

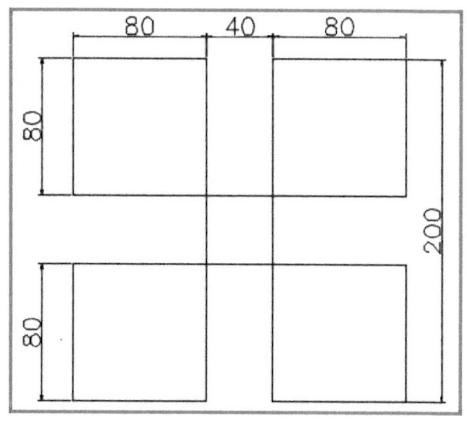

트림 작업 후

예제 6에 대한 각 단계별 예시를 앞장에 이어서 표현하였다.

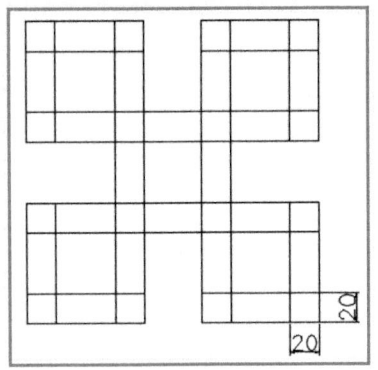

옵셋 20mm 후 트림 전

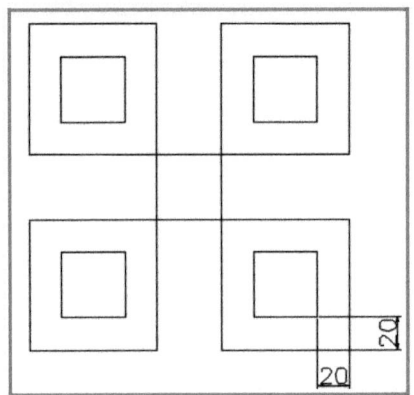

옵셋 20mm 후 트림 후

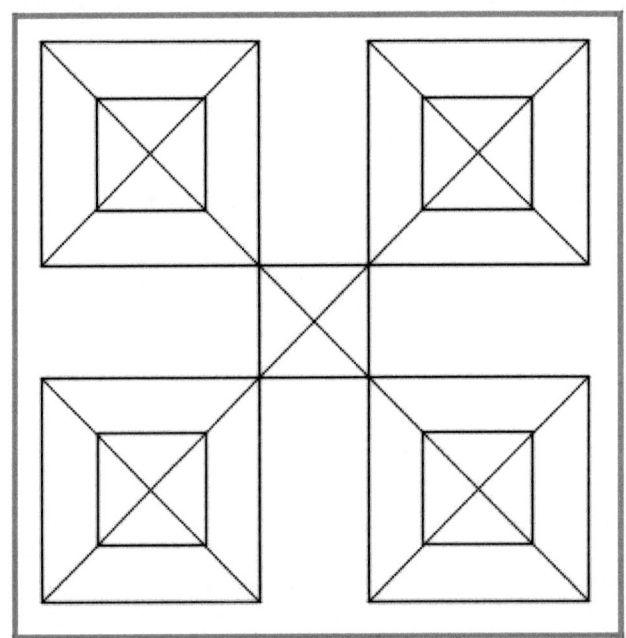

[그림 28] 완성된 예제 6

작업 시에 마우스 컨트롤 연습을 많이 하여 능숙하게 작업 효율을 올릴 수 있도록 하자.

예제 7] 옵셋과 트림 기능을 활용하여 작업하여 본다.

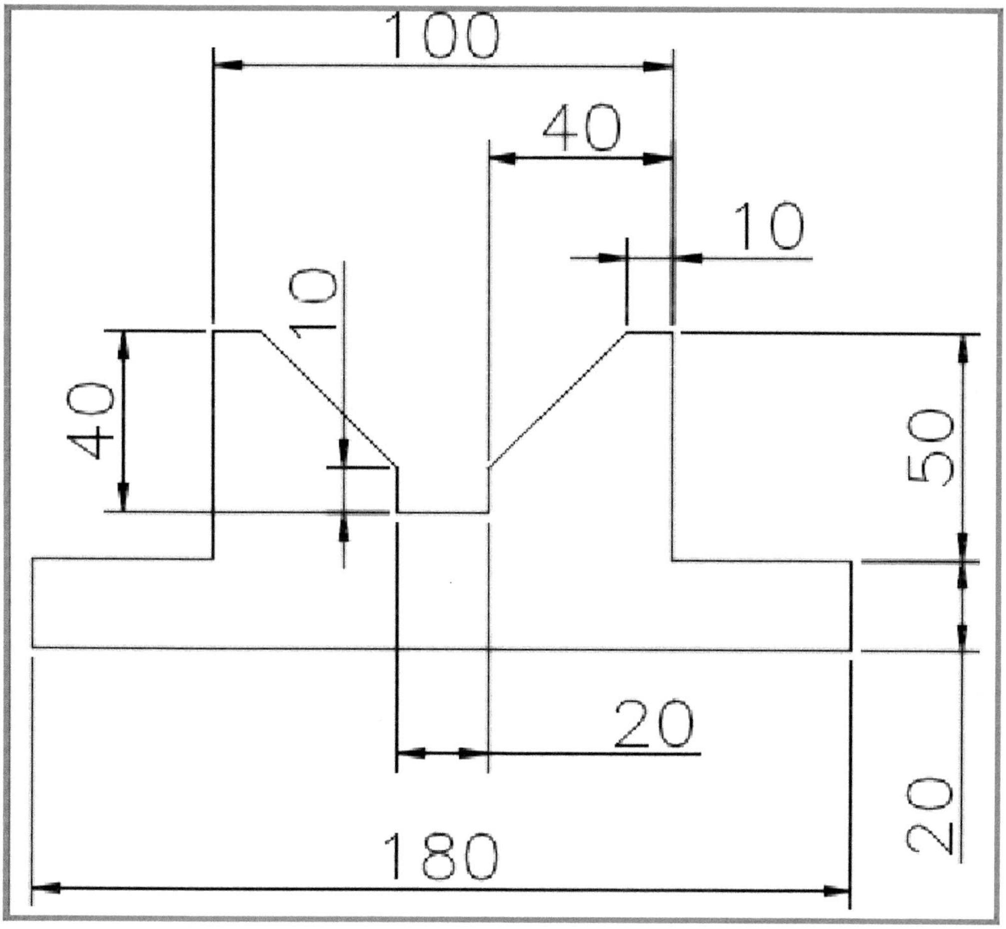

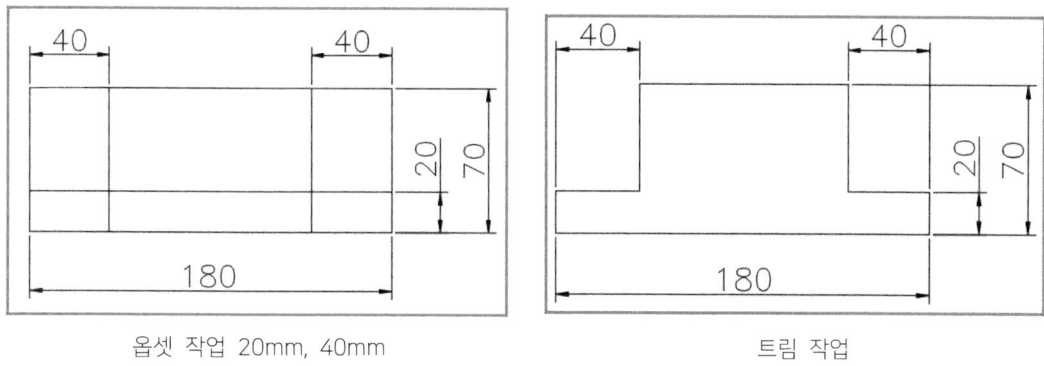

[그림 29] 예제 7

단계별로 그림으로 아래에서 나타내어 보았다.

옵셋 작업 20mm, 40mm   트림 작업

전체 외형의 사각형의 형상 가로 180mm와 세로 70mm로 사각형의 외형을 작도한 뒤
옵셋과 트림을 활용하여 그다음 큰 크기의 치수 부분을 작도한다.

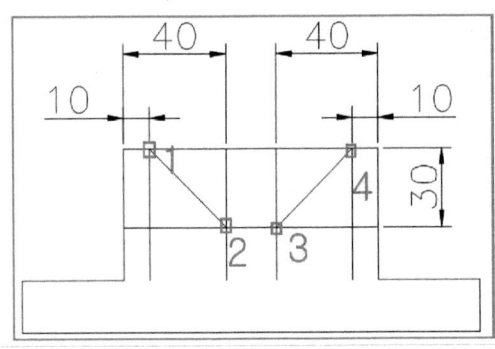

옵셋 후 대각선 작업

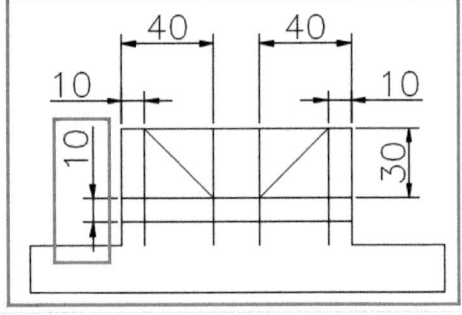

옵셋 10mm 추가

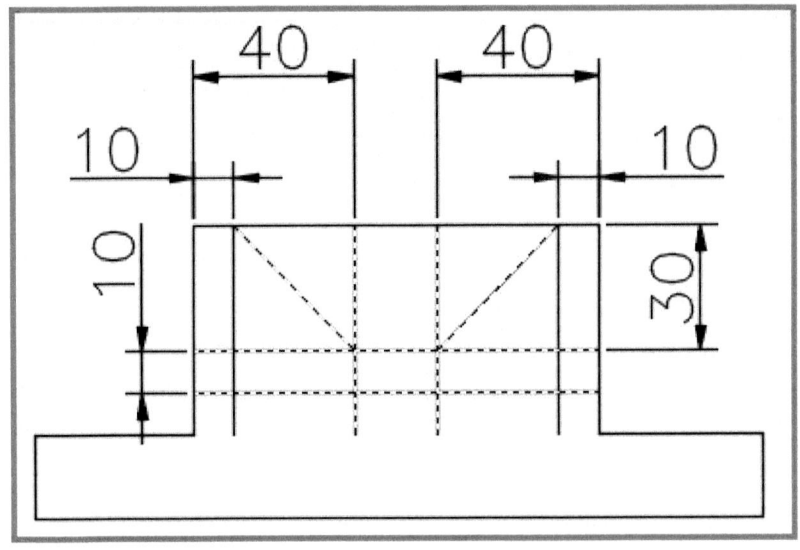

트림 작업 시 자르는 객체의 기준이 되는 객체 선택

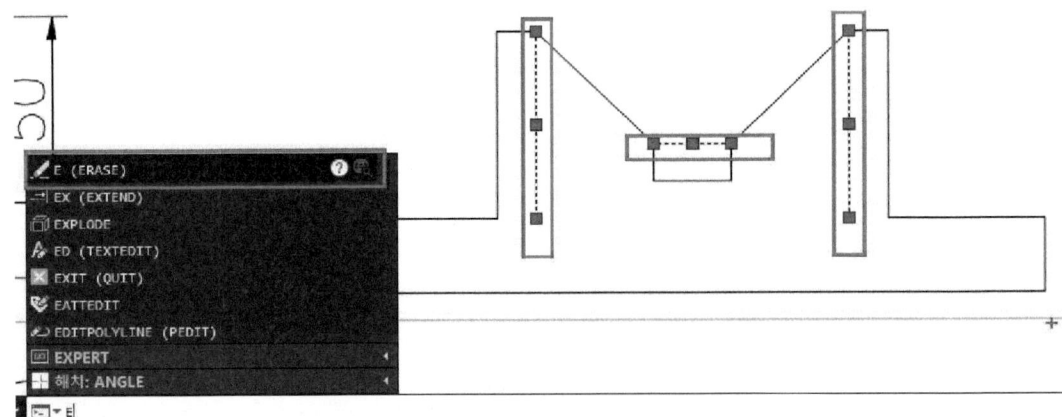

트림 작업 후 필요 없는 객체는 "Erase" 단축키(E)를 활용하여 제거한다. 혹은 "Delete" 버튼을 눌러 제거할 수도 있다.

예제 8] 다음의 예제를 Circle과 Copy를 활용하여 작도하여 보자.

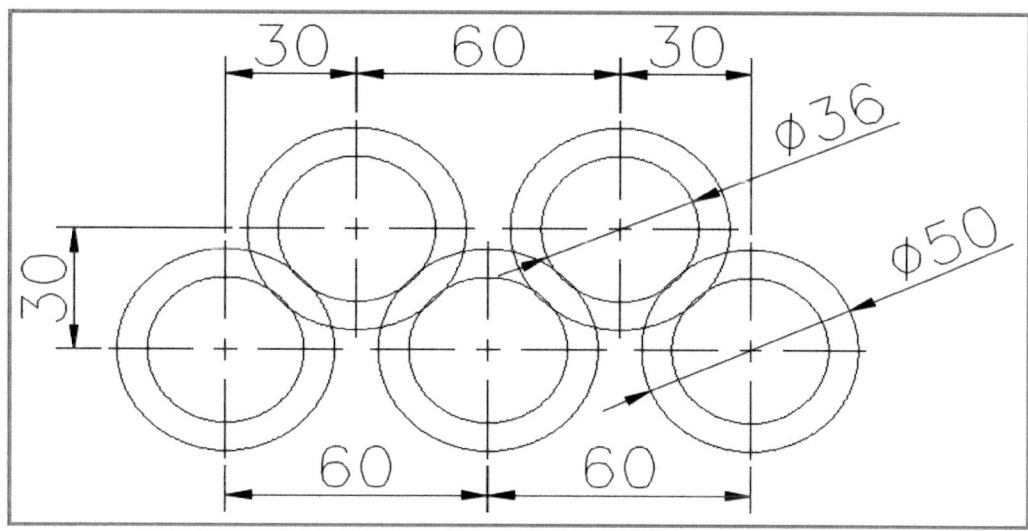

[그림 30] 예제 8

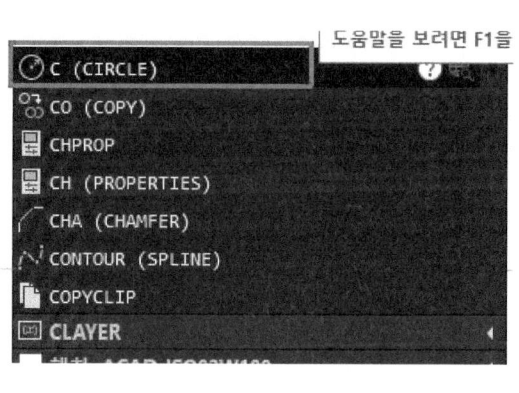

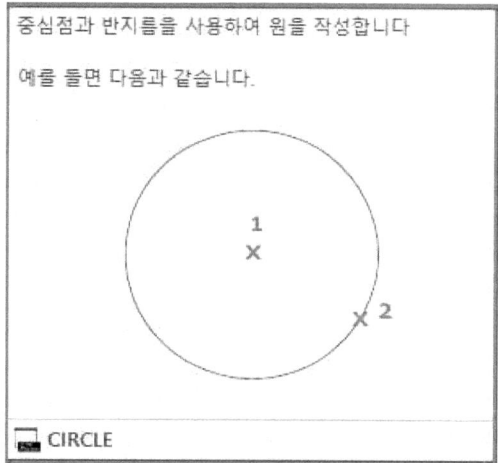

원 그리기 명령은 "Circle" 단축키 "C"이며 원의 명령에는 옵션이 몇 가지 있다.

[그림 31] 원 그리기 명령

원 그리기 기본은 임의 점 원이 형성되었을 때 중심점을 우선 선택하고 그 후 원의 반지름을 입력하여 작성하는 방법과 지름을 입력하기 위해 옵션 중 "D"를 입력하여 지름 값을 입력하는 방법이다. 내용은 [그림 32]와 [그림 33]에 나타내어 보았다.

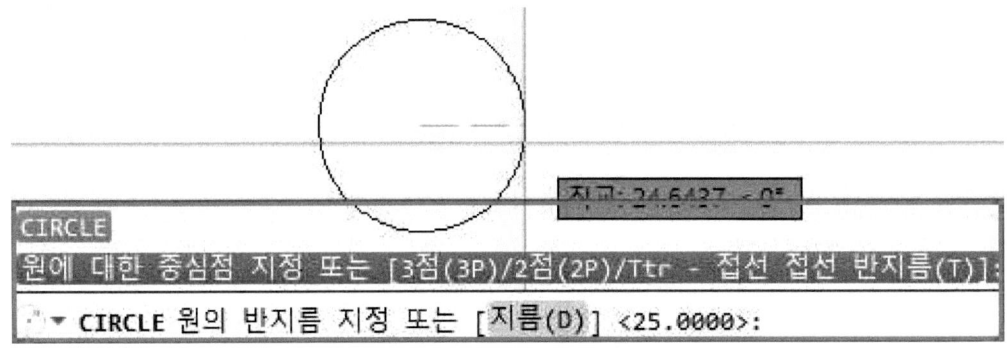

[그림 32] 원 그리기 명령

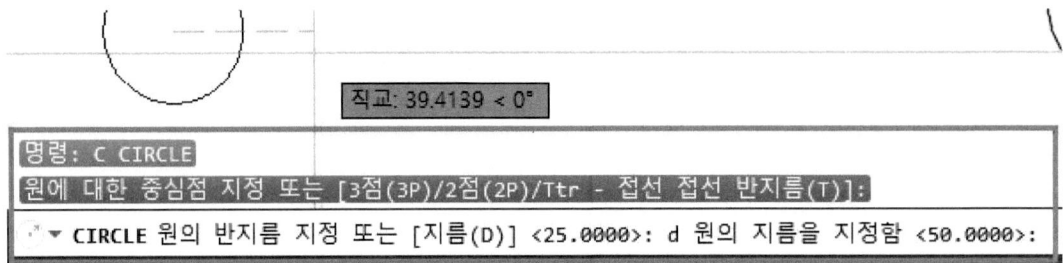

[그림 33] 원 그리기 명령

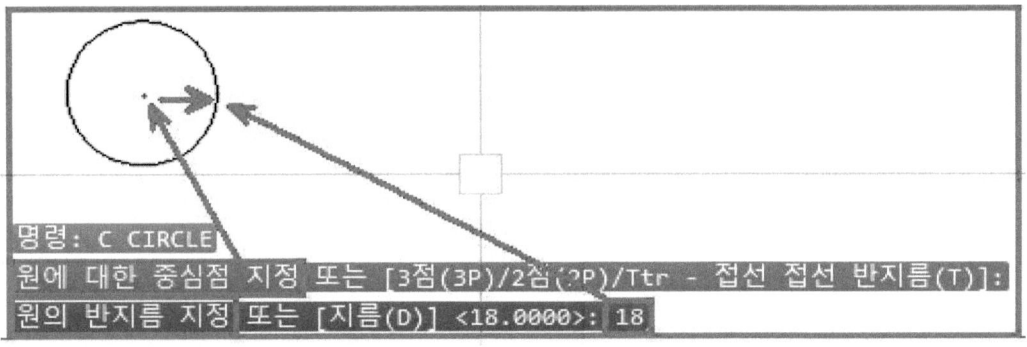

원 그리기 명령을 활용하여 반지름이 18mm인 원을 작성하여 본다.

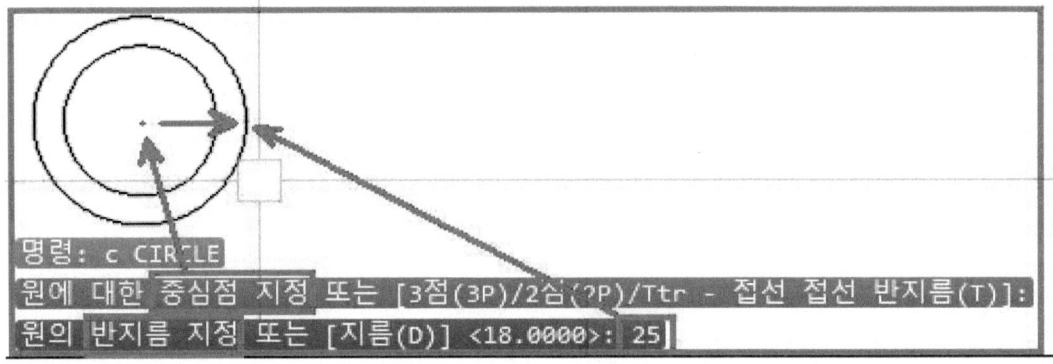

원 그리기 명령을 활용하여 반지름이 25mm인 원을 작성하여 본다.

객체 복사하기 명령을 활용하여 작성된 두 개의 원을 복사하여 본다.

[그림 34] 복사하기 명령

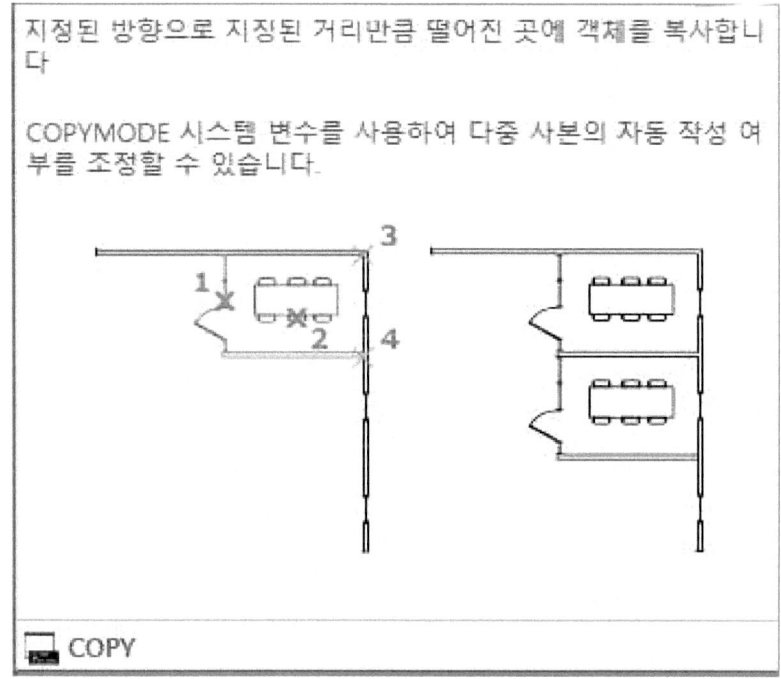

단축키는 "CO"이며 복사하고자 하는 객체를 우선 선택하고 명령을 실행하여도 좋다.

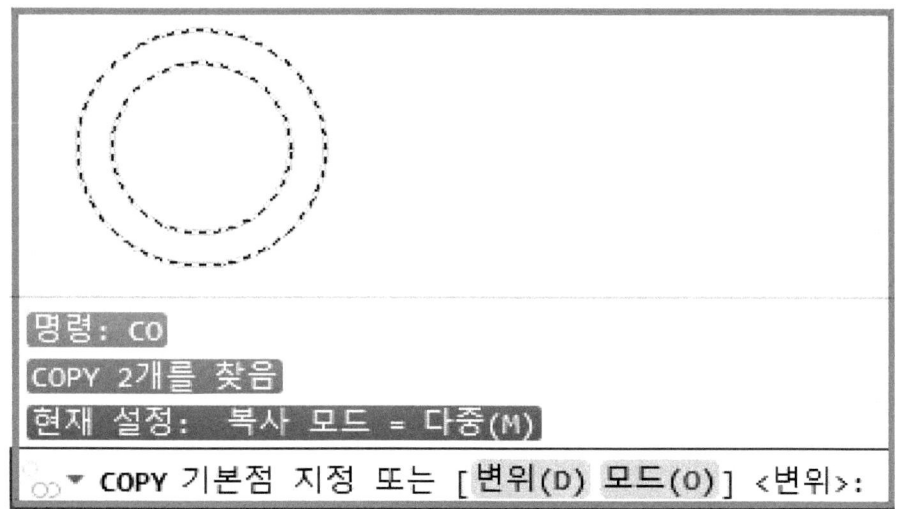

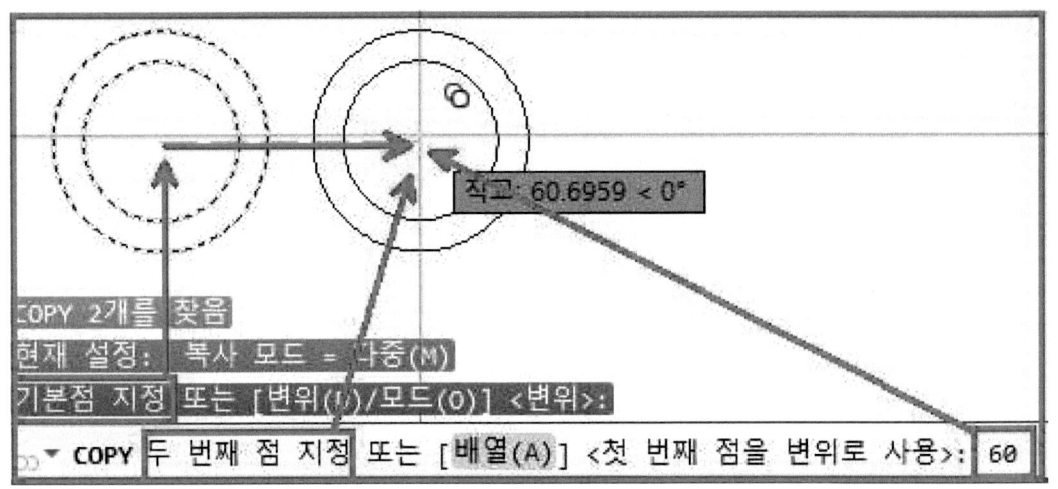

좌측(직교 모드에서 0도 방향)으로 60mm 이동하여 복사하고 아래(직교 모드에서 270도 방향)으로 복사해 준다.

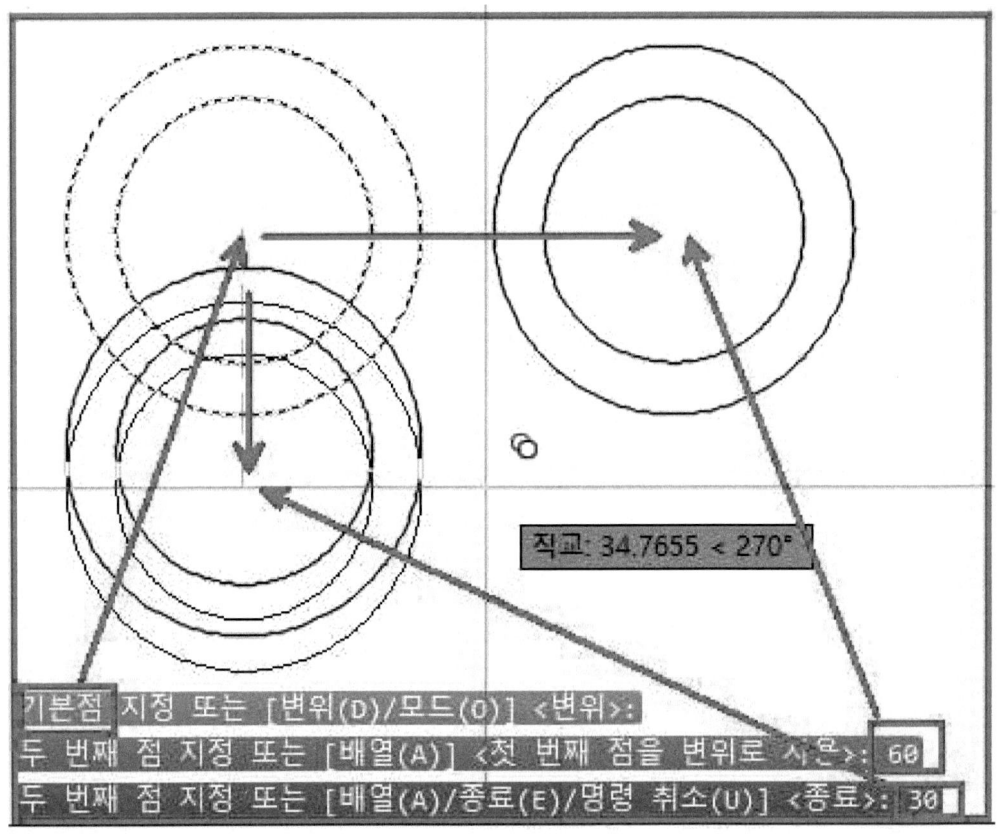

이러한 방식으로 기존 원본의 객체에서부터 떨어진 거릿값을 입력하여 복사하여 준다.
이때 방향은 마우스 커서를 움직여 설정하여 준 다음 거릿값을 입력하면 된다.

이동 명령어는 "MOVE" 단축키는 "M"이다.

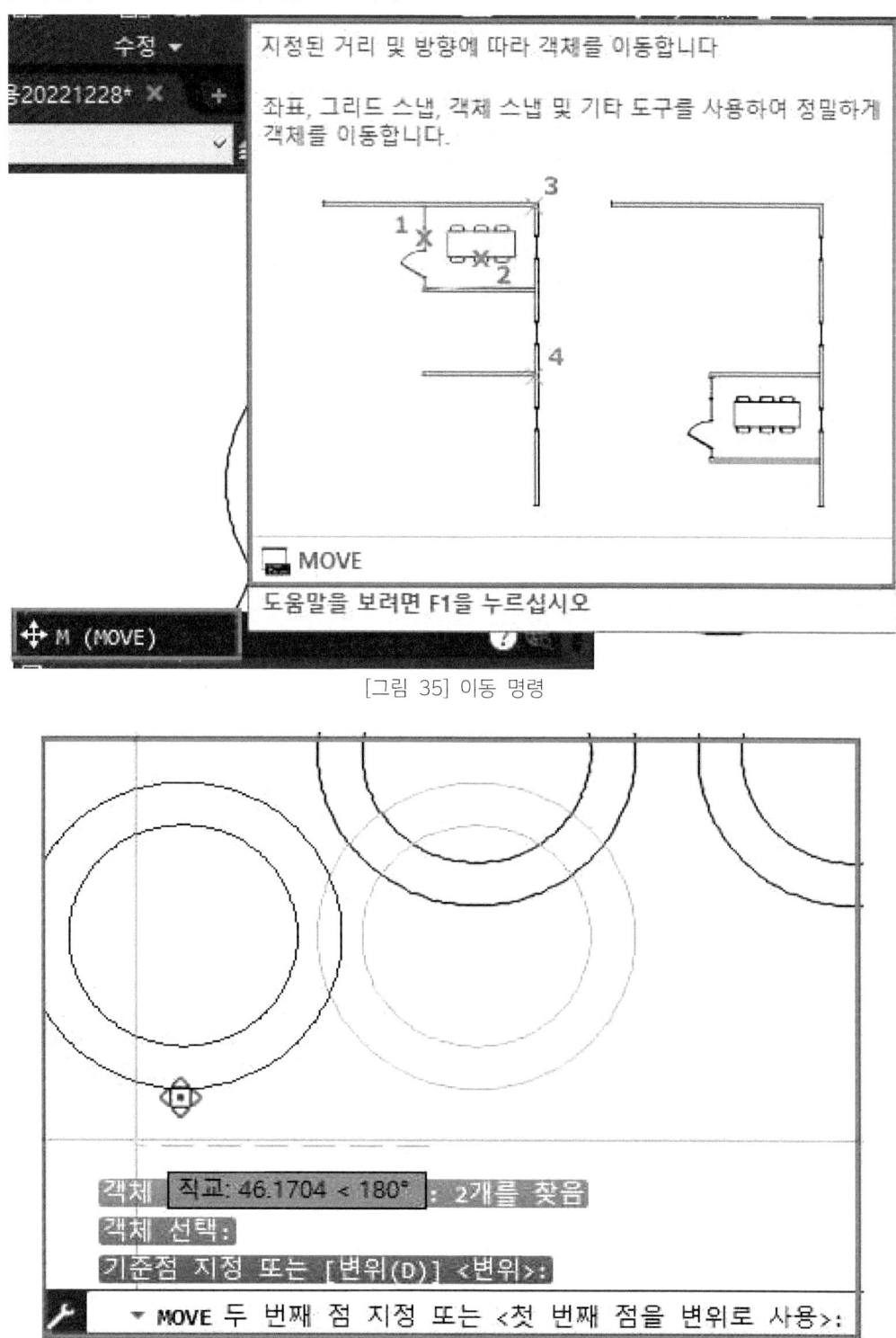

[그림 35] 이동 명령

270도 방향으로 이동 복사한 객체의 위치를 이번에는 180도 방향으로 30mm만큼 이동시켜 본다.

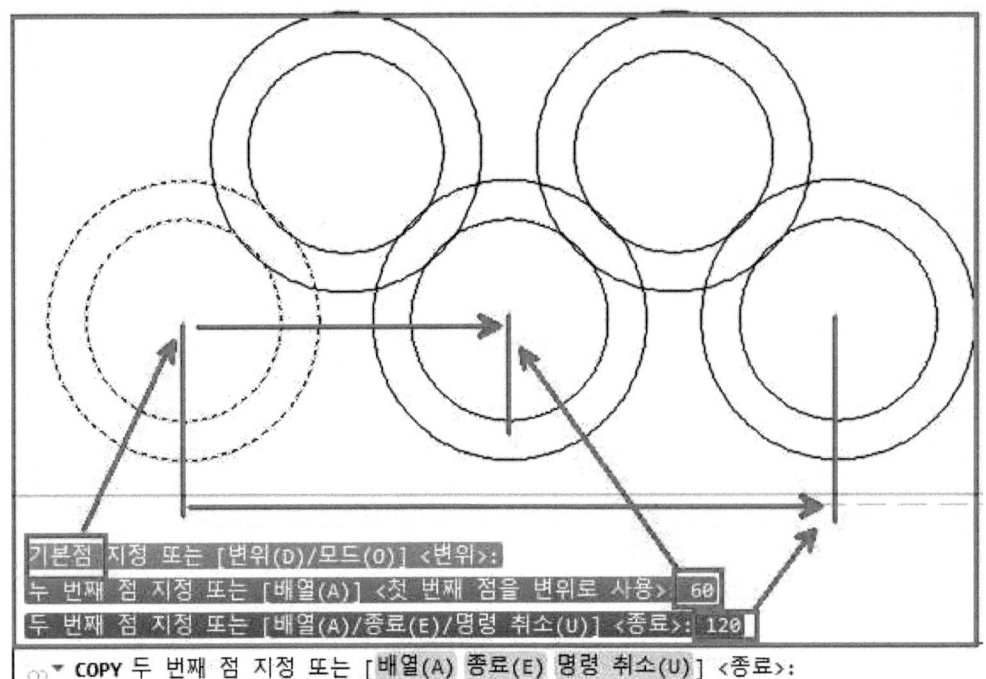

기본점 지정 또는 [변위(D)/모드(O)] <변위>:
누 번째 점 지정 또는 [배열(A)] <첫 번째 점을 변위로 사용> 60
두 번째 점 지정 또는 [배열(A)/종료(E)/명령 취소(U)] <종료>: 120

⚬ ▾ COPY 두 번째 점 지정 또는 [배열(A) 종료(E) 명령 취소(U)] <종료>:

[그림 36] 이동 명령

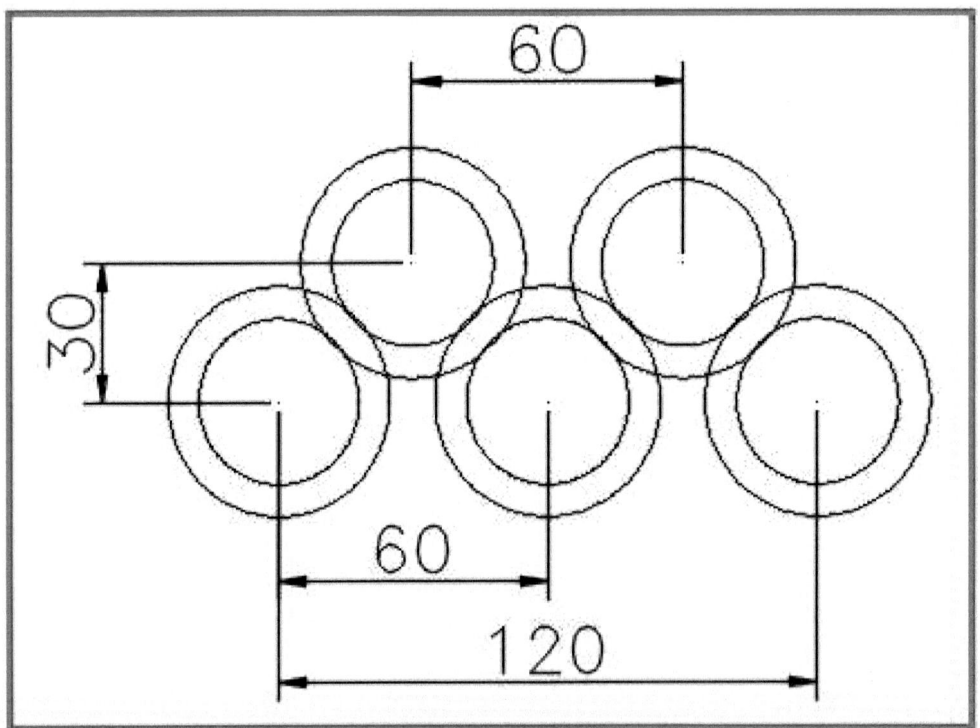

[그림 37] 예제 8의 완성된 내용

예제 9] 원 그리기 명령을 활용하여 다음의 예제를 작도해 본다.

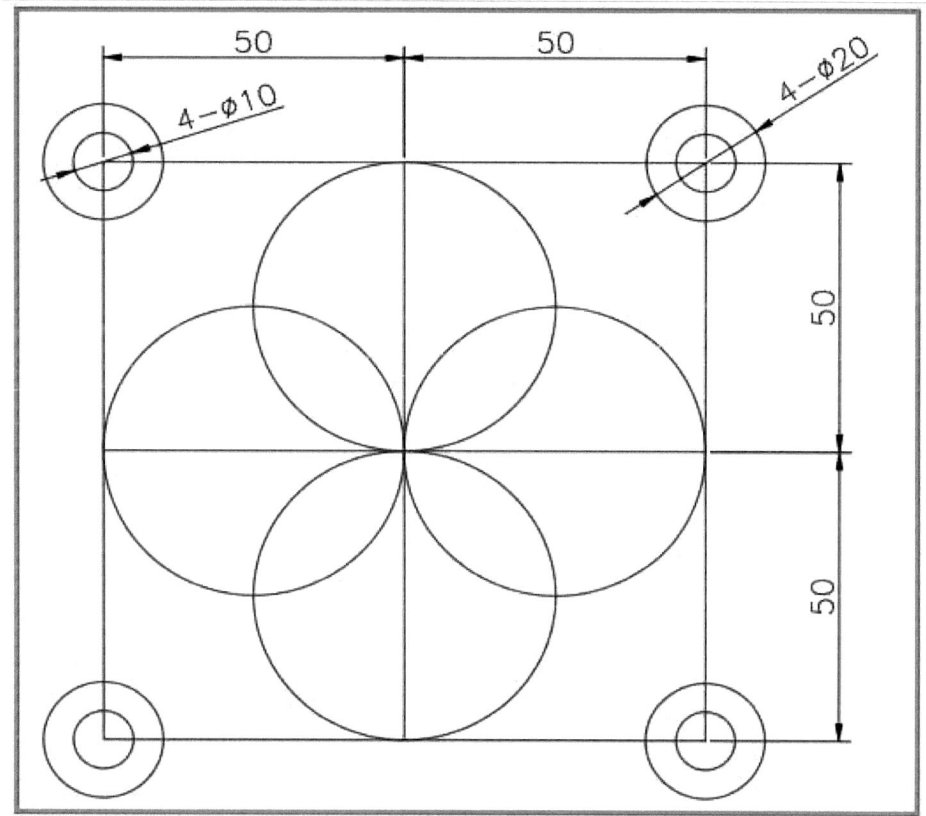

[그림 38] 예제 9

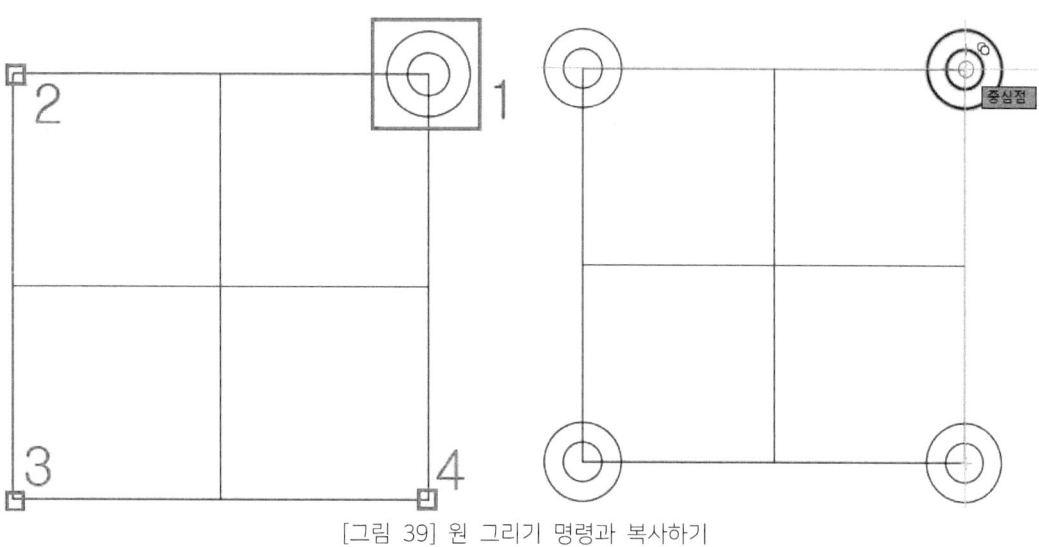

[그림 39] 원 그리기 명령과 복사하기

[그림 39]에서 1번 위치에서 원을 지름이 10mm인 원과 20mm인 원을 작성하여 2번 위치에서부터 3번 4번 위치에 복사한다.

원 그리기 명령의 옵션 중 "2점"을 사용하는 것을 선택하여 원지름의 첫 번째 점과 두 번째 지점을 선택하여 원을 그린다.

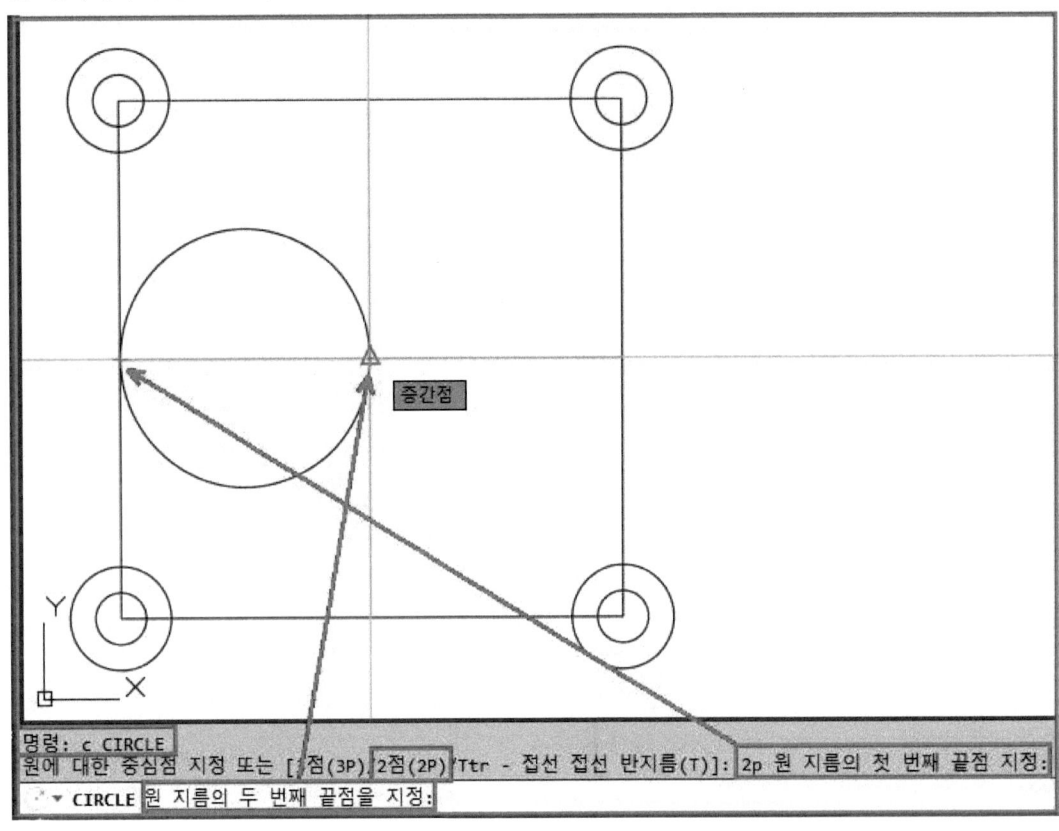

원 그리기 작도 시 주의해야 할 사항은 스냅의 위치점이 명확할 때 선택하여 작도한다.

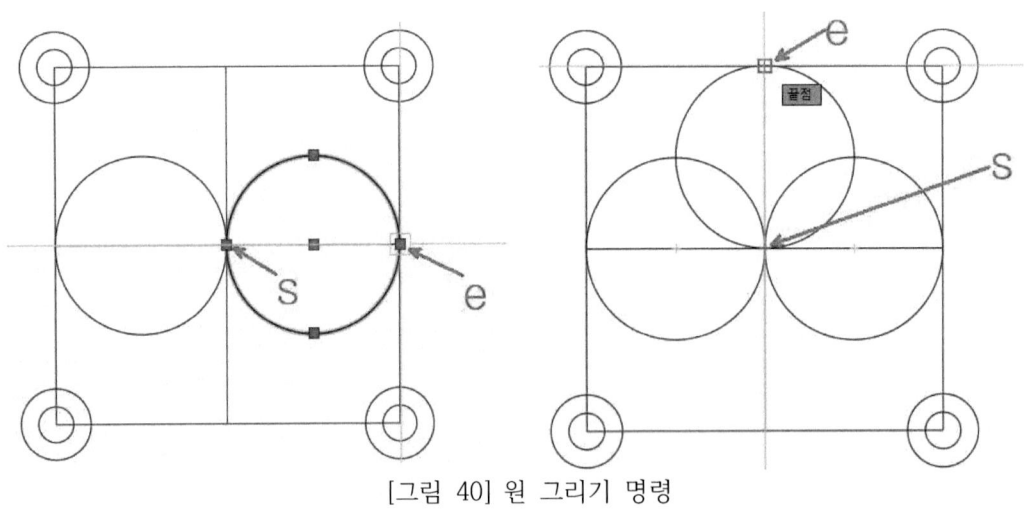

[그림 40] 원 그리기 명령

같은 방식으로 원 그리기 2점을 활용한 작성 방법을 선택하여 작도를 마무리해 본다.

예제 10]

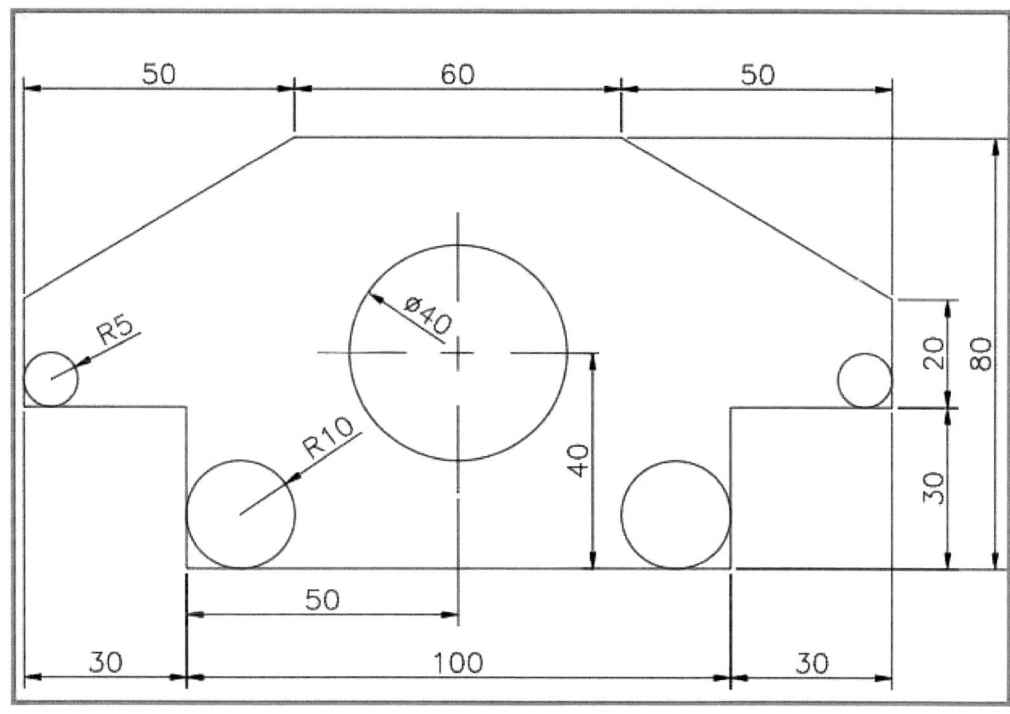

[그림 41] 예제 10

전체 외형의 형상을 직사각형 형태로 제일 수치가 큰 부분에서부터 작업하여 크게 보이는 외형의 형상 작업을 순서로 작업한다.

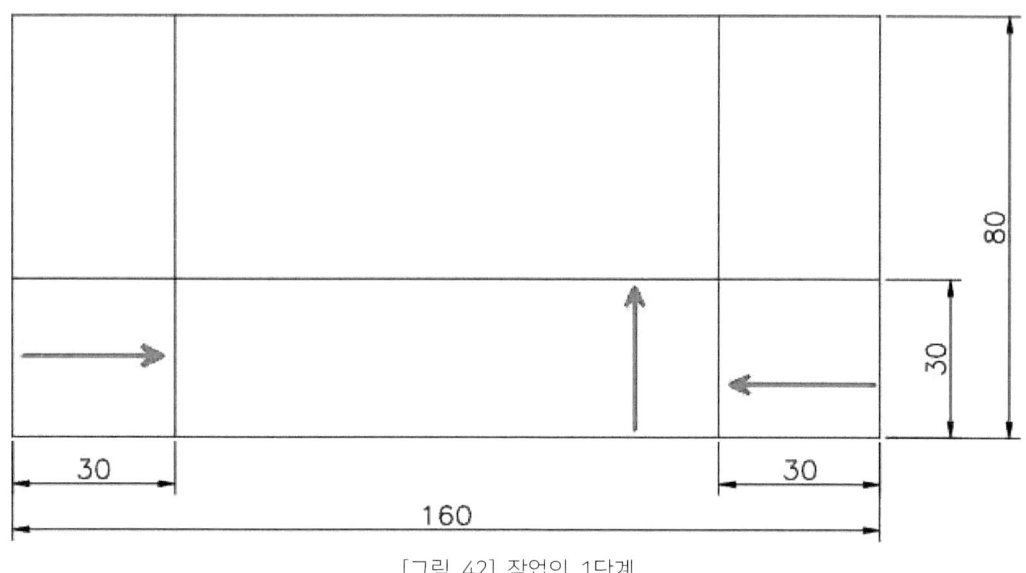

[그림 42] 작업의 1단계

옵셋 30mm를 하여 작업하여 트림으로 정리한다.

작업의 형태가 복잡할수록 단계를 설정하여 단순화(선의 정리 작업)하여 작업을 진행한다면 좀 더 작업의 능률이나 신뢰도가 올라갈 것이다.

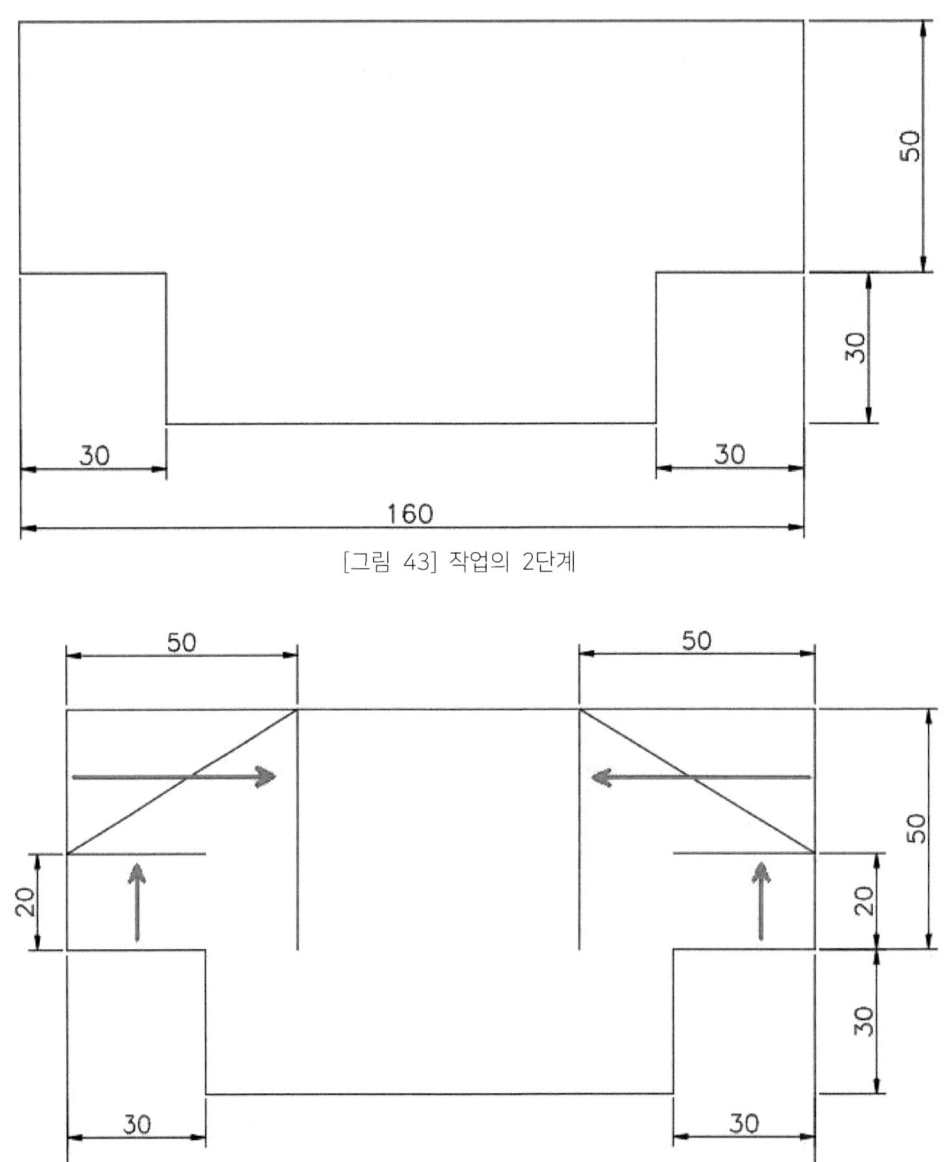

[그림 43] 작업의 2단계

[그림 44] 작업의 3단계

옵셋 후 대각의 선을 작도하여 형상을 만들고, 그리고 트림 작업과 필요 없는 선은 제거해 준다.

원 그리기를 하여 작도를 하는데 중간에 있는 원은 위치가 바닥선의 중심에서 90도 방향으로 40mm 위치에 있다. 기준이 되는 지점에서 원 그리기를 하여 이동 명령을 주어 작성해 본다.

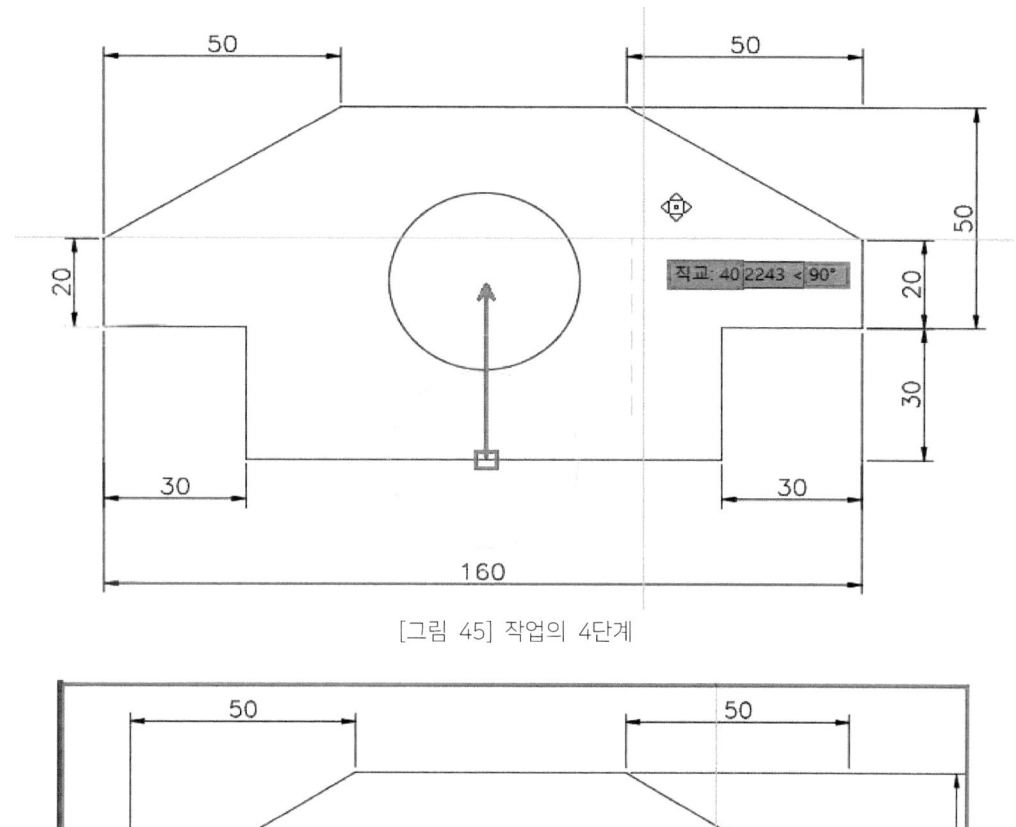

[그림 45] 작업의 4단계

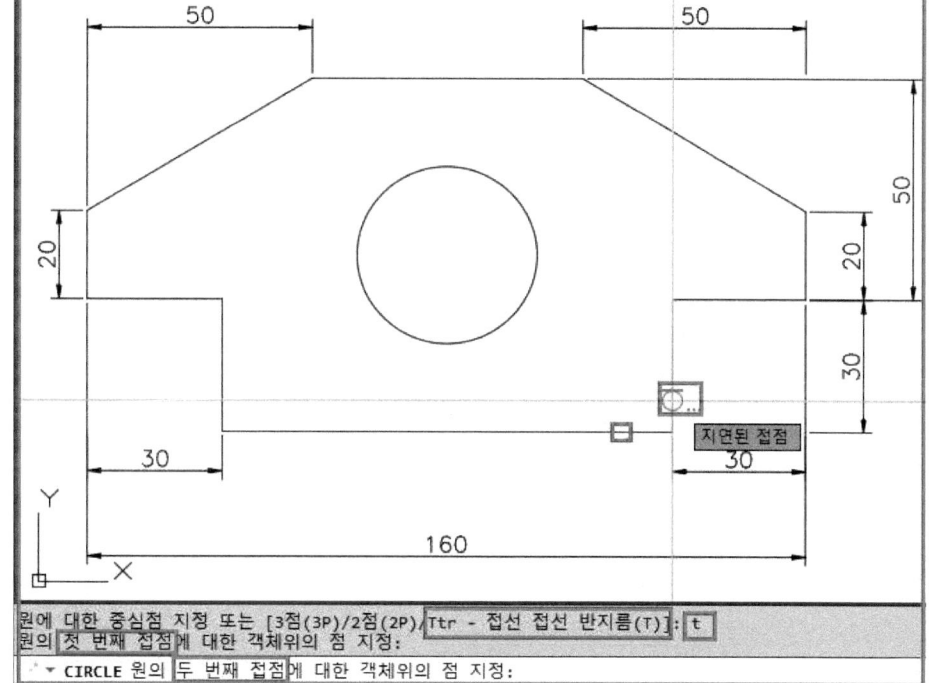

[그림 46] 작업의 5단계

각각의 선에 두 객체의 접선 스냅을 잡고 R(반지름)값을 주어 원을 작도해 본다.

순서대로 원 그리기 작업을 완성하여 전체 예제 10을 완성해 본다.

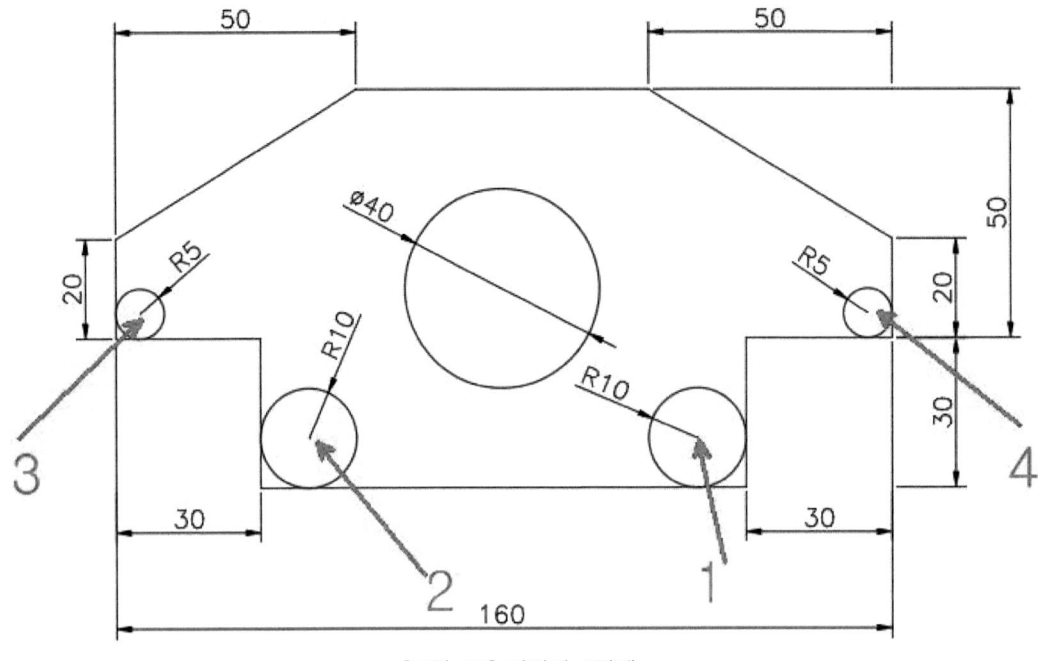

[그림 47] 작업의 6단계

예제 11] 사각형 그리기 명령과 원 그리기 명령을 활용하여 다음의 예제를 작성해 본다.

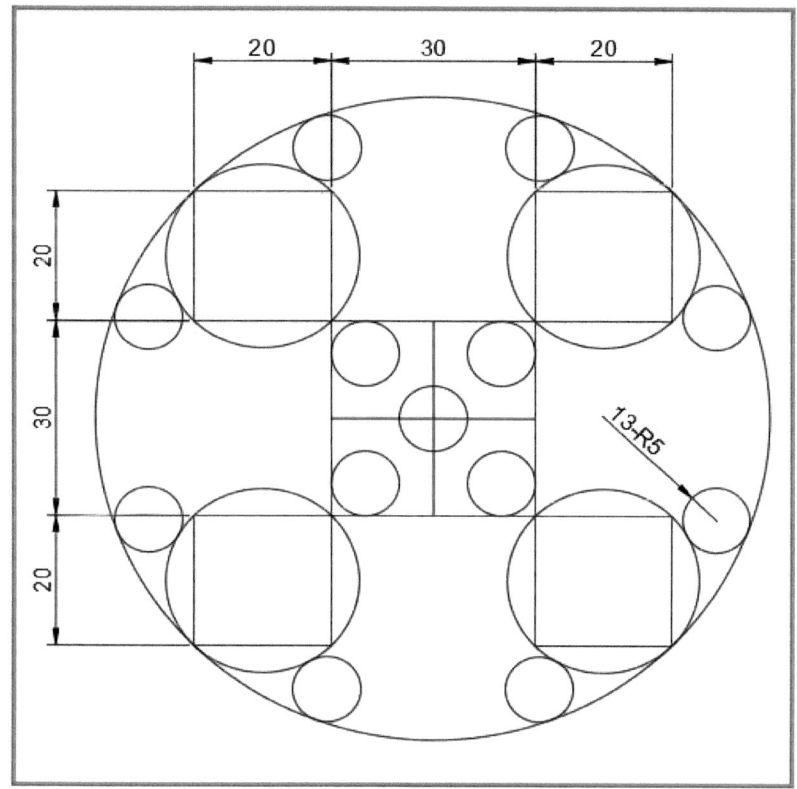

[그림 48] 예제11

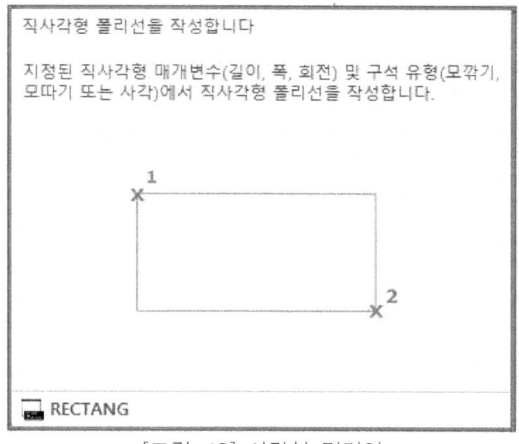

[그림 49] 사각형 명령어

사각형 명령은 "Rectang" 단축키는 "REC"이다. 해당되는 옵션을 활용하여 사각형을 작도하는데, 이 때 여러 가지 옵션 중에 "D"(치수)를 활용하여 원하고자 하는 크기의 사각형을 작도해 본다.

사각형 명령을 실행하고 첫 번째 구석점을 지정하고 나면 [그림 50]처럼 나타나며 옵션 중에 치수 (D)가 있다. 이를 선택하여 치수를 입력하여 사각형을 완성해 본다.

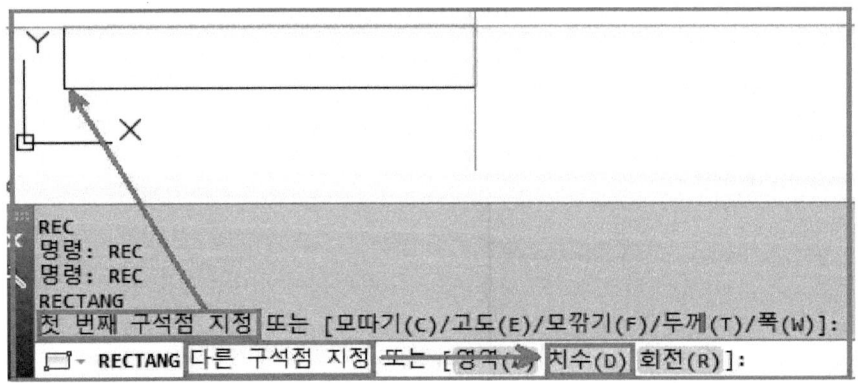

[그림 50] 사각형 명령어

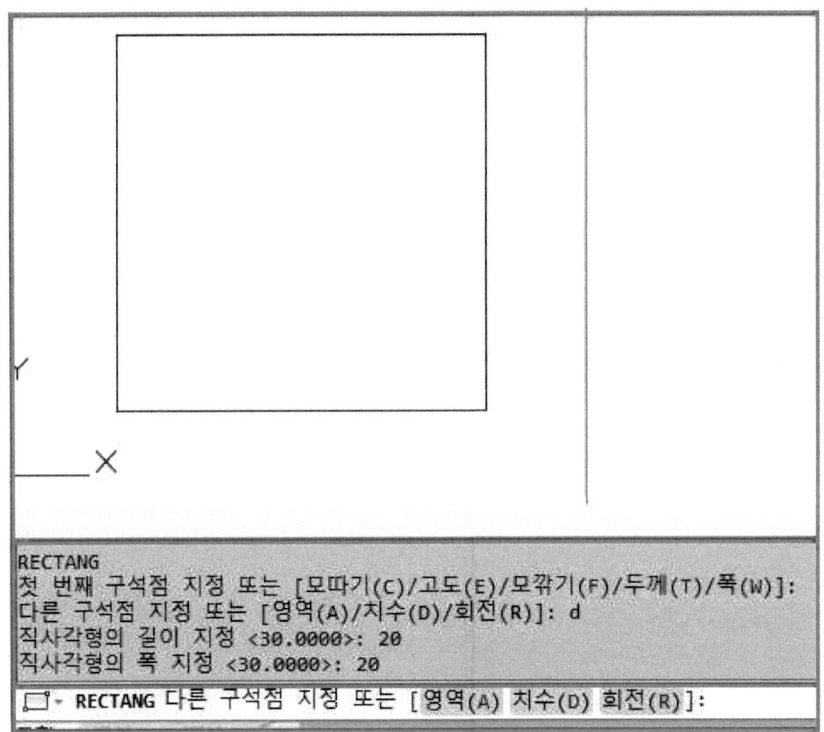

[그림 51] 사각형 명령어

[그림 51]에 보는 바와 같이 치수 입력 시 사각형의 길이 지정은 20mm로 "X"축에 해당되는 길이 값이 되고, 폭의 지정 값은 20mm로 "Y"축에 해당되는 값이 된다. 이처럼 AutoCAD에서는 제일 우선 오는 치수의 값은 "X"축이며, 그다음은 "Y"축 그리고 마지막으로 "Z"축이 된다.

치수 입력 후 마지막으로 0도에서 90도 공간에 작성될지, 아니면 90도에서 180도 사이 공간에 입력될지, 180도에서 270도 혹은 270도에서 360도 사이 공간에 입력될지 여부를 선정하여 바탕화면에 마우스로 클릭한다.

사각형 명령을 활용하여 [그림 52]와 같이 작도한다.

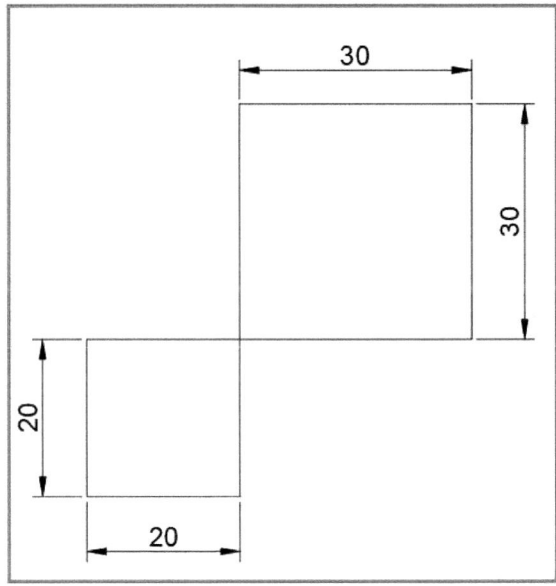

[그림 52] 예제 11) 1단계

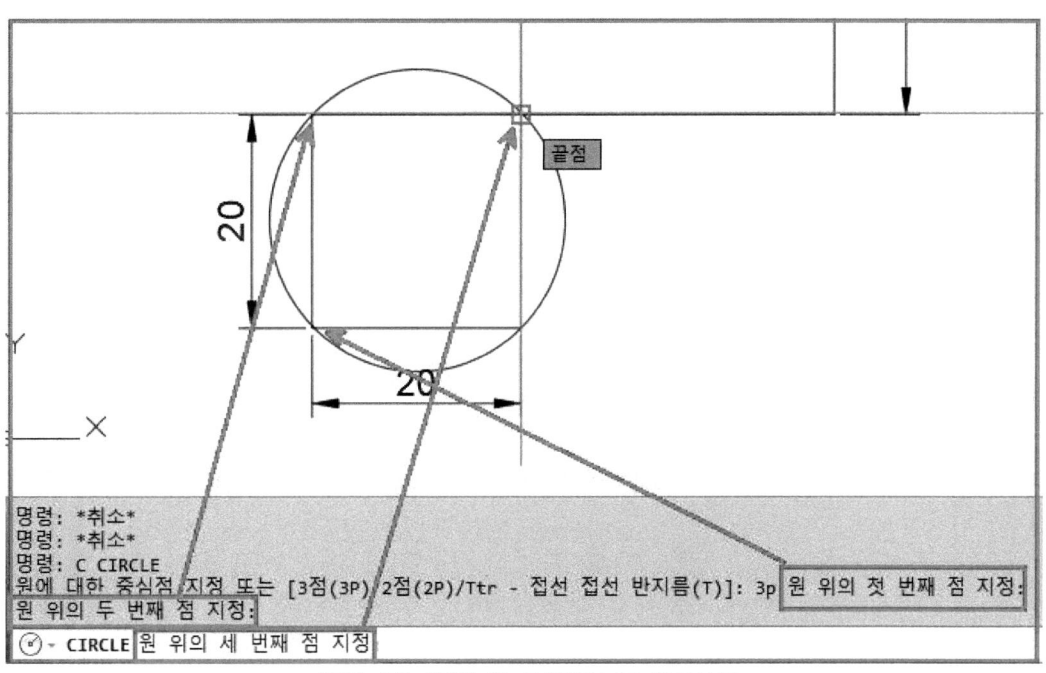

[그림 53] 2단계 원 그리기의 3P 활용하기

[그림 53]처럼 원 그리기의 옵션 중 3P를 활용하여 사각형의 모서리 3점을 선택하여 원을 완성해 본다. 작업 후 완성된 사각형과 원의 객체를 복사하여 한 변의 길이가 30mm인 사각형을 중심에 두고 각 모서리에 복사하여 작성해 본다.

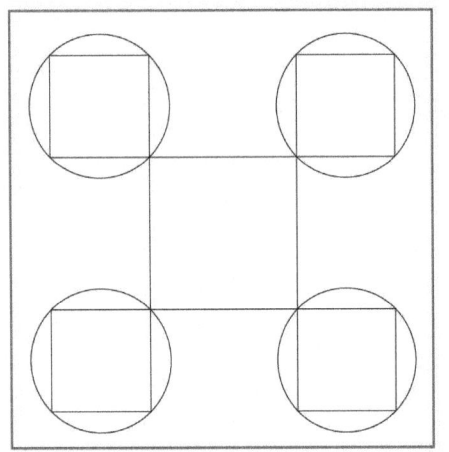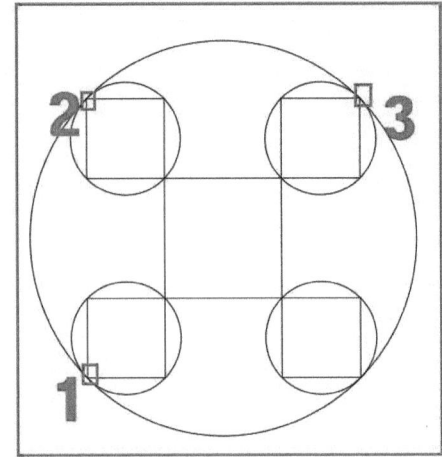

[그림 54] 예제 11) 3단계

[그림 54]와 같이 복사된 원의 형상 안쪽 사각형의 3개의 모서리를 활용하여 1번 모서리부터 3번 모서리까지 선택하여 원을 작도해 본다.

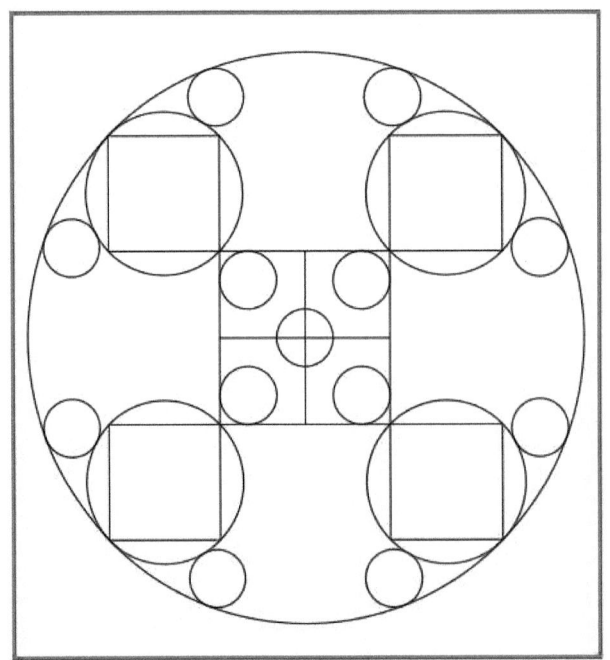

[그림 55] 예제 11) 완성

나머지 원은 중심의 30mm인 사각형의 내부에 중심을 지나는 선을 교차하게 작성 후 반지름 5mm인 원을 작도하고, 나머지는 원 그리기 명령의 옵션 중 접선접선반지름의 옵션 "T"를 활용하여 반지름 5mm인 원을 작성하여 완성한다.

임의의 각도가 있는 선을 작도할 때에는 명령창에 "〈"의 기호를 치고 그 뒤에 수치를 입력하면 각도 값으로 인식하게 된다. 현재 각도는 "〈30"로 각도를 원점에서부터 30도로 지정한 것을 [그림 56]에 나타내었다.

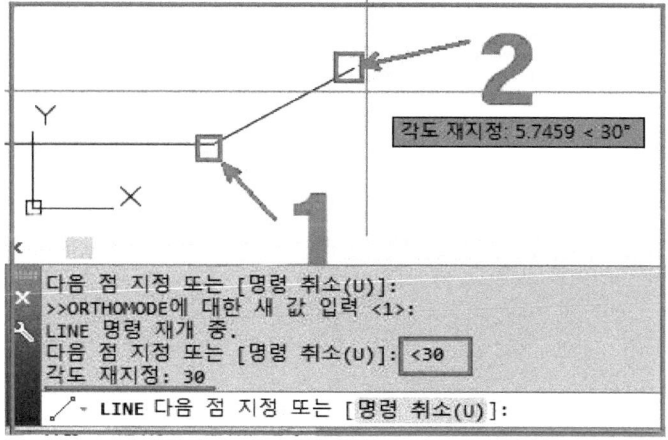

[그림 56] 각도가 있는 선을 작도하기

[그림 57]은 각도 방향이 선정되고 길잇값을 설정하여 본 그림이다.

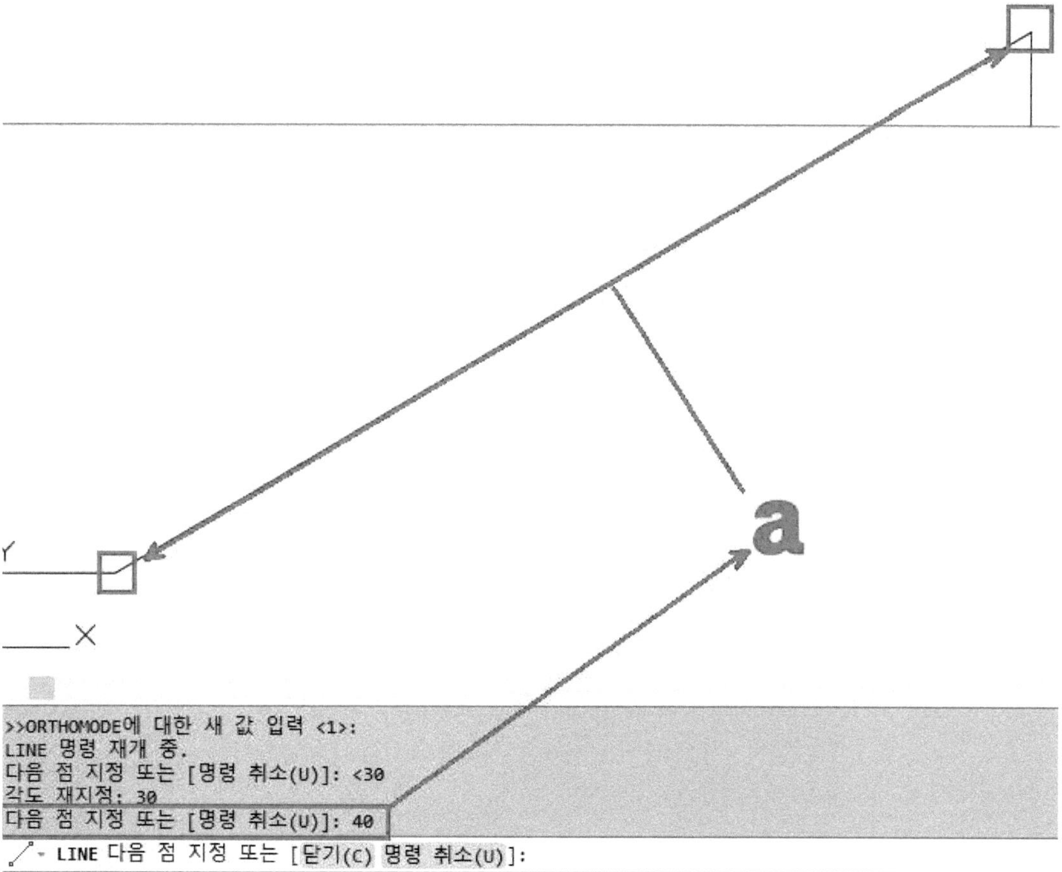

[그림 57] 각도가 있는 선을 작도하기

예제 12] 각도가 있는 선을 작도하고 여러 가지 명령을 통하여 다음에 예제를 작성해 보자.

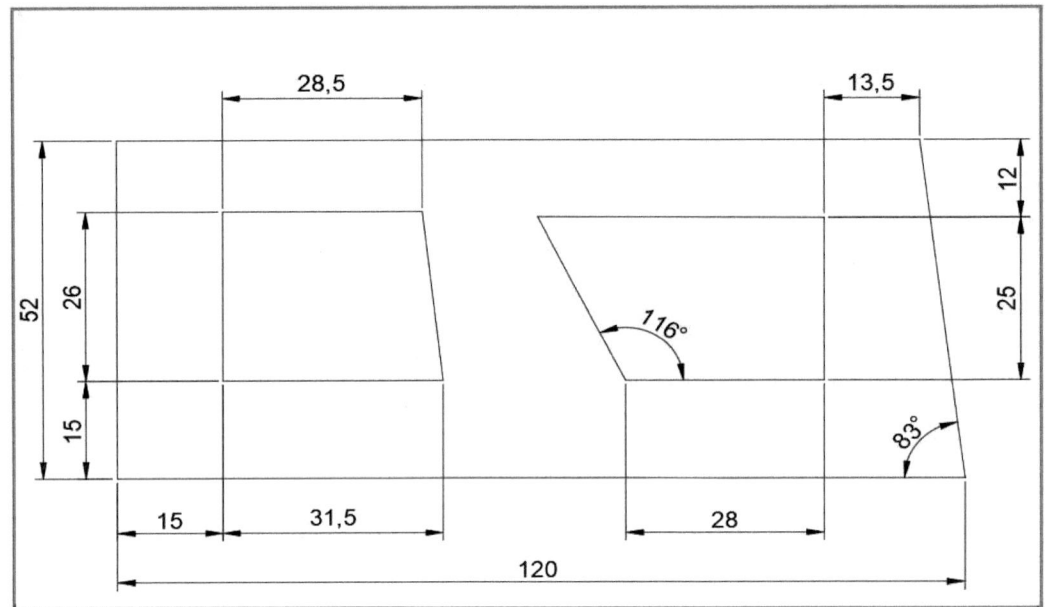

[그림 58] 예제 12

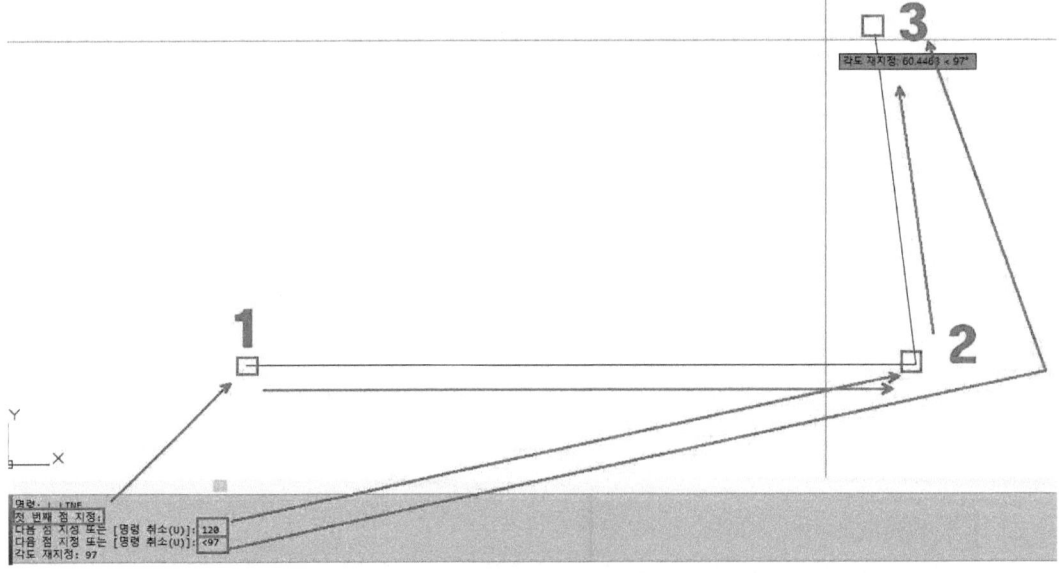

[그림 59] 예제 12 _ 1단계

[그림 59]에서처럼 선의 1번 지점을 선택하고 120mm를 입력 후 2번 지점에서 "〈97"를 입력하면 예제 12에서 나타난 각도 값을 만족하는 방향으로 설정된다. 이후 3번 지점은 예제에서 나타난 것보다 길게 작도를 하여 자르기 작업으로 완료한다.

이는 길이에 대한 정보 값이 도면상에 나타나 있지 않기 때문이다.

[그림 60]에서 보는것과 같이 선 작도를 1번 위치에서 다시 시작하여 3번 위치까지 작도하는데 3번 위치는 [그림 59]에서 3번 위치를 길게 작도하였을 때 그 객체를 교차하여 지나가게 하여 작도한다. 그 후 트림 작업을 하여 불필요한 부분을 잘라 낸다.

[그림 60] 예제 12 _2단계

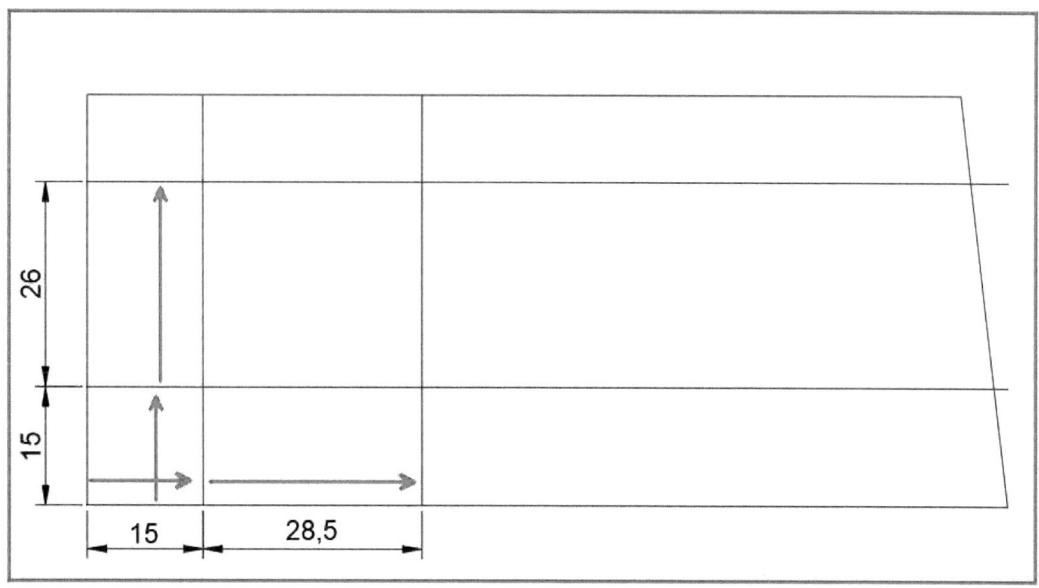

[그림 61] 예제 12 _3단계

[그림 61]에서처럼 옵셋을 하여 작도하고 트림 작업으로 정리한다. 그 후 "Stretch" 작업을 하여 도면의 치수 값을 만족시킨다.

"STRETCH" 명령에서 객체 선택할 시 한 번에 선택해야 한다.

고정이 되는 객체의 위치와 변형이 되는 객체의 부분이 분명히 나누어져 있는 상태에서 객체 선택을 잘해 보자.

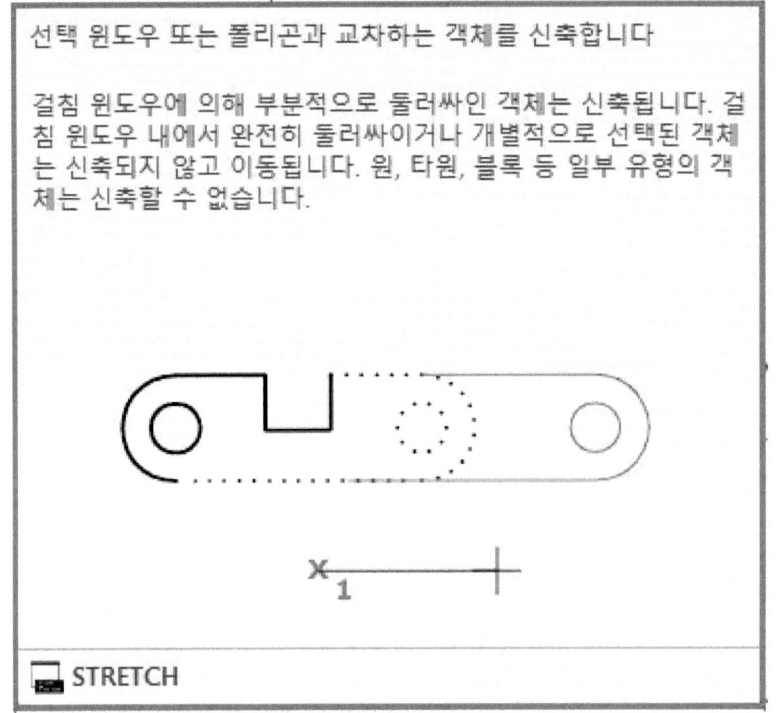

선택 윈도우 또는 폴리곤과 교차하는 객체를 신축합니다

걸침 윈도우에 의해 부분적으로 둘러싸인 객체는 신축됩니다. 걸침 윈도우 내에서 완전히 둘러싸이거나 개별적으로 선택된 객체는 신축되지 않고 이동됩니다. 원, 타원, 블록 등 일부 유형의 객체는 신축할 수 없습니다.

STRETCH

[그림 62] STRETCH 명령

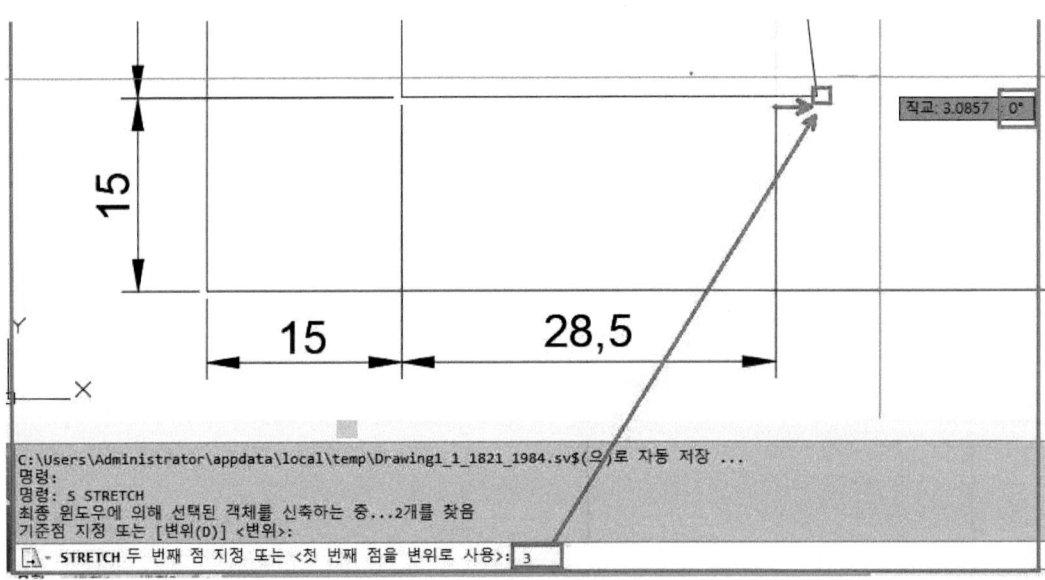

C:\Users\Administrator\appdata\local\temp\Drawing1_1_1821_1984.sv$(으)로 자동 저장 ...
명령:
명령: S STRETCH
최종 윈도우에 의해 선택된 객체를 신축하는 중...2개를 찾음
기준점 지정 또는 [변위(D)] <변위>:
STRETCH 두 번째 점 지정 또는 <첫 번째 점을 변위로 사용>: 3

[그림 63] 예제 12 _4단계

[그림 63]과 같이 스트레치 명령을 활용하여 0도 방향으로 3mm만큼 신축한다.

[그림 64]와 같이 선을 작도하여 13.5mm 객체를 이동하여 작도를 다시 한다.

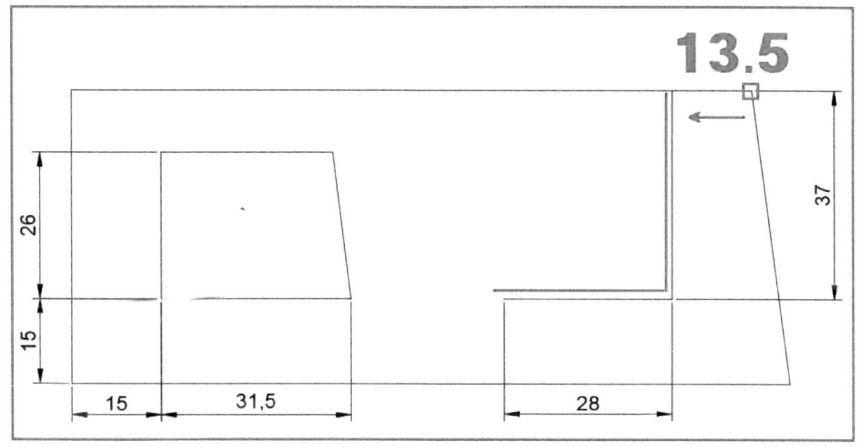

[그림 64] 예제 12 _5단계

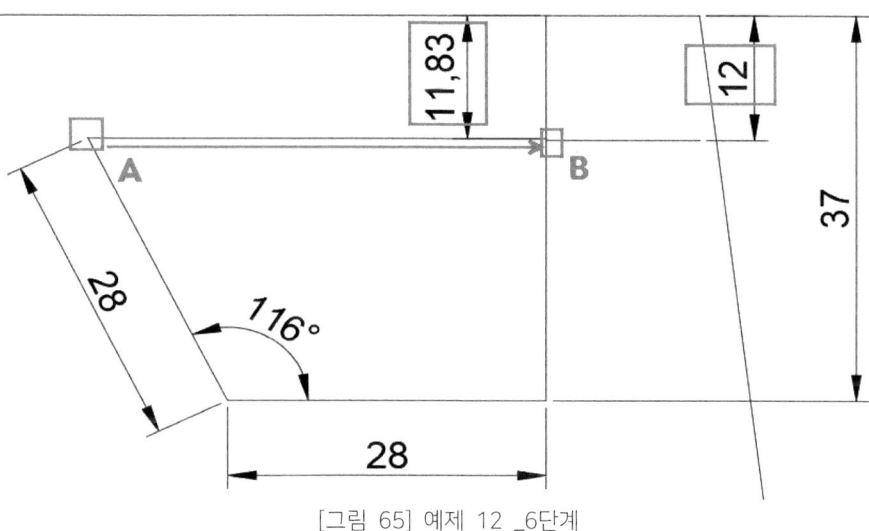

[그림 65] 예제 12 _6단계

[그림 65]에서와 같이 A지점에서 B지점으로 선 작도 시 치수가 도면의 치수처럼 만족하지 못한다. 도면을 보면 수평한 선처럼 보이지만 약간 각도가 있는 것으로 보인다.
12mm 옵셋을 하여 위치점을 나타내고 수정하여 완성한다.

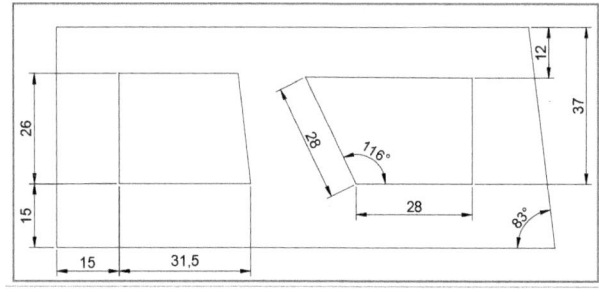

예제 13] 앞서 작업한 예제에서처럼 여러 가지 명령을 활용하여 작업해 본다.

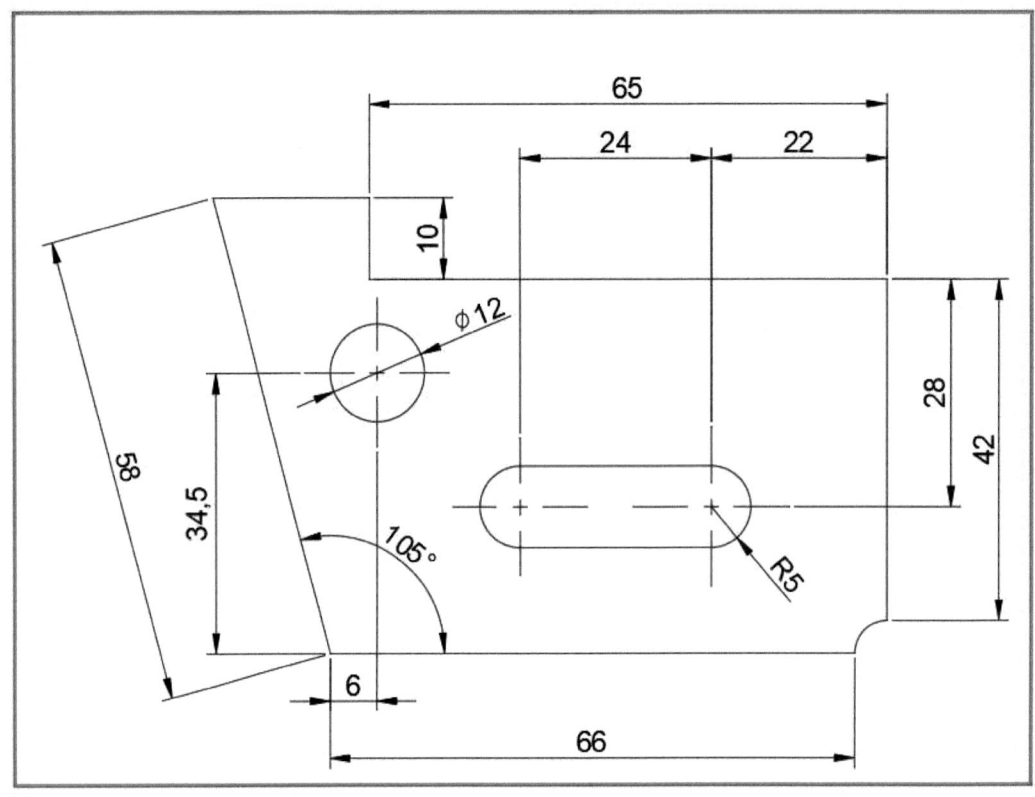

[그림 66] 예제 13

예제 13의 중요하게 확인할 부분은 지름이 12mm 원의 기준점이 어디인가 확인해야 하며, 또한 R5의 슬로터 원(긴 원의 홈) 기준 치수가 어디에서 시작인지를 확인해 보고 작업한다.

예제 14] 각각의 내부에 있는 형상의 기준점을 잘 보고 작도를 하자.

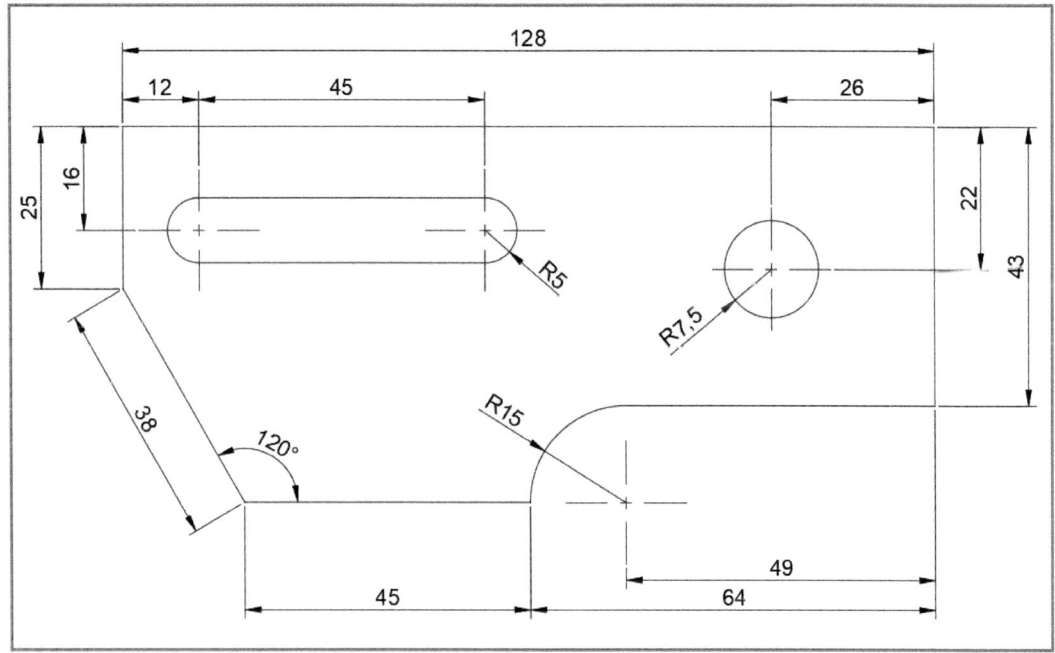

[그림 67] 예제 14

예제 15] 각각의 내부에 있는 형상의 기준점을 잘 보고 작도를 하자.

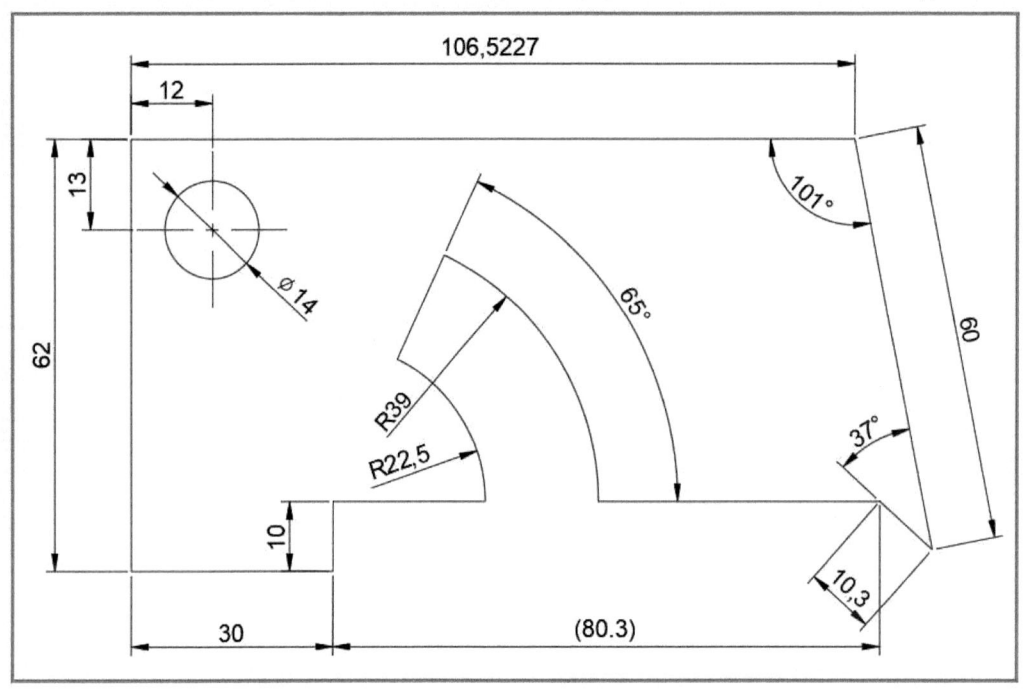

[그림 68] 예제 15

위 [그림 68]에서 (80.3) 치수 부분에서 () 표시는 참고 치수로서 정확한 치수가 아니어도 상관없는 표기로서 실제 작업 시 거릿값이 80.32mm로 표현될 수 있다.

이는 [그림 69]에 보면 치수 표현 시 명확하지는 않지만 기준이 되는 표현의 치수는 필요하기에 괄호 치수로 나타낸 것이다.

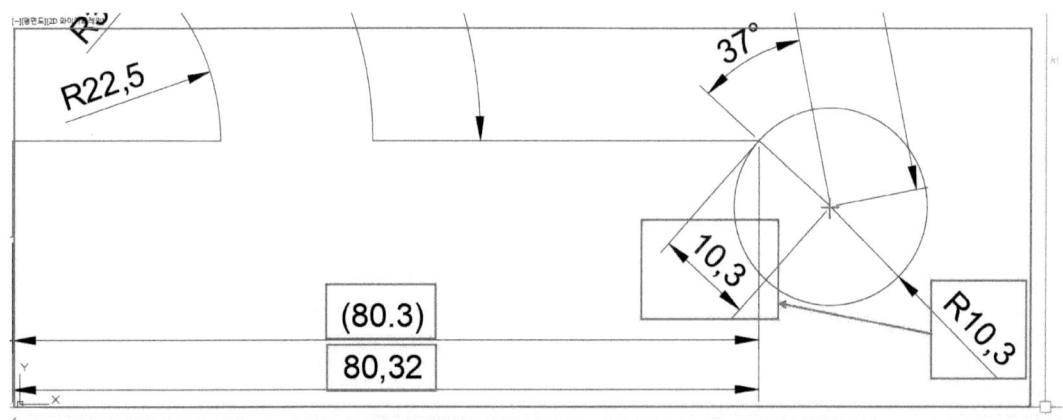

[그림 69] 예제 15 참고 치수 표현

예제 16] 다음의 예제를 여러 가지 명령을 활용하여 작도해 본다.

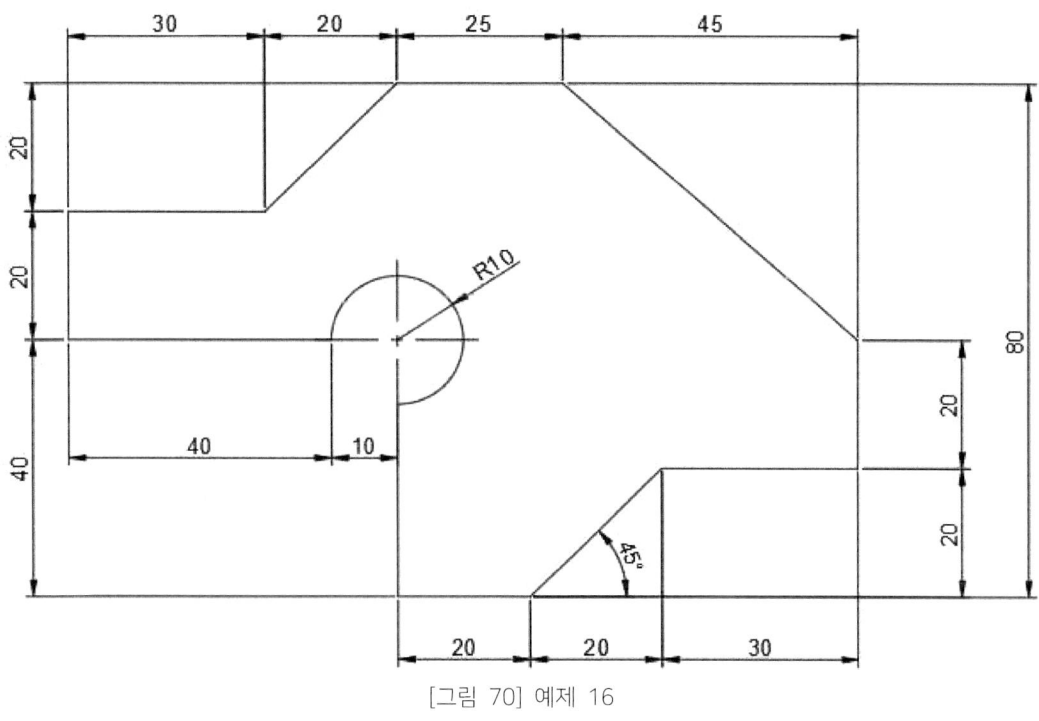

[그림 70] 예제 16

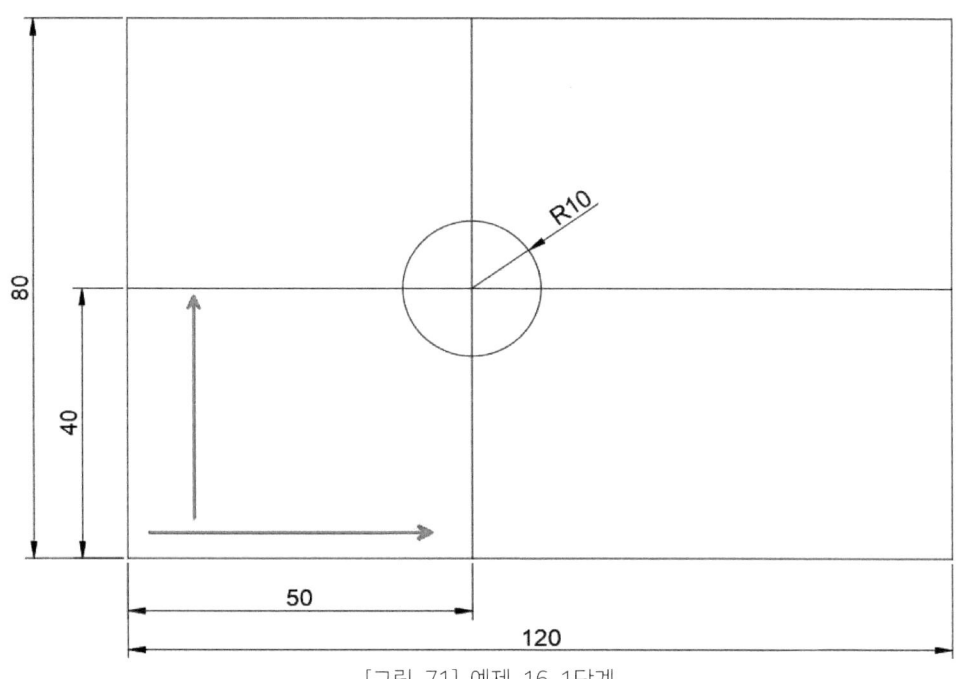

[그림 71] 예제 16_1단계

옵셋을 활용하여 40mm와 50mm 선을 생성하고 교차점에 R10mm 원을 작도한다.
나머지 불필요한 부분은 자르기 명령으로 제거하자.

[그림 72]와 같이 다음 단계로 옵셋과 대각의 선을 작도하여 나머지 불필요한 부분을 제거한다.

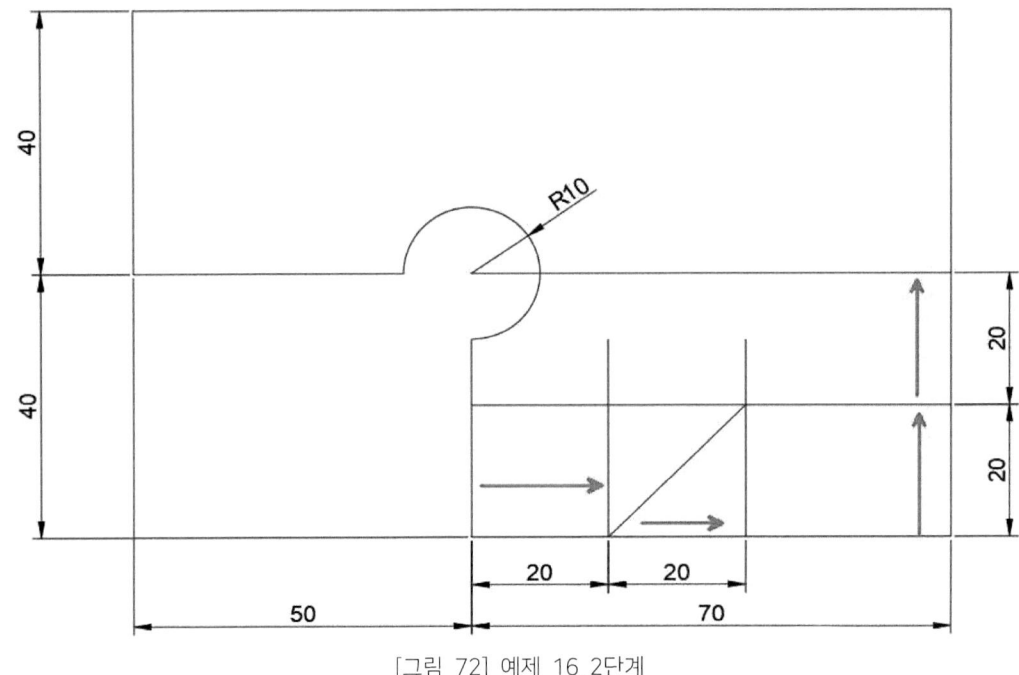

[그림 72] 예제 16_2단계

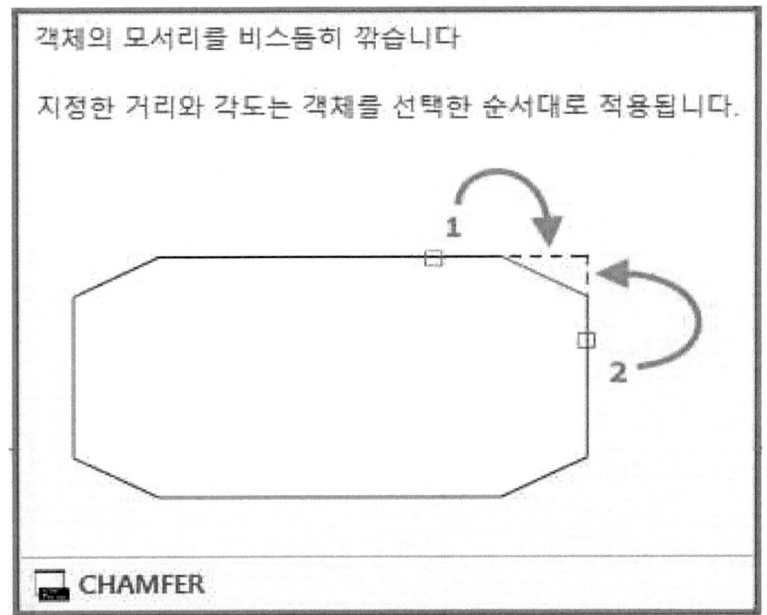

[그림 73] CHAMFER 명령

CHAMFER 명령을 활용하여 예제 16의 3단계에서 표현해 보고자 한다.

[그림 72]와 같이 다음 단계로 옵셋과 대각의 선을 작도하여 나머지 불필요한 부분을 제거한다.

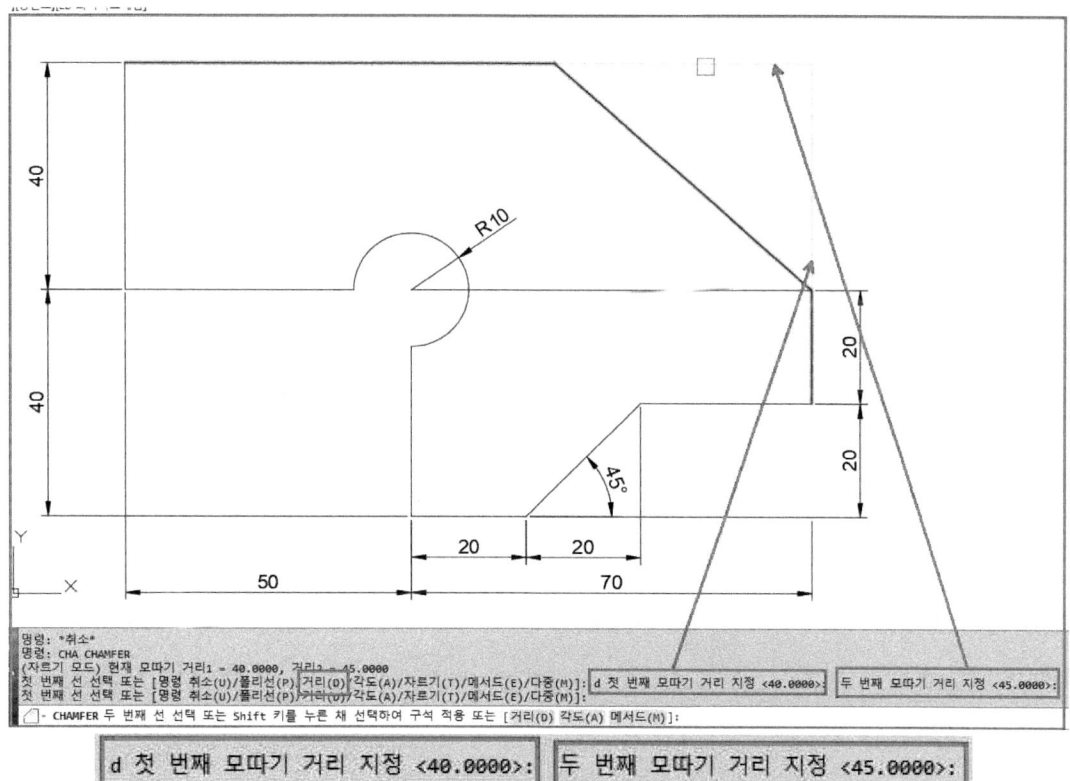

[그림 74] 예제 16_3단계

[그림 74]와 같이 표현되듯이 모따기에서 첫 번째 거리 지정은 처음 선택하는 선의 객체의 길이이며, 두 번째 거리는 두 번째 선택되는 객체의 선의 길이 값을 나타낸다.

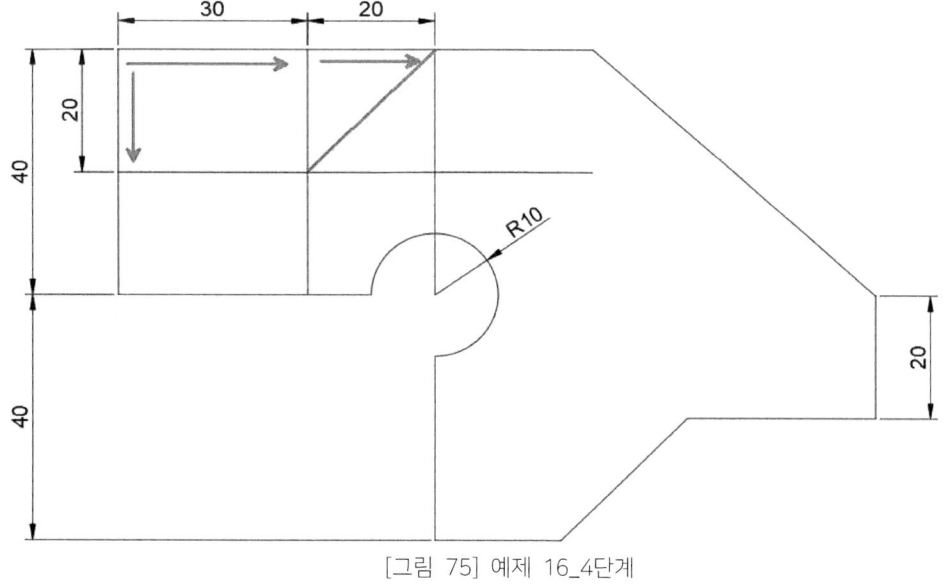

[그림 75] 예제 16_4단계

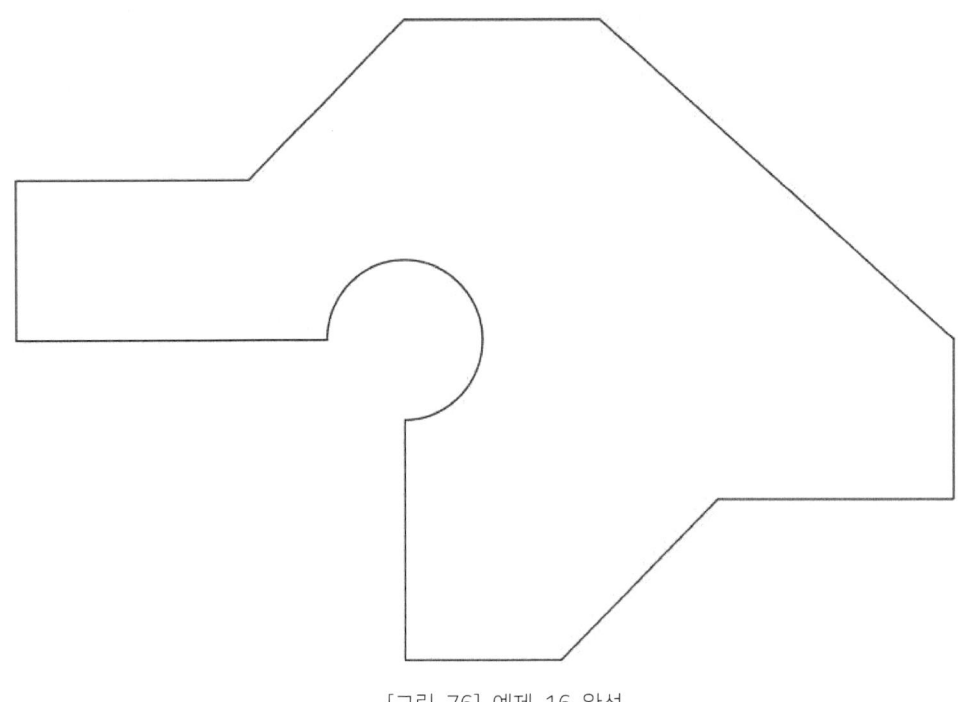

[그림 76] 예제 16_완성

도면의 작도가 완성 시 치수는 개인의 성향대로 할 것이 아니라 기본 제공되는 예제 그림의 치수가 표현한 것과 같이 표현해 본다.

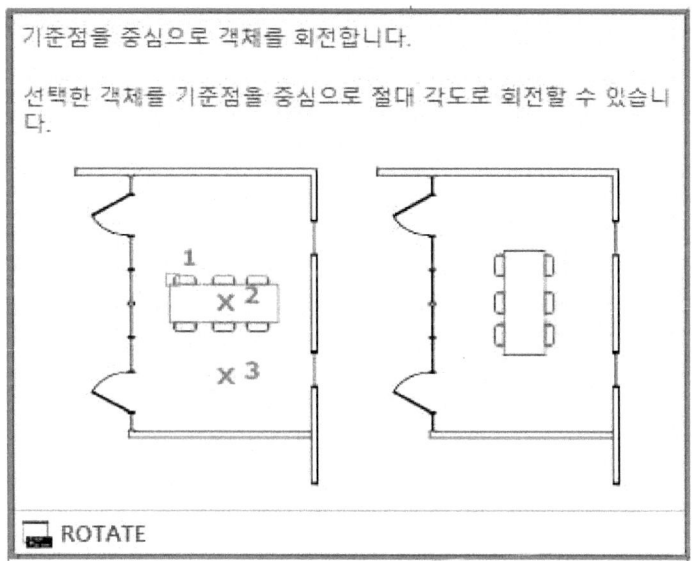

기준점을 중심으로 객체를 회전합니다.

선택한 객체를 기준점을 중심으로 절대 각도로 회전할 수 있습니다.

ROTATE

[그림 77] ROTATE 명령

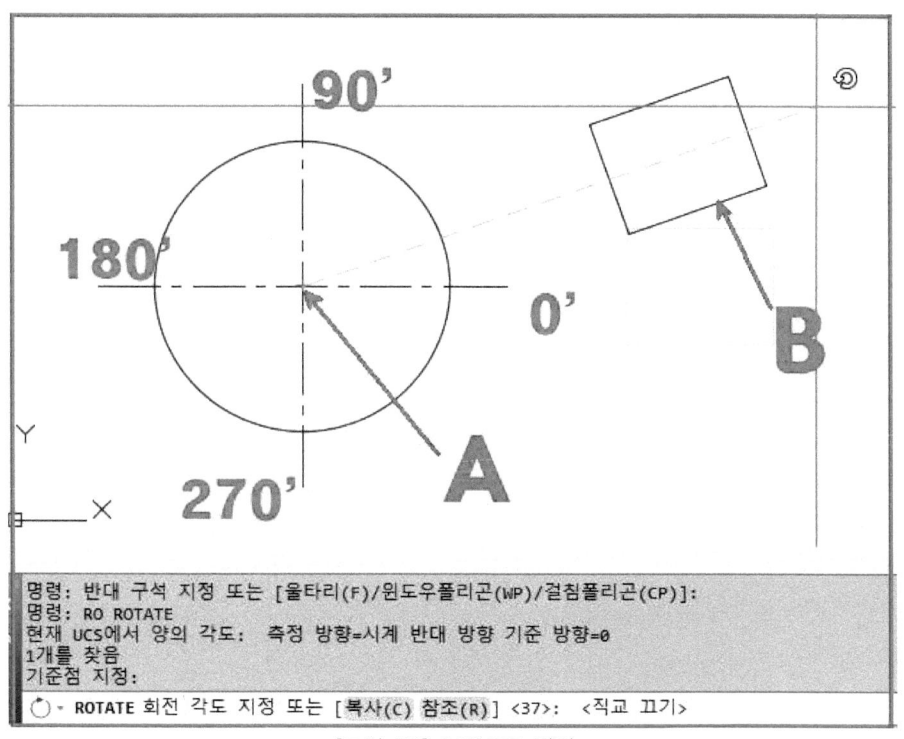

명령: 반대 구석 지정 또는 [울타리(F)/윈도우폴리곤(WP)/걸침폴리곤(CP)]:
명령: RO ROTATE
현재 UCS에서 양의 각도: 측정 방향=시계 반대 방향 기준 방향=0
1개를 찾음
기준점 지정:
ROTATE 회전 각도 지정 또는 [복사(C) 참조(R)] <37>: <직교 끄기>

[그림 78] ROTATE 명령

회전 명령은 단축키 "RO"를 사용한다. [그림 78]에 A점은 회전의 기준점이며, B는 회전되는 사각형의 객체를 나타낸 것이다. 회전 방향은 기준점에서의 각도 방향대로 작업이 된다.

예제 17] 회전 명령과 여러 가지 명령을 활용하여 다음의 예제를 작도한다.

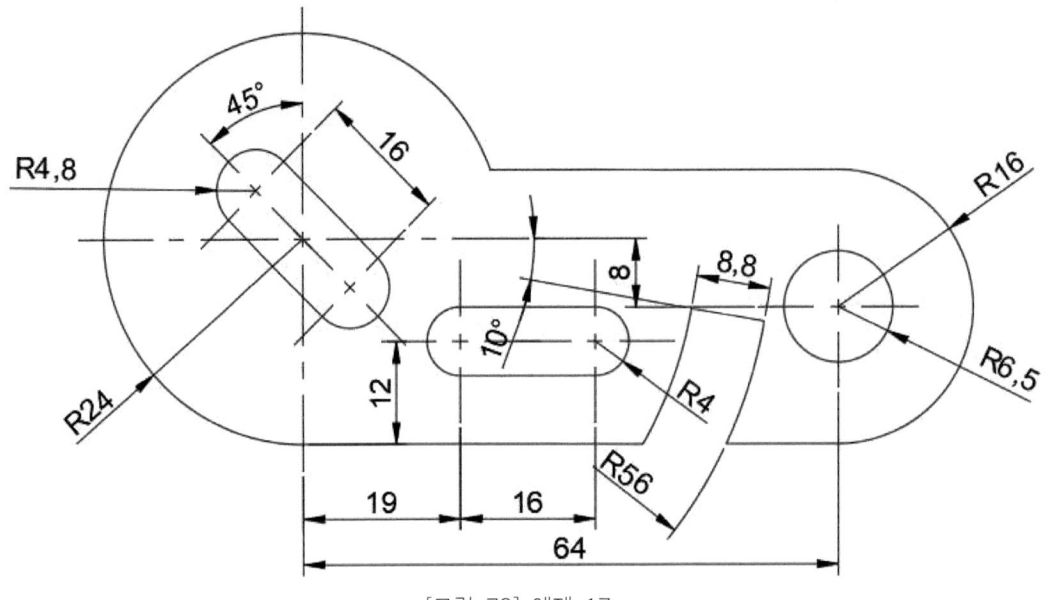

[그림 79] 예제 17

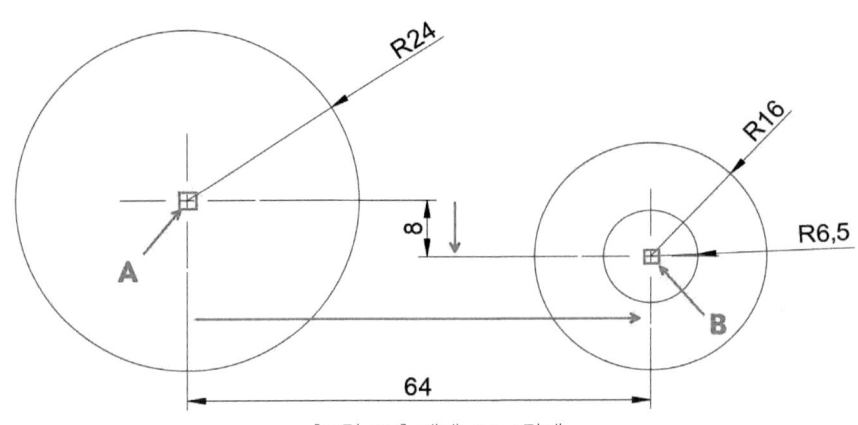

[그림 80] 예제 17_1단계

[그림 80]과 같이 원을 A지점에서 각각의 반지름 R24, R16, R6.5를 작성하고 B지점으로 이동한다. [그림 81]에서는 R16의 원에서 90도 방향의 원에 사분점과 270도 사분점에 선을 작성한다.

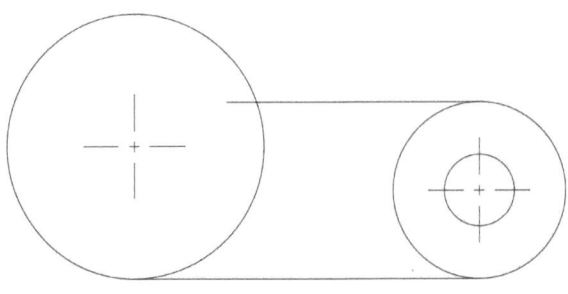

[그림 81] 예제 17_2단계

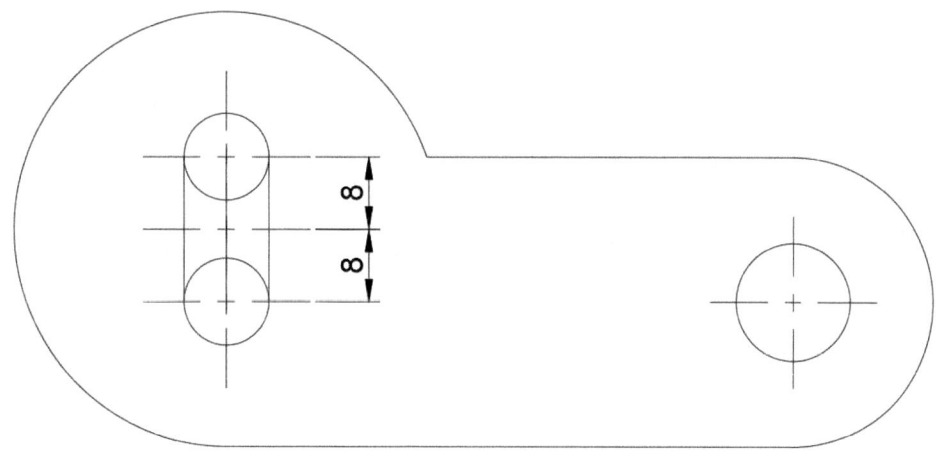

[그림 82] 예제 17_3단계

[그림 82]와 같이 반지름이 R24인 원의 중심에 반지름 R4.8인 원을 작도하고 90도 방향과 270도 방향으로 이동 복사를 한다.

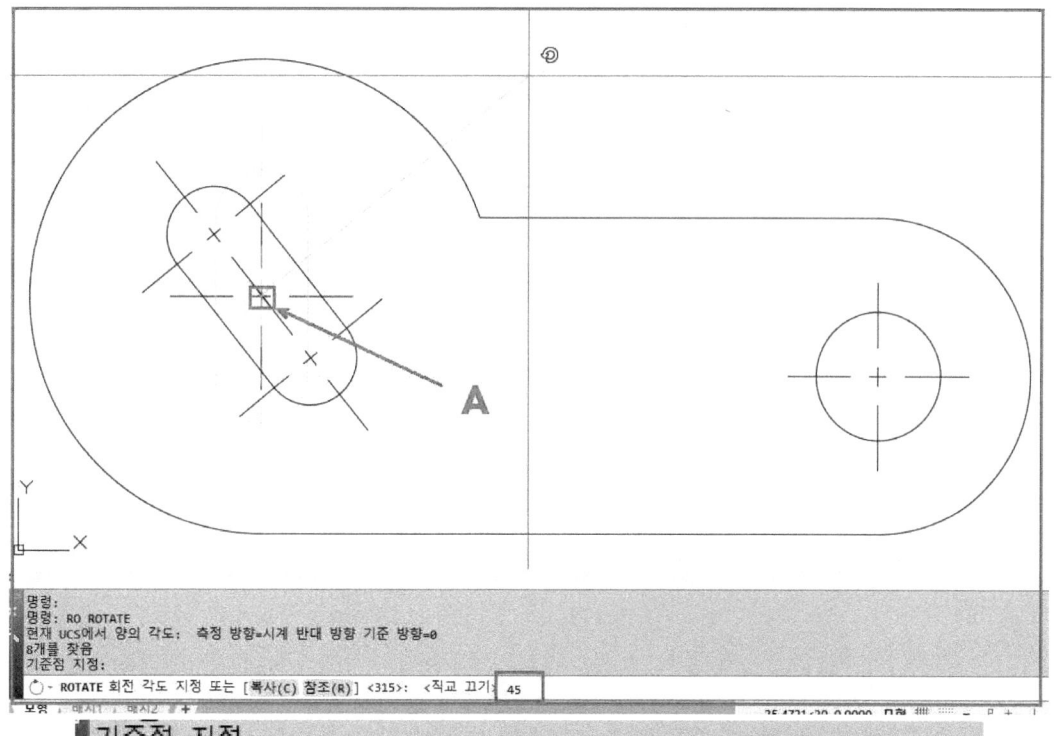

기준점 지정:
회전 각도 지정 또는 [복사(C)/참조(R)] <315>: <직교 끄기> 45

[그림 83] 예제 17_4단계

[그림 82] 작업 후 선 자르기 작업을 하고 반지름 R24인 원의 중심점(A)을 활용하여 객체를 45도 방향으로 회전한다.

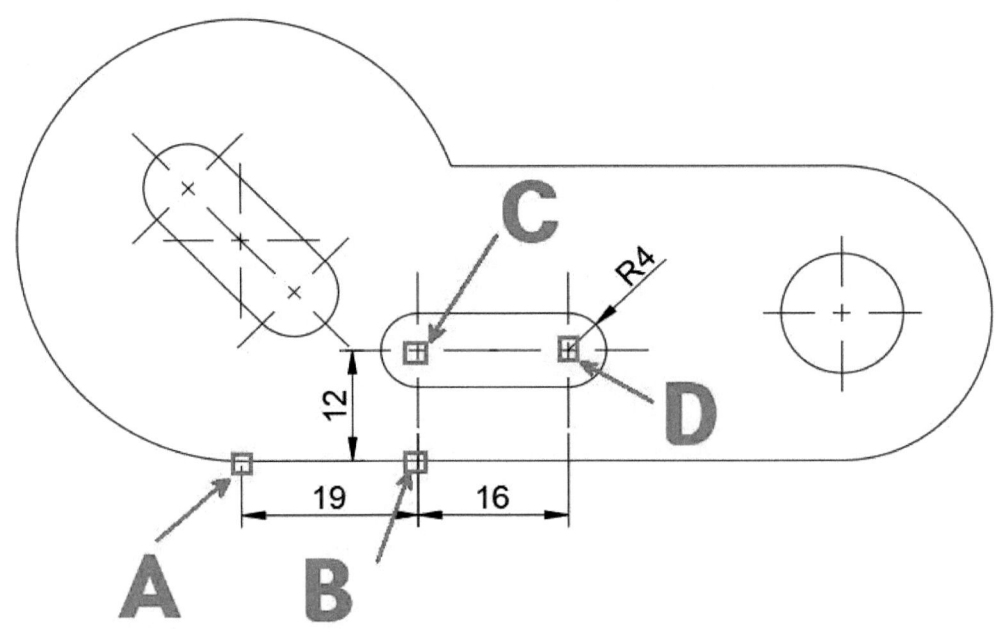

[그림 84] 예제 17_5단계

[그림 84]와 같이 A지점의 위치에서 반지름 R4인 원을 작도하여 B의 위치로 이동하고, 다시 C지점으로 이동 후 반지름 R4인 원의 객체를 복사 이동을 D 지점으로 하여 아래위 쪽 선을 작도하여 정리한다.

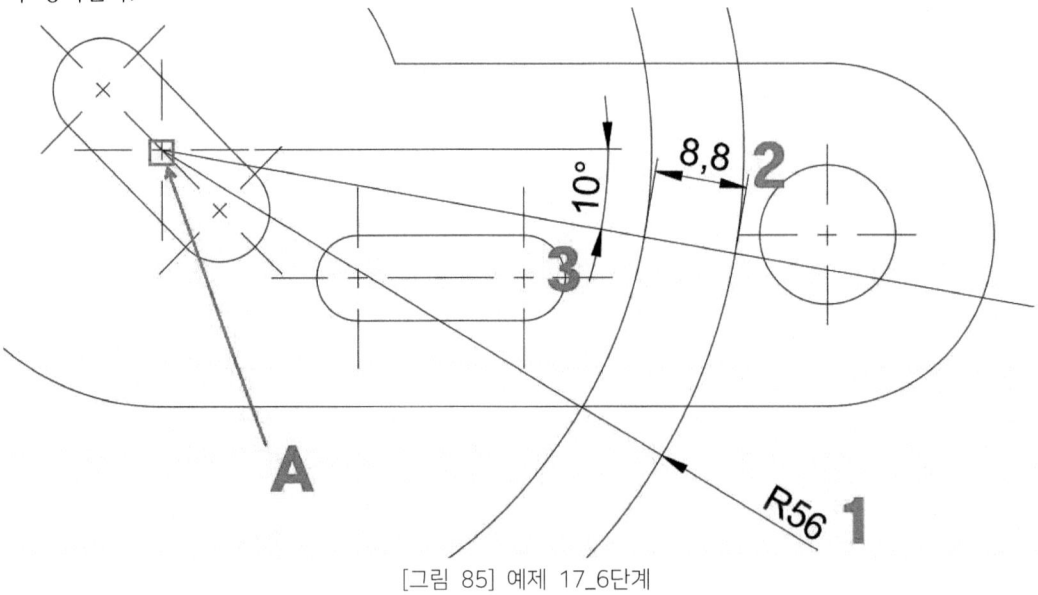

[그림 85] 예제 17_6단계

[그림 85]에서처럼 A지점을 활용하여 우선 반지름이 R56인 원을 작도하고 그 후 옵셋 8.8을 원의 안쪽으로 한다. 그 후 A지점에서 선을 −10도 방향으로 작도를 하여 마무리로 선 정리를 한다.

AutoCAD 기본 명령어 2

A
U
T
O
C
A
D

예제 01]

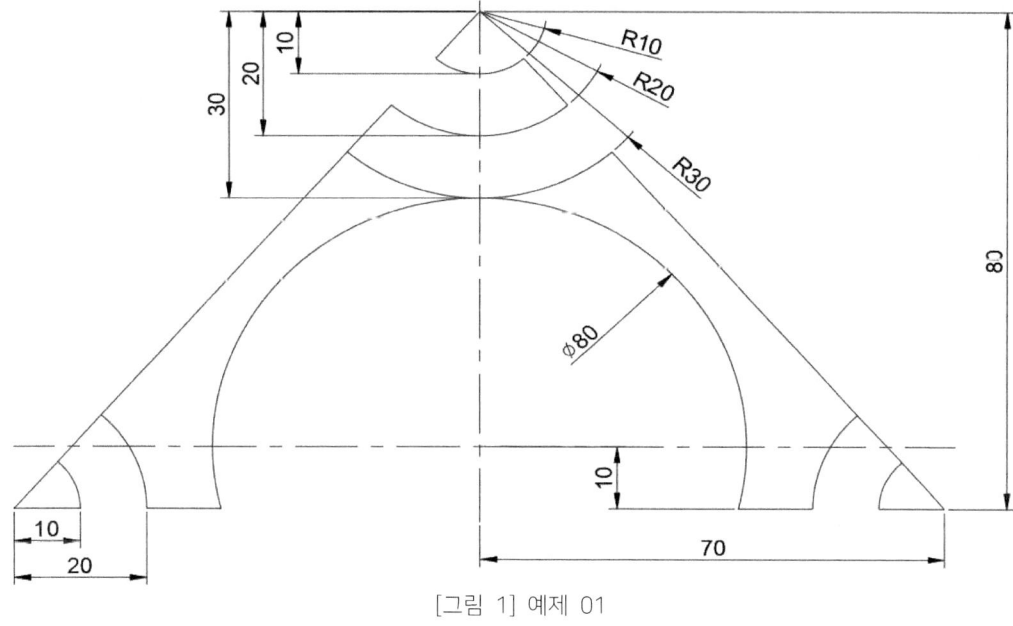

[그림 1] 예제 01

예제 01을 보고 작도를 하고 대칭 복사 명령과 치수 작성을 해 본다.

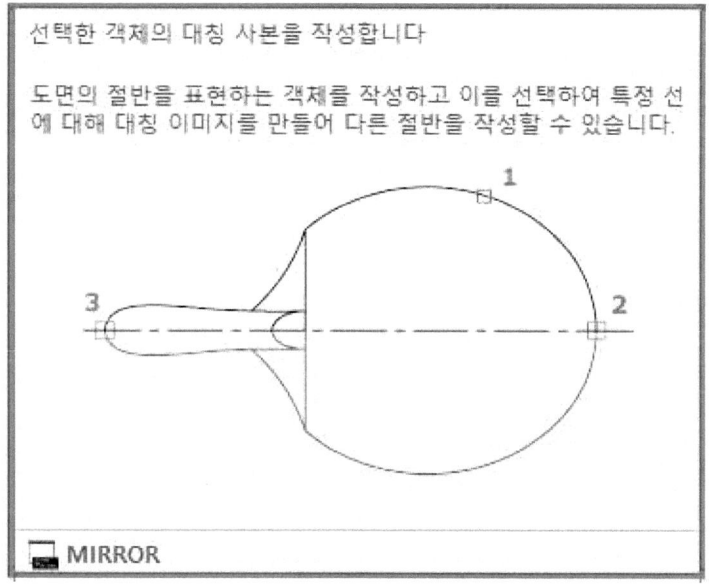

[그림 2] MIRROR 명령

대칭 복사 명령의 단축키는 "MI"이며 객체를 우선 선택한 후 객체의 대칭 기준이 되는 선을 작도한다고 생각하면 된다.

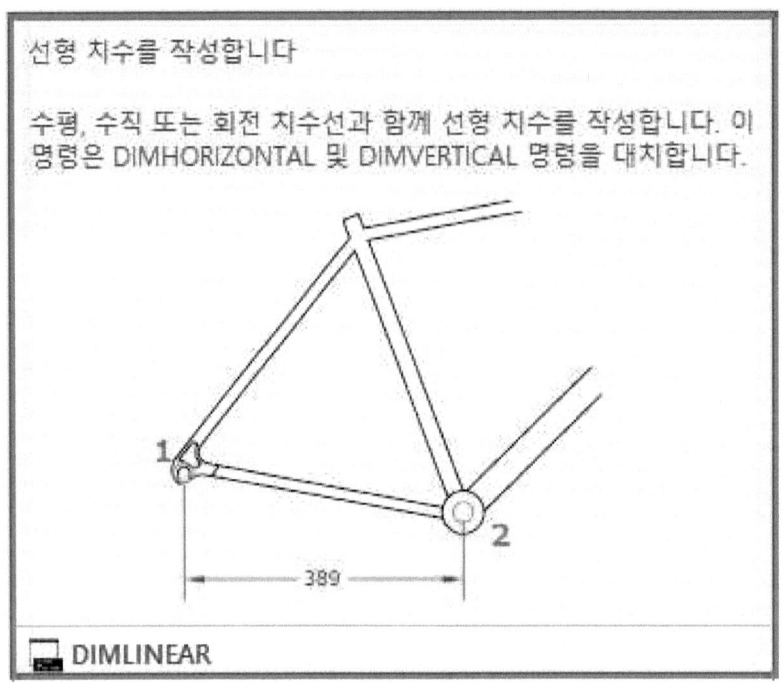

[그림 3] DIMLINEAR 명령

선형 치수의 단축키는 "DLI"이며 여러 가지 치수 명령을 기억하기 힘들 때에는 명령어 창에 'DIM' 철자를 치면 여러 가지 치수 유형의 명령어가 나타난다.

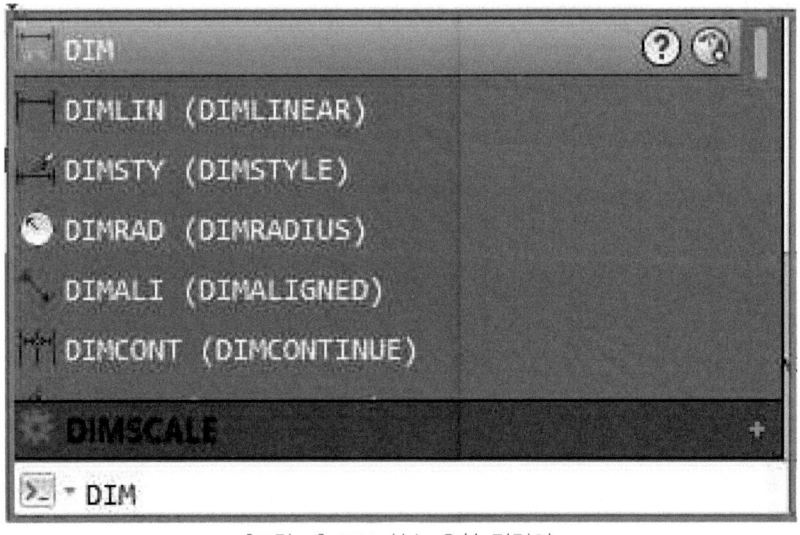

[그림 4] DIM 치수 유형 명령어

[그림 4]에서 처럼 다양한 치수 유형의 명령어가 나타나는데 주의해야 할 것은 각각의 명령어의 내용을 이해하고 사용한다면 훨씬 효과적으로 사용할 수 있을 것이다.

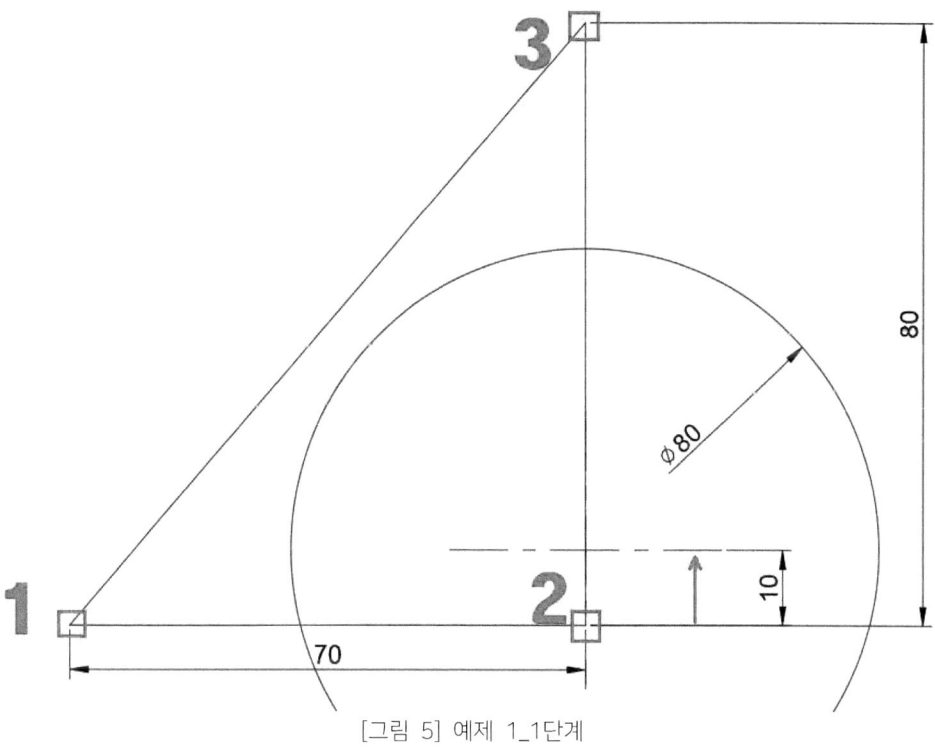

[그림 5] 예제 1_1단계

[그림 5]에서와 같이 직각삼각형을 1번 지점에서부터 3번 지점으로 통과하여 작도를 하고, 2번 지점을 활용하여 지름이 80mm인 원을 작도하고 90도 방향으로 10mm 이동한다.

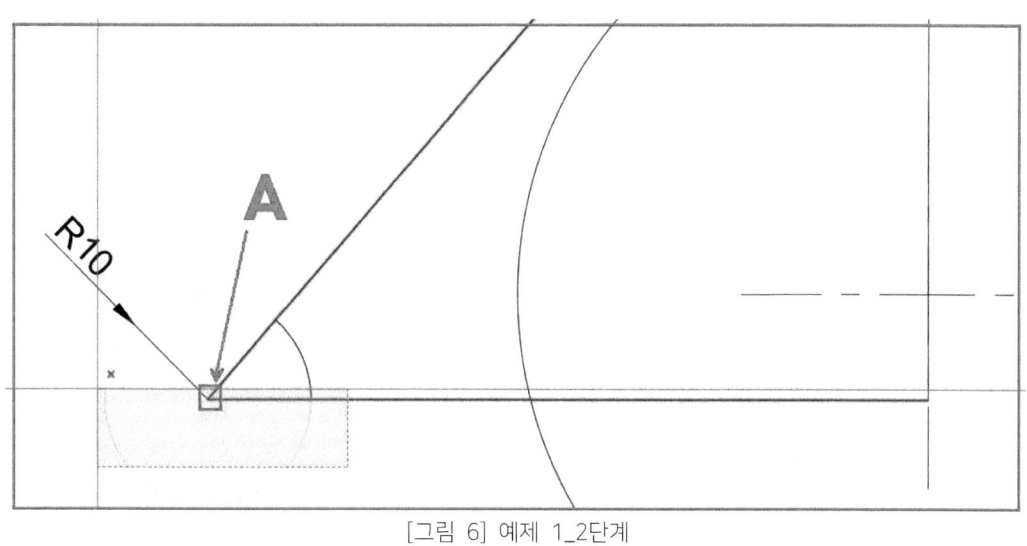

[그림 6] 예제 1_2단계

[그림 6]처럼 A지점에 반지름 R10인 원을 작도하고 트림으로 정리한다. 그 후 반지름 R10인 원호에서 옵셋 10mm를 주어 0도 방향으로 작업한다.

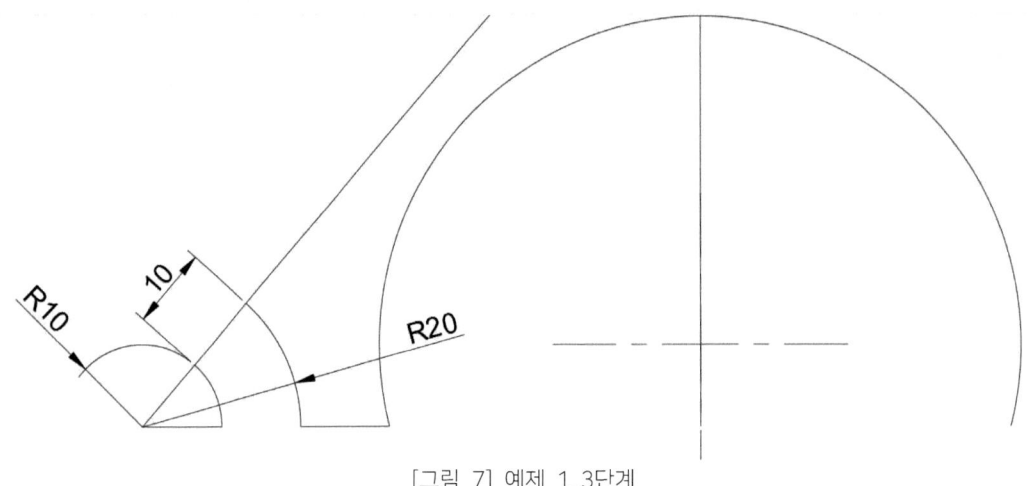

[그림 7] 예제 1_3단계

10mm 옵셋 후 트림으로 선을 정리한다. 그 후 대칭 복사 작업을 한다.

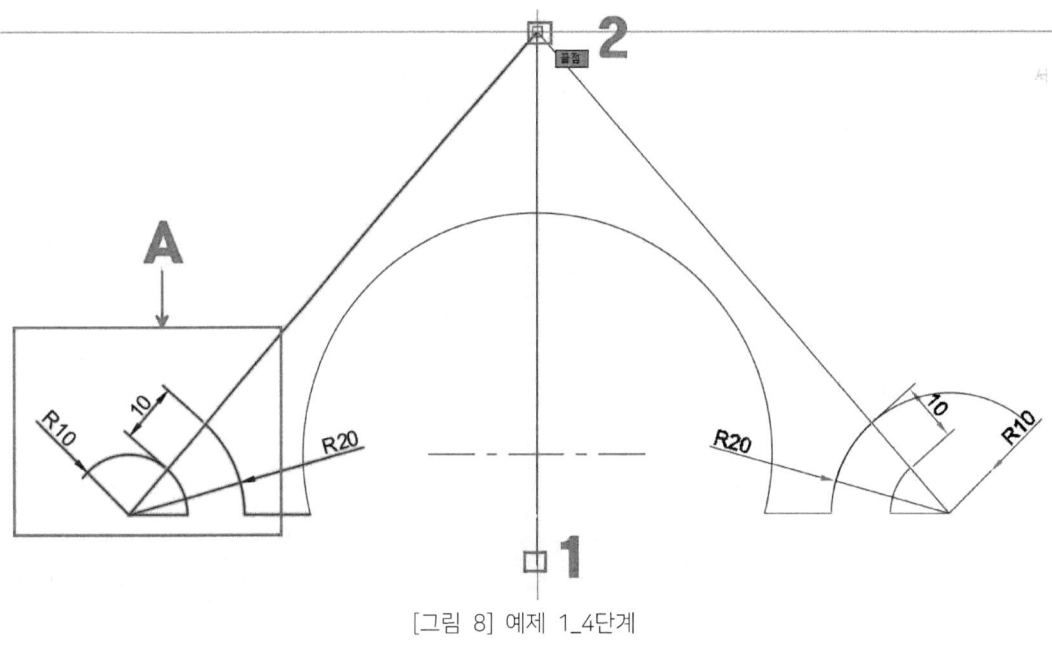

[그림 8] 예제 1_4단계

[그림 8]과 같이 A에 해당되는 객체를 선택한 후 대칭 복사 명령을 단축키 'MI'를 입력하고, 마우스를 활용하여 대칭 기준선의 첫 번째 1지점을 선태하고 다시 수직하게 90도 방향으로 2지점을 선택한다. 그리고 Enter를 입력하면 대칭 복사 작업이 완료된다.

2지점에서 나머지 원도 작성하여 옵셋 10mm를 하여 완료하고 나머지 불필요한 선은 트림으로 제거를 한다.

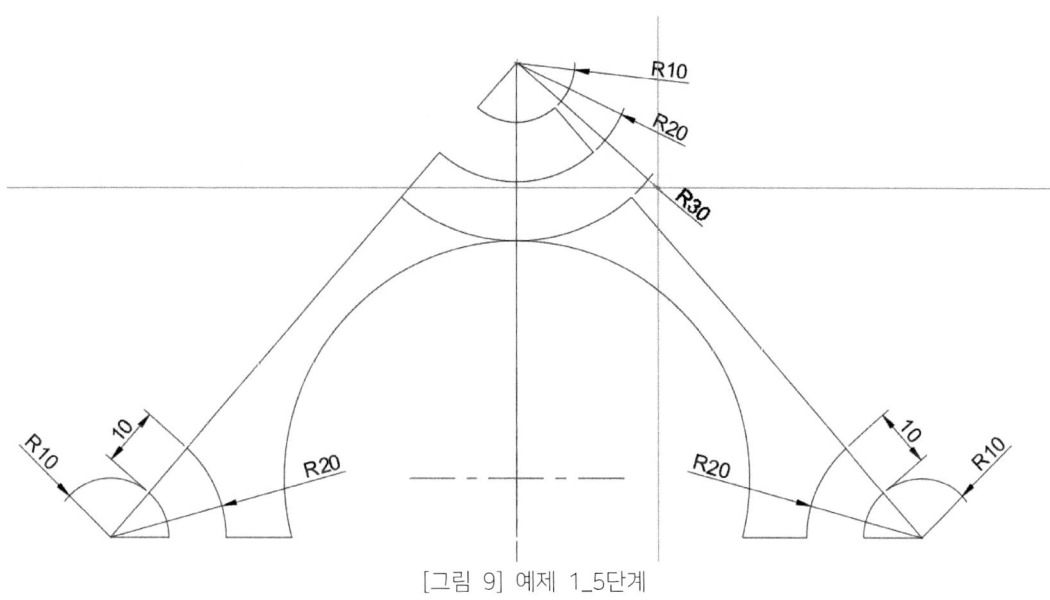

[그림 9] 예제 1_5단계

반지름 치수 명령은 "DIMR"을 입력하면 작성된다. 또한, 선형 치수 명령도 같이 사용하여 예제 01을 완성해 보자.

예제 02] 원 그리기를 활용하여 예제를 완성해 본다.

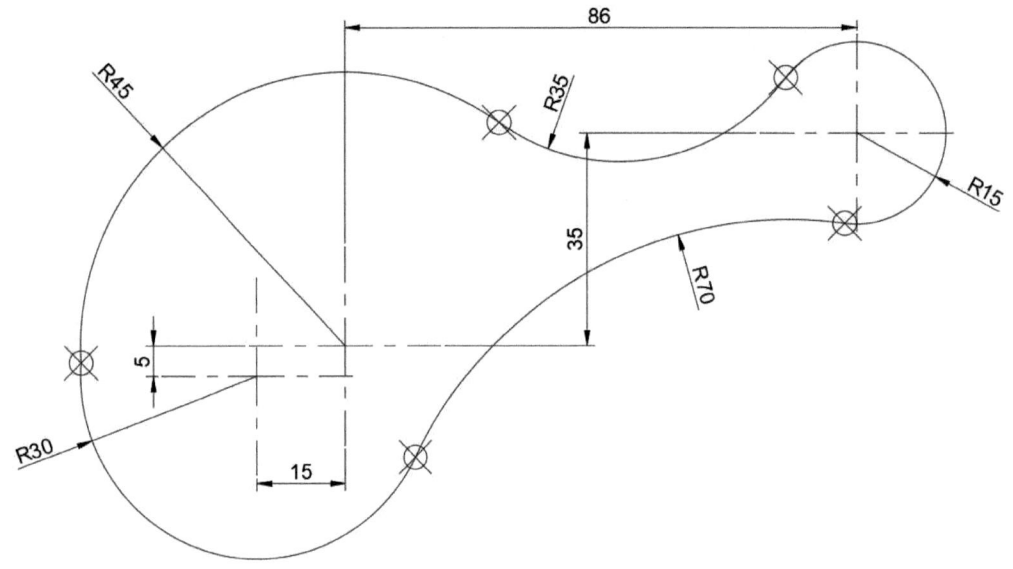

[그림 10] 예제 02

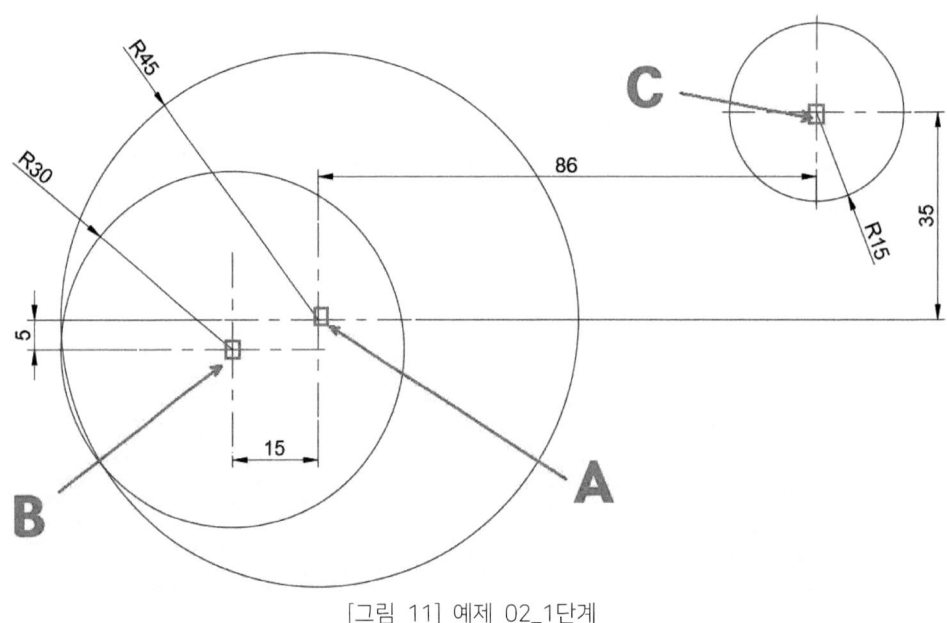

[그림 11] 예제 02_1단계

[그림 11]에서처럼 A점에서 반지름 R45, R30, R15인 원을 작성한 후 반지름 R30은 B지점으로 이동하고 반지름 R15는 C지점으로 이동한다.

[그림 12]에 A, B, C, D 위치는 원의 접점을 나타낸 것이다.

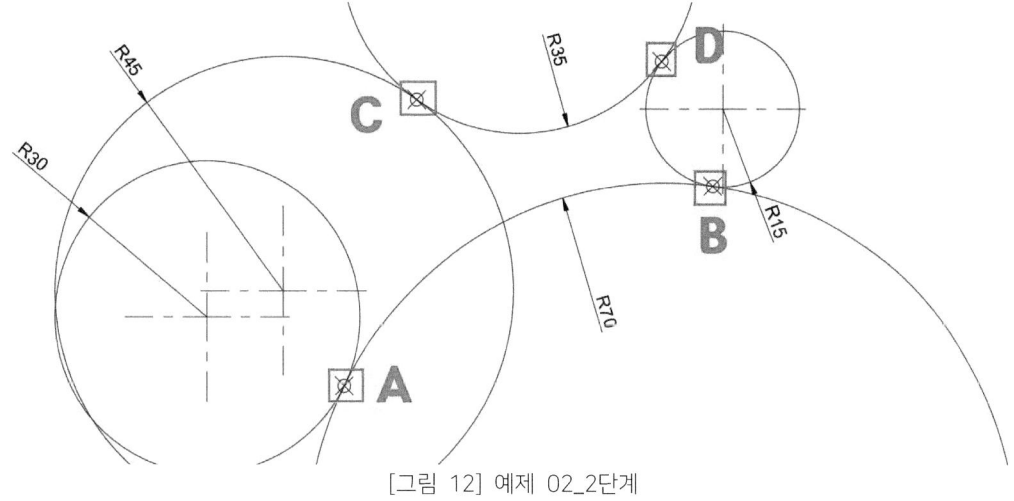

[그림 12] 예제 02_2단계

원 그리기 명령 옵션 중 접선접선 반지름 값을 활용하여 [그림 12]에서처럼 반지름 R30인 원의 접점
인 A점을 선택하고 반지름 R15인 원의 접점인 B점을 선택한다. 그리고 반지름값 R70을 입력한다.
그리고 반지름 R35인 원의 C점을 선택하고 D점을 선택 후 반지름값 R35를 입력하여 완성하여
보자.

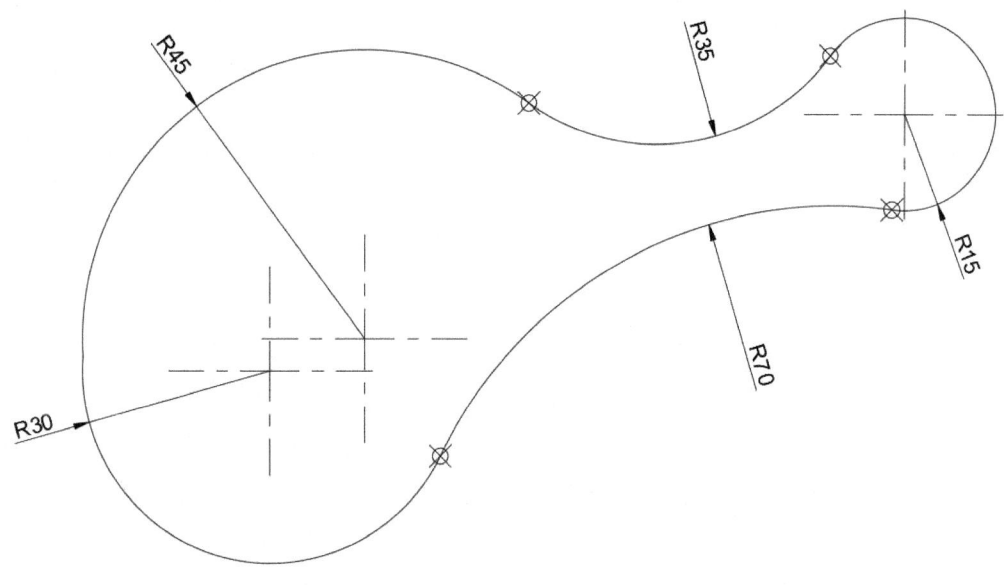

[그림 13] 예제 02_3단계

[그림 13]에서처럼 트림 작업으로 선을 정리하여 도면을 완성해 본다.

예제 03] 다음의 예제를 작성하여 보자.

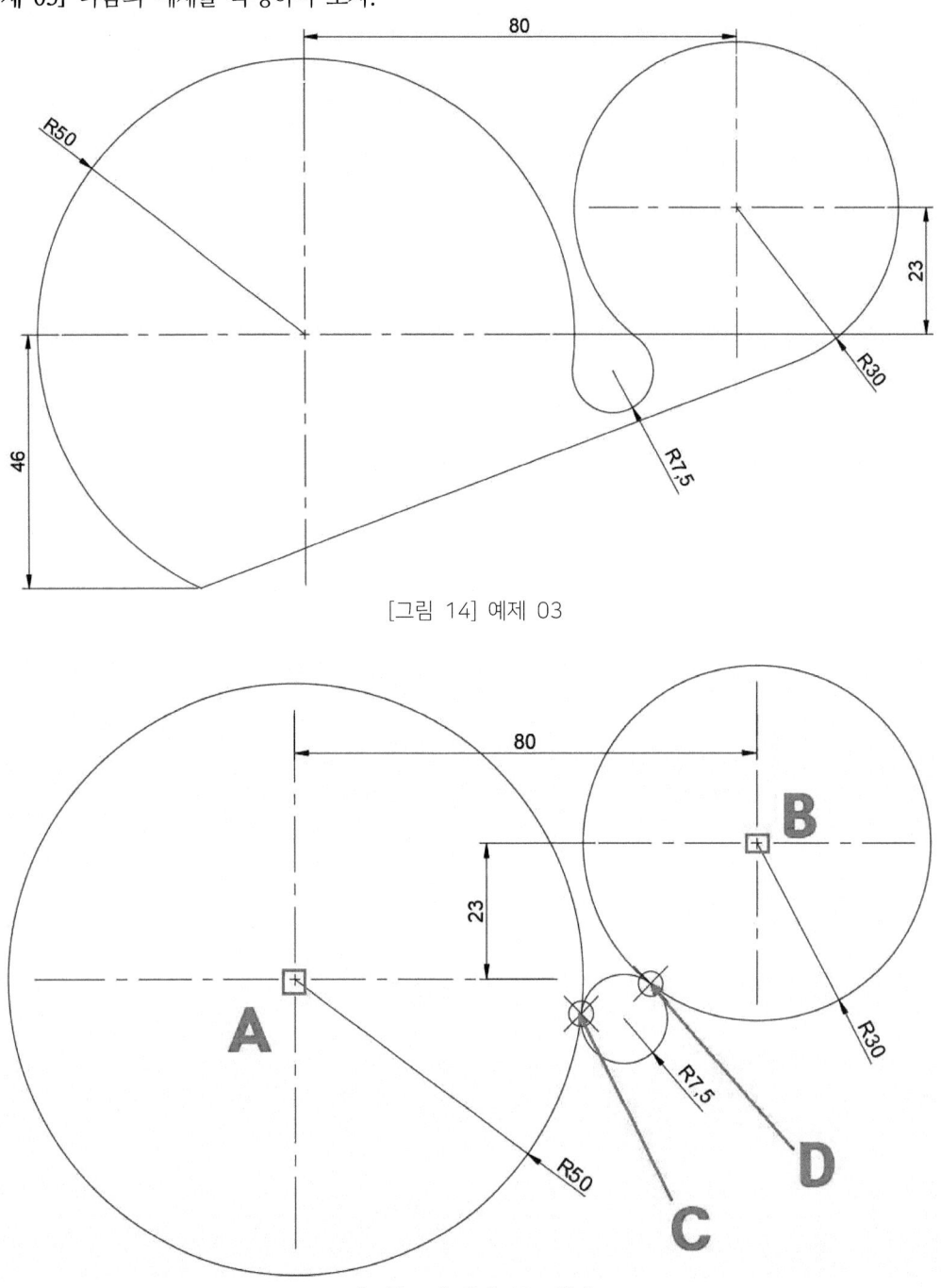

[그림 14] 예제 03

[그림 15] 예제 03_1단계

[그림 15]에서처럼 A점에서 반지름 R50, R30인 원을 작성 후 R30인 원을 B지점으로 이동하고, R50인 원과 R30인 원의 사이에 반지름 R7.5인 원을 원의 명령을 통해 옵션 접선접선 반지름 옵션을 활용하여 작성한다. 접점은 C점과 D점이 된다.

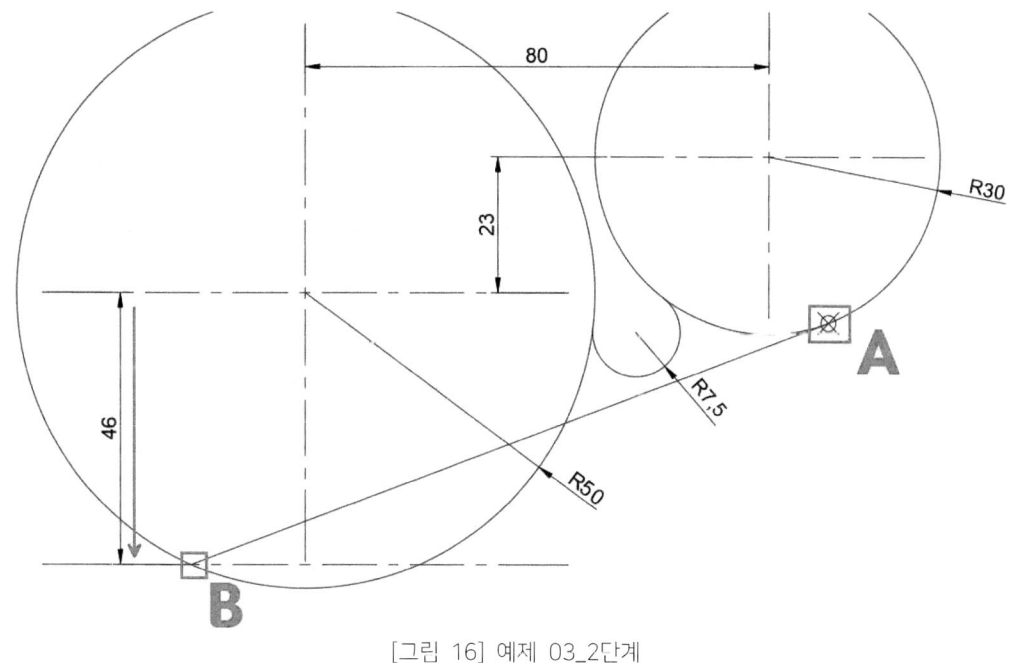

[그림 16] 예제 03_2단계

[그림 16]에서처럼 선을 R30인 원의 A 접점에서 시작하여 R50인 원의 중심선에서 옵셋을 46mm
한 선과 R50인 원과 교차되는 B지점을 연결하는 선을 작도하여 마무리한다.

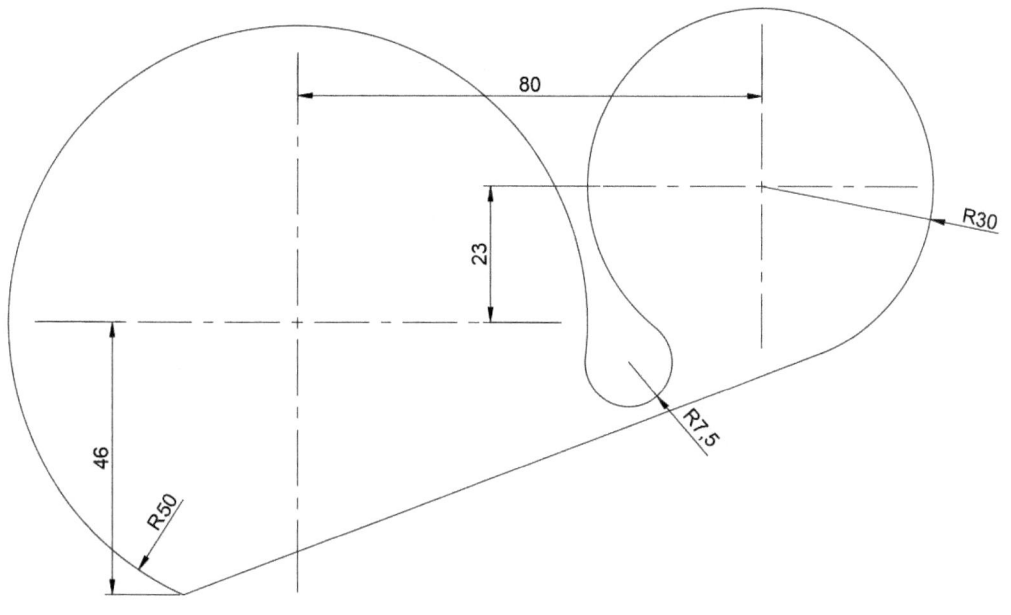

[그림 17] 예제 03_3단계

[그림 17]에서처럼 트림을 활용하여 도면을 완성해 본다.

예제 04] 다음의 도면을 보고 여러 가지 명령을 활용하여 작성해 보자.

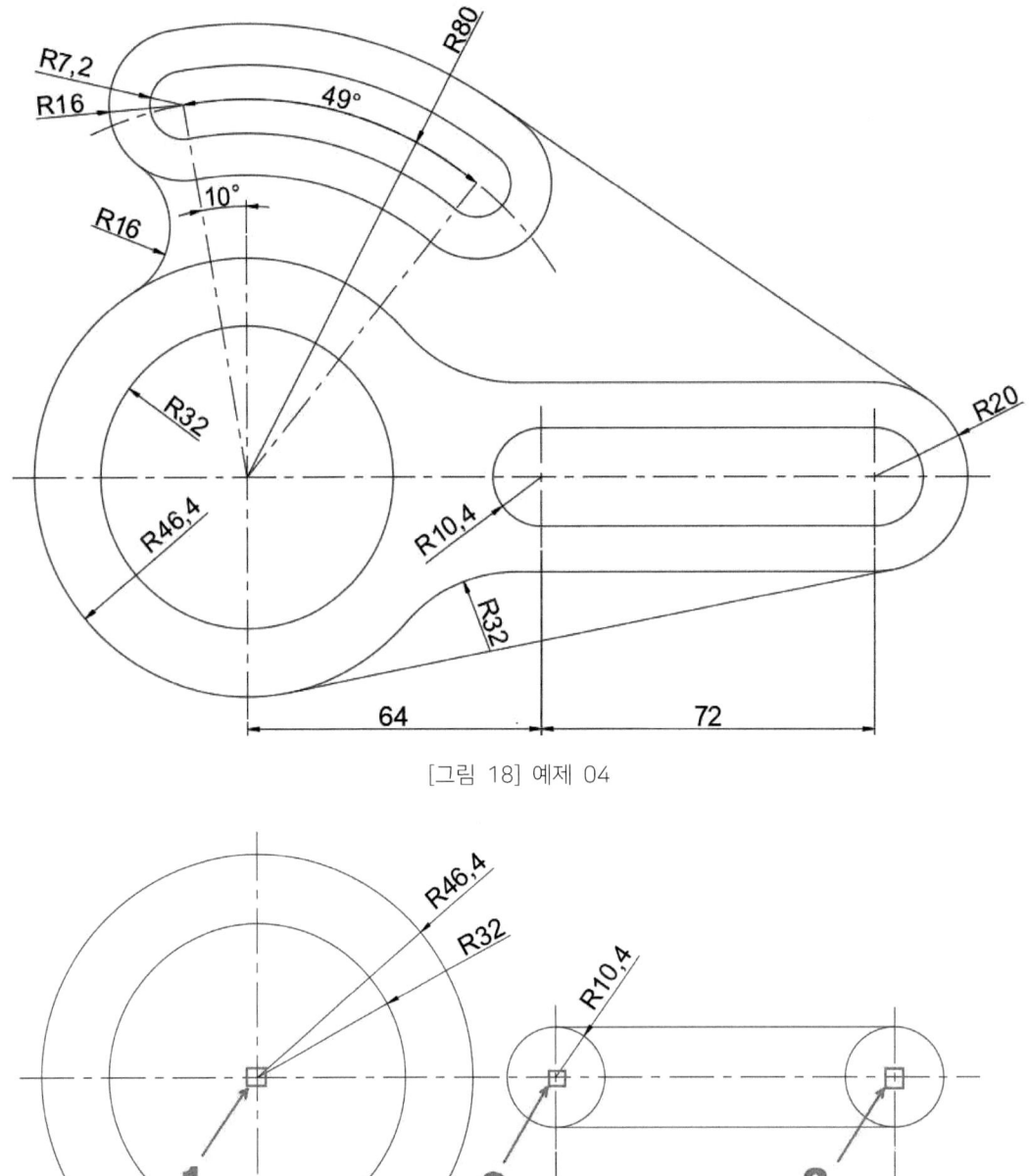

[그림 18] 예제 04

[그림 19] 예제 04_1단계

[그림 19]와 같이 1번 지점에서 반지름 R46.4, R32, R10.4인 원을 작성하고, R10.4인 원을 2번 지점으로 이동하고 그리고 R10.4인 원을 복사하여 3번 지점으로 작성한다.

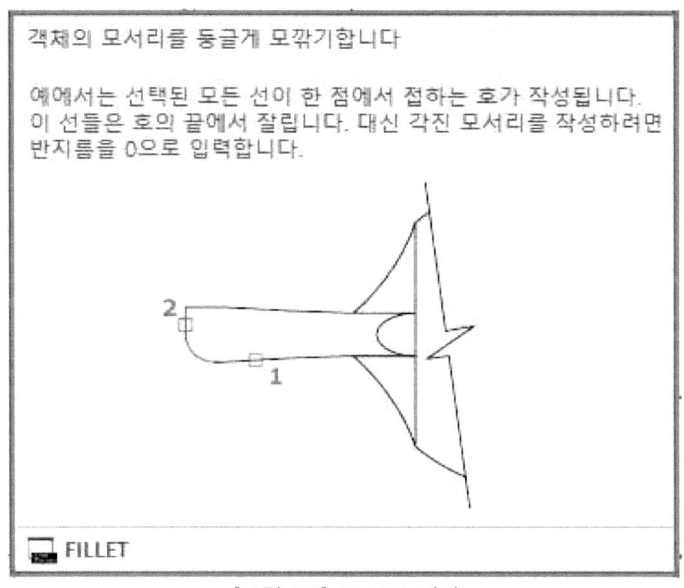

[그림 20] FILLET 명령

[그림 20]은 FILLET 명령으로 객체와 객체 사이의 둥글게 모깎기 시 사용하는 명령이며 단축키는 "F"이다.

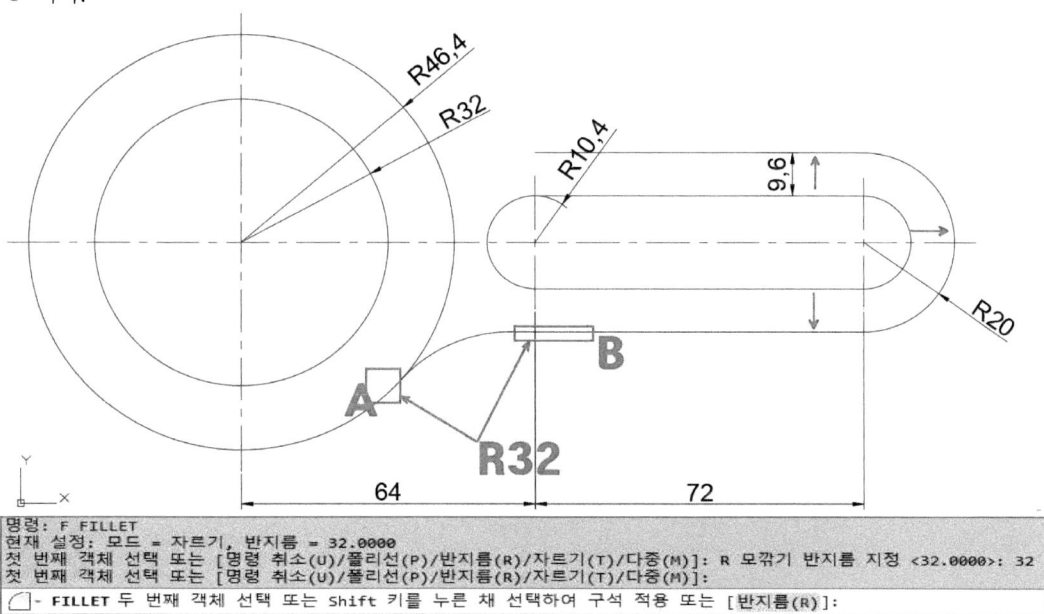

[그림 21] 예제 04_2단계

[그림 21]과 같이 반지름 R10.4인 긴 홈형의 원의 객체를 옵셋으로 9.6mm 하고 나서 필렛("F")을 객체의 A점과 B점을 선택하여 R32를 하여 작업한다.

R46.4인 원의 중심에 R80 원을 그린다.

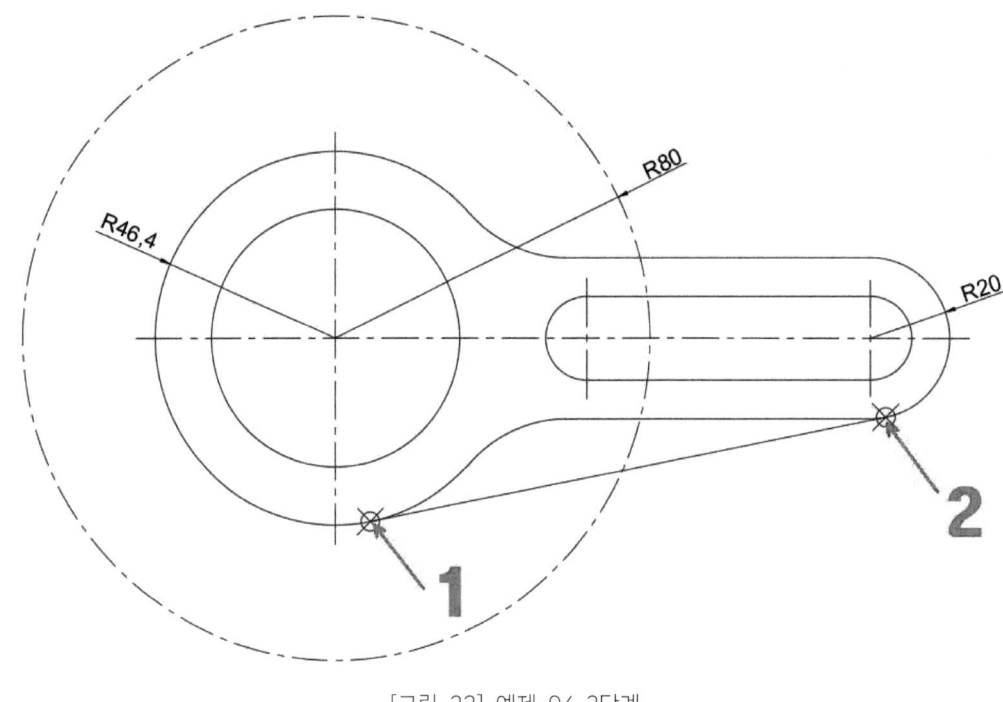

[그림 22] 예제 04_3단계

[그림 22]는 R46.4인 원과 R20인 원호의 접점 스냅을 활용하여 선을 작성한다.

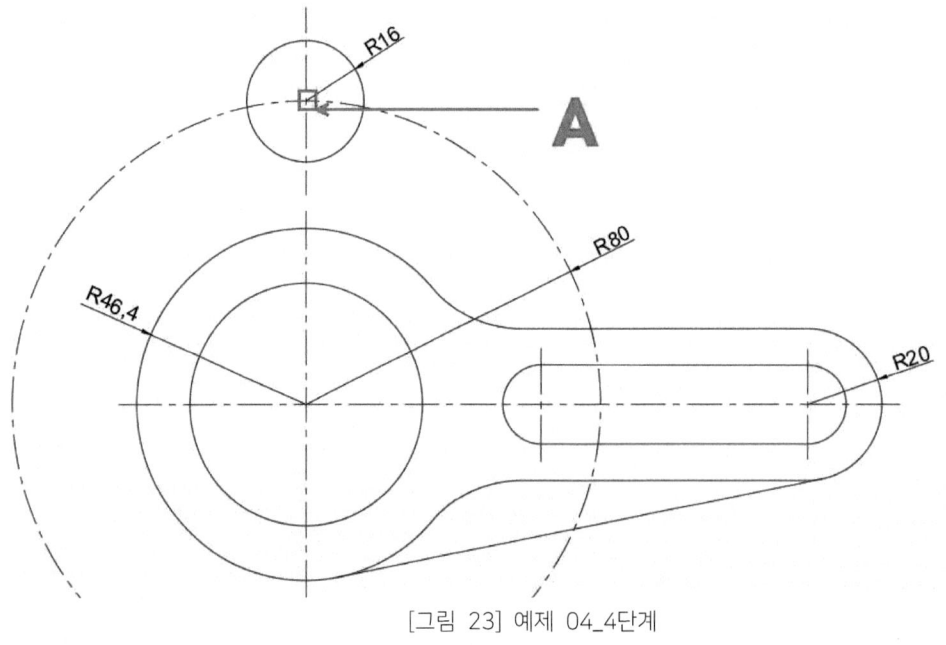

[그림 23] 예제 04_4단계

R80인 원의 사분점인 A지점에 R16인 원을 그린다. R80인 원은 추후 참고로 중심선의 역할을 하기에 중심선인 일점쇄선으로 표현해 보았다.

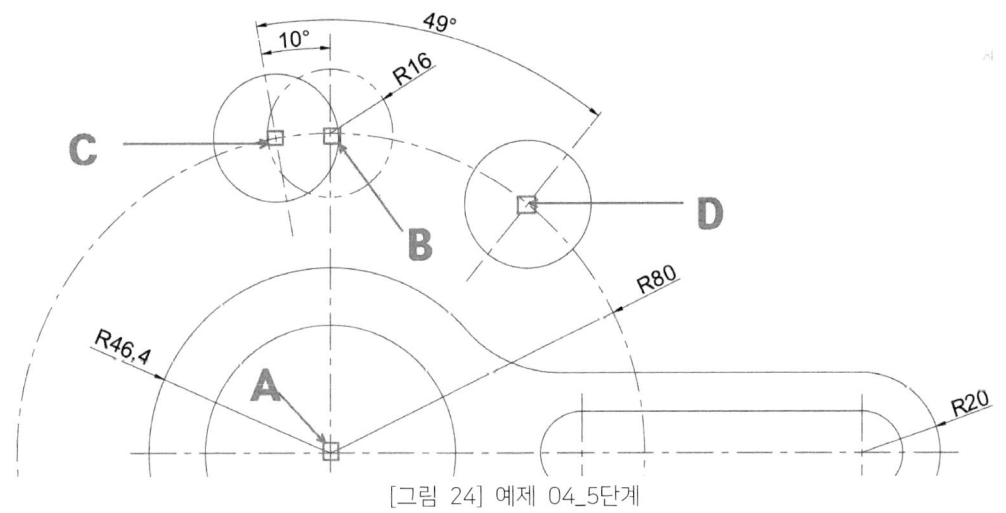

[그림 24] 예제 04_5단계

R16인 원의 객체를 회전하여 C점과 D점에 작성한다. 회전 시 회전의 중심점은 A점으로 한다.

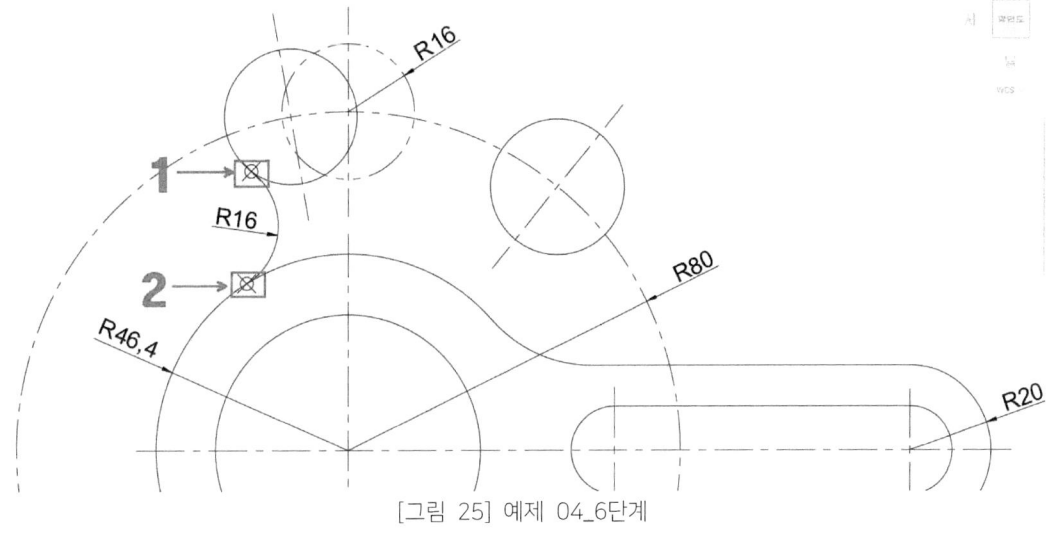

[그림 25] 예제 04_6단계

[그림 25]와 같이 R16인 원의 객체의 접점과 R46.4인 원의 객체 사이에 필렛을 활용하여 R16 값을 주어 작성한다.

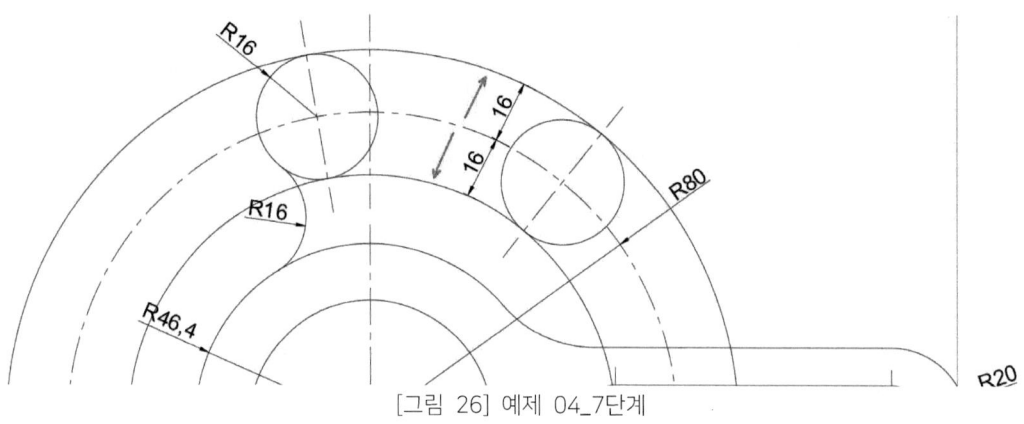

[그림 26] 예제 04_7단계

R80인 원의 객체를 사용하여 옵셋 16mm를 하여 [그림 26]처럼 작업한다.

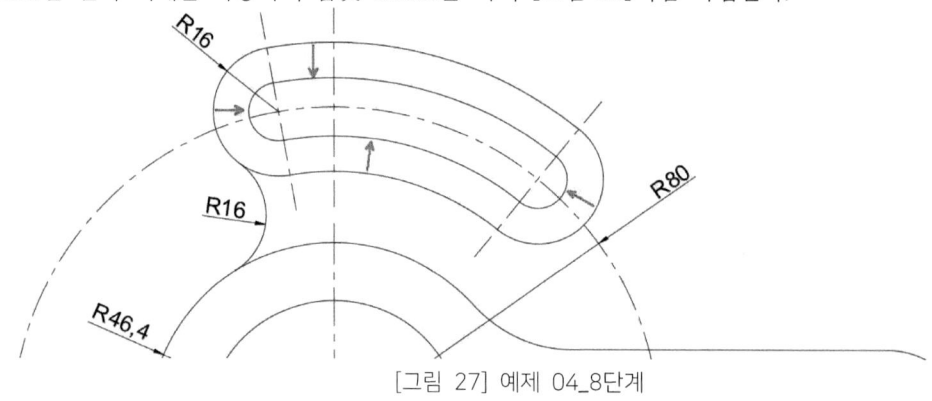

[그림 27] 예제 04_8단계

[그림 26]에 작업 후 트림으로 정리하고 나서 다시 옵셋을 8.8mm를 [그림 27]처럼 작업한다.

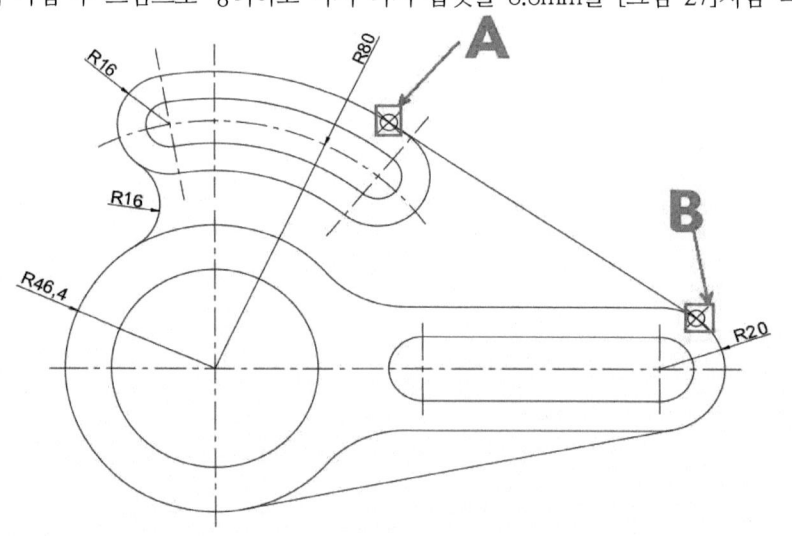

[그림 28] 예제 04_9단계

[그림 28]처럼 접점 스냅을 활용하여 A점과 B점에 선을 작성한다.

예제 05] 여러 가지 명령을 활용하여 다음의 도면 작업을 해 본다.

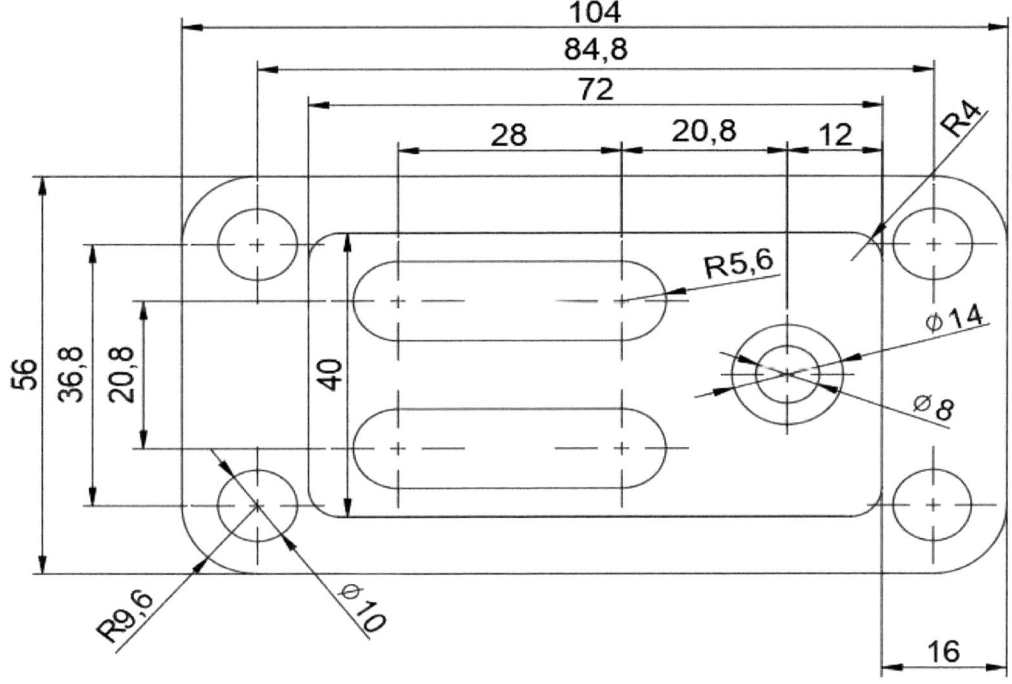

[그림 29] 예제 05

예제 06] 여러 가지 명령을 활용하여 다음의 도면 작업을 해 본다.

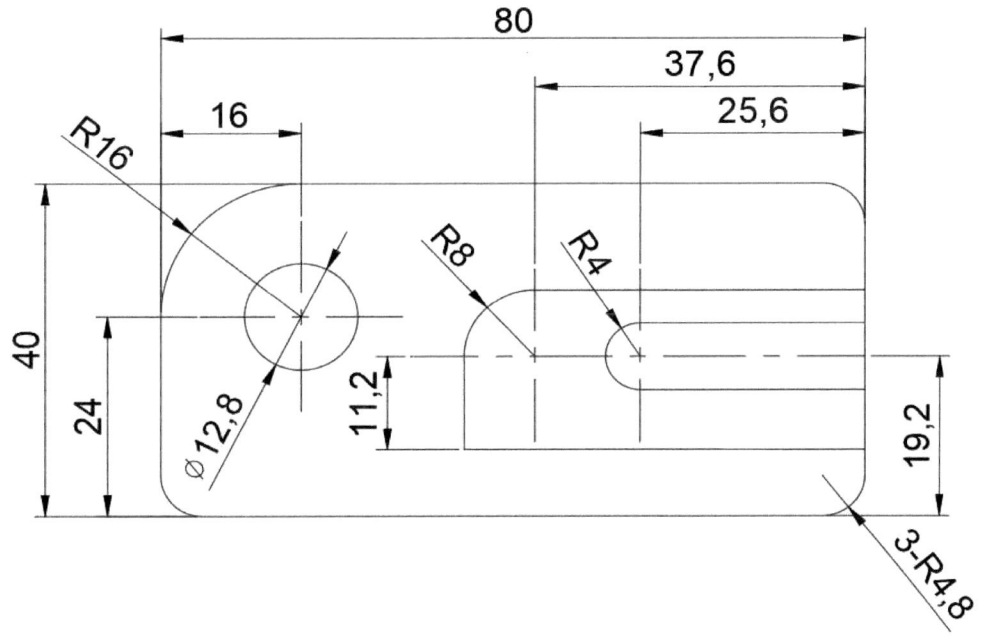

[그림 30] 예제 06

예제 07] 다음의 예제는 ARC 원호 작업을 활용하여 작업해 본다.

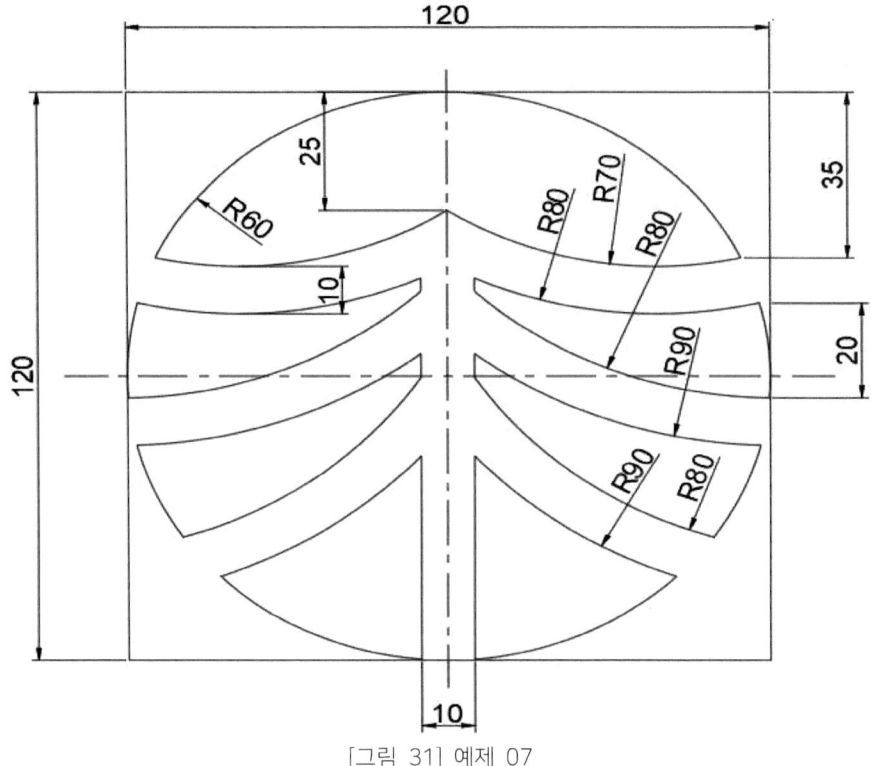

[그림 31] 예제 07

[그림 32] AEC 명령

원호 그리기 명령은 ARC로 기본적으로 시작점을 선택하고 "E" 마지막 점을 선택한 후 "R" 값을 입력하는 순서로 작업한다.

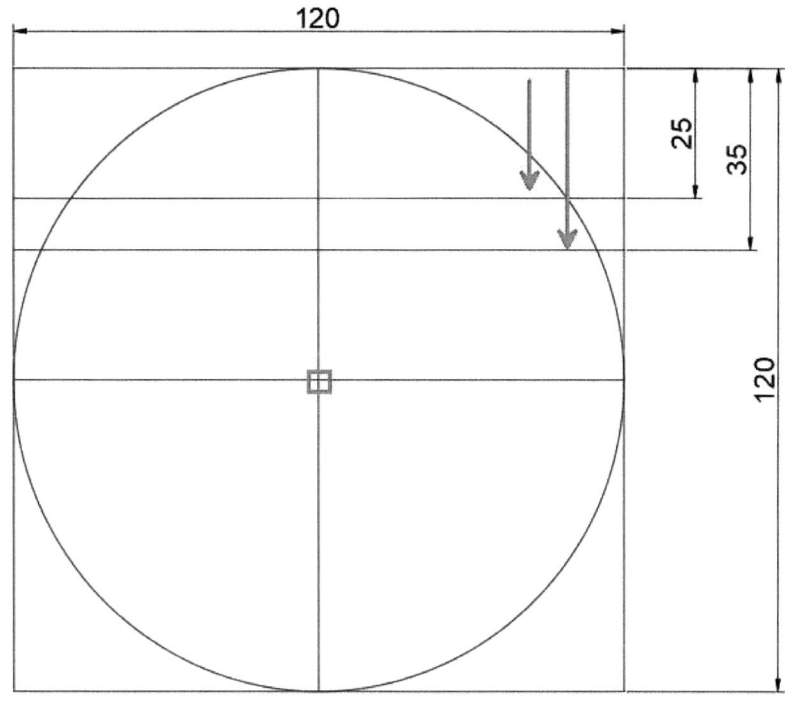

[그림 33] 예제 07_1단계

[그림 33]처럼 한 변의 길이가 120mm인 정사각형을 그리고 중심을 지나는 가로 세로선을 작성하고, 사각형 안쪽에 맞는 원을 작성한다. 그리고 옵셋을 사각형의 위쪽의 객체를 선택하여 25mm, 35mm를 한다.

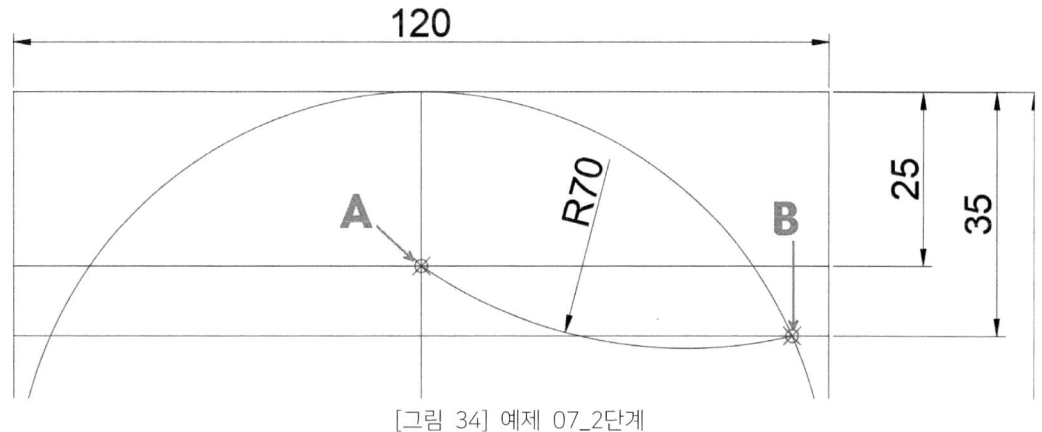

[그림 34] 예제 07_2단계

[그림 34]와 같이 아크 "ARC" 작업을 한다. 명령을 입력한 후 A점을 선택하여 "E"를 입력하고, B점을 선택한 후 "R"을 입력하고 치수 값 70mm를 입력한다. 이때 주의해야 할 사항은 원의 회전 방향은 항상 0도에서 90도 방향, 즉 반시계 방향으로 작성된다는 것을 기억해야 한다.

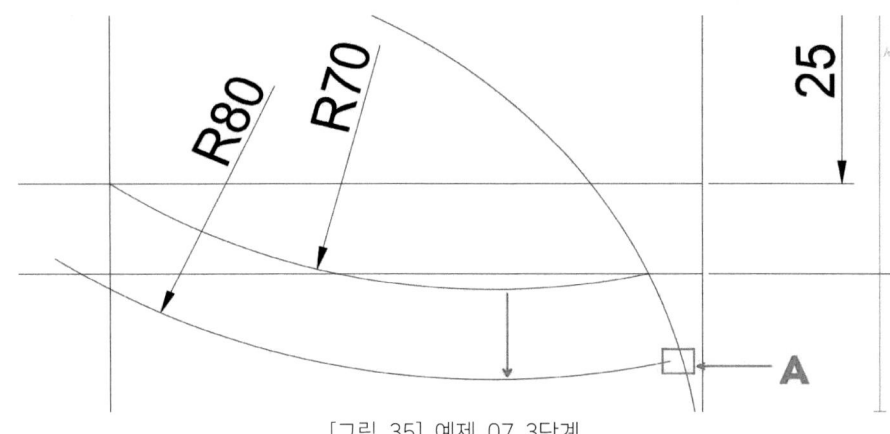

[그림 35] 예제 07_3단계

객체 R70을 옵셋 10mm를 한다. 그리고 [그림 35]에서 나타난 것처럼 A 부분에 보면 R80의 원호의 객체가 120mm의 원과 접하지 않은 것으로 보인다. 이때 객체를 연장하는 명령을 사용하여 R80의 원호를 120mm 원에 접하도록 연장해 본다. 객체 연장의 명령은 [그림 36]에 나타난 "EXTEND" 명령이며 단축키는 "EX"이다.

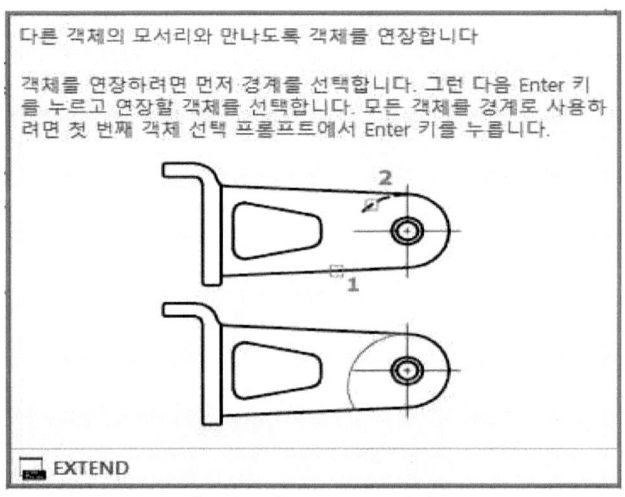

[그림 36] EXTEND 명령

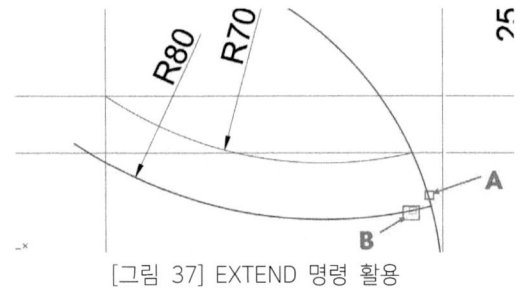

[그림 37] EXTEND 명령 활용

[그림 37]처럼 EX 명령을 실행하고 A 객체(연장하고자 하는 목표 지점의 객체)를 선택하고 B 객체의 연장이 되고자 하는 부분을 선택하면 된다.

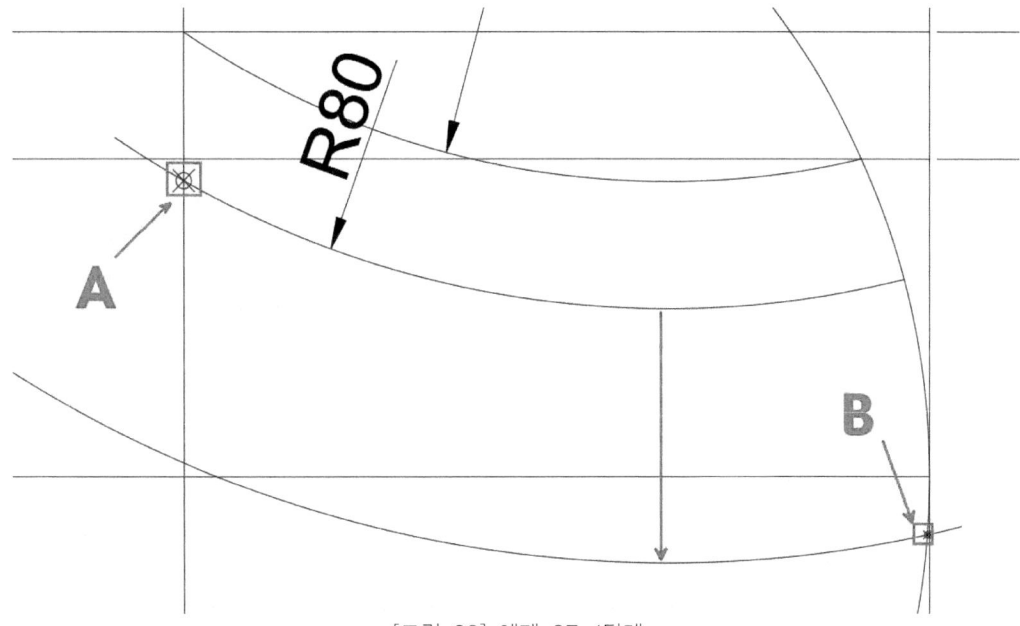

[그림 38] 예제 07_4단계

R80 객체 원호에서 옵셋 20mm를 한다. 그리고 아크 명령을 활용하여 시작점을 A점으로 선택하고 마지막 점을 B점으로 선택한다. 명령 실행 후 시작점은 바로 선택하지만 마지막 점은 E를 입력하고 후에 B점을 선택한다. 그 후 R 입력 후 수치 값 80mm를 입력한다.

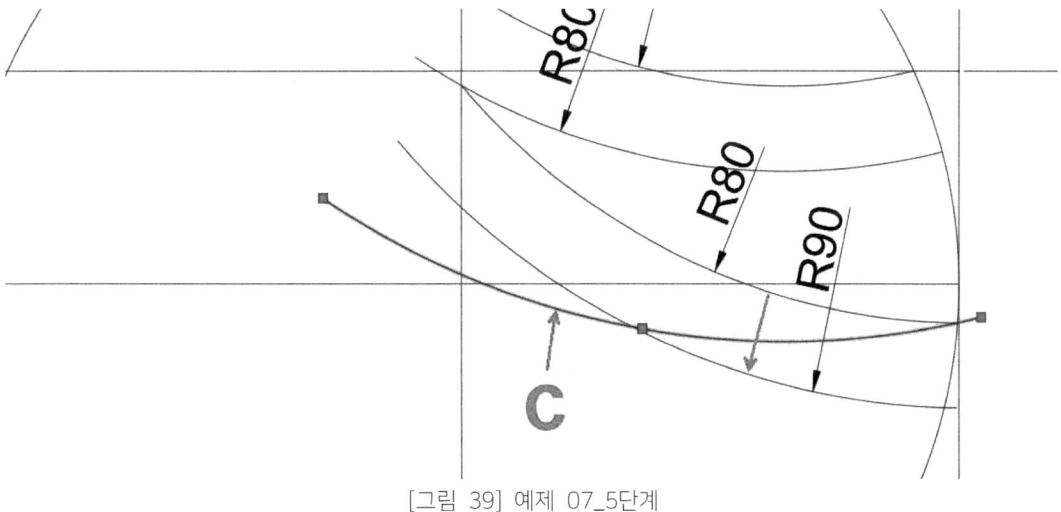

[그림 39] 예제 07_5단계

[그림 39]는 [그림 38]에서 작업된 R80인 원호에서 옵셋 10mm를 하여 원호를 작성하고 C 객체는 제거한다.

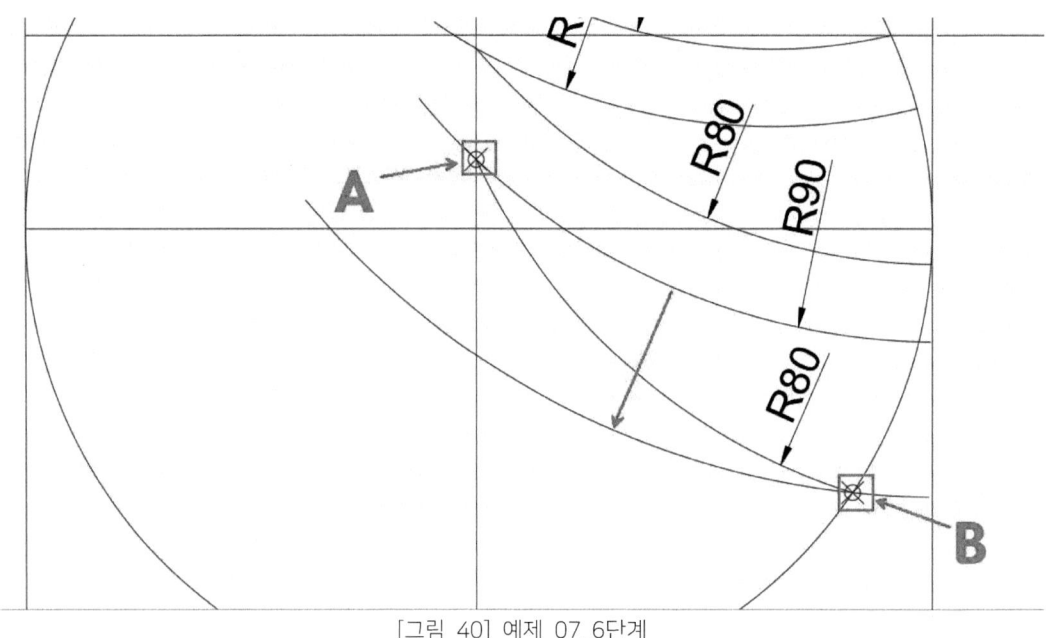

[그림 40] 예제 07_6단계

[그림 40]은 앞서 작업하던 방식으로 옵셋 20mm를 한 후 아크 작업 시작을 A점에서 마지막 점을 B점으로 하고 R값을 80mm으로 한다.

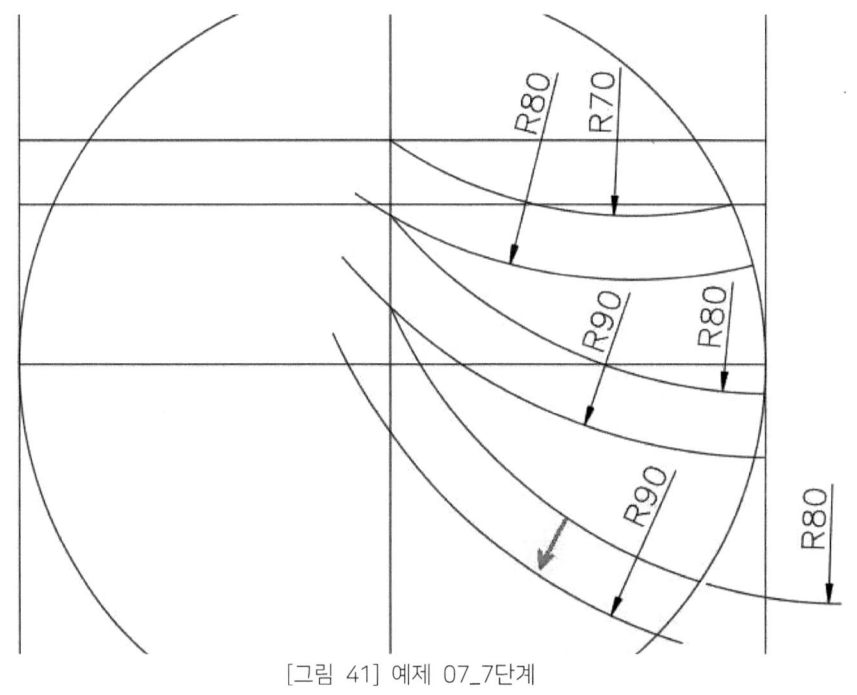

[그림 41] 예제 07_7단계

[그림 41]에 보는 것과 같이 옵셋 10mm를 하여 R90 원호를 작성하여 완성한다.

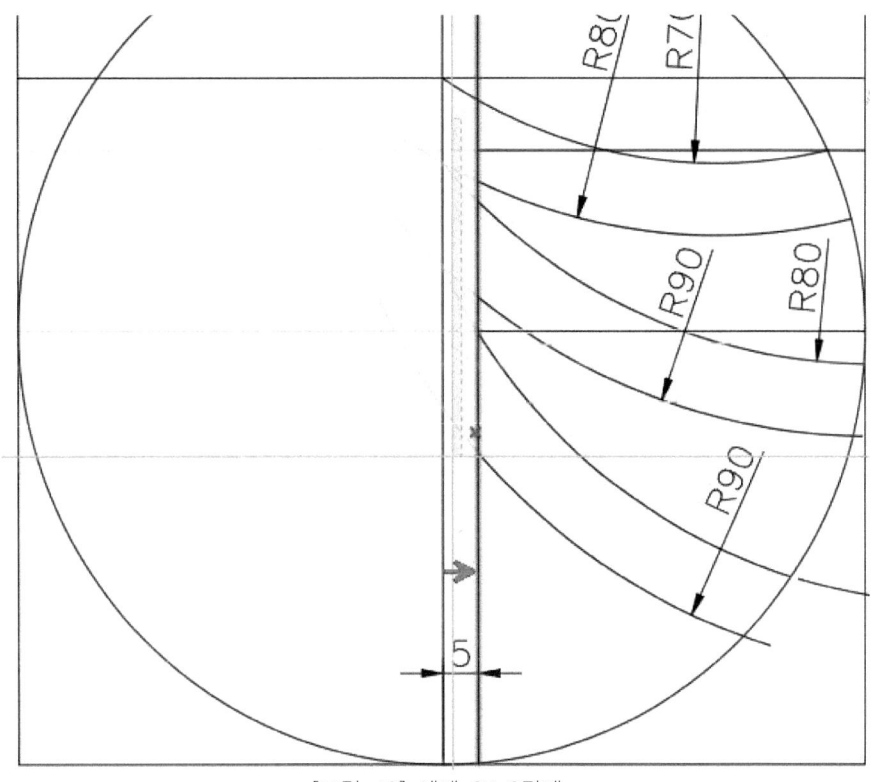

[그림 42] 예제 07_8단계

[그림 42]와 같이 기준이 되는 선을 사용하여 옵셋 5mm를 하며 [그림 43]과 같이 트림 작업을
하여 선을 정리하고 대칭 복사를 한다.

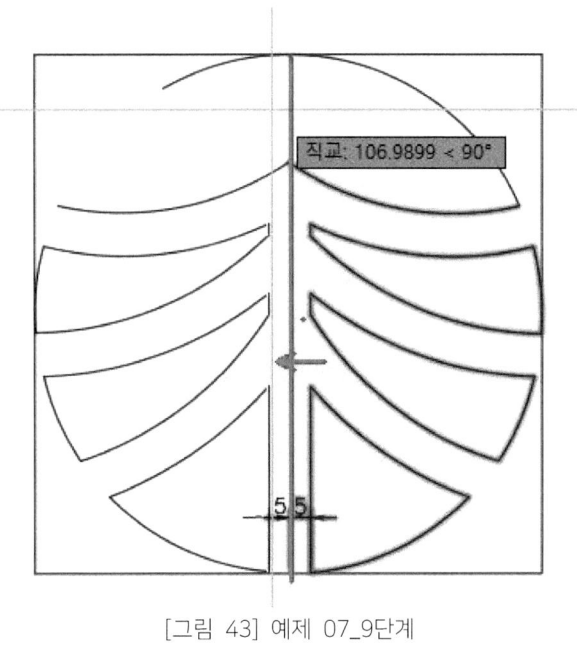

[그림 43] 예제 07_9단계

[그림 44] 예제 07_10단계

[그림 44]는 마무리 작업이 완성된 것이다.

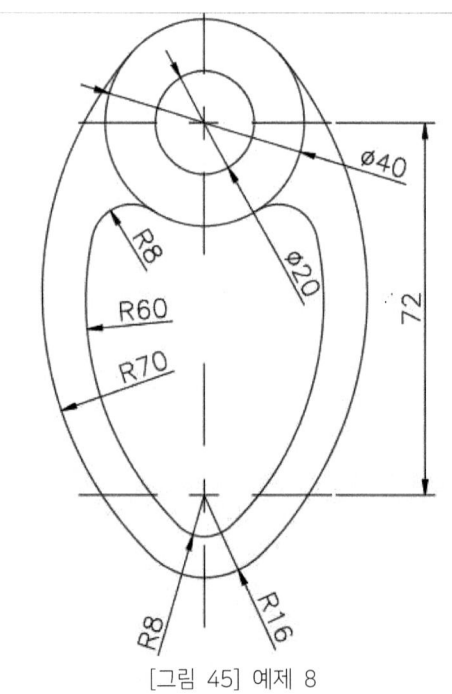

[그림 45] 예제 8

지금까지 사용한 여러 가지 명령을 활용하여 예제 08을 작업하여 보자.
[그림 45]에 나타난 예제에는 원 그리기 명령과 대칭 복사 명령 그리고 필렛 명령 등이 필요한 내용의 도면이다.

배열(ARRAY) 활용하기

예제 09] 다음의 예제를 작도하면서 ARRAY 명령을 사용해 보자.

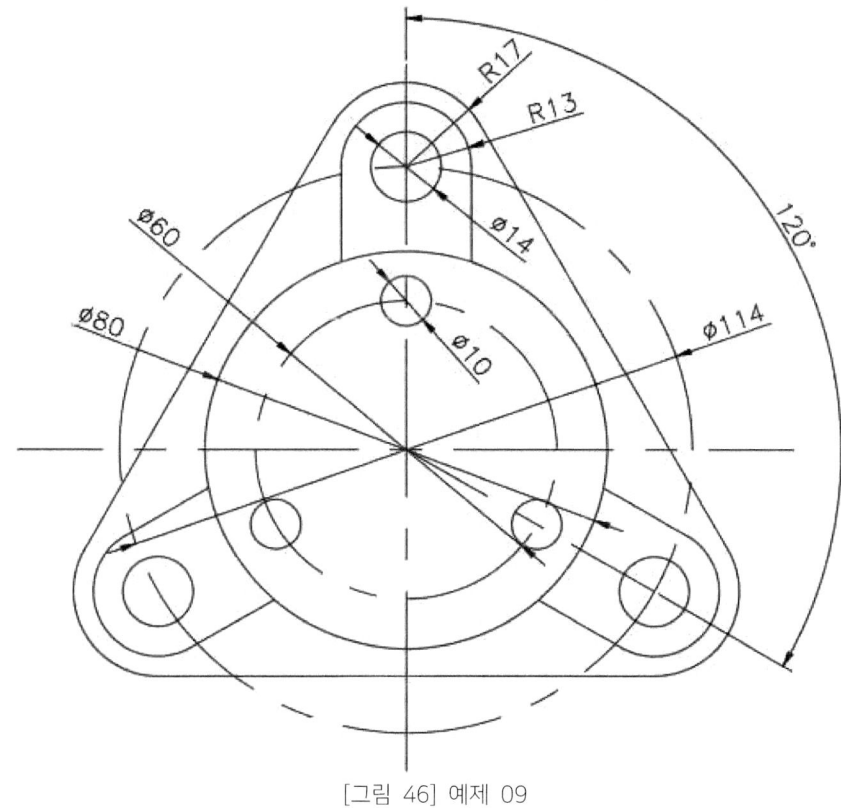

[그림 46] 예제 09

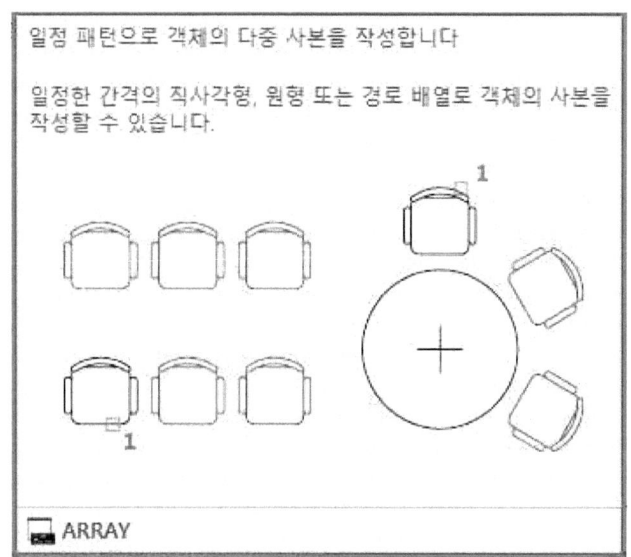

[그림 47] ARRAY 명령

한 번에 객체를 일정 간격으로 여러 개를 작성 시 ARRAY 명령을 사용한다. 단축키는 "AR"이다.

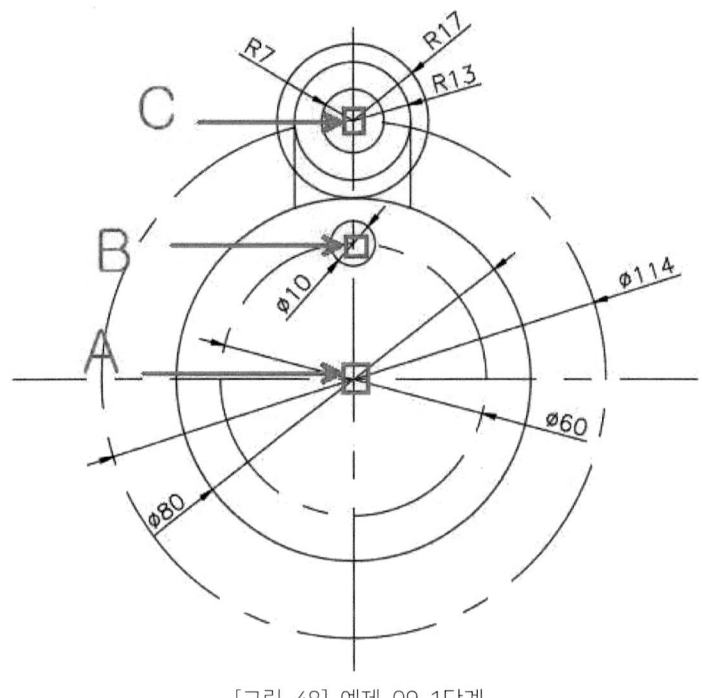

[그림 48] 예제 09_1단계

[그림 48]에서 보는 것과 같이 A지점에서 원 그리기 명령을 사용하여 전체 객체를 작도하고 지름 10mm인 원은 B지점으로 이동하고 반지름 R7, R13, R17의 원은 C지점으로 이동한다. 또한, R13 인 원의 0도 방향과 180도 방향에 세로 수직선을 작도한다.

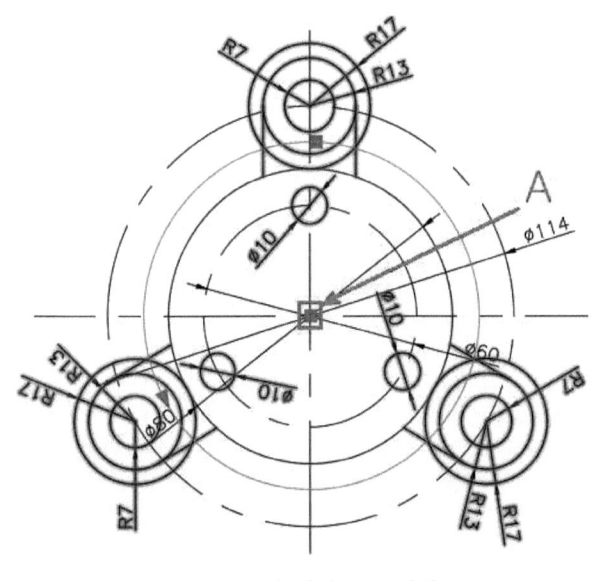

[그림 49] 예제 09_2단계

명령창에 AR을 사용하여 배열을 하여 본다. 배열의 유형은 "원형(PO)"으로 한다. 배열의 중심점은 지름 114mm인 원의 중심으로 한다. 그리고 나면 원하고자 하는 배열의 개수가 맞지 아니할 경우에 "항목(I)"를 사용하여 개수를 맞추어 준다.

배열 작업이 끝이 나면 객체가 하나의 객체처럼 그룹으로 묶여진 것을 확인할 수 있다.
수정 작업을 위해 EXPLODE 명령으로 단축 "X"키를 입력하여 배열의 속성값을 분해시킨다.

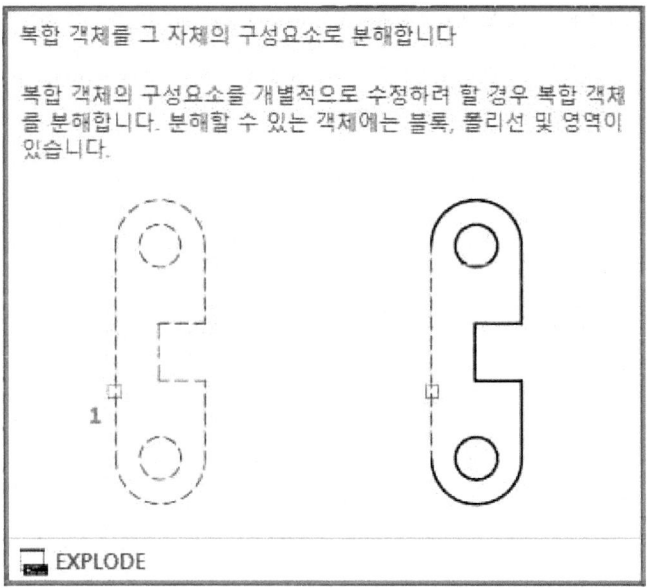

[그림 50] EXPLODE 명령

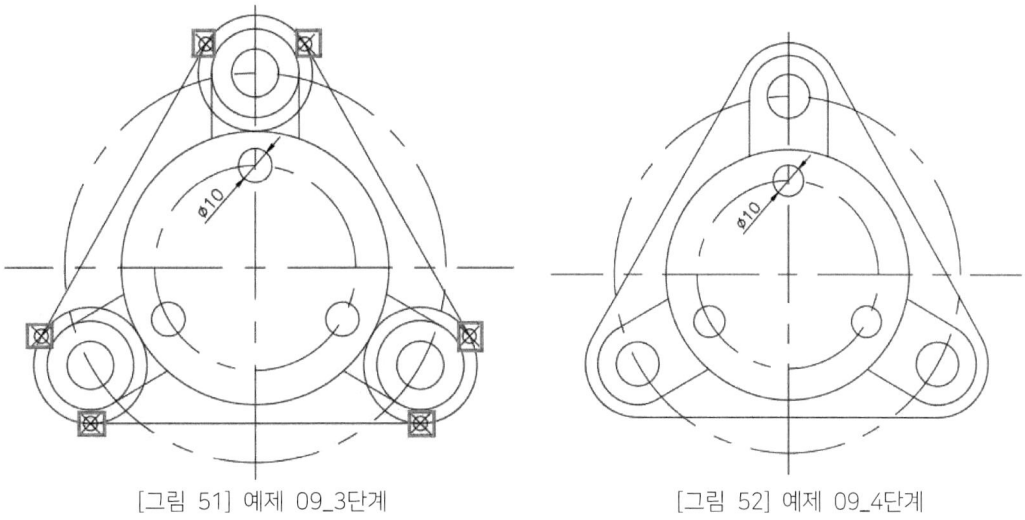

[그림 51] 예제 09_3단계   [그림 52] 예제 09_4단계

[그림 51]과 같이 접선을 작도하고 [그림 52]에 나타낸 것처럼 선 정리하여 마무리해 보자.
마무리까지 완성된 예제에 치수를 입력하여 치수 기입에 대한 연습을 한다.

치수 기입 시 전체 도면에서 중심점 및 기준점이 어디에 될 것인지 확인해 보고 작업한다.

예제 10]

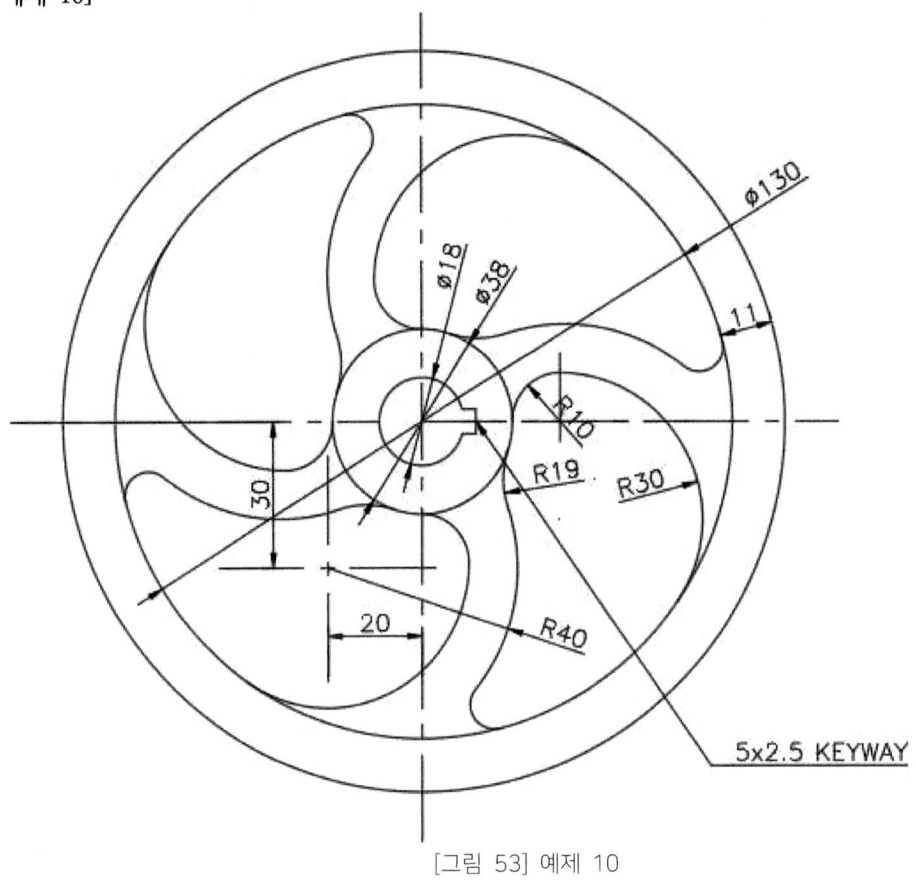

[그림 53] 예제 10

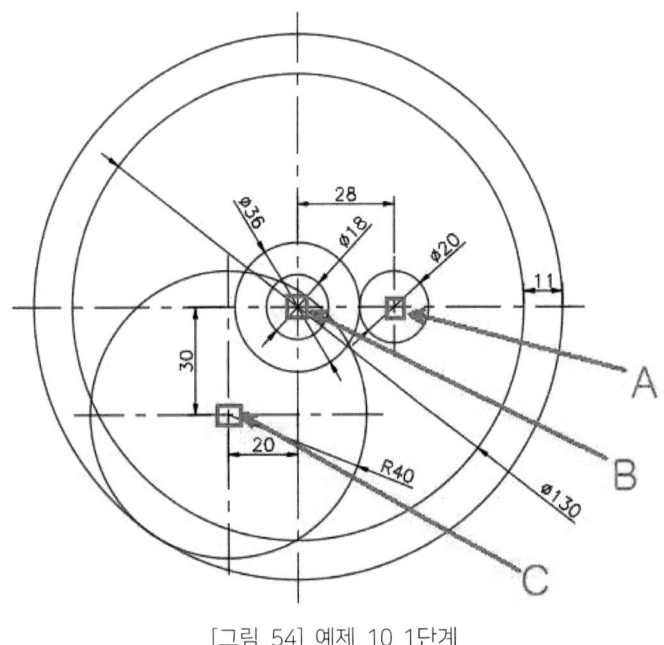

[그림 54] 예제 10_1단계

[그림 54]에서처럼 B지점에서 원 그리기 명령을 사용하여 A지점에는 지름 20mm인 원을 이동하고 C지점에는 반지름 R40인 원을 이동시킨다.

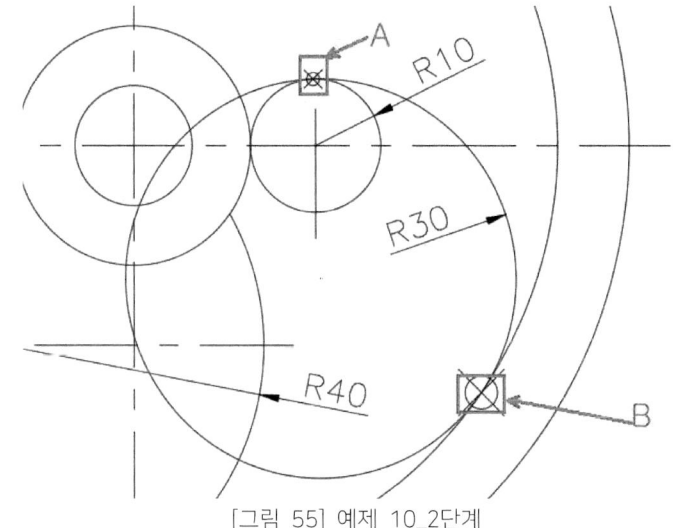

[그림 55]에서 나타난 것과 같이 A 접점과 B 접점을 활용하여 반지름 R30인 원을 작도한다.

[그림 55] 예제 10_2단계

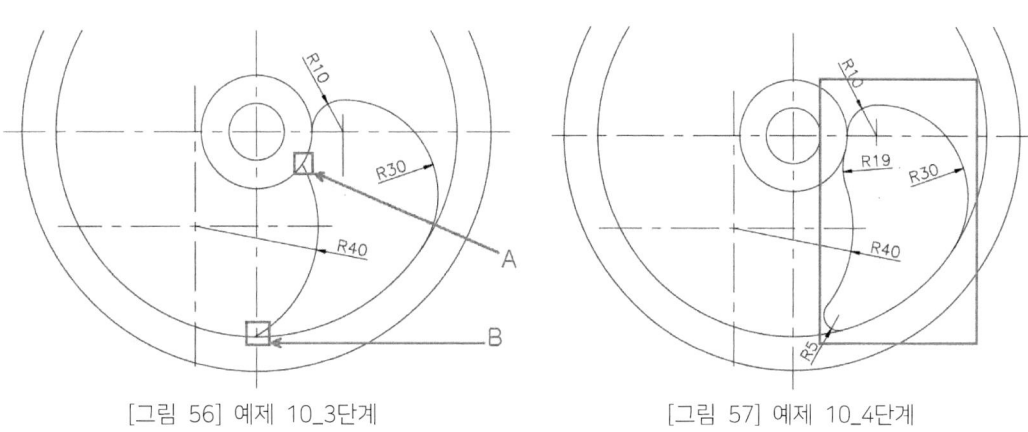

[그림 56] 예제 10_3단계   [그림 57] 예제 10_4단계

[그림 56]의 A점과 B점에 필렛 R값을 적용하여 작업하고 선 정리를 하고 나서 마지막으로 [그림 57]에 나타난 사각형의 안쪽에 객체를 선택하여 원형 배열로 ARRAY 작업을 해 본다.

[그림 58] 예제 10_5단계

[그림 58]에 보면 배열 후 하나의 객체처럼 그룹화되어 있다.   EXPLODE 명령을 사용하여 분해한다.

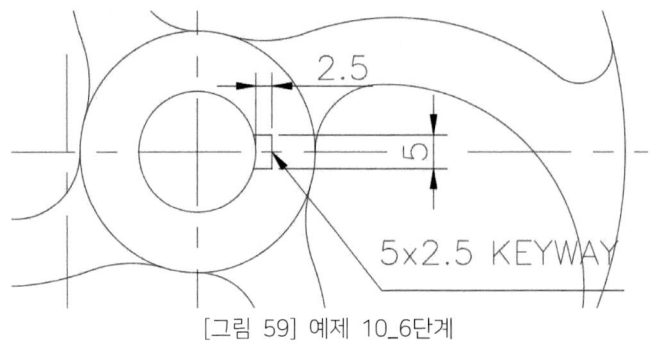

[그림 59] 예제 10_6단계

마지막으로 키홈의 형상을 작업한다. [그림 59]에서처럼 KEYWAY에 내용은 체결용 요소 부품 "키"가 들어가는 부위를 나타내는 것으로 폭은 5mm이며, 깊이는 원 사분점에서 2.5mm이 되는 것을 나타낸 것이다.

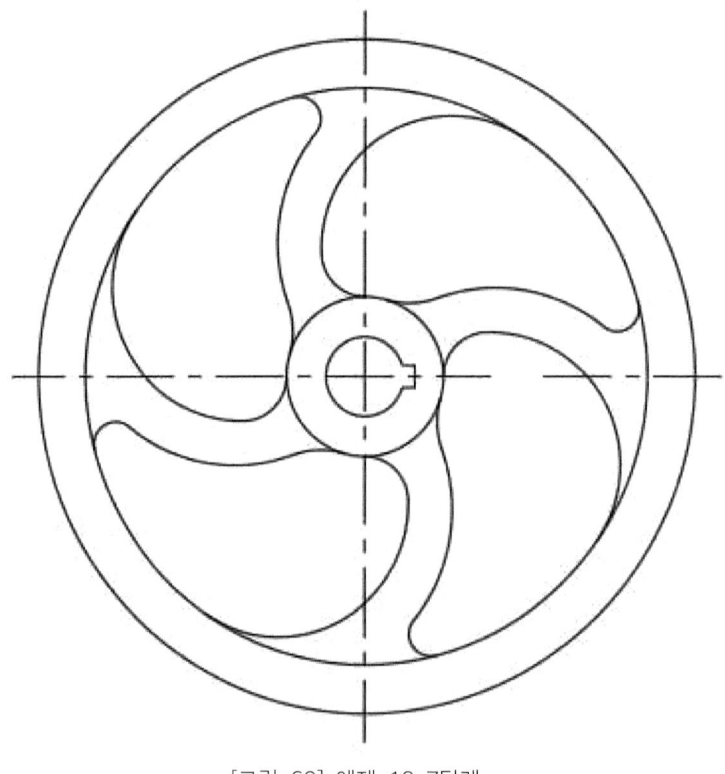

[그림 60] 예제 10_7단계

[그림 60]은 완성된 예를 보여 주고 있다. 여기에 치수를 표현하여 보고 또한 원호의 중심 위치에 중심선으로 표현해 보자.

예제 11] 다음의 예제를 작도한다. 도면상에 상부의 모따기 값은 C4이다.

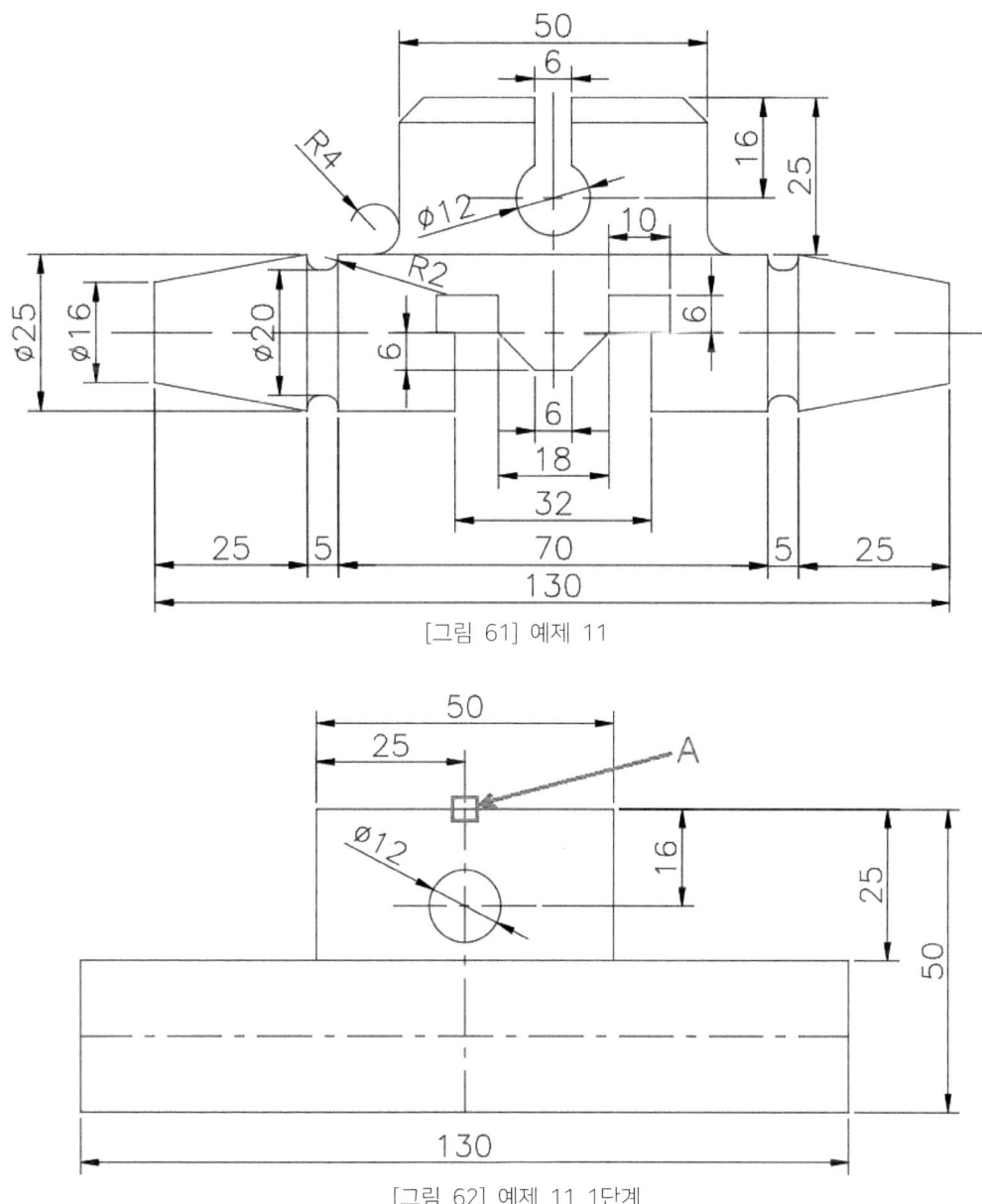

[그림 61] 예제 11

[그림 62] 예제 11_1단계

예제 11을 보면 지금까지의 도면보다는 조금 복잡하게 보인다. 하지만 전체 외형의 큰 직사각형으로 우선 만들고, 그다음 큰 치수 외형의 부분을 작도하여 단순화하여 본다면 작도하기가 조금은 더 쉽게 표현될 것이다. 지름이 12mm인 원은 A지점에서 작도하여 270도 방향으로 16mm 이동해 본다.

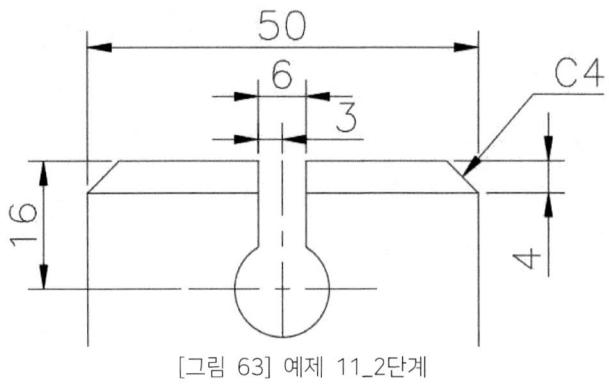

[그림 63] 예제 11_2단계

옵셋과 챔퍼(모따기) 작업을 통하여 상부 내용을 완성하자.

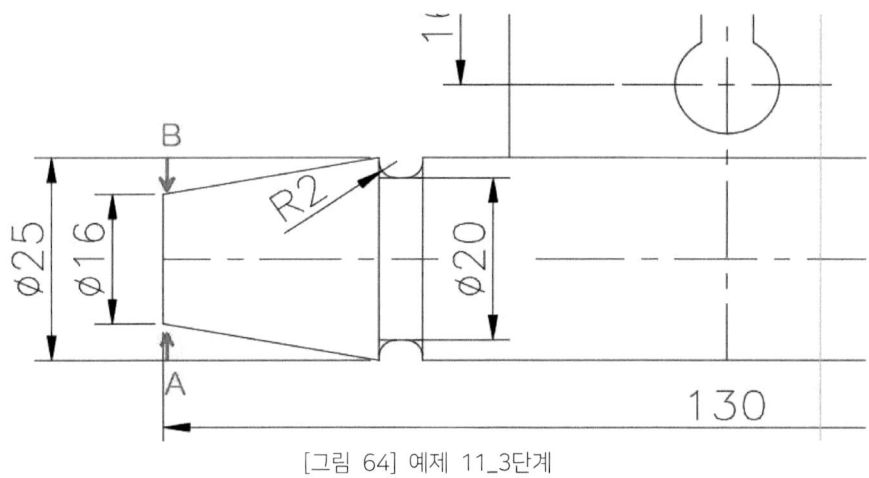

[그림 64] 예제 11_3단계

[그림 64]에서처럼 A지점과 B지점은 스트레치 4.5mm 한 것을 보여 주고 있다. 나머지 지름 20mm 부분에 라운드 처리를 R2로 하여 작업한다.

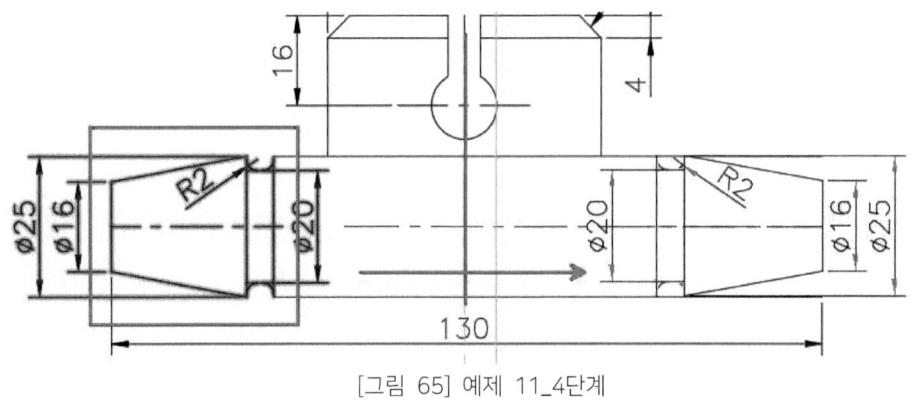

[그림 65] 예제 11_4단계

대칭 복사하여 작업하며 나머지는 선 정리 작업을 한다.

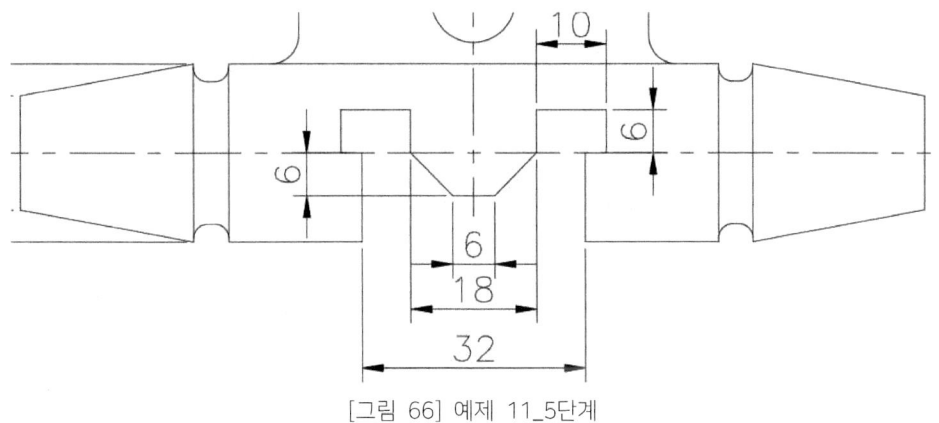

[그림 66] 예제 11_5단계

[그림 66]처럼 큰 치수부터 단계적으로 작업하면서 선 정리를 한다.

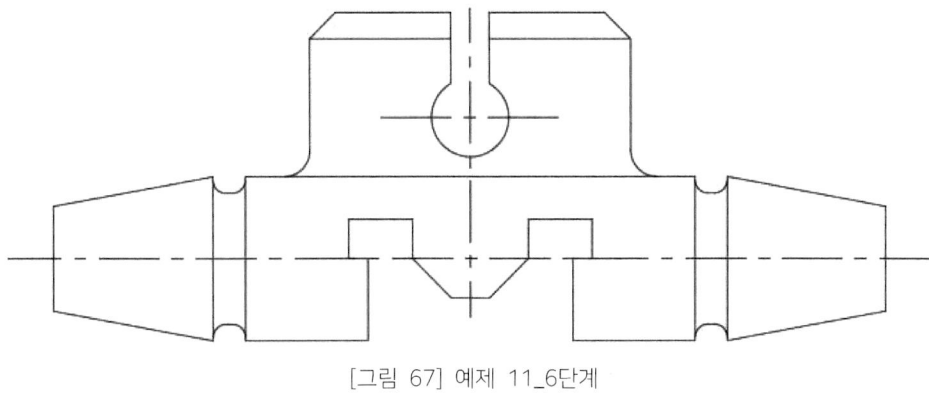

[그림 67] 예제 11_6단계

[그림 67]처럼 완성되고 나서 각 부위에 치수를 적용하여 보고 어디에 적용될 수 있는 부품인지 생각해 본다.

예제 12] 다음의 도면을 보고 작업을 한다.

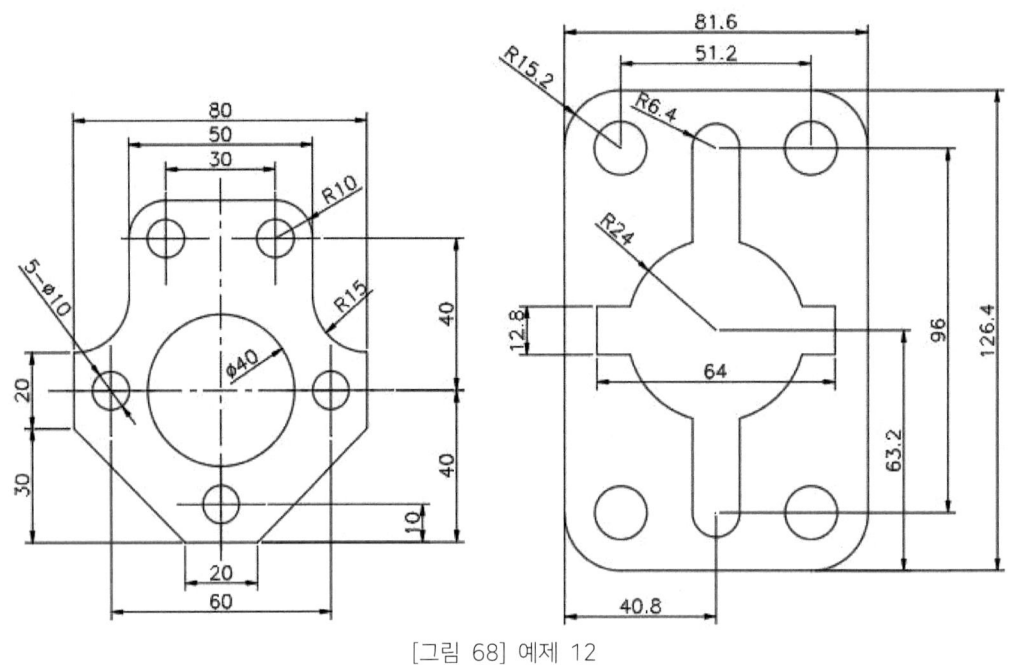

[그림 68] 예제 12

예제 12에 보면 두 가지 형상을 표현하여 하나는 중심선으로 표기를 하였으며, 하나는 표현하지 아니하였다. 작업을 하면서 어떠한 것이 표현되어야 할지 고려하여 작도하자.

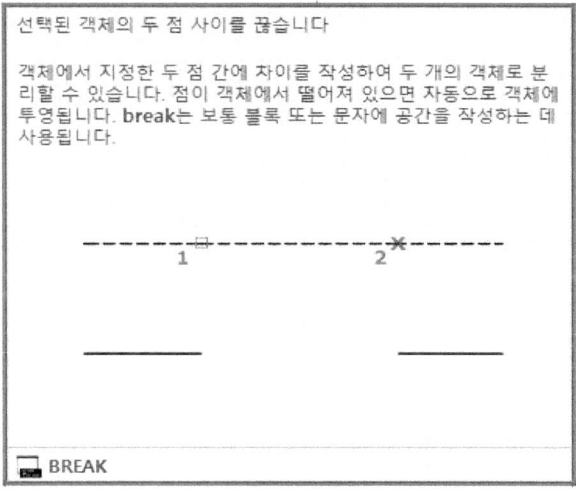

선택된 객체의 두 점 사이를 끊습니다

객체에서 지정한 두 점 간에 차이를 작성하여 두 개의 객체로 분리할 수 있습니다. 점이 객체에서 떨어져 있으면 자동으로 객체에 투영됩니다. **break**는 보통 블록 또는 문자에 공간을 작성하는 데 사용됩니다.

BREAK

[그림 69] BREAK 명령

BREAK 명령은 TRIM 명령과 비슷한 내용이지만 객체를 잘라낼 때 조건이 다르며 자주 사용되는 명령으로 서로 다른 객체나 교차점이 없어도 하나의 객체의 임의 점과 원하는 점 사이의 거리나 지점만 조건이 맞으면 자를 수 있는 명령으로 단축 키는 "BR"이다.

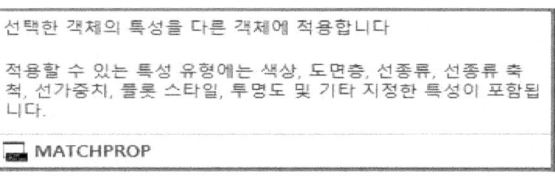

선택한 객체의 특성을 다른 객체에 적용합니다

적용할 수 있는 특성 유형에는 색상, 도면층, 선종류, 선종류 축척, 선가중치, 플롯 스타일, 투명도 및 기타 지정한 특성이 포함됩니다.

MATCHPROP

[그림 70] MATCHPROP 명령

MATCHPROP 명령은 선택한 객체의 특성을 다른 객체에 적용해 주는 명령으로 단축키는 "MA"이다.

명령: XL XLINE
XLINE 점 지정 또는 [수평(H) 수직(V) 각도(A) 이등분(B) 간격띄우기(O)]:

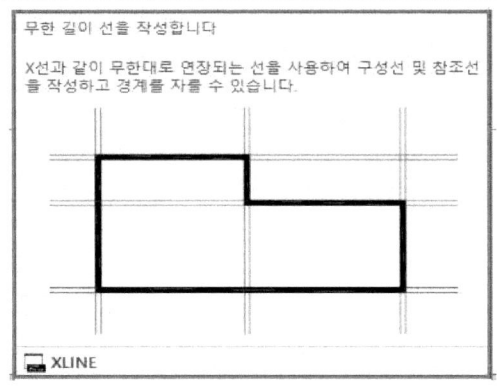

무한 길이 선을 작성합니다

X선과 같이 무한대로 연장되는 선을 사용하여 구성선 및 참조선을 작성하고 경계를 자를 수 있습니다.

XLINE

XLINE 명령은 무한의 길이의 선을 작성할 때 사용한다.
옵션에 각도 (A) 기능을 사용하여 여러 가지 각도가 있는 선 작성 시 유용하게 많이 쓰인다.

[그림 71] XLINE 명령

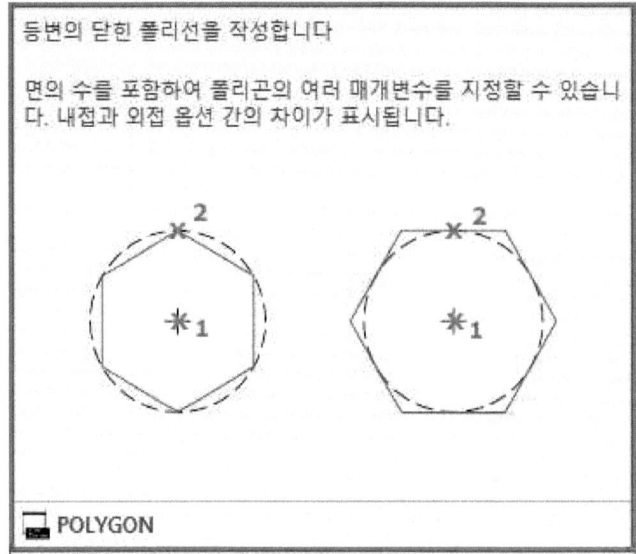

[그림 72] POLYGON 명령

다각형을 작도할 때 주로 사용되는 명령으로 다각의 면의 수를 지정하여 사용한다.

[그림 73] HATCH 명령

도면 작업 시 객체의 단면을 표현하고자 할 때 많이 사용되며 명령의 사용 설정에서 여러 가지 옵션이 많아 실제 적용할 때 명확히 어떠한 부분을 닫혀진 영역으로 사용해야 하는지는 사용자가 명확히 구분을 해야 제대로 된 단면 형상을 표현할 수 있다.

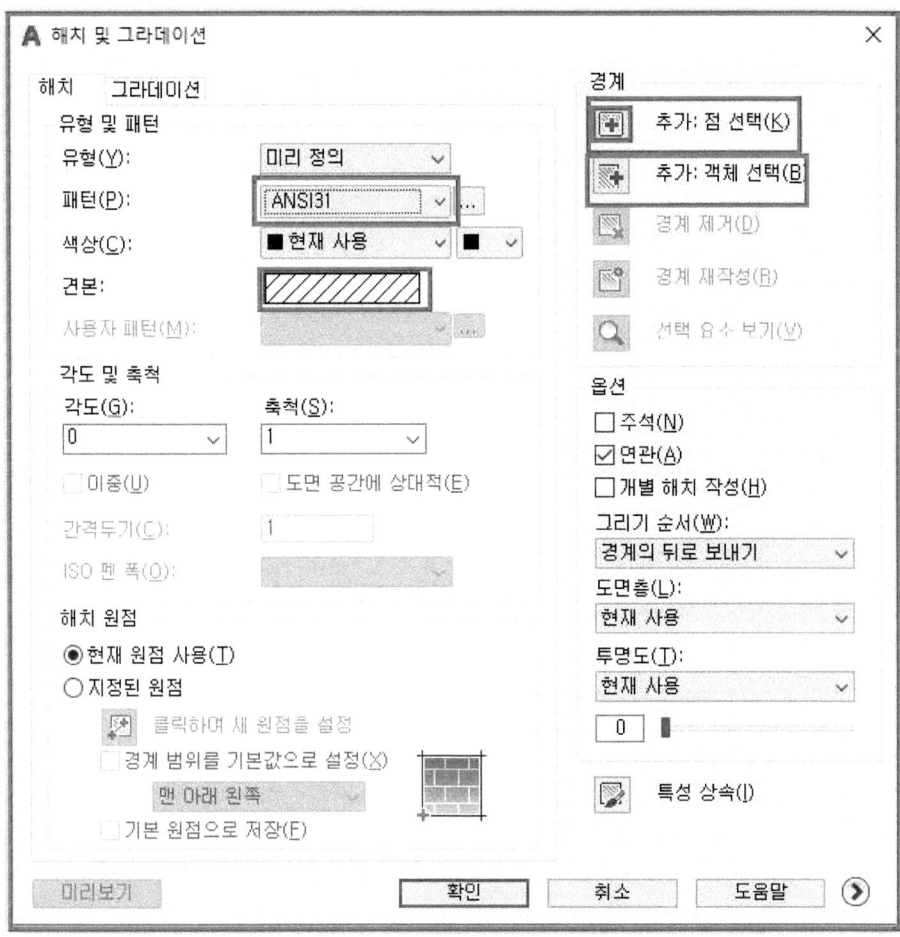

[그림 74] HATCH 명령의 설정

해칭 시 경계에 해당되는 추가 점 선택 버튼을 눌러 해당되는 영역을 선택한다.

옵션에 있는 개별 해치 작성을 활성화시켜 한 번에 여러 경계 영역을 개별 해칭의 단위로 작업이 되게 하기도 하며, 영역 안쪽에 객체의 이동 시 연관성으로 인해 수정이 쉽게 하도록 한다.

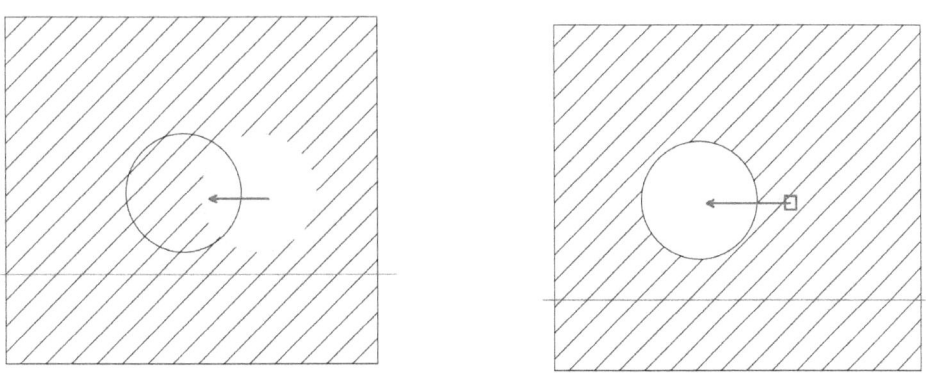

[그림 75] HATCH 명령의 설정 옵션 연관(A)

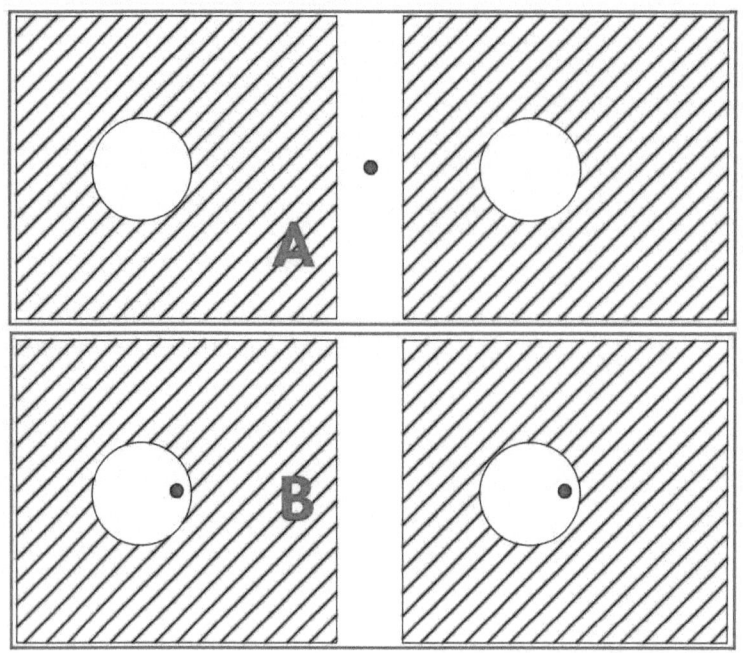

[그림 76] HATCH 명령의 설정 옵션 개별 해치 작성(H)

[그림 75]와 같이 개별 해치 B와 개별 해치가 아닌 A로 나타내어 보았다.

보통 단면 형상의 작업 시 해치의 패턴은 ANSI31을 많이 사용한다. 또한, 해치의 간격이나 각도는 각도 및 축척에서 조정하여 사용할 수 있다. 이러한 설정은 해치 명령 후 옵션 T를 입력하여 설정해 본다.

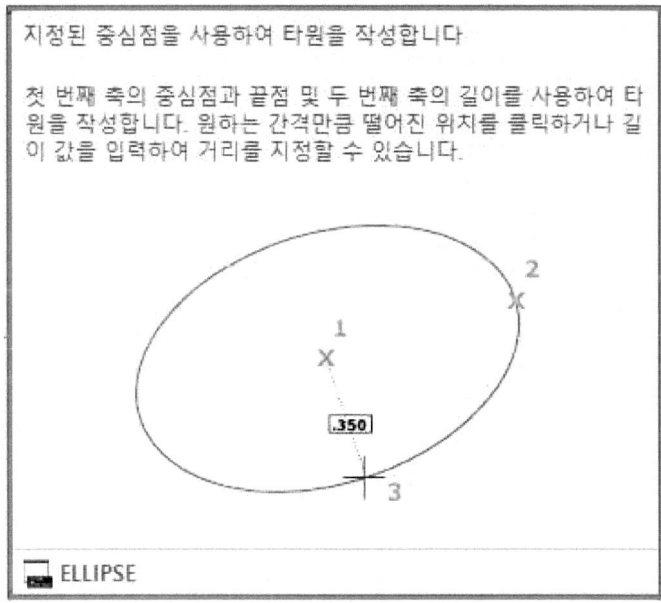
[그림 77] ELLIPSE 명령

타원 작도 명령은 ELLIPSE이며 단축 키는 EL이다.

[그림 78] ELLIPSE 명령 옵션

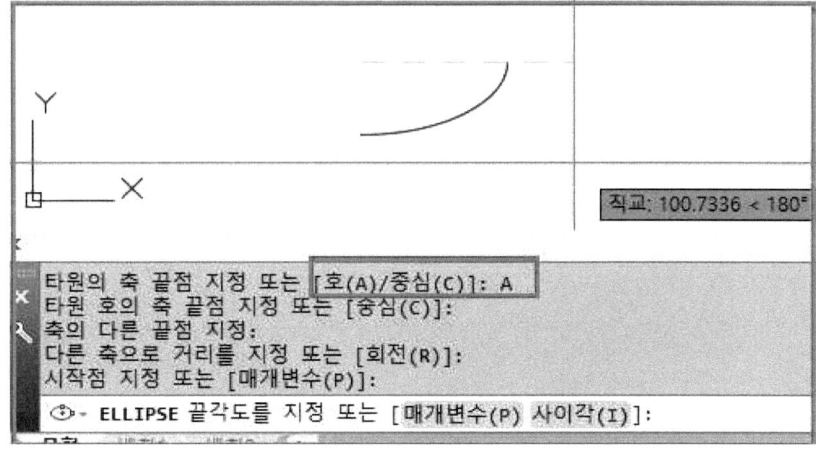
[그림 79] ELLIPSE 명령 옵션 호(A)

[그림 79]와 같이 원호 작도하는 것처럼 작업도 가능하다. 기본 타원의 사분점에서 길이 값이나 중심에서 사분점의 길이 값으로 작도하여 옵션의 호(A) 및 중심(C)을 사용하여 작업할 수도 있다.

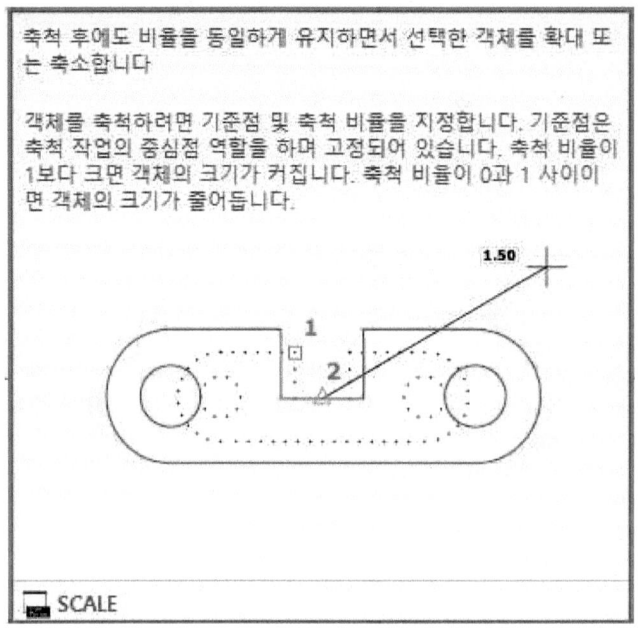

[그림 80] SCALE 명령

객체의 축척 명령은 SCALE이며 단축키는 SC이다. 비율을 맞추어 값을 입력하여 작업이 가능하며 여기에서 참고 기능을 활용하여 축척해 볼 수도 있다. [그림 81]에 참고 기능을 활용한 그림으로 나타내어 보았다.

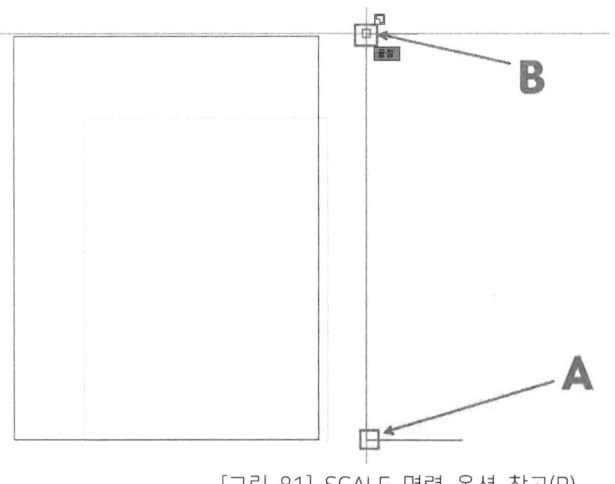

[그림 81] SCALE 명령 옵션 참고(R)

참고의 길잇값은 A점에서 B점까지의 길잇값을 선택하여 지정하며 기준점도 A점으로 선택하여 작업하도록 한다.

Chapter 04

AutoCAD 응용 명령어

A
U
T
O
C
A
D

현재 모형 또는 배치 탭의 그리드 표시 경계를 설정하거나 제어합니다

▣ LIMITS

[그림 1] LIMITS 명령

영역을 설정하거나 용지에 맞추어 경계를 설정 시 LIMITS 명령을 사용하며 도면 틀 작성하기 전에 제일 먼저 작업을 하는 내용이다.

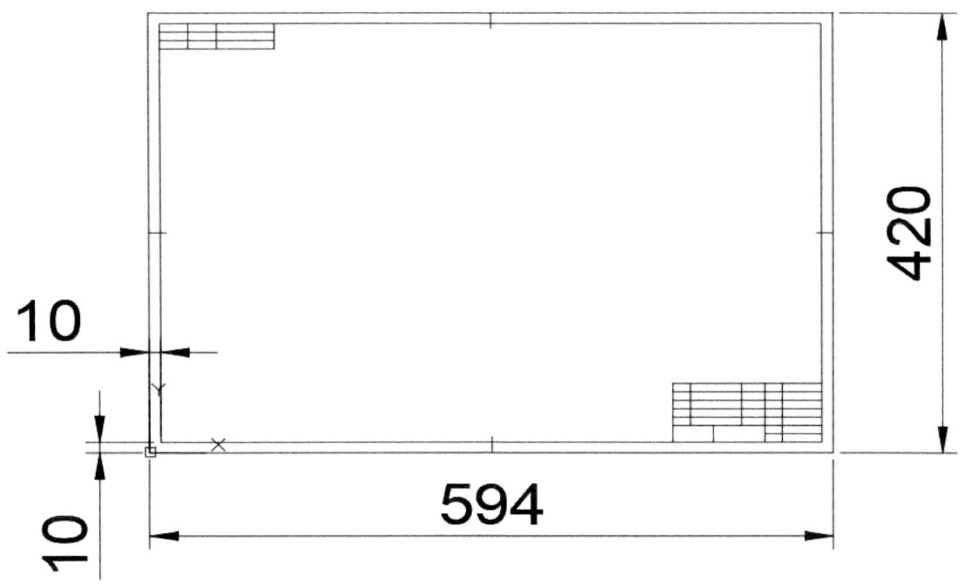

[그림 2] 도면틀 (A2 크기)

[그림 2]는 국가기술 자격검정에 기본의 도면 틀의 예시를 나타낸 것이다.
자격검정 시에 필요한 순서 대로 설명하고자 한다. 우선 환경 설정을 먼저한다.
Chapter01에서 설명한 문자 유형, 치수 유형, 도면층 설정을 한다. 환경설정이 끝이 나면 명령창에 도면 틀을 그리기 위한 명령들을 실행해 본다.

명령: LIMITS ↵ (Enter)

모형 공간 한계 재설정:
왼쪽 아래 구석 지정 또는 [켜기(ON)/끄기(OFF)] <0.0000,0.0000>:
▣ ▼ LIMITS 오른쪽 위 구석 지정 <594.0000,420.0000>: 594,420

명령: REC ↵ (Enter)

REC RECTANG
첫 번째 구석점 지정 또는 [모따기(C)/고도(E)/모깎기(F)/두께(T)/폭(W)]: 0,0
다른 구석점 지정 또는 [영역(A)/치수(D)/회전(R)]: 594,420

명령: Z↵ (Enter)

```
명령: Z ZOOM
윈도우 구석 지정, 축척 비율(nX 또는 nXP) 입력 또는
[전체(A)/중심(C)/동적(D)/범위(E)/이전(P)/축척(S)/윈도우(W)/객체(O)] <실시간>: A
```

명령: O↵ (Enter)

```
명령: O OFFSET
현재 설정: 원본 지우기=아니오   도면층=원본   OFFSETGAPTYPE=0
간격띄우기 거리 지정 또는 [통과점(T)/지우기(E)/도면층(L)] <10.0000>: 10
```

명령: O↵ (Enter)

```
명령: OFFSET
현재 설정: 원본 지우기=아니오   도면층=원본   OFFSETGAPTYPE=0
간격띄우기 거리 지정 또는 [통과점(T)/지우기(E)/도면층(L)] <10.0000>: 5
```

사각형의 안쪽으로 10mm 옵셋 후 생성된 사각형의 객체 안쪽으로 다시 옵셋 5mm를 한다.

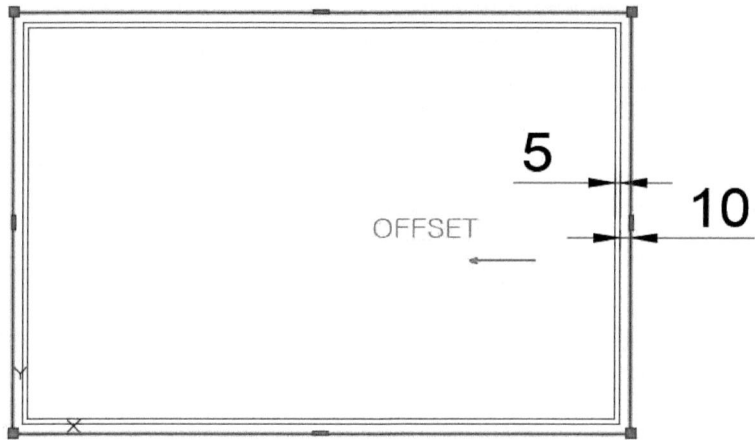

명령: L↵ (Enter)

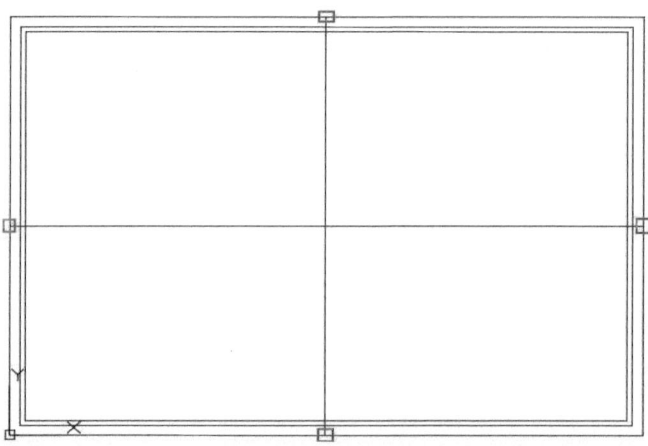

전체 사각형의 중심이 되는 세로와 가로선을 작도하며 이후 트림 작업을 통하여 안쪽 부분을 잘라내어 중심 마크선을 완성한다.

명령: TR↵ (Enter)↵ (Enter)

트림 명령에서 ↵ (Enter)를 두 번 하면 전체 객체가 선택이 된다. 이때 마우스의 위치를 그림상에 나타난 것처럼 (A, B) 선택을 한다면 쉽게 선을 제거할 수 있다.

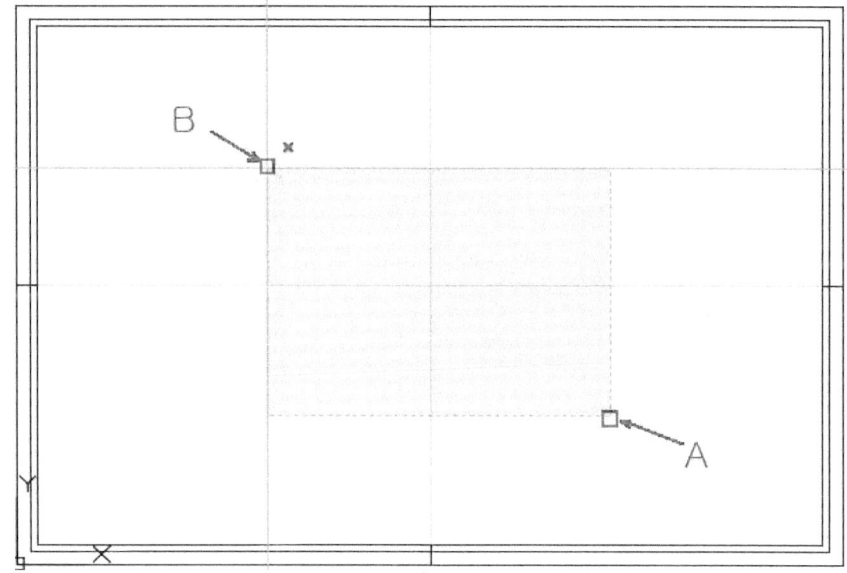

제일 안쪽 사각형을 지우고, 그리고 남아 있는 사각형 중 안쪽 사각형을 선택하여 사각형의 속성 값을 분해한다.

명령: X↵ (Enter)

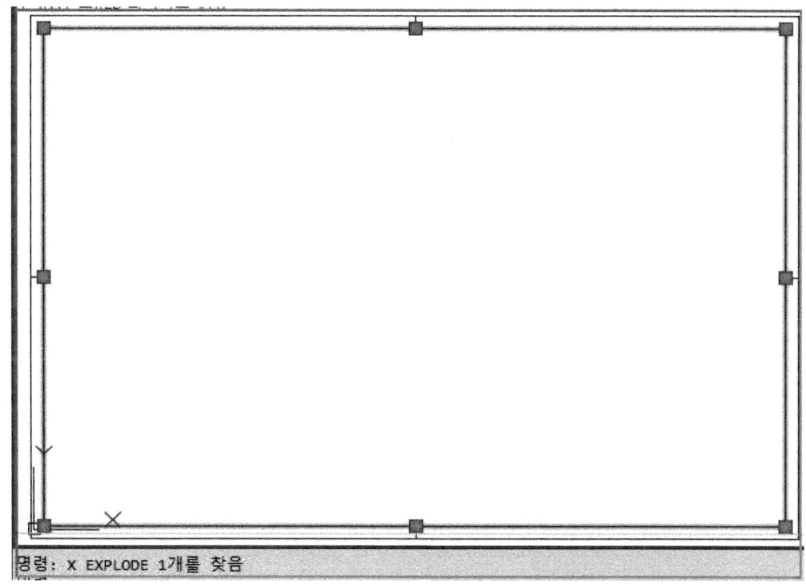

우측 하단에 화면을 확대하여 표제란 작업을 시작해 본다.

표제란 작업 시 옵셋과 트림을 번갈아 가며 작업을 한다. 명령창의 순서부터 확인하고 그림을 확인하여 작업한다.

명령: O↵ (Enter)

130↵ (Enter)

↵ (Enter)↵ (Enter)

56↵ (Enter)

↵ (Enter)

TR↵ (Enter)

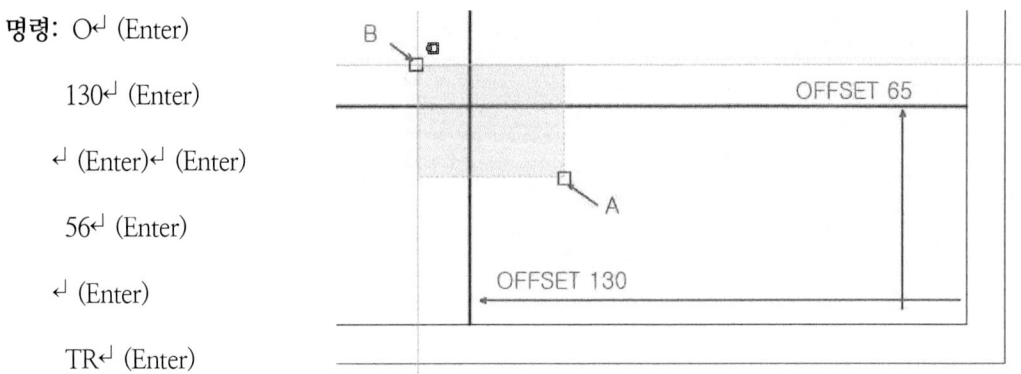

[그림 3] 표제란 작업 01

[그림 3]에서와 같이 트림 작업에 자를 기준의 객체 선택 시 A점과 B점을 클릭하여 객체를 선택한 후 선을 잘라준다.

명령: O↵ (Enter)

35↵ (Enter)

[그림 4] 표제란 작업 02

명령: O↵ (Enter)

15↵ (Enter)

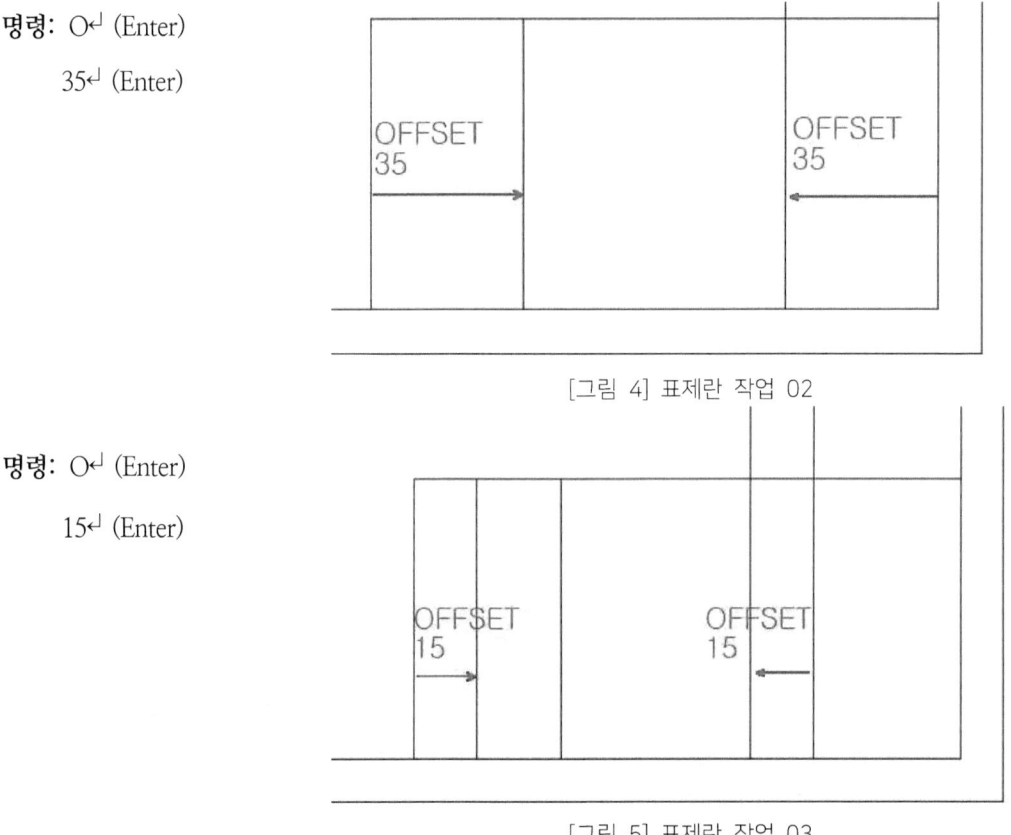

[그림 5] 표제란 작업 03

[그림 4]부터 [그림 6]까지 옵셋하여 우측 하단의 세로 선을 작성해 준다. 참고로 옵셋 기능을 반복적으로 사용기 때문에 Enter키를 스페이스바로 대신 사용해 준다.

명령: O↵ (Enter)

   20↵ (Enter)

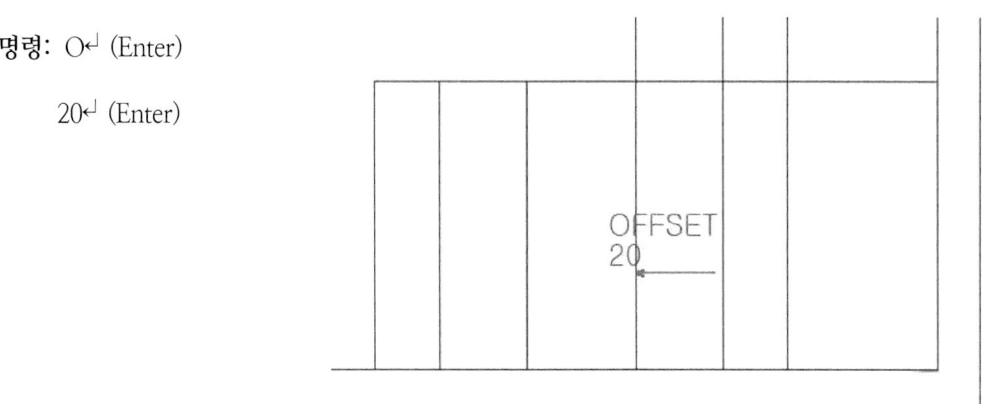

[그림 6] 표제란 작업 04

명령: TR↵ (Enter)
   A객체 선택

   ↵ (Enter)

B점과 C점을 클릭하여 선
자르기

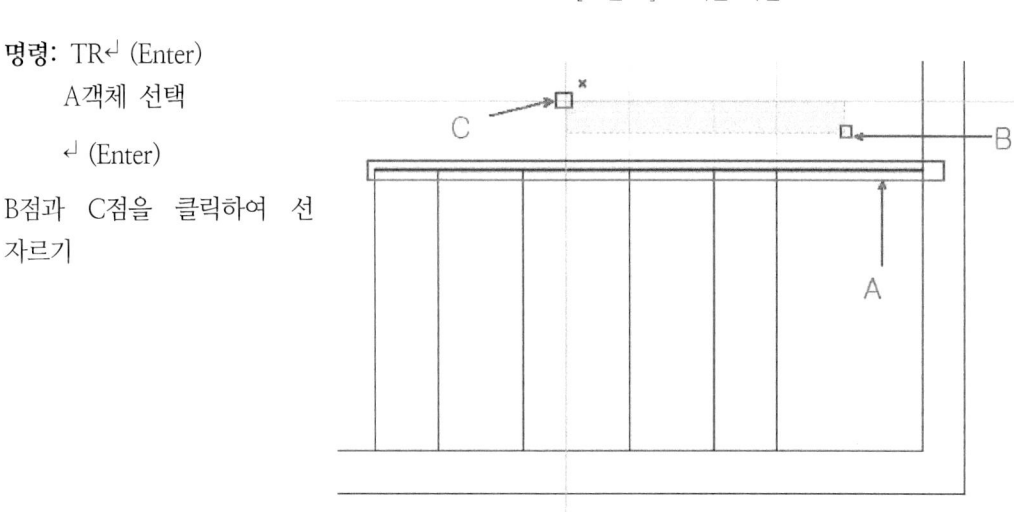

[그림 7] 표제란 작업 05

명령: O↵ (Enter)

   8↵ (Enter)

8mm 간격으로 옵셋을 6번
한다.

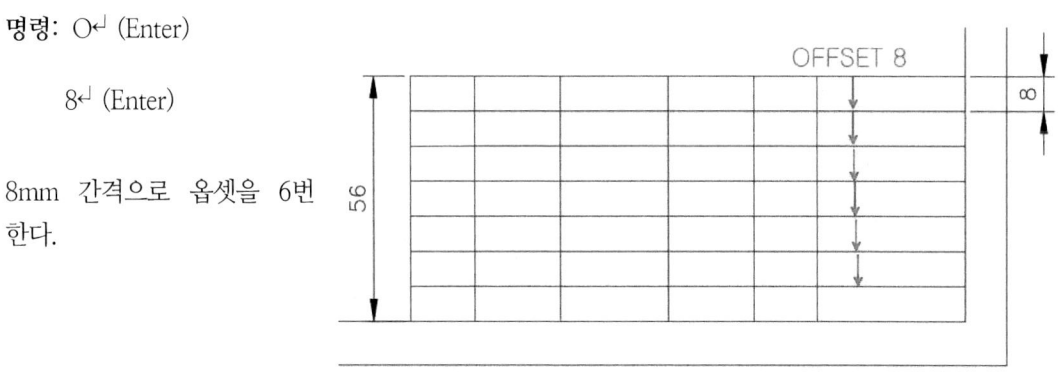

[그림 8] 표제란 작업 05

명령: TR↵ (Enter)

1점 2점 클릭하여 객체 선택
↵ (Enter)
3번 4번점 클릭하여 자르고
5번 점의 객체와 6번 점의 객체를 선택하여 자른다.

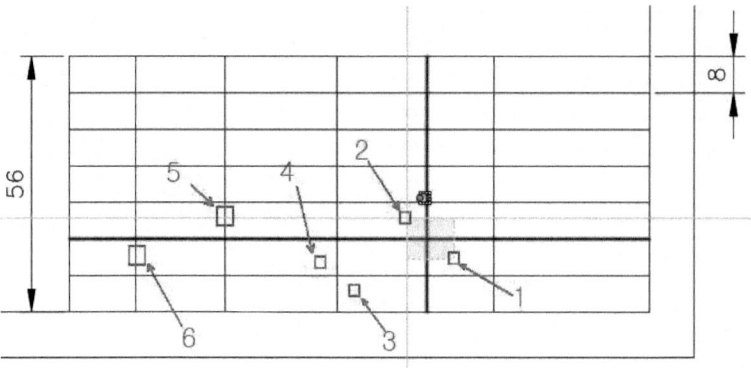

[그림 9] 표제란 작업 06

[그림 10]은 완성된 표제란의 치수를 나타내어 보았다. 치수는 옵셋의 순서와 연계된 것을 알 수 있다.

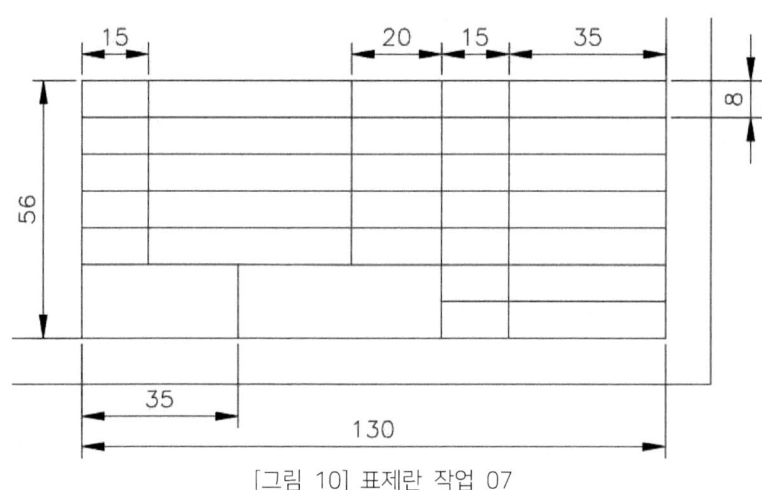

[그림 10] 표제란 작업 07

[그림 11]은 좌측 상단의 표제란을 표기한 것이며 옵셋과 트림을 활용하여 작성하여 보자.

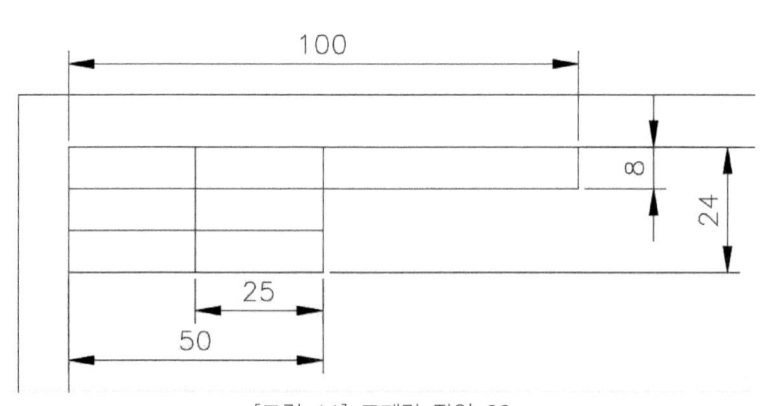

[그림 11] 표제란 작업 08

국가기술 자격검정 실기 작업도면 작성 시 기본 도면 틀은 제일 먼저 작성하므로 기본적인 작성 요령을 반복적인 연습을 통해 학습하도록 한다.

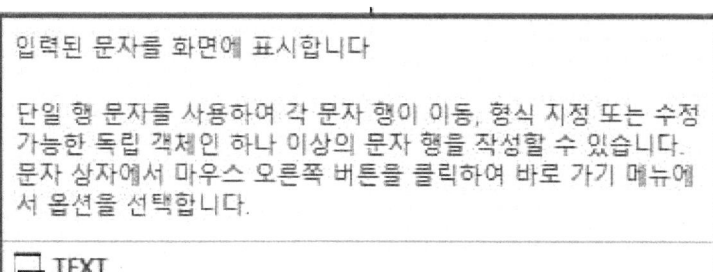
[그림 12] TEXT(DT) 명령

문자 명령은 DTEXT와 MTEXT 2가지이며, DTEXT는 단일행의 문자 작성 시 많이 사용하며 수정시 작업성이 용이하다.

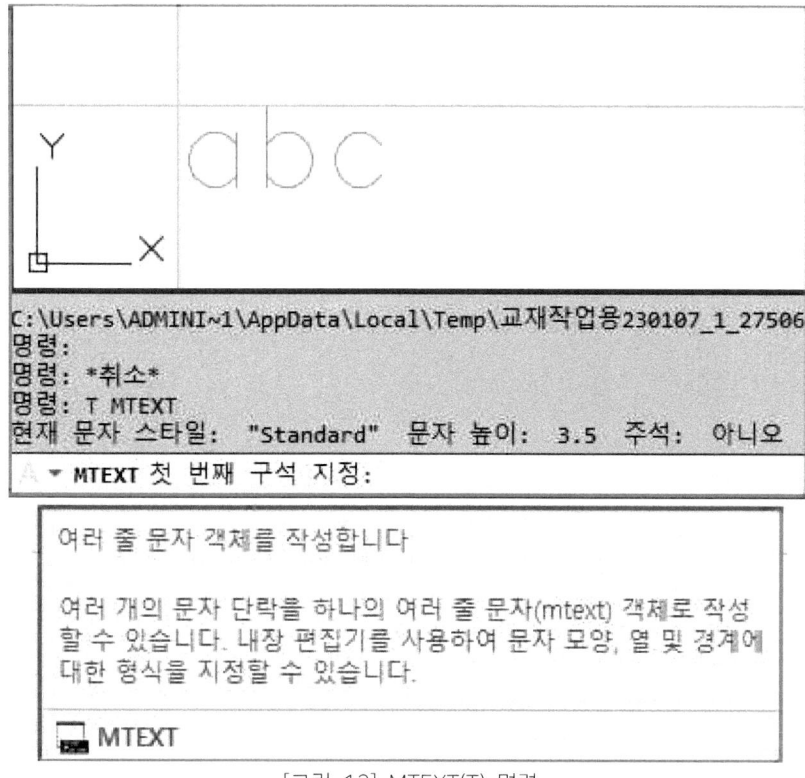
[그림 13] MTEXT(T) 명령

DTEXT와 달리 MTEXT는 문자 작성 시 Enter키를 두 번 이상 누르면 다음 행 문장으로 계속 바뀌고 명령이 빠져나가지 않는다.

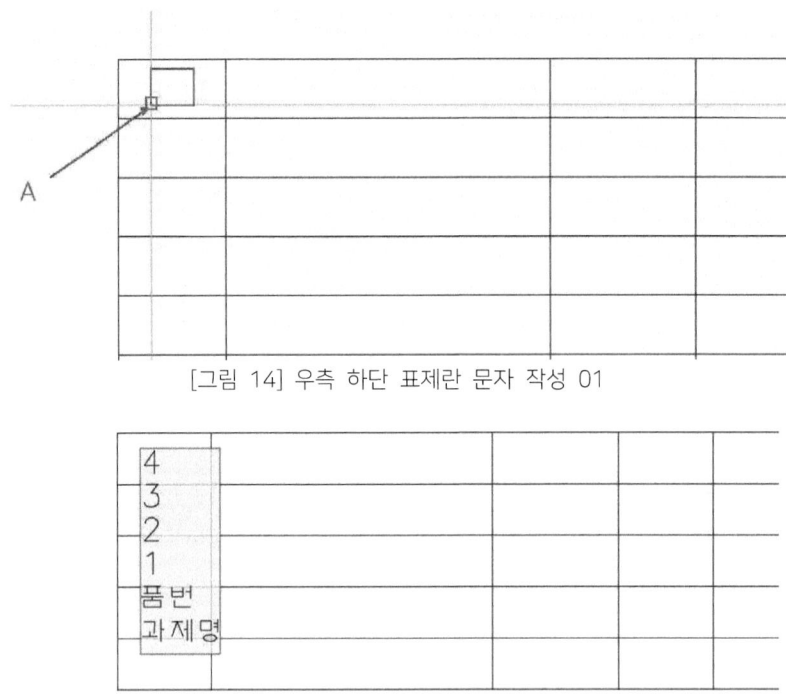

[그림 14] 우측 하단 표제란 문자 작성 01

[그림 15] 우측 하단 표제란 문자 작성 02

[그림 14]는 DTEXT 작성 시 문자의 시작점을 클릭할 때 문자를 사각형의 모양으로 생각하고 사각형 좌측 하단의 코너점을 지정한다고 생각하면 될 것이다.
[그림 15]와 같이 순서대로 문자를 입력하고 Enter 입력을 하면 행이 바뀌고 마지막 과제명 입력 후에 Enter 입력 두 번 하면 문자 명령이 마무리된다.

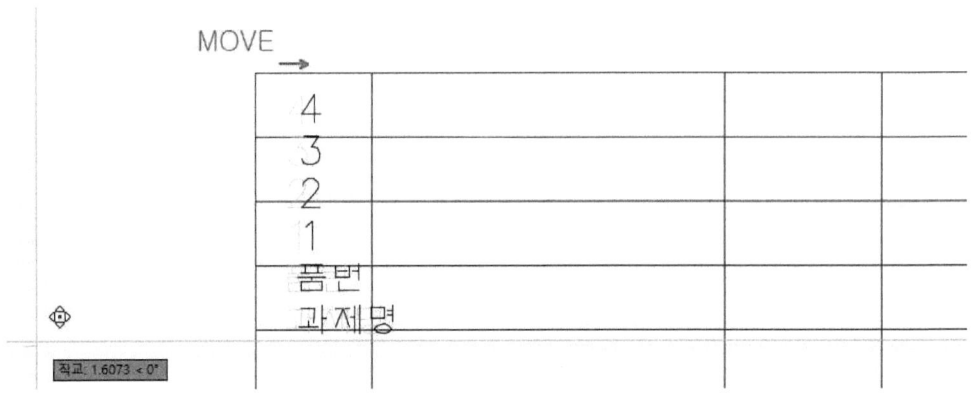

[그림 16] 우측 하단 표제란 문자 작성 03

[그림 16]과 같이 문자 가로 위치를 이동 명령을 통하여 중심의 위치로 수정해 준다.

문자를 세로 방향으로 해당 칸 중심에 이동을 하여 맞추어 보자.

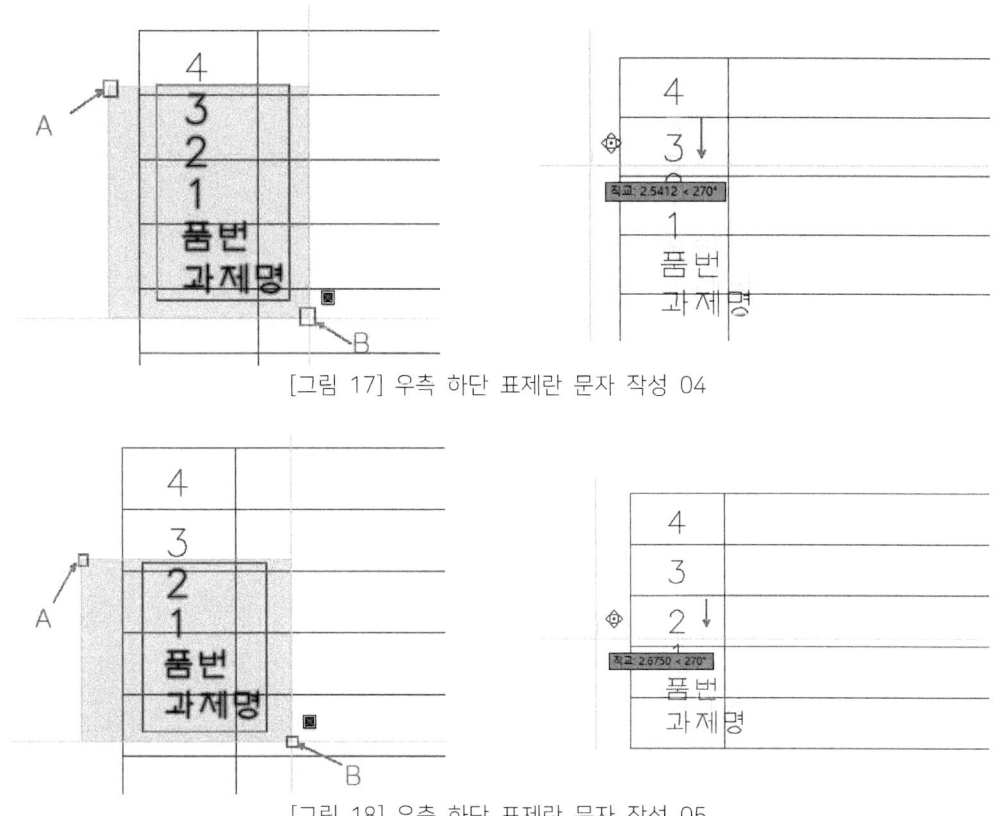

[그림 17] 우측 하단 표제란 문자 작성 04

[그림 18] 우측 하단 표제란 문자 작성 05

[그림 17]과 [그림 18] 같이 이동 시 A점에서 B점으로 선택하여 이동될 문자만 선택되도록 한다. 그리고 각각의 칸에 중심 위치에 배치해 본다.

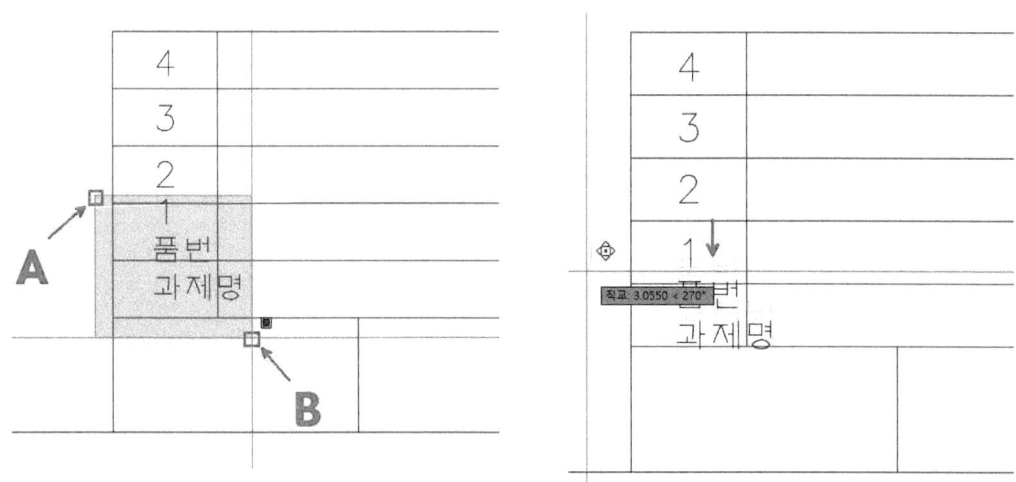

[그림 19] 우측 하단 표제란 문자 작성 06

문자를 복사하여 각 해당되는 위치에 작업을 한다.

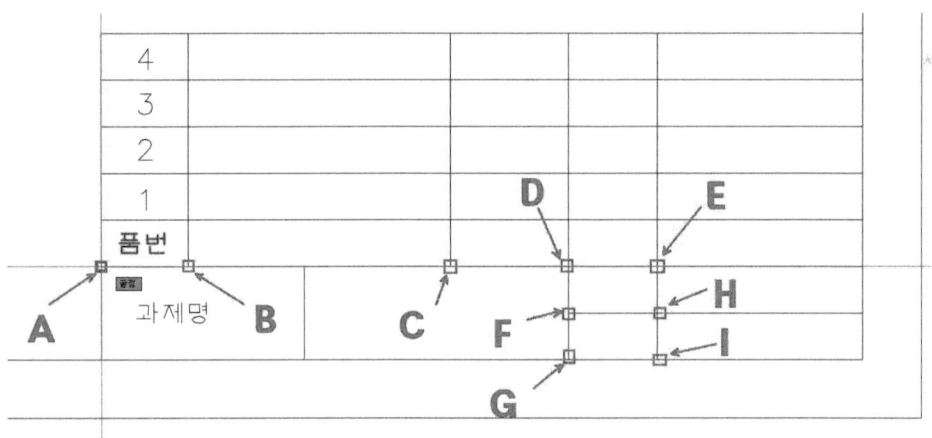

[그림 20] 우측 하단 표제란 문자 작성 07

기준 복사되는 문자 품번의 복사 기준점은 A이며 나머지 B에서 I까지 복사 위치점이 된다.

4				
3				
2				
1				
품번	품번	품번	품번	품번
과제명			품번	품번
			품번	품번

[그림 21] 우측 하단 표제란 문자 작성 08

[그림 21]과 같이 복사되고 나면 해당되는 문자를 더블클릭하여 문자 수정을 한다.

4				
3				
2				
1				
품번	품 명	재질	수 량	비고
과제명			척도	1:1
			각법	3각법

[그림 22] 우측 하단 표제란 문자 작성 09

문자 수정 중 품명의 중간 문자 사이의 간격은 4칸으로 띄운다.

수험번호	123456	기계설계산업기사
성　　명	이순신	
감독확인		(인)

[그림 23] 좌측 상단 표제란 문자 작성 10

[그림 23]은 앞서 우측 하단의 표제란 작성 시 하였던 방식으로 작업해 준다. 성명 부분의 문자 띄우기는 4칸으로 한다.

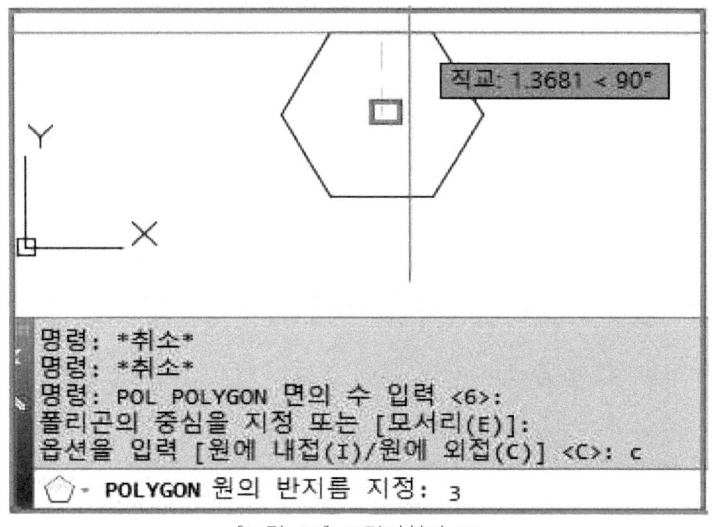

[그림 24] 표면거칠기 01

6각형의 형상을 POL 명령을 활용하여 작도한다. 이때 원의 외접으로 하며 원에서 반지름 값은 3mm로 한다.

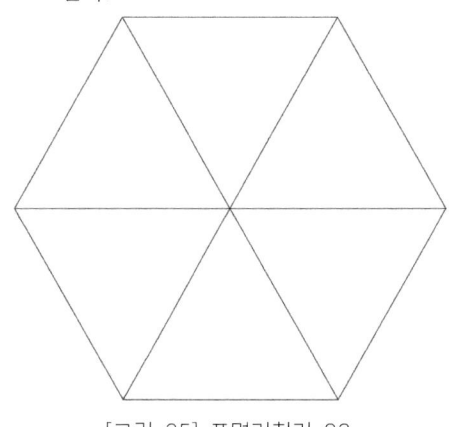

[그림 25] 표면거칠기 02

작도된 6각형의 모서리와 모서리를 연결하는 선을 작도해 준다. 그리고 6각형의 속성값을 분해한다.

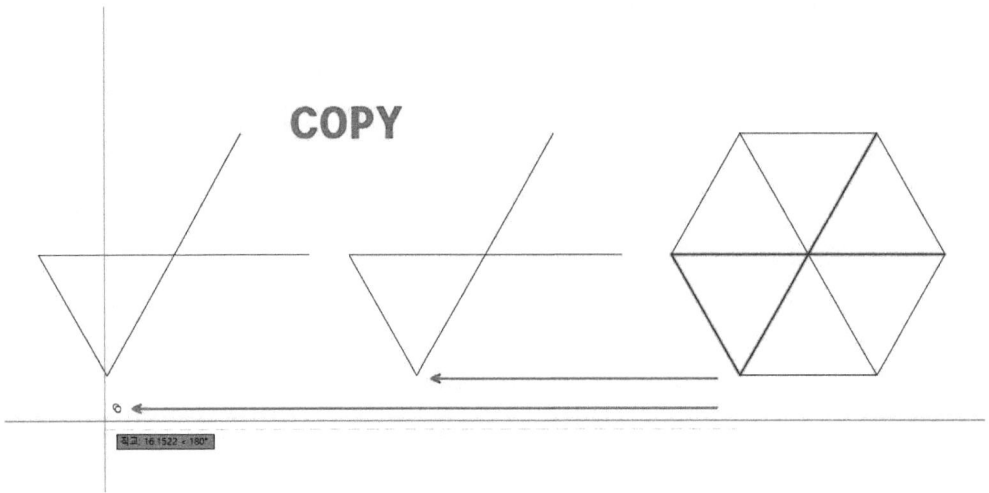

[그림 26] 표면거칠기 03

[그림 26]처럼 2개를 복사하여 옆에 배치한다.

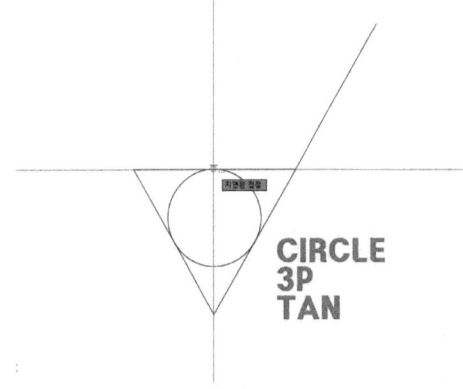

원 그리기 명령의 3개의 접점을 활용한 원을 삼각 형태의 공간에 맞추어 작도한다.

[그림 27] 표면거칠기 04

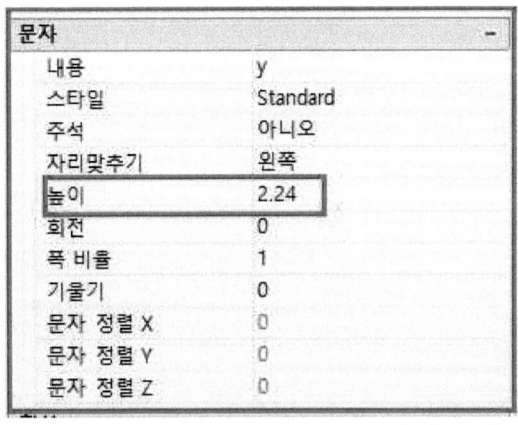

문자	
내용	y
스타일	Standard
주석	아니오
자리맞추기	왼쪽
높이	2.24
회전	0
폭 비율	1
기울기	0
문자 정렬 X	0
문자 정렬 Y	0
문자 정렬 Z	0

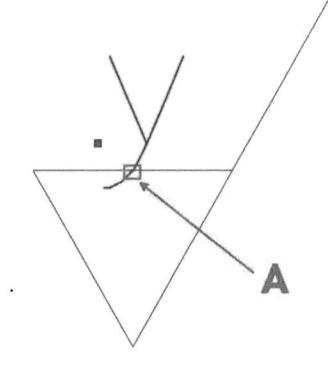

[그림 28] 표면거칠기 05

표면거칠기 표현의 문자의 높이는 특성창(Ctrl+1)을 열어서 2.24로 맞추어 준다

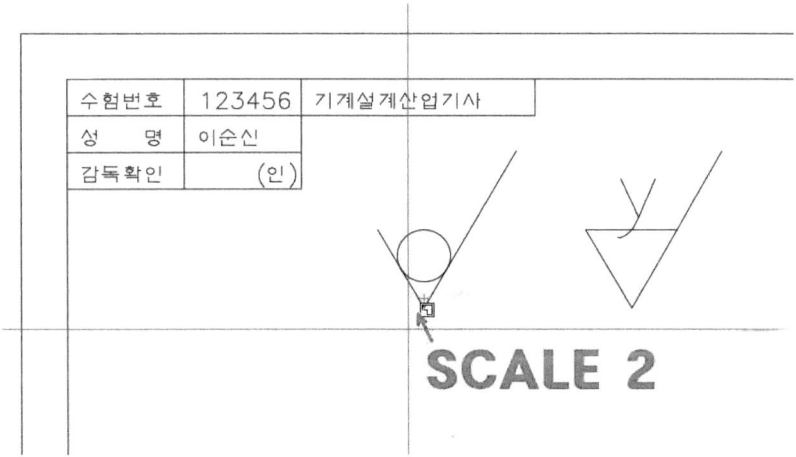

[그림 29] 표면거칠기 표현 01

작도된 표면거칠기 기호를 SCALE를 활용하여 2배를 키워 좌측 상단 쪽에 배치해 준다.

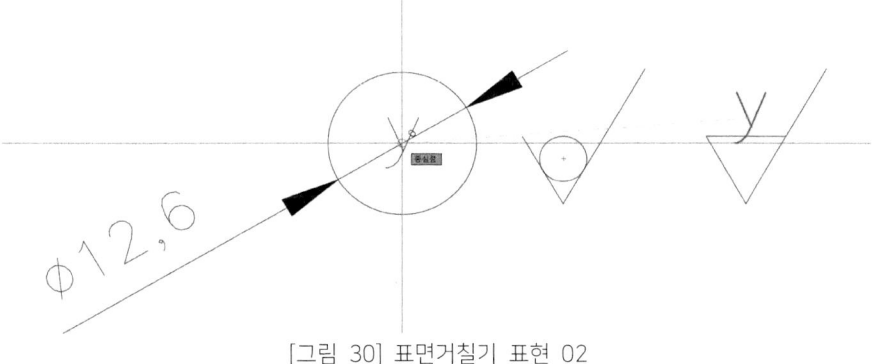

[그림 30] 표면거칠기 표현 02

[그림 30]은 부품번호를 표현한 것이며 원의 크기는 12.6mm가 된다.

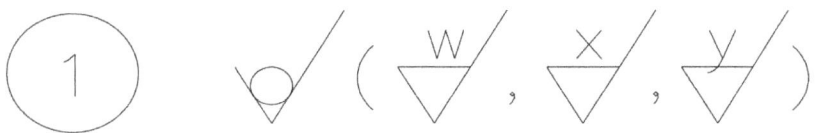

[그림 31] 표면거칠기 표현 03

[그림 31]과 같이 객체 복사와 문자 수정을 하여 작업해 준다.

각각의 부품 위에 배치되는 표면거칠기 크기는 부품에 직접 적용되는 크기의 2배로 생각하면 되고, 부품에 직접 적용 시 위의 내용은 직접적으로 표현하지 않는 부분은 표면거칠기의 가공 여부가 상관없다는 표현으로 괄호 바깥쪽에 나타내어진 것이며 괄호 안쪽의 내용은 부품의 직접적으로 하나라도 표현하겠다라는 의도가 들어간 내용이라 보면 된다.

KS 규격집의 주서 작성

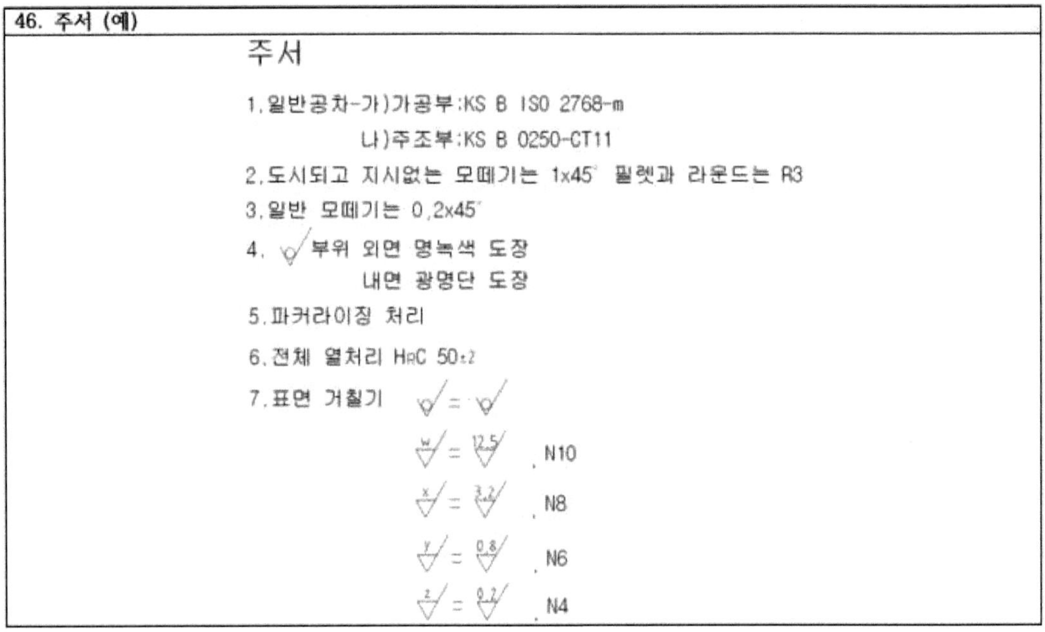

[그림 32] KS 규격집 주서 표현

도면 작성 시 KS 규격집을 활용하도록 하는데 시험장에서도 PDF 파일을 제공한다.
주서창을 열어 놓고 도면 우측 하단 표제란 위쪽에 작성한다.

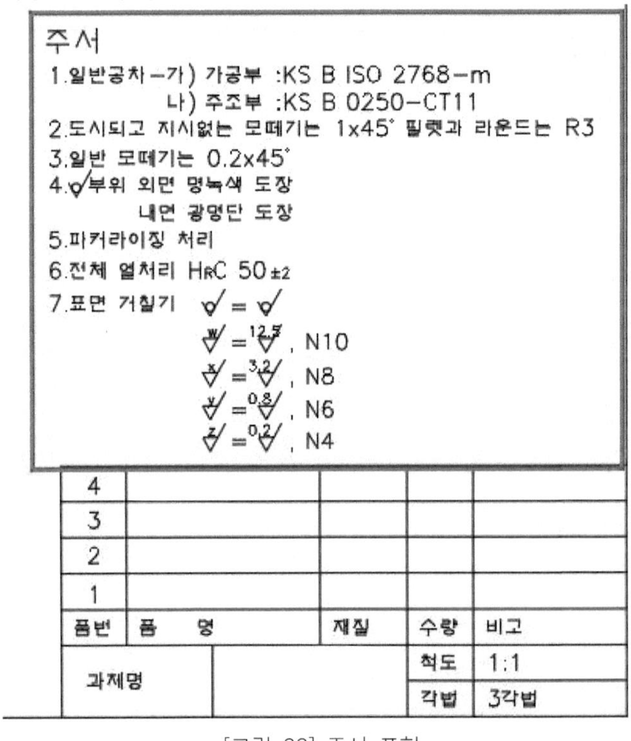

[그림 33] 주서 표현

주서 작성 시 45도의 표현은 각도의 특수문자 "%%D"를 입력하면 도로 나타난다. 그리고 ±는 "%%P"로 입력하면 된다. 그리고 문자 크기는 2.24 크기로 나타내며 표면거칠기의 위에 수치로 표시된 크기는 1.2 크기로 한다.

HRC 열처리 표현 시 R은 문자 크기를 2.24로 한다.

작도된 도면틀의 마지막으로 도면층별 설정을 하여 준다.

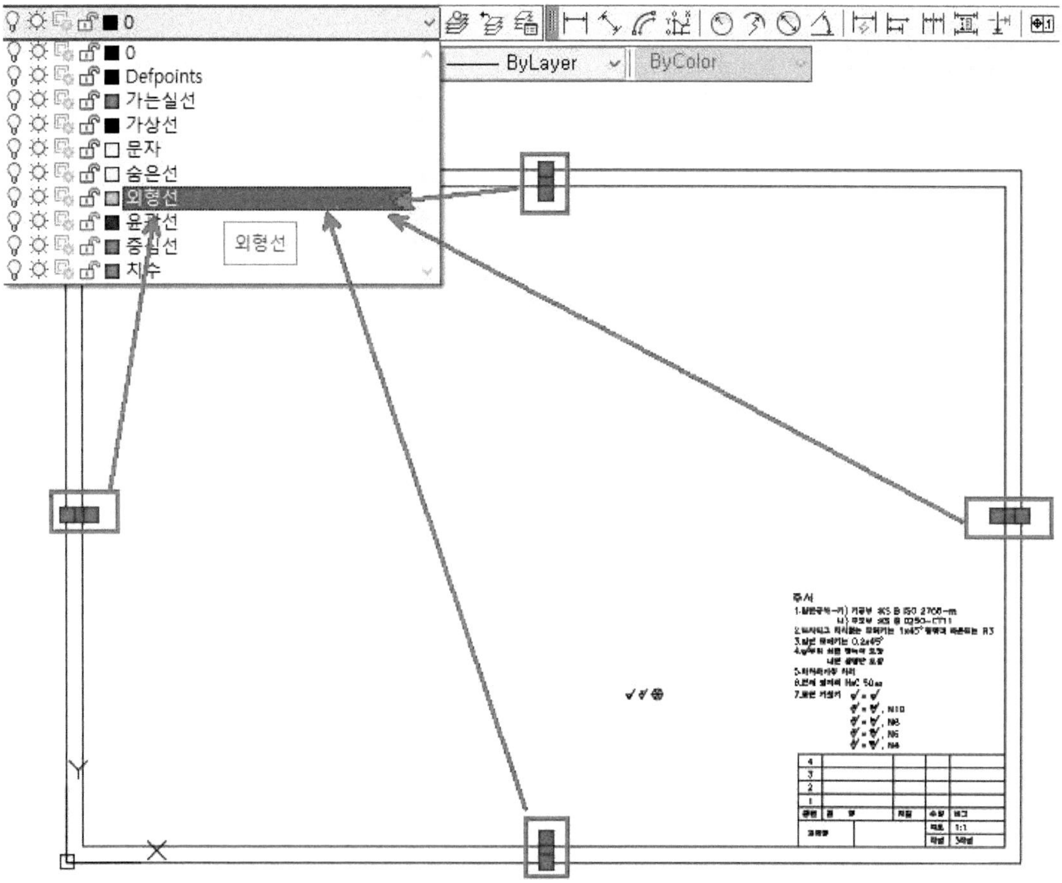

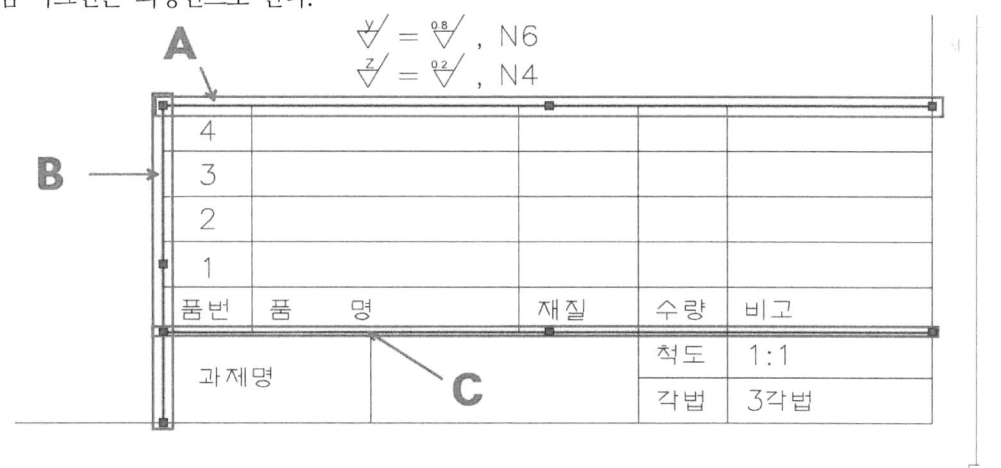

[그림34] 도면층 설정 부여하기 01

중심 마크선은 외형선으로 한다.

	4				
	3				
	2				
	1				
	품 번	품　　명		재 질	수 량	비 고

(표 내용)

품 번	품　　명	재 질	수 량	비 고
과 제 명			척 도	1:1
			각 법	3각법

[그림 35] 도면층 설정 부여하기 02

[그림 35]에 나타난 A, B, C 객체도 외형선으로 변경한다.

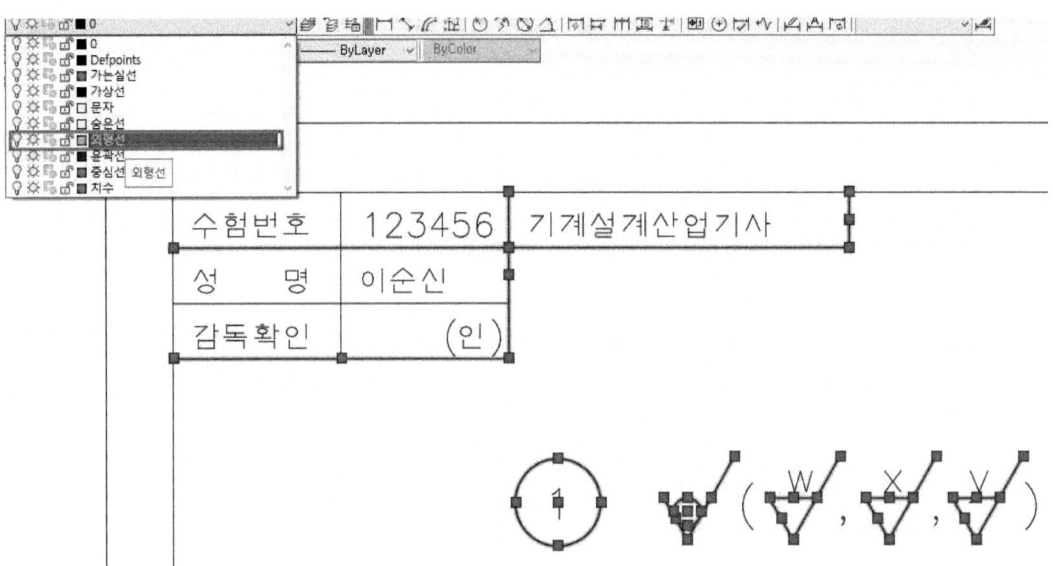

[그림 36] 도면층 설정 부여하기 03

[그림 36]에 선택되어 있는 객체들도 외형선의 도면층으로 바꾸어 준다.

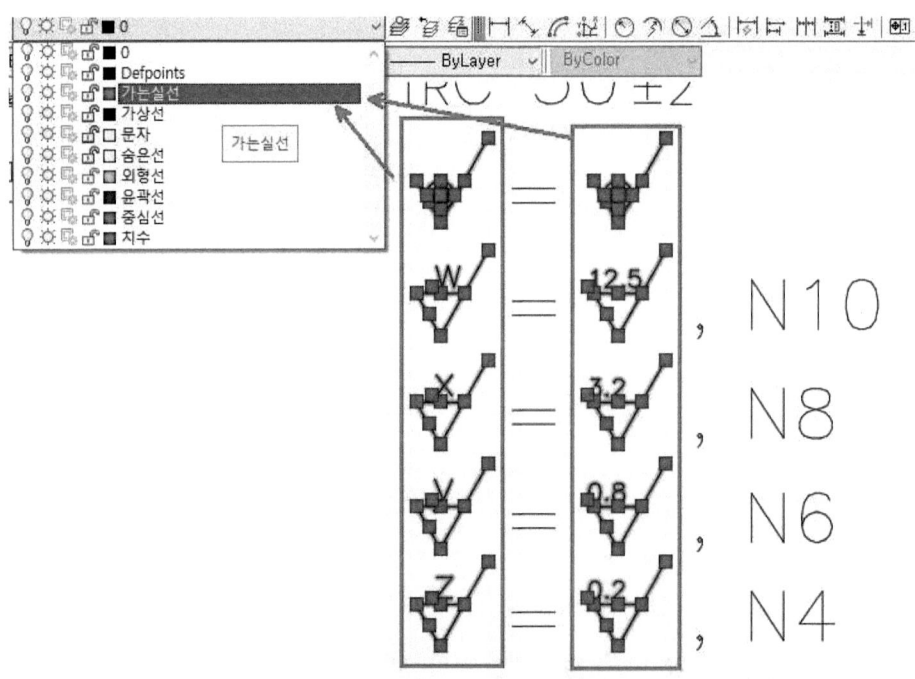

[그림 37] 도면층 설정 부여하기 04

주서에 표현되는 표면거칠기 기호와 도면상 직접 부품에 접촉하는 표면거칠기는 가는 실선 도면
층으로 표현한다.

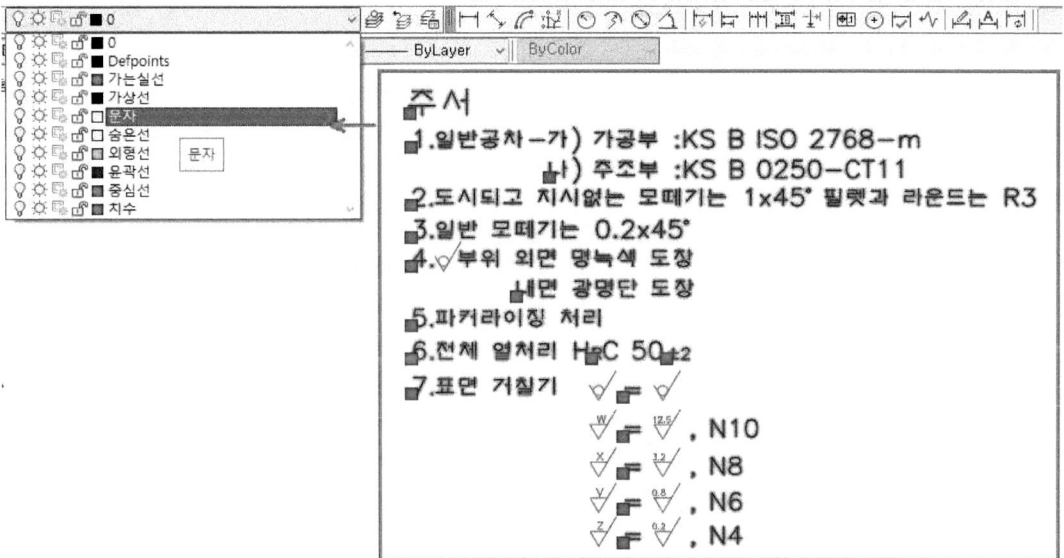

[그림 38] 도면층 설정 부여하기 05

주서와 부품에 직접 사용되는 표면거칠기에 표현되는 문자를 제외한 나머지 문자는 문자 도면층으로 바꾸어 준다.

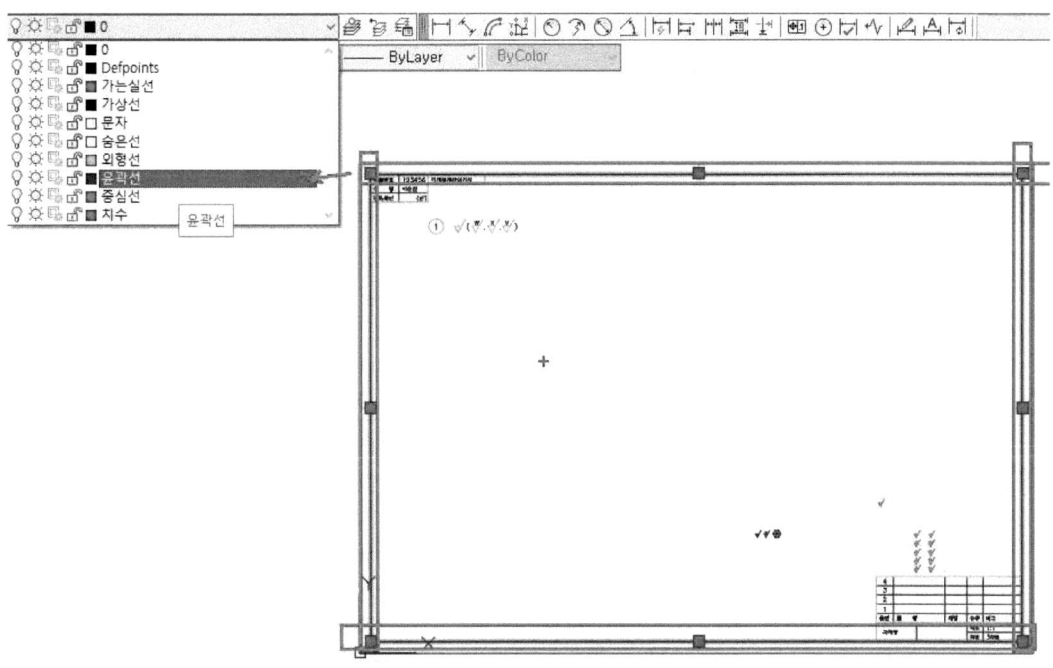

[그림 39] 도면층 설정 부여하기 06

도면 틀의 윤곽에 있는 안쪽 사각형은 윤곽선 도면층으로 바꾸며 제일 바깥쪽의 사각형은 출력 시 위치점을 확인하기 위한 사각형이므로 치수를 넣고 나면 나타나는 Defpoints 도면층으로 하여 출력 시 나타나지 않게 한다. 나머지 선은 가는 실선 도면층으로 적용하여 본다.

도면 틀의 도면층 부여가 완성된 그림 40을 나타내어 보았다.

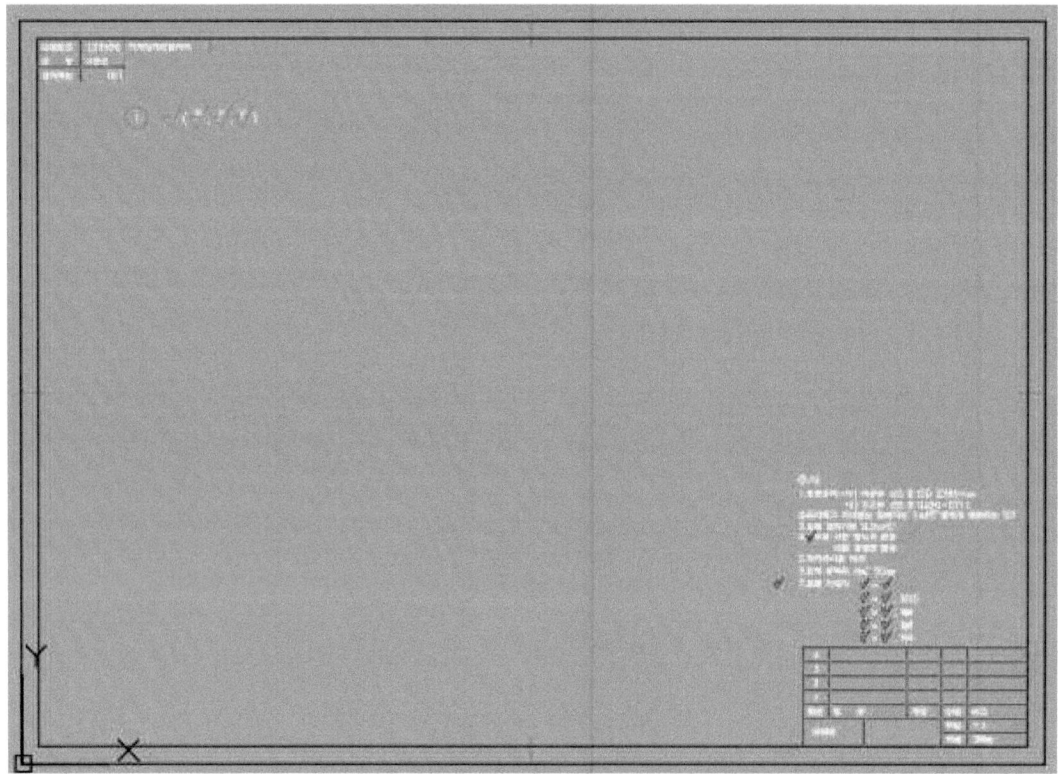

[그림 40] 도면층 설정 부여하기 07

[그림 40]과 같이 작업을 완성하는데 걸리는 시간을 체크해 가면서 반복적으로 연습해 본다. 국가 기술 자격검정 실기시험 시 시간 단축을 위해 목표 예상 시간은 15분으로 하여 연습해 본다.

기본 도면 틀 그리기 학습 영상은 본 교재 저자의 유튜브상에 업로드된 상태로 영상을 확인해 가면서 연습한다면 실기시험 시 많은 도움이 되리라 생각된다.

예제 01] 다음의 도면을 작도하여 보자.

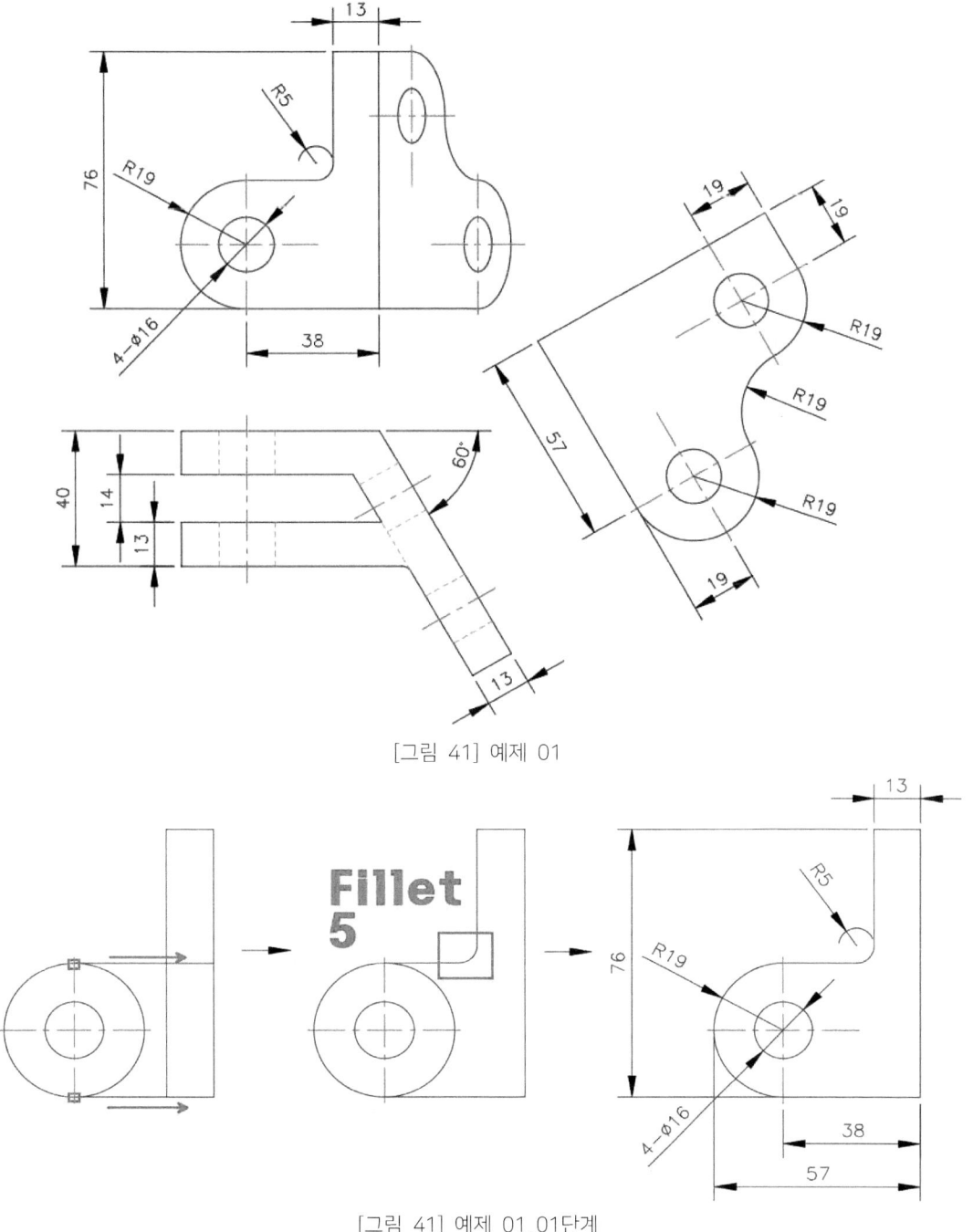

[그림 41] 예제 01

[그림 41] 예제 01_01단계

우선 원을 작도하여 사분점에서 해당 치수만큼 선을 작성한다.

[그림 41]을 활용하여 각도 면의 형상(보조 투상도)을 작도하고 회전 명령을 주어 작도한다.

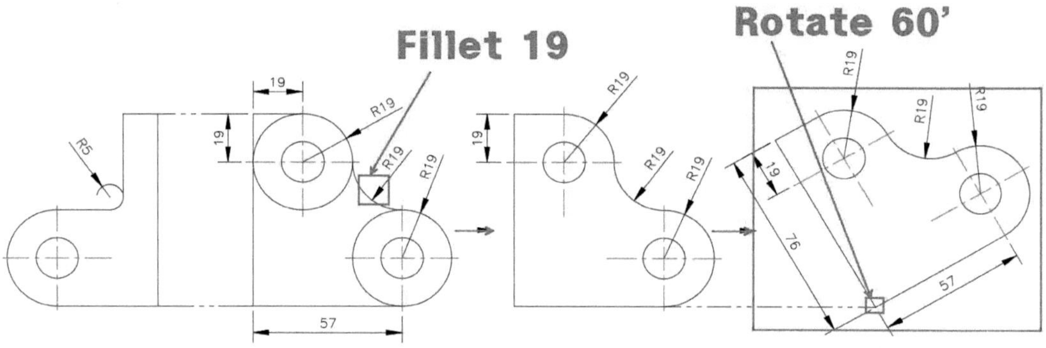

Fillet 19
Rotate 60'
19
R19
R5
57
76

[그림 42] 예제 01_02단계

R19
57
76
60°
40
14
13

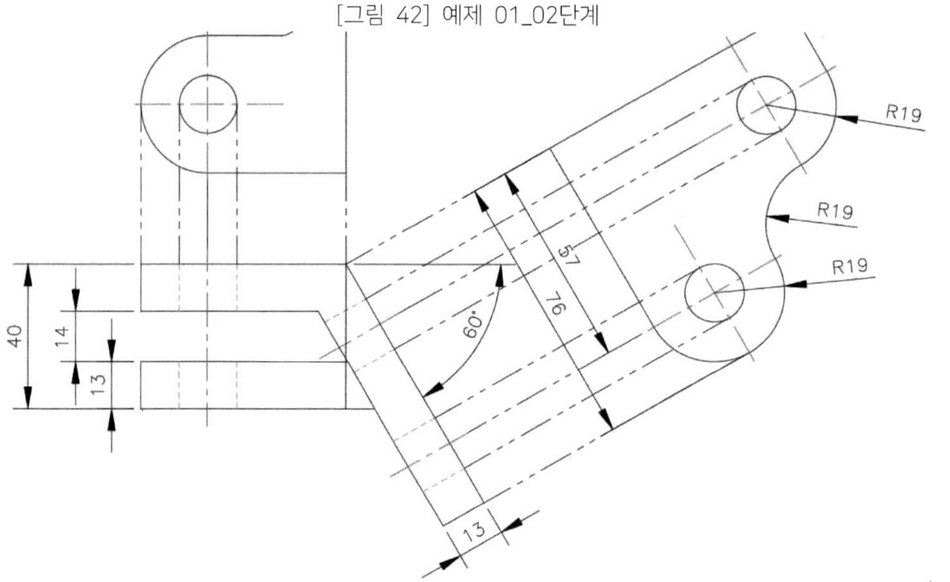

[그림 43] 예제 01_03단계

[그림 41]과 [그림 42]를 활용하여 정면도를 완성하여 본다.

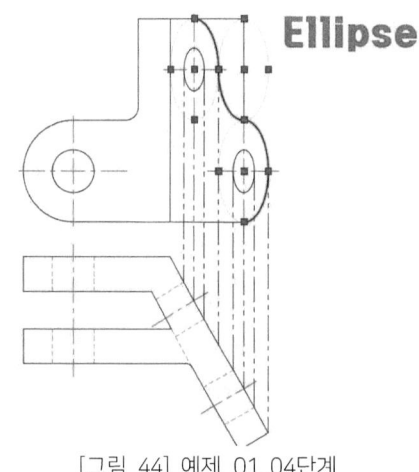

Ellipse

[그림 44] 예제 01_04단계

[그림 43]을 활용하여 평면도를 완성한다.
보조 투상도의 면을 실제 작도 시에 원의 형상은 타원으로 나타나기 때문에 타원의 형상의 위치점을 정면도에서 가상의 선을 작도하여 위치점을 잡아 타원을 작업한다.

예제 02] 다음의 도면을 작도하여 보자.

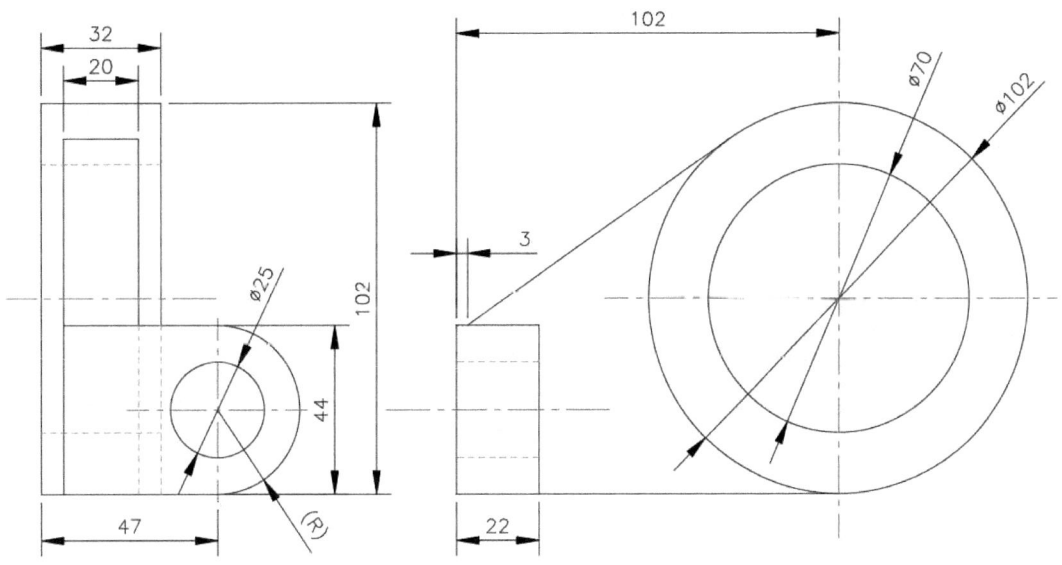

[그림 45] 예제 02

예제 01과 같은 방식으로 예제 02도 우측의 지름이 102mm인 원을 작도한 다음, 70mm인 원을 작도하고 사분점에서부터 180도 방향으로 102mm인 선을 작도하여 시작하고 [그림 44]에 나타낸 우측면도 중 대각의 선의 시작점은 좌측 끝단 부에서 3mm 띄워 A를 시작점으로 하여 지름 102mm인 원의 접점을 끝점으로 하여 선을 작도한다.

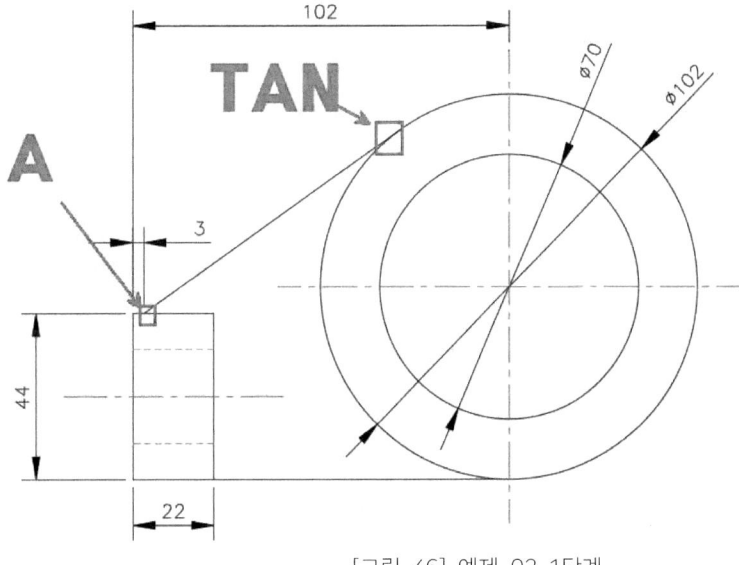

[그림 46] 예제 02_1단계

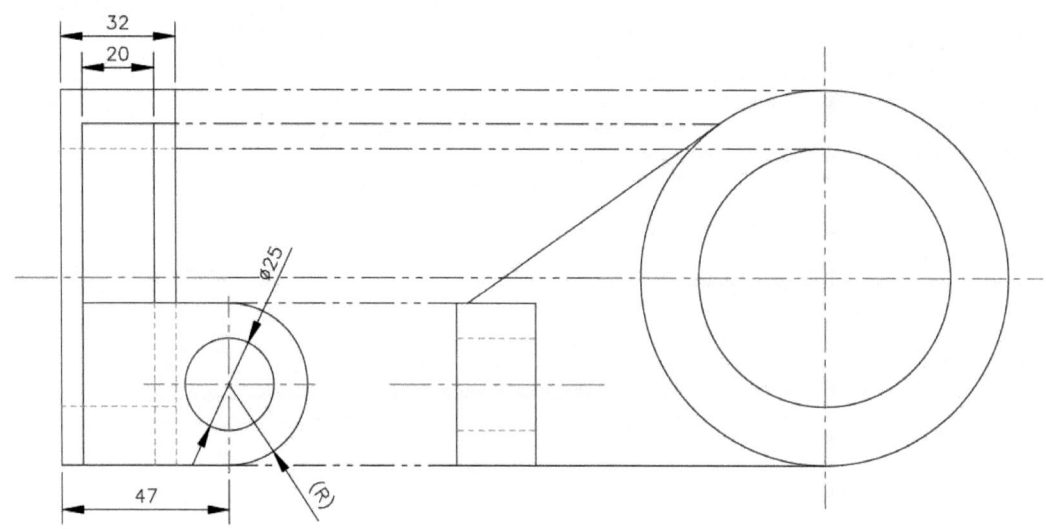

[그림 47] 예제 02_2단계

우측면도를 우선 작업이 끝나면 최대한 정면도 작도 시 활용하여 작도해 본다.
이는 접근성이 좋은 부분의 투상면의 작도를 우선시하여 효과적으로 도면 작업이 이루어지도록 하기 위함이다.

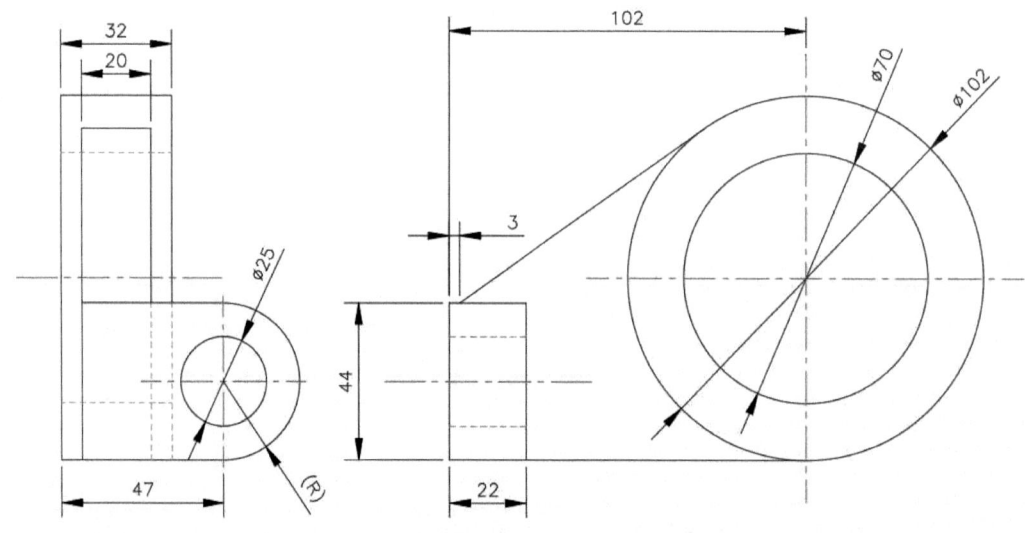

[그림 48] 예제 02_3단계

투상도가 완성되면 각 해당 부위에 치수를 적용하여 보자. 이 중에 원호의 크기는 이미 높이 치수가 있기 때문에 참고 치수로서 (R)로 표기를 하였다. 이는 이중 치수 표기를 방지하기 위함이다.

예제 03] 다음의 도면을 작도하여 본다.

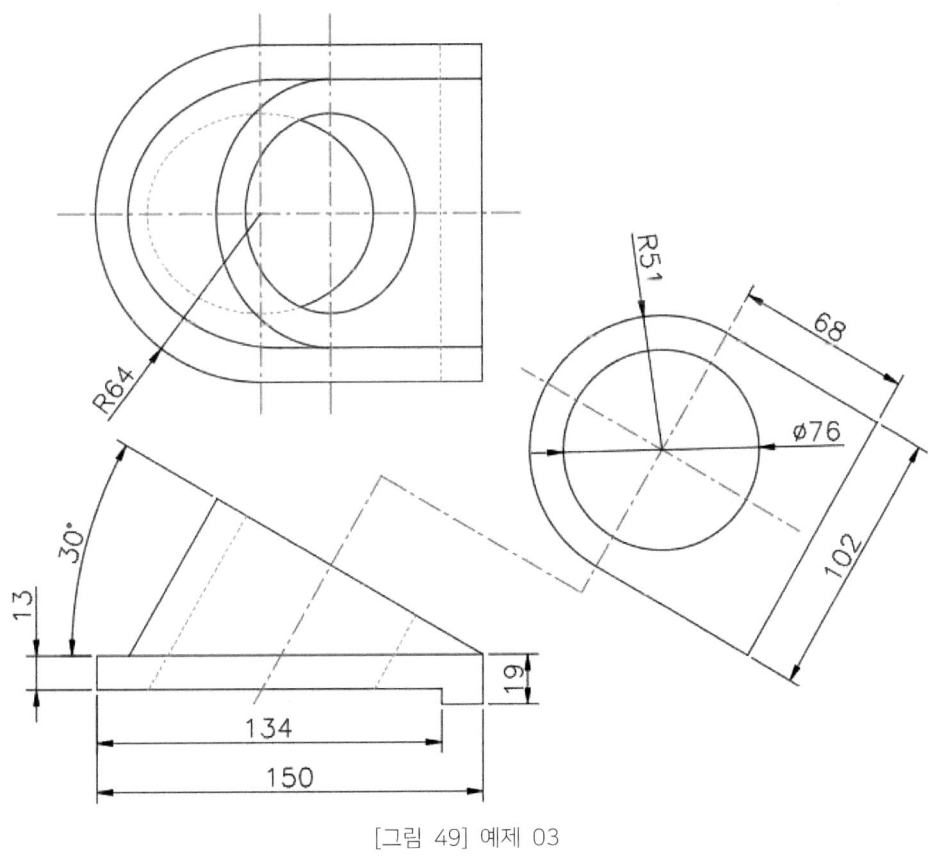

[그림 49] 예제 03

OFFSET

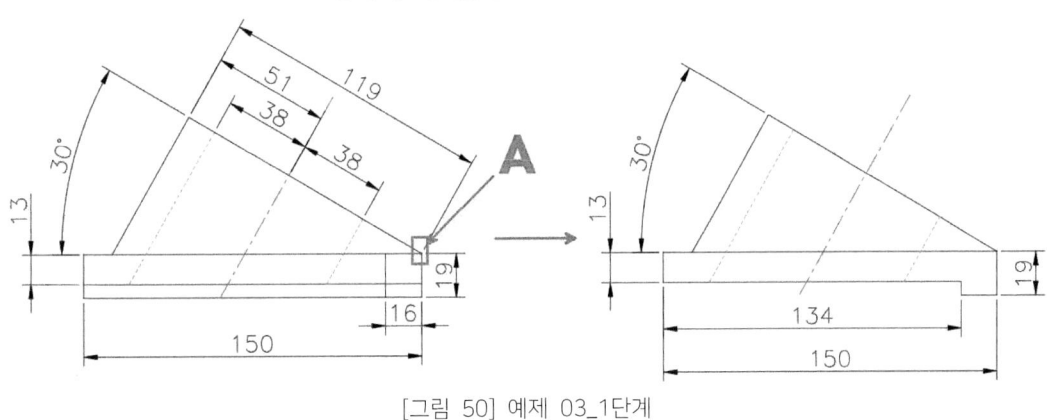

[그림 50] 예제 03_1단계

[그림 50]과 같이 옵셋 명령을 활용하여 작업해 본다. 30도 각도 선은 A점을 기점으로 작도하고, 13mm 부분에 90도 각도로 선을 작도하여 완성하고, 옵셋을 51mm하여 양쪽으로 다시 38mm로 옵셋하여 원통의 구조를 완성해 본다.

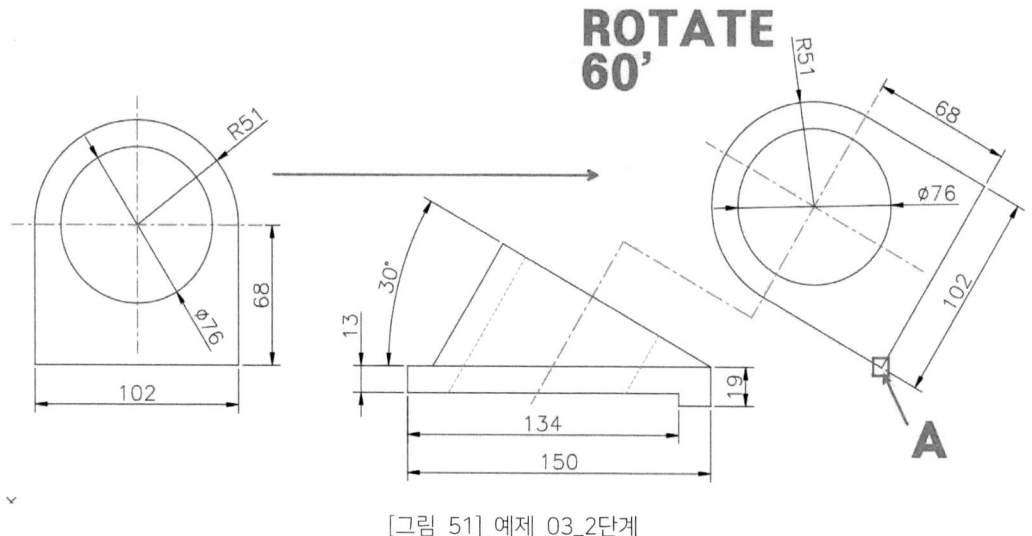

[그림 51] 예제 03_2단계

[그림 51]과 같이 보조 투상도는 각도를 회전하기 전 작도하고 A점을 기준으로 하여 60도로 회전하여 배치한다.

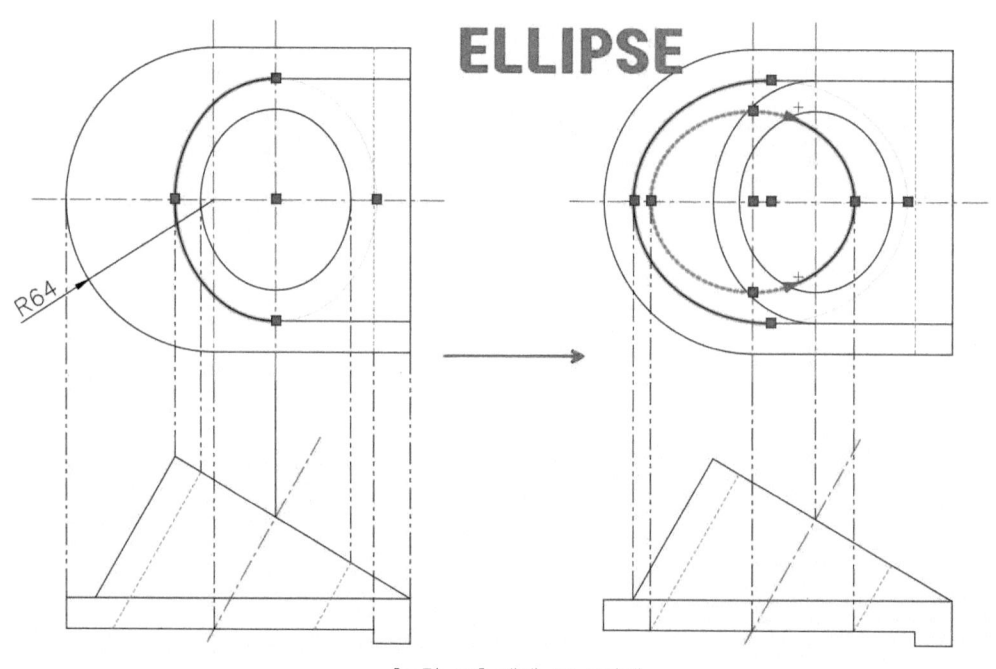

[그림 52] 예제 03_3단계

[그림 52]는 정면도 작업이 완성된 것을 활용하여 타원 작업 시 기준이 되는 타원의 중심점을 사용하여 작업해 본다. 대상이 되는 타원은 표현이 대각의 면이 되어 기울어진 면의 부분의 크기는 기존의 크기보다는 약간 틀어져 보인다.

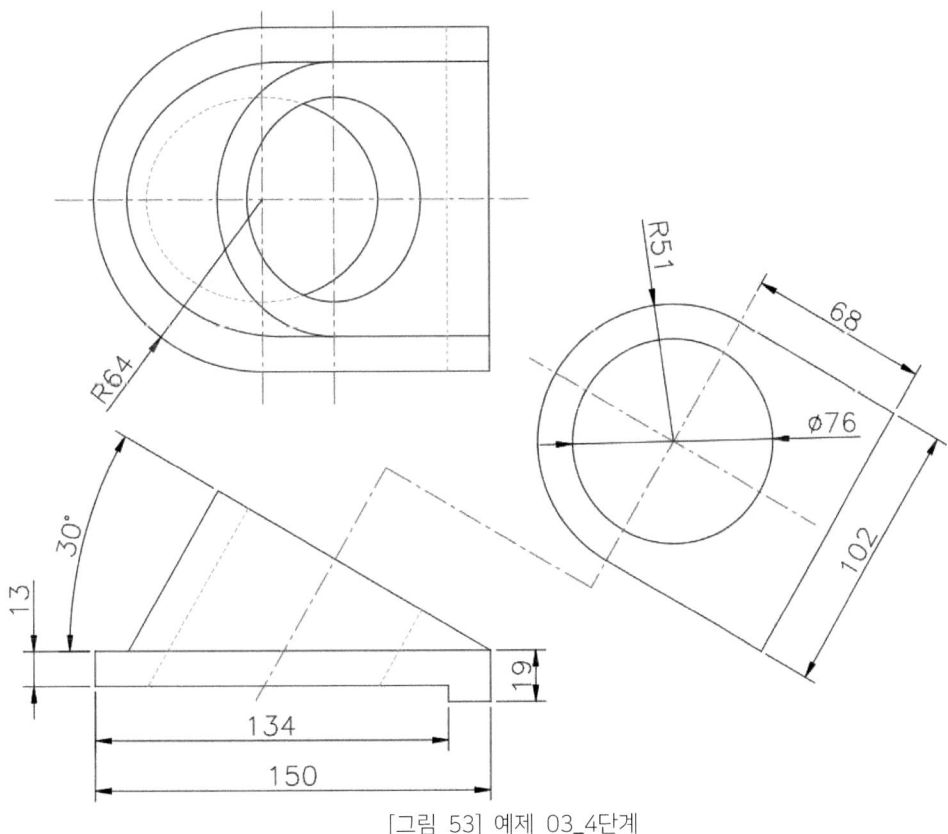

[그림 53] 예제 03_4단계

[그림 53]처럼 완성되고 나면 치수가 빠진 부분을 채워 마무리 작업해 본다.
단 타원의 치수는 나타나지 않기에 따로 표현하지 않아도 된다.

예제 04] 다음의 도면을 작도하여 본다.

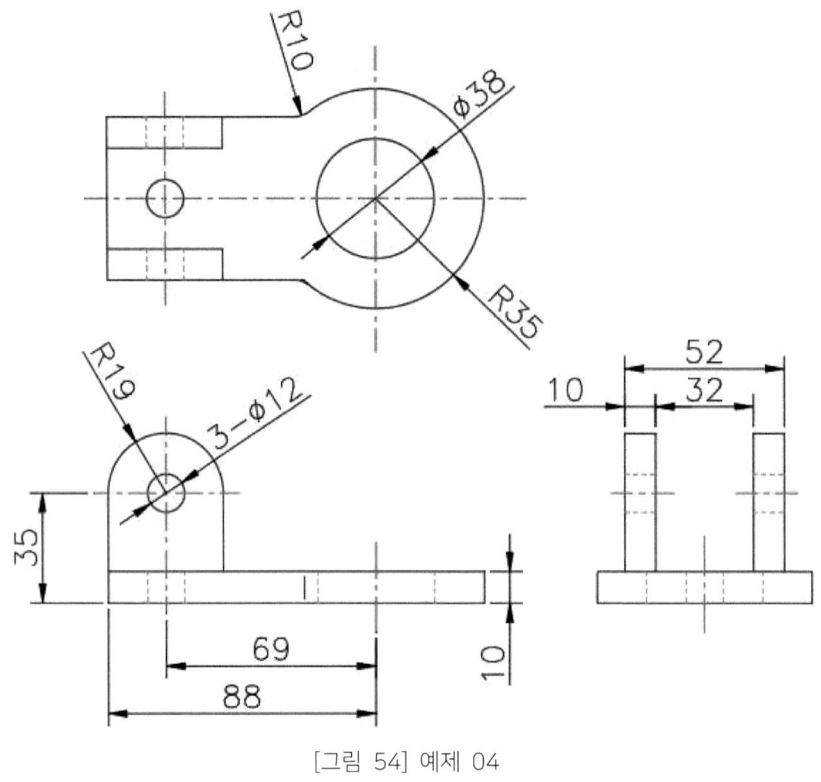

[그림 54] 예제 04

OFFSET

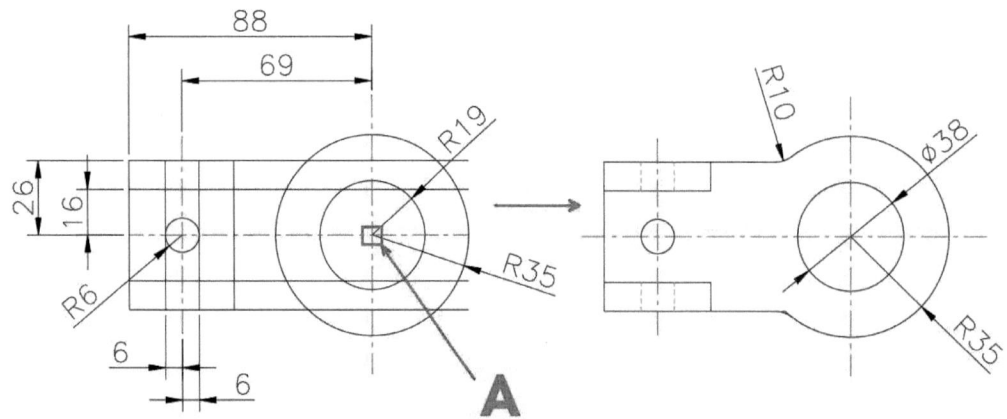

[그림 55] 예제 04_1단계

[그림 55]와 같이 옵셋을 활용하여 작업하되 기준점은 반지름 R35인 원의 중심으로 하여 원부터 작성하고, 반지름 R6인 원은 69mm만큼 180도 방향으로 이동하여 작도해 준다.

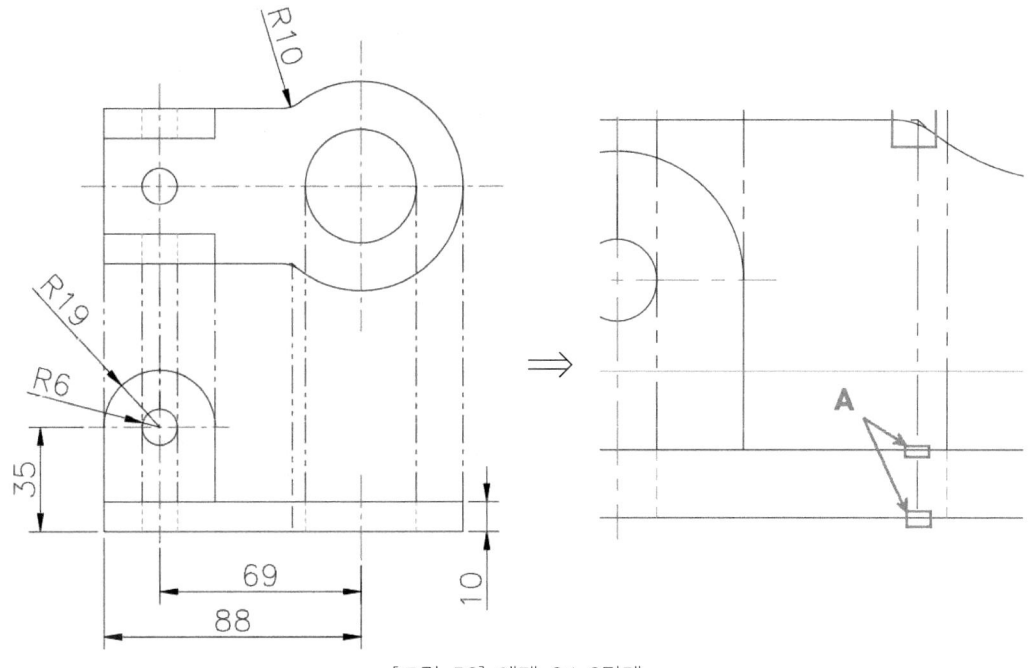

[그림 56] 예제 04_2단계

평면도를 활용하여 정면도를 작도해 본다. 여기에서 라운드 R10의 위치는 곡면의 형상이라 정면
도상에서는 선분이 보이지 않지만 표현을 양쪽 끝부분(A)의 선을 잘라 경계에 대한 표현을 하여
준다.

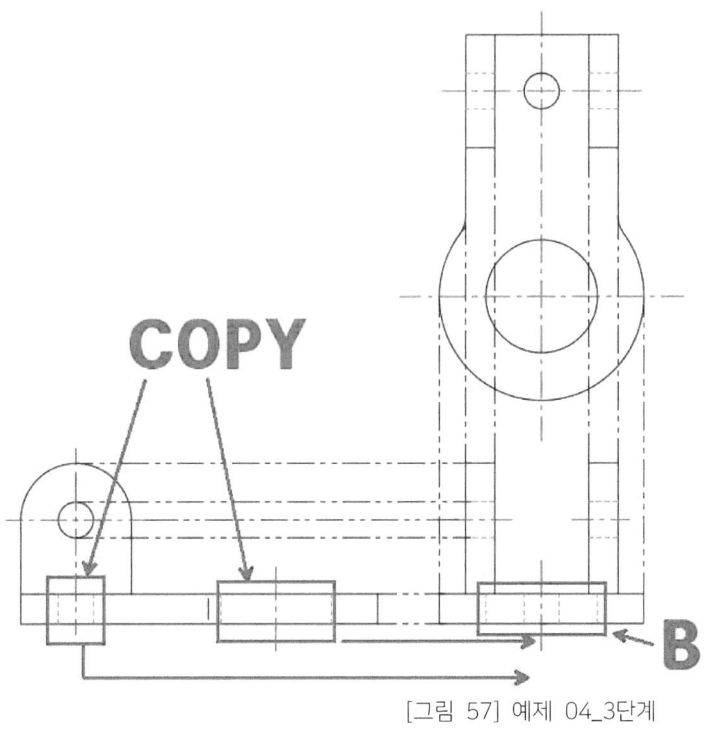

[그림 57] 예제 04_3단계

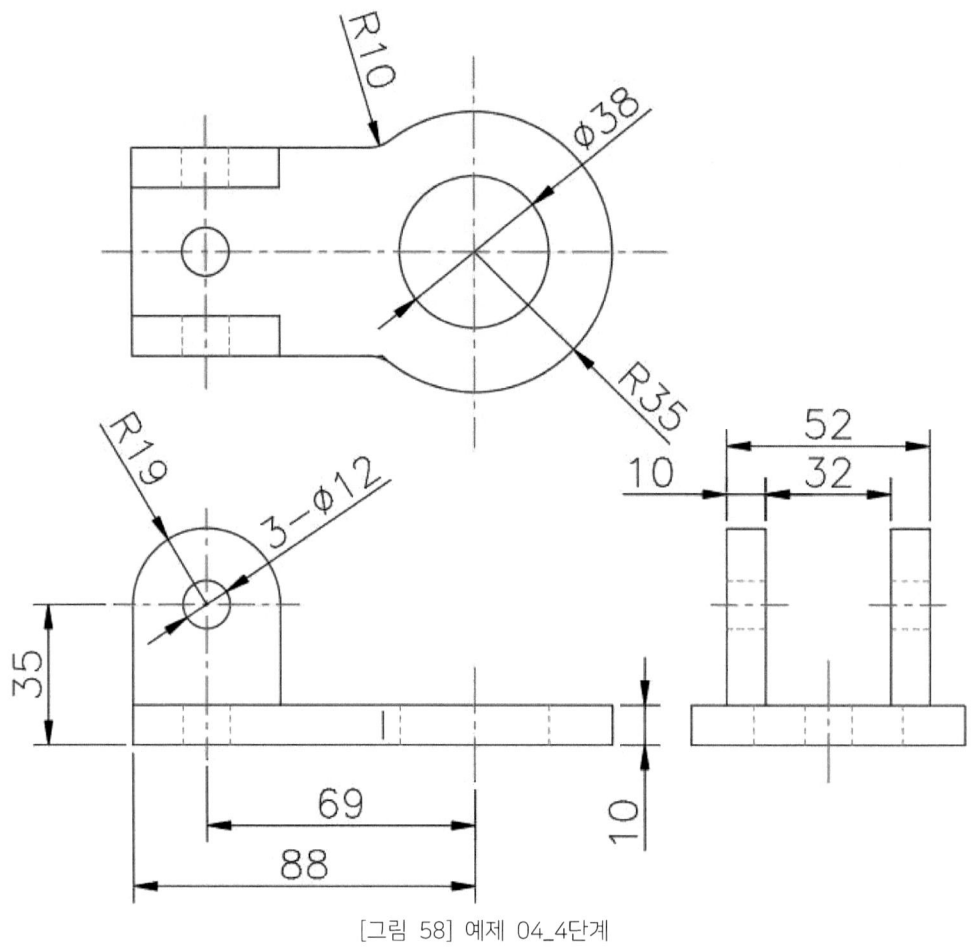

[그림 58] 예제 04_4단계

[그림 58]처럼 완성되면 각 부위에 치수를 적용하여 완성해 본다.

예제 05] 다음의 도면을 작도하여 보자.

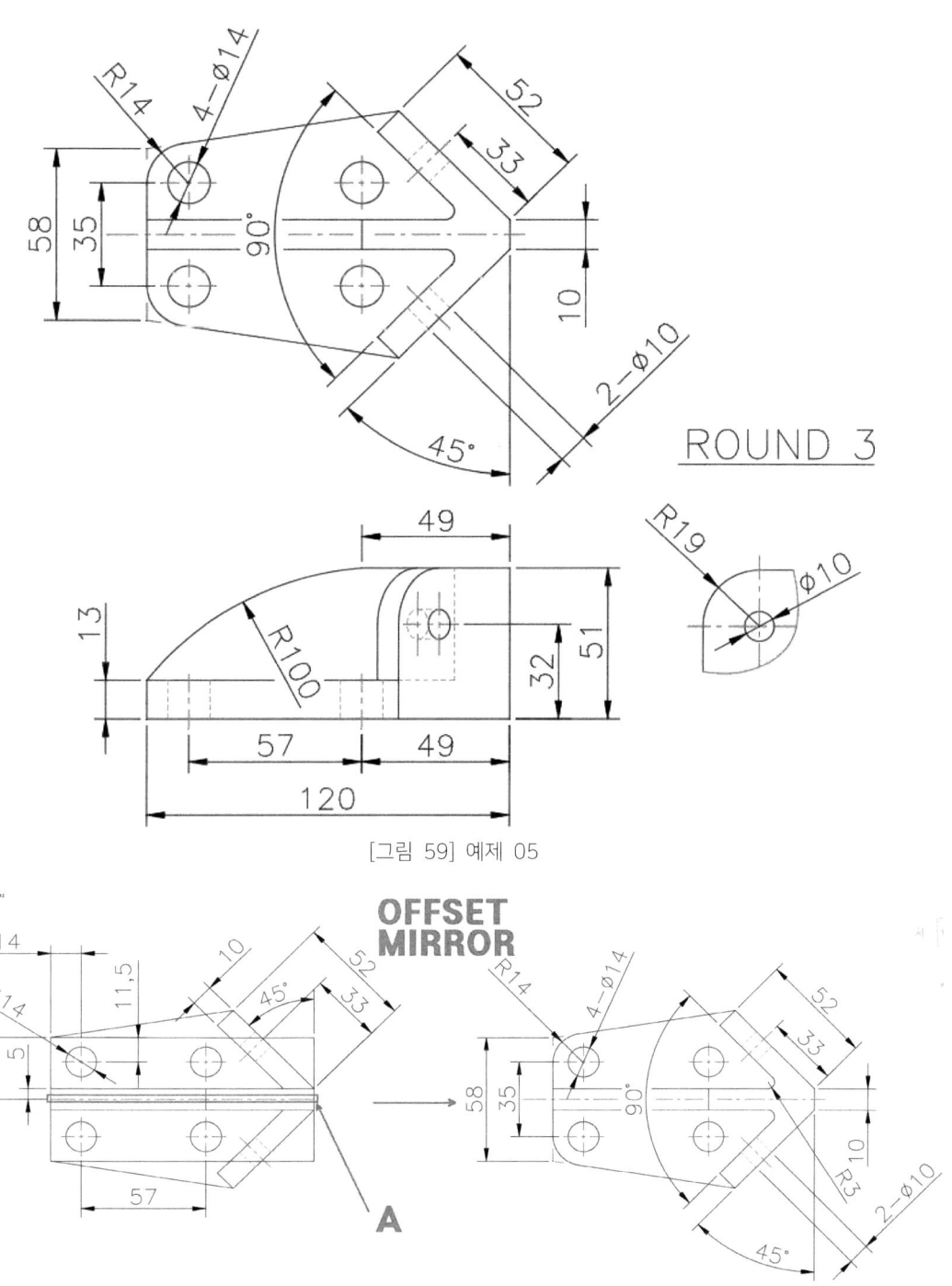

[그림 59] 예제 05

[그림 60] 예제 05_1단계

[그림 60]처럼 옵셋과 대칭 복사를 활용하여 작도하며 기준은 A의 기준선을 기본으로 하여 작업한다.

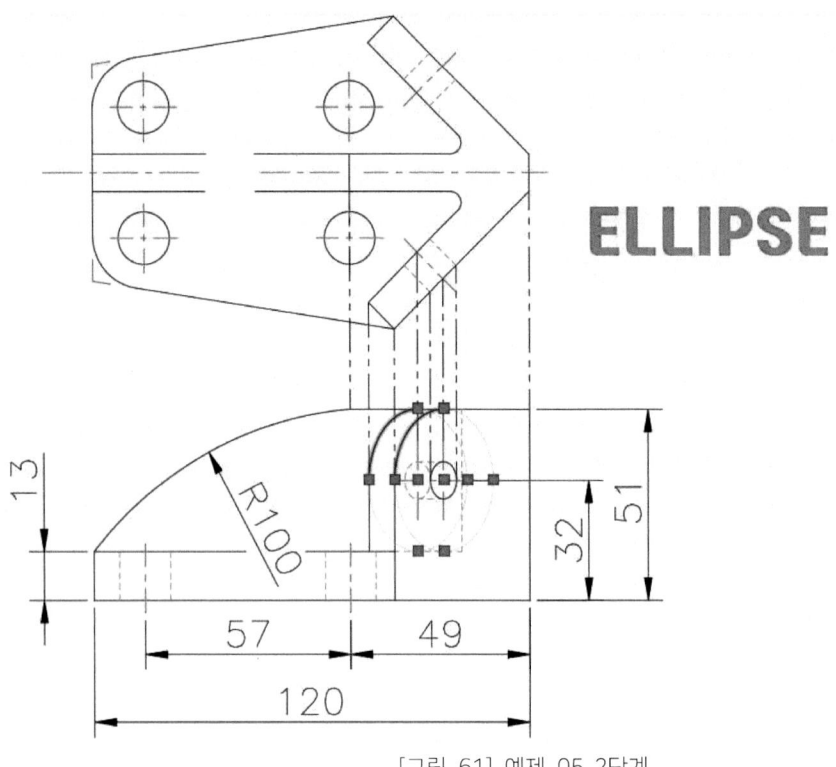

ELLIPSE

[그림 61] 예제 05_2단계

[그림 61]에서처럼 평면도에서 작업한 내역을 활용하여 정면도를 완성하는데 타원의 형상 중 라운드 형상 부분도 각도가 있는 형상으로 나타나기 때문에 타원의 라운드로 표현되어야 한다.

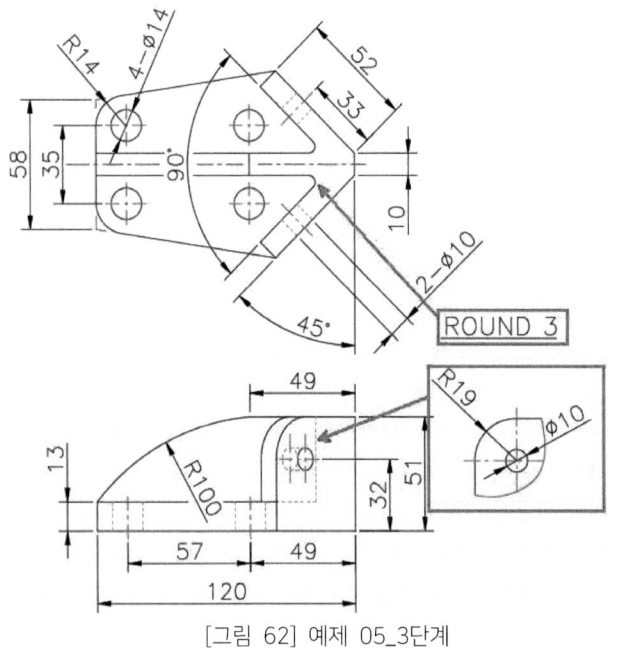

ROUND 3

[그림 62] 예제 05_3단계

[그림 62]처럼 라운드 치수가 표현이 어려운 부분들이나 기본적인 라운드 형상은 있으나 표기가 안 되는 부분은 문자로 표현해 둔다 그림에 나타난 것은 치수로 표현되지 않았지만 라운드 형상이 있는 부분에 치수를 ROUND 3이라고 표현하였다. 또한, 각도 뷰에서 타원으로 라운드가 형성되어 치수 기입이 불가피한 부분은 보조 국부투상으로 표현하였다.

예제 06] 다음의 도면을 보고 작도하여 보자.

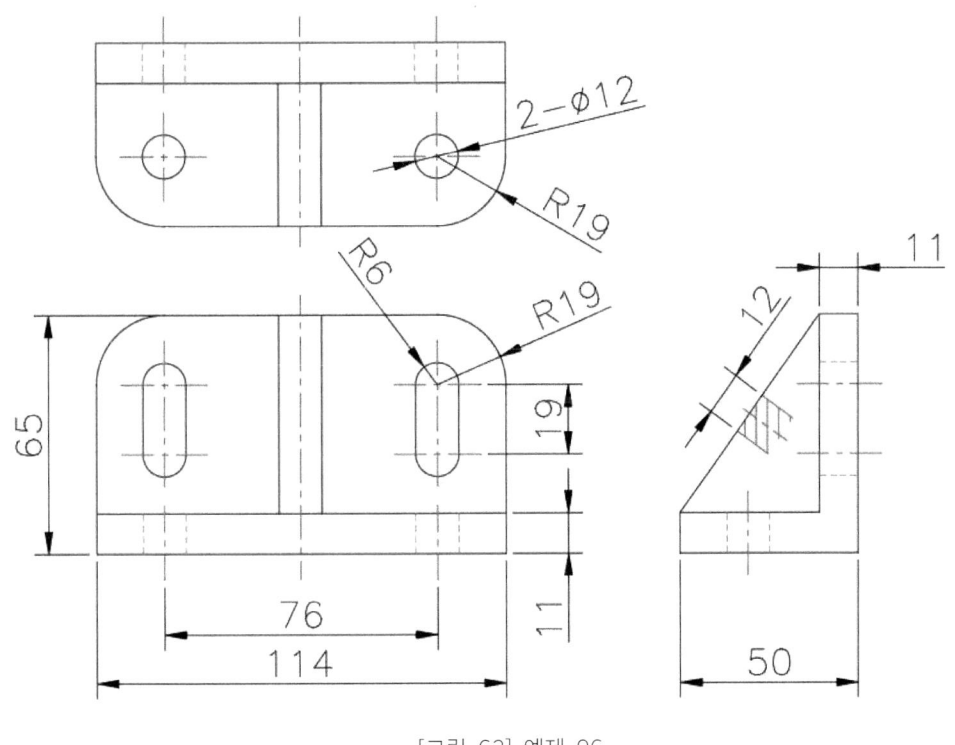

[그림 63] 예제 06

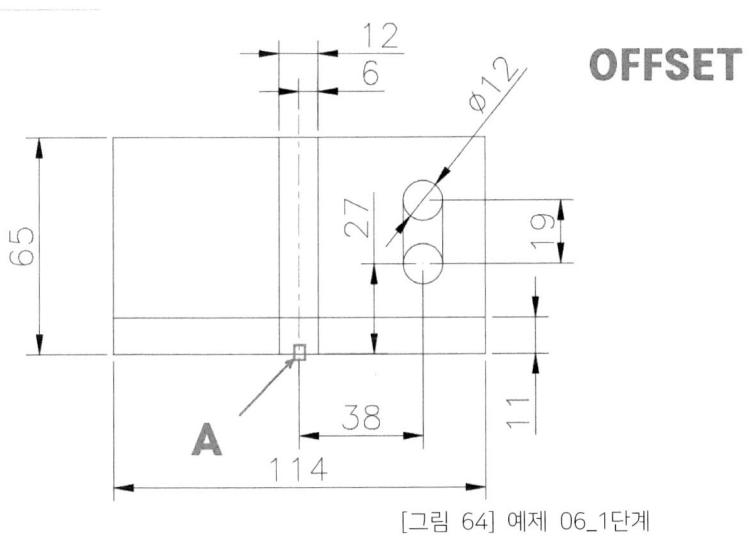

[그림 64] 예제 06_1단계

[그림 64]에서 기준점 A에서 지름 12mm인 원을 작도하여 0도 방향으로 38mm 이동하고 다시
90도 방향으로 27mm 이동한 후 객체를 복사하여 90도 방향으로 19mm에 배치해 준다.
그 외에 나머지 부분은 옵셋을 활용하여 작도해 본다.

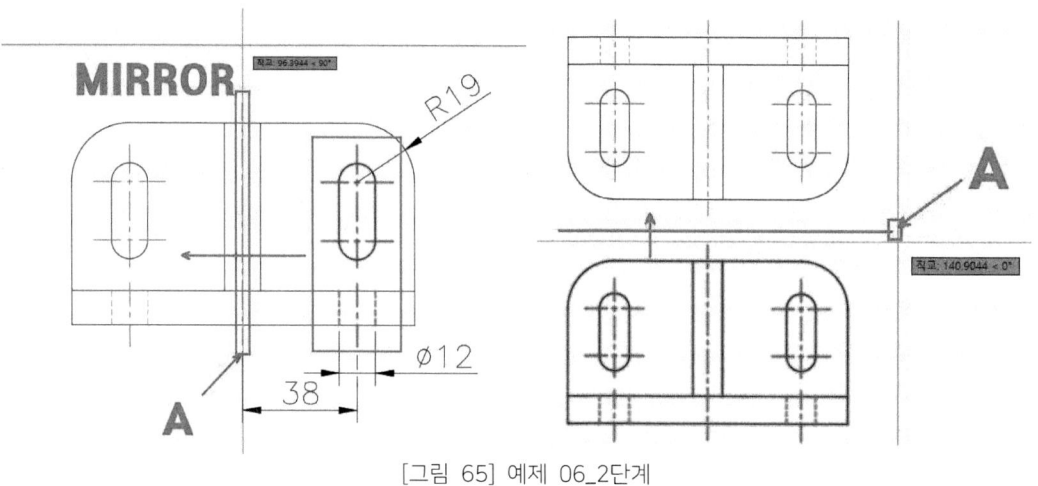

[그림 65] 예제 06_2단계

[그림 65]에서처럼 A의 기준선을 기점으로 객체를 대칭 복사하여 작업한다.

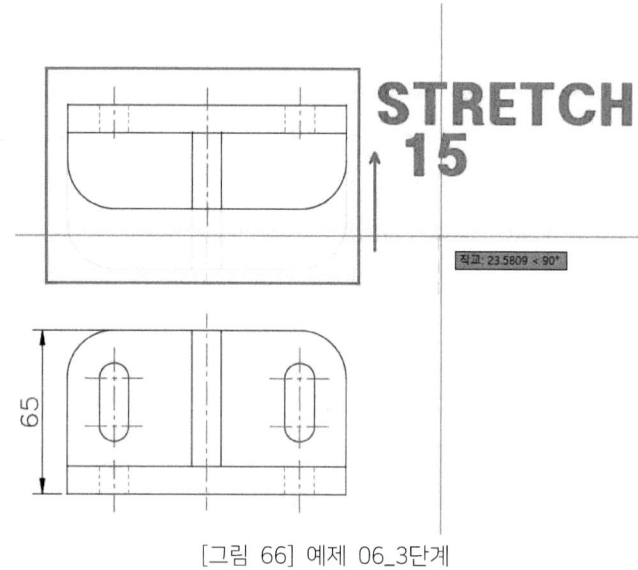

[그림 66] 예제 06_3단계

정면도와 평면도는 형상이 거의 일치한다. 하지만 세로 수치가 15mm 차이가 있어 대칭 복사 후 신축 명령을 활용하여 조정하여 활용한다.

작업 후 지름12mm 원을 양쪽에 작성해 준다.

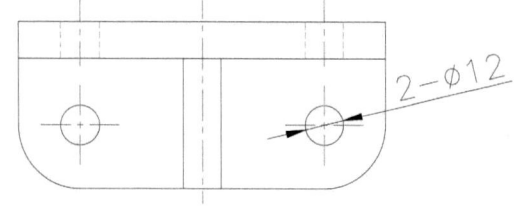

[그림 67] 예제 06_4단계

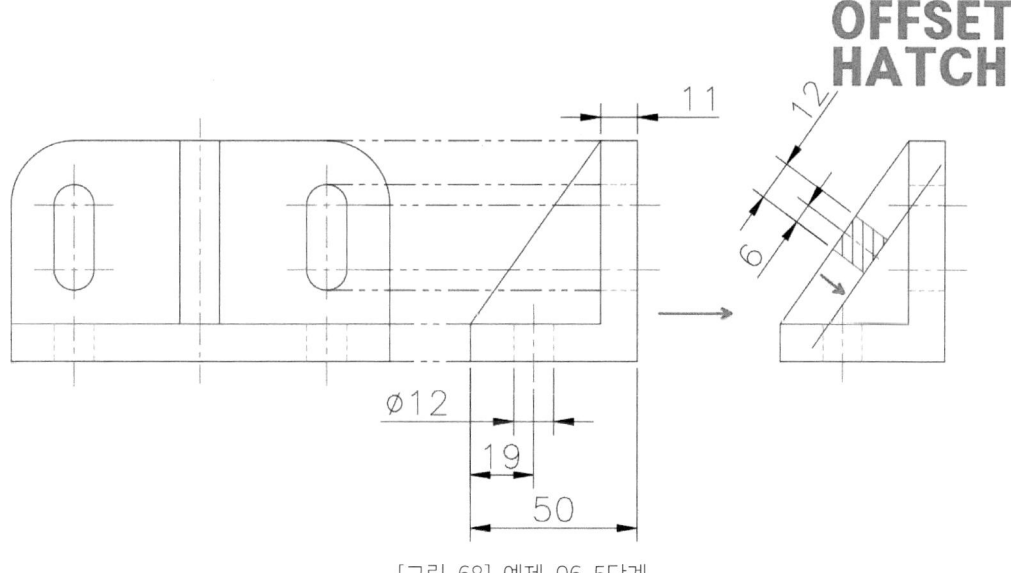

OFFSET
HATCH

[그림 68] 예제 06_5단계

[그림 68]처럼 정면도를 이용하여 우측면을 작성하면서 해칭 시 영역에 관련된 객체는 가는 실선의 도면층으로 바꾸어 준다.

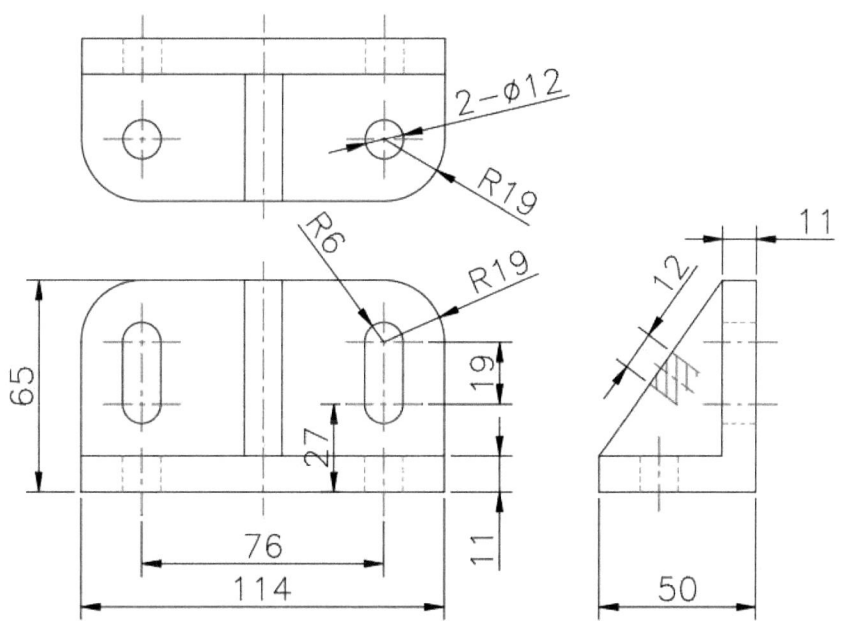

[그림 69] 예제 06_6단계

선 정리 후 각부에 해당 치수를 입력하여 도면을 완성해 본다.

예제 07] 다음의 패킹 부품을 작도하여 보자.

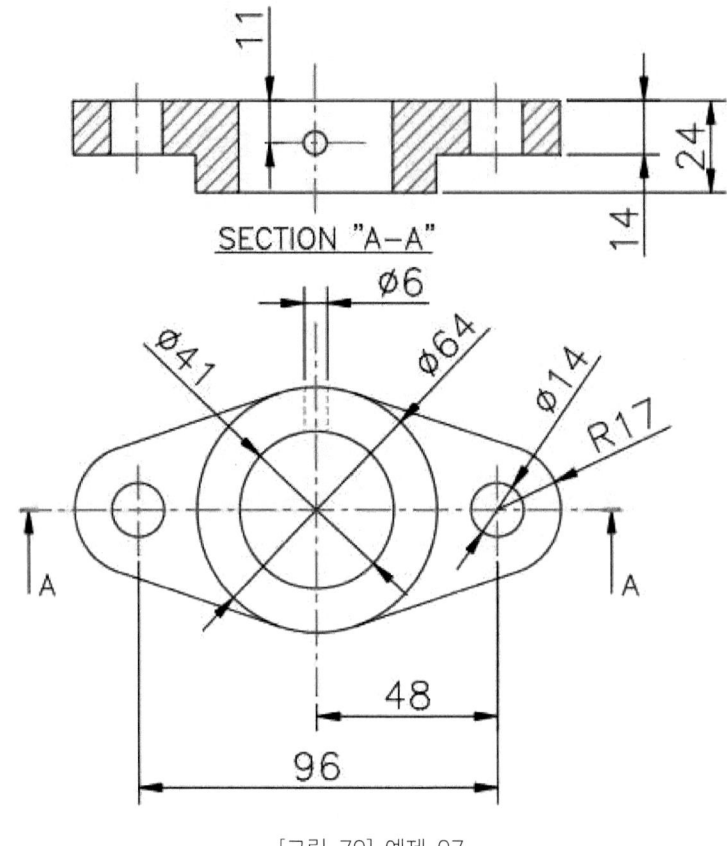

[그림 70] 예제 07

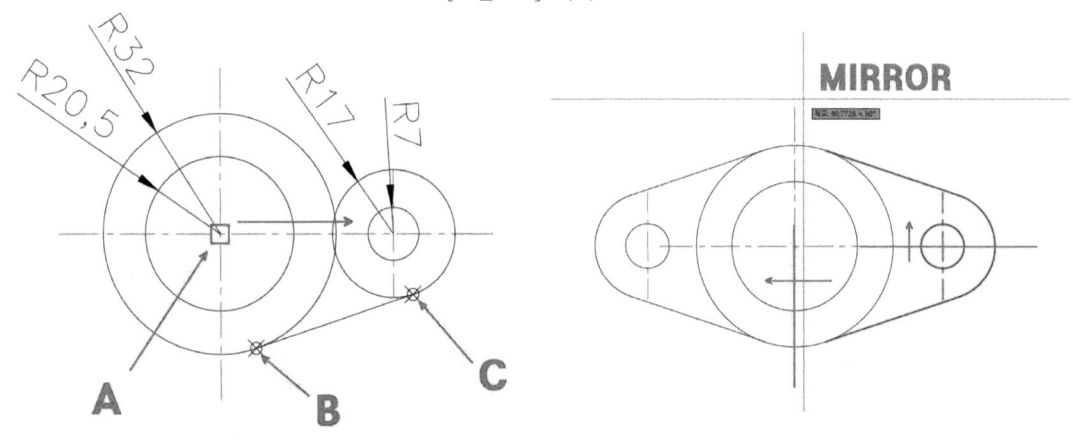

[그림 71] 예제 07_1단계

[그림 71]에서 기준 A를 기점으로 원을 작성하고 O도 방향으로 48mm 이동한다. 그리고 선 그리기로 B 접점과 C 접점을 선택하여 작도한다. 그 후 대칭 복사를 해 준다.

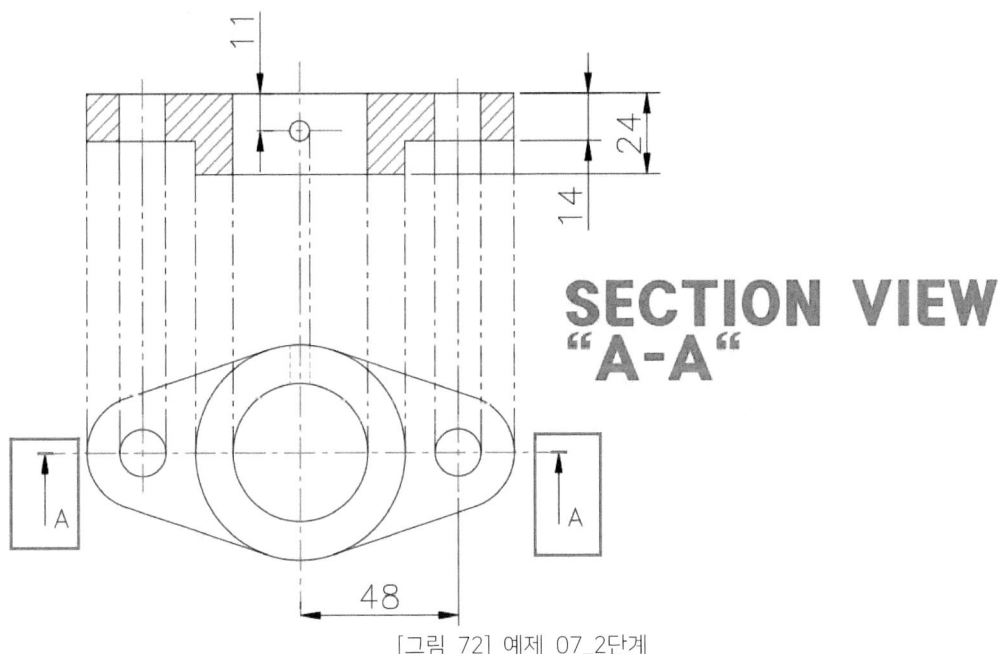

SECTION VIEW
"A-A"

[그림 72] 예제 07_2단계

[그림 72]는 단면도를 작성하는 것을 보여 주고 있다. 정면도에 작성된 위치점을 활용하여 작업을 한다. A의 위치 화살표 방향에서 단면을 잘라 보이는 단면도를 작도하는 것이다.

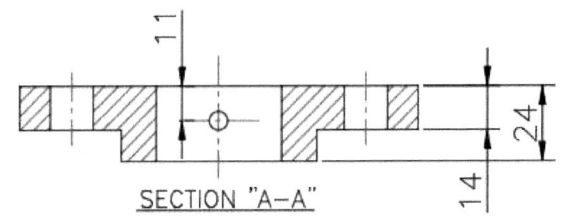

SECTION "A-A"

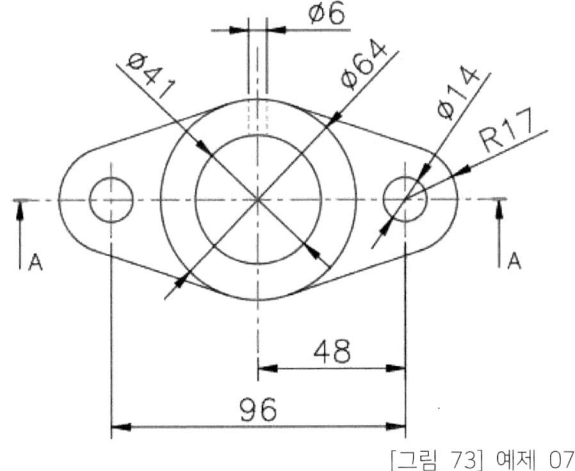

[그림 73] 예제 07_3단계

작업이 완성된 후 각 해당되는 곳에 치수를 기입하고 단면도 밑에 SECTION "A-A"를 표기해 준다.

예제 08] 다음의 요소 부품을 작도해 보자.

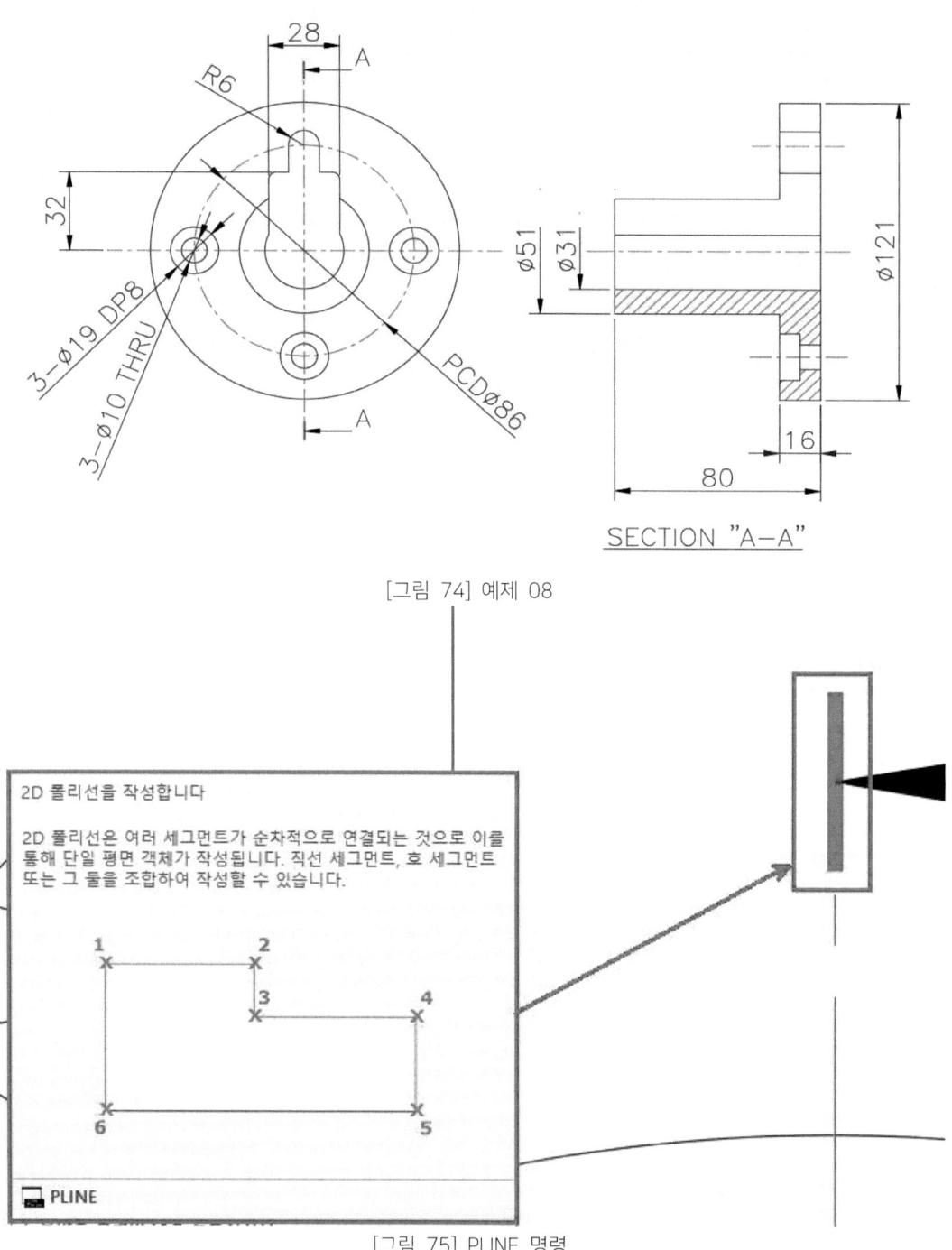

[그림 74] 예제 08

[그림 75] PLINE 명령

단면도의 방향을 표기 시 중심선 끝부분에 폴리선을 작성하여 두께값(전역폭)을 지정해 보자.

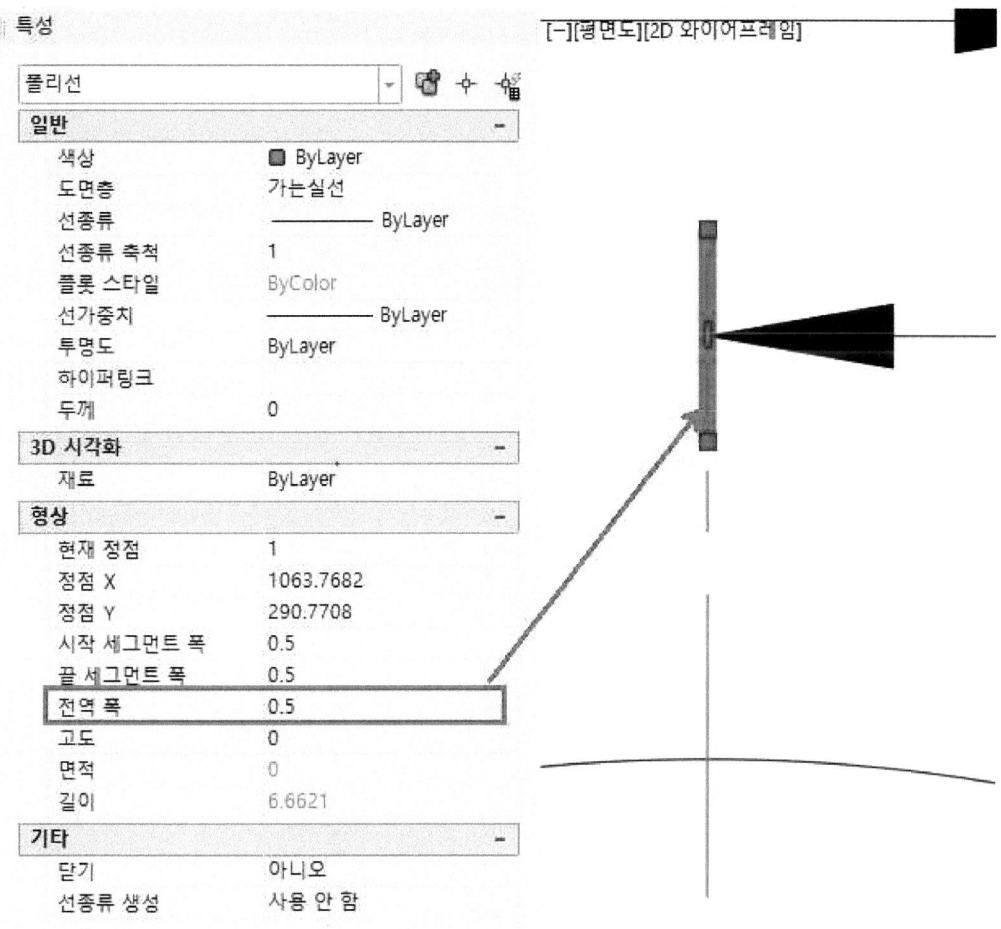

특성

폴리선

일반
색상	◻ ByLayer
도면층	가는실선
선종류	—————— ByLayer
선종류 축척	1
플롯 스타일	ByColor
선가중치	—————— ByLayer
투명도	ByLayer
하이퍼링크	
두께	0

3D 시각화
재료	ByLayer

형상
현재 정점	1
정점 X	1063.7682
정점 Y	290.7708
시작 세그먼트 폭	0.5
끝 세그먼트 폭	0.5
전역 폭	0.5
고도	0
면적	0
길이	6.6621

기타
닫기	아니오
선종류 생성	사용 안 함

[그림 76] 폴리선의 전역폭 값 설정하기

특성창을 열어서 폴리선의 전역폭 값을 0.5로 입력한 모습을 [그림 76]에 나타내었다.

과제 01] 평벨트 풀리 작도하기

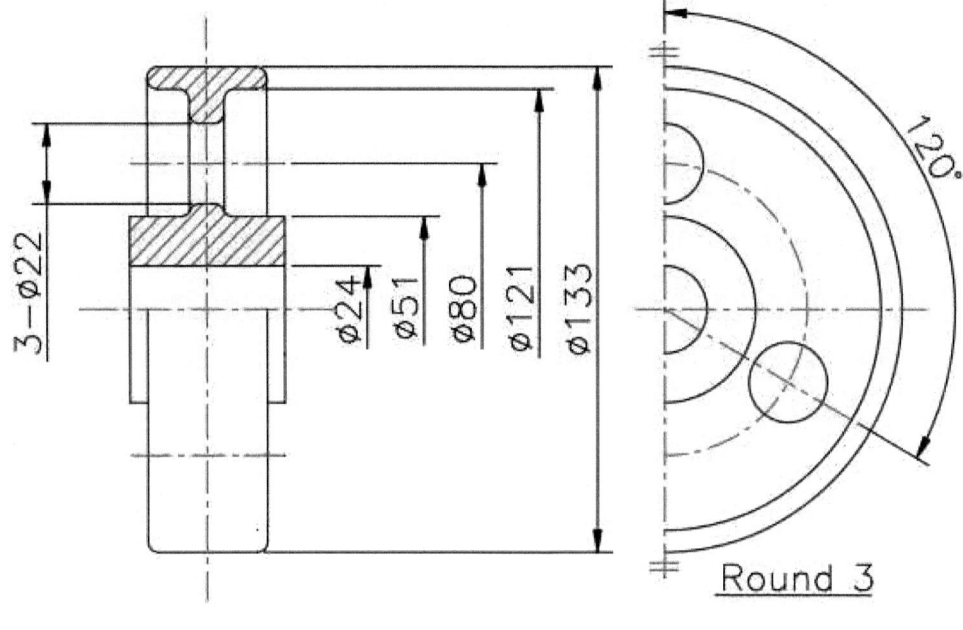

[그림 77] 과제 01

과제 02] 프랜지 작도하기

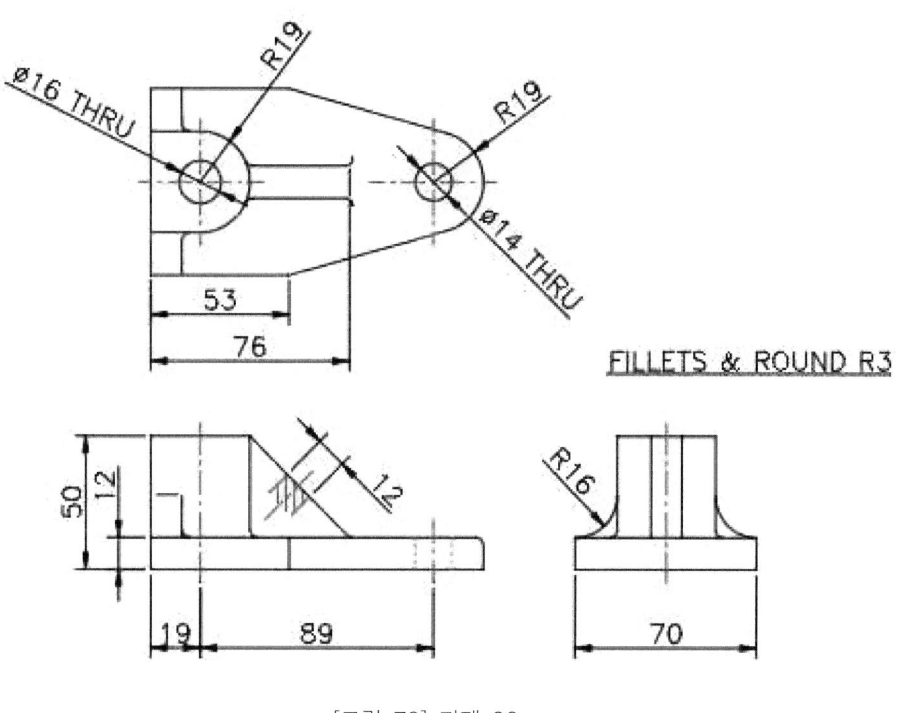

[그림 78] 과제 02

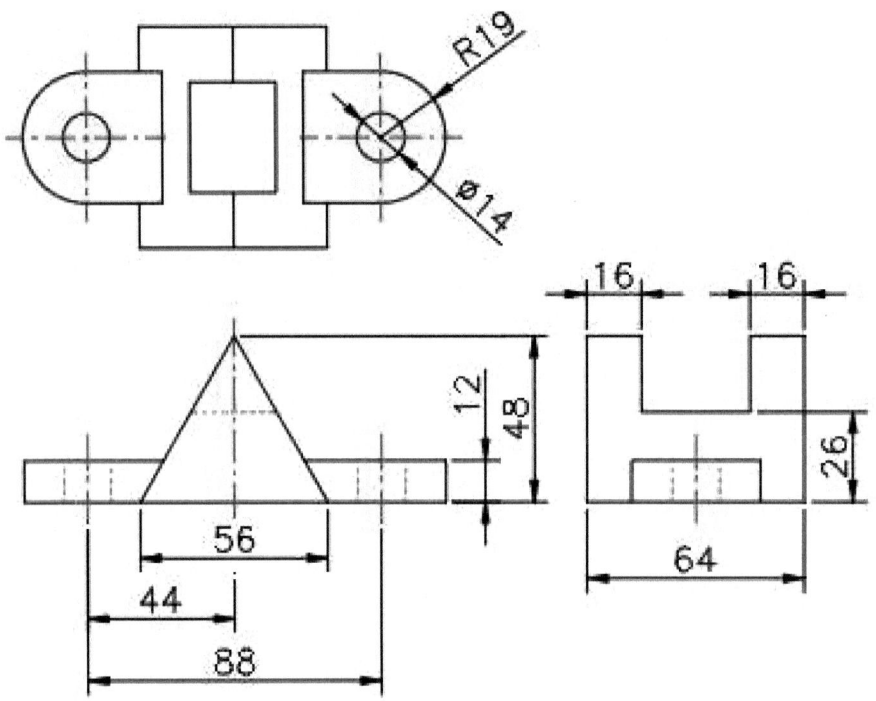

[그림 79] 과제 03

과제 04] 축 보조 커버 형상 작도하기

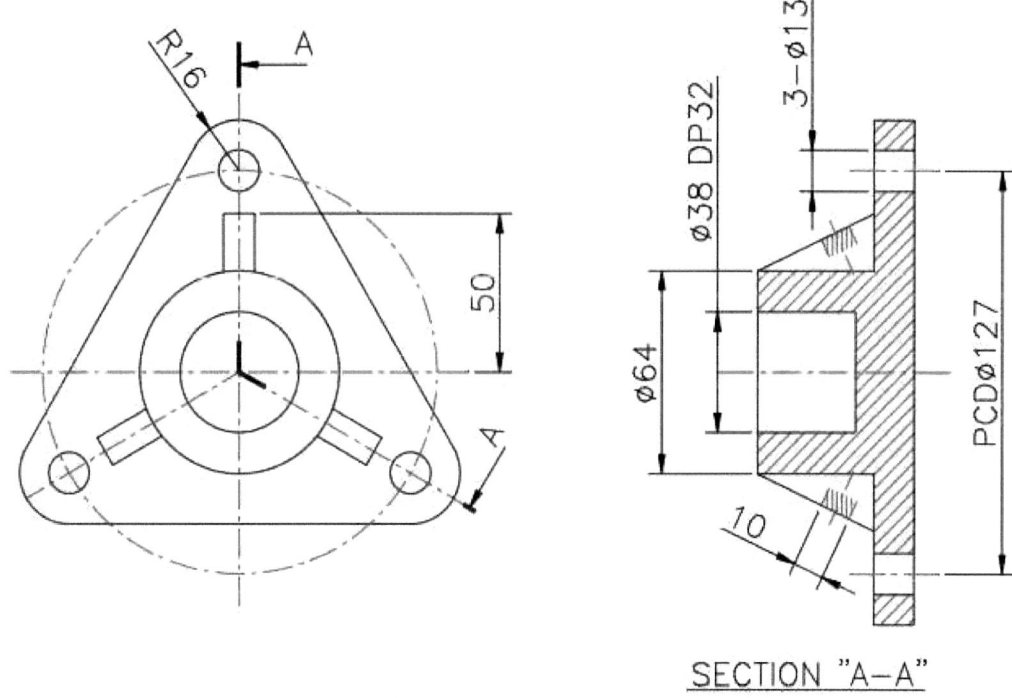

[그림 80] 과제 04

과제 05] 축 보조 고정 지지대를 작성하시오.

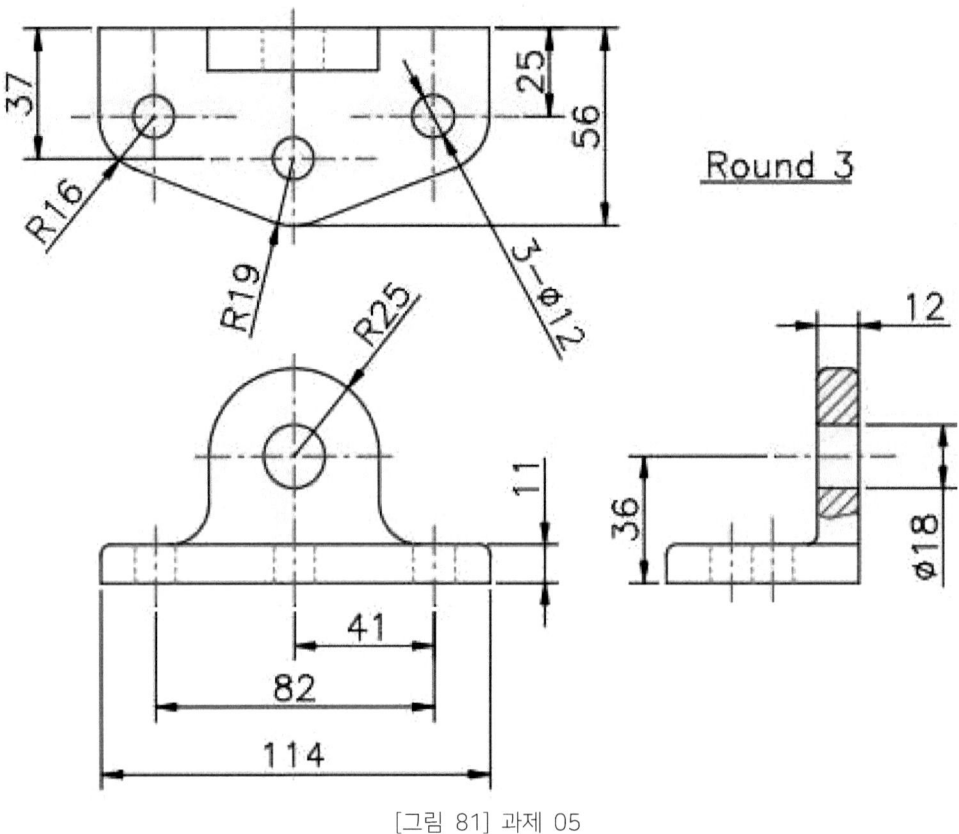

[그림 81] 과제 05

과제 06] 고정 지지대 구조를 작성하시오.

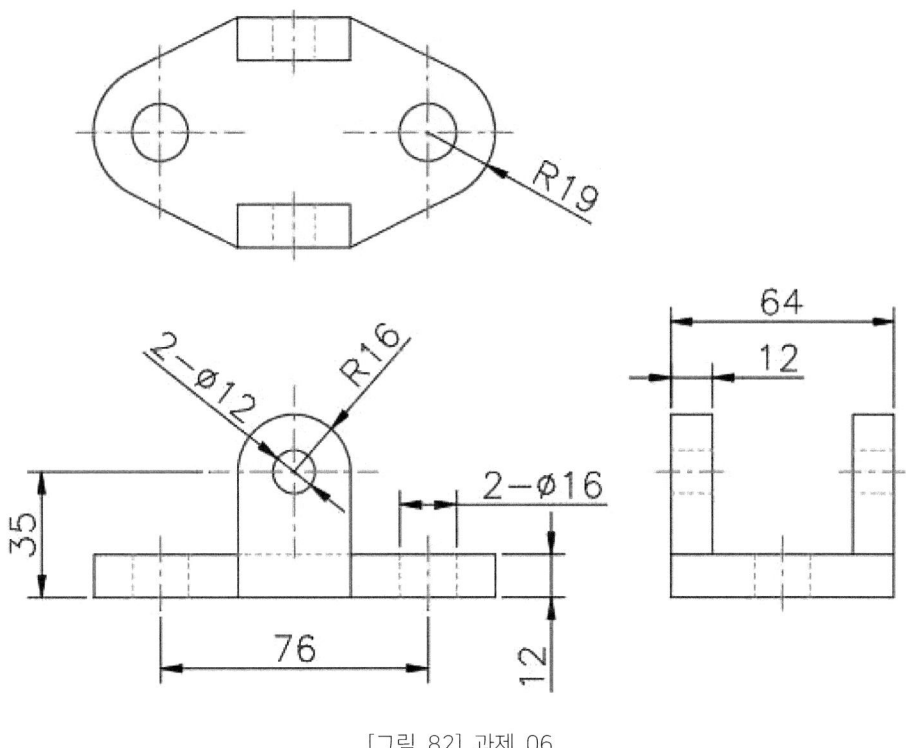

[그림 82] 과제 06

과제 07] 베어링 커버 구조를 작성하시오.

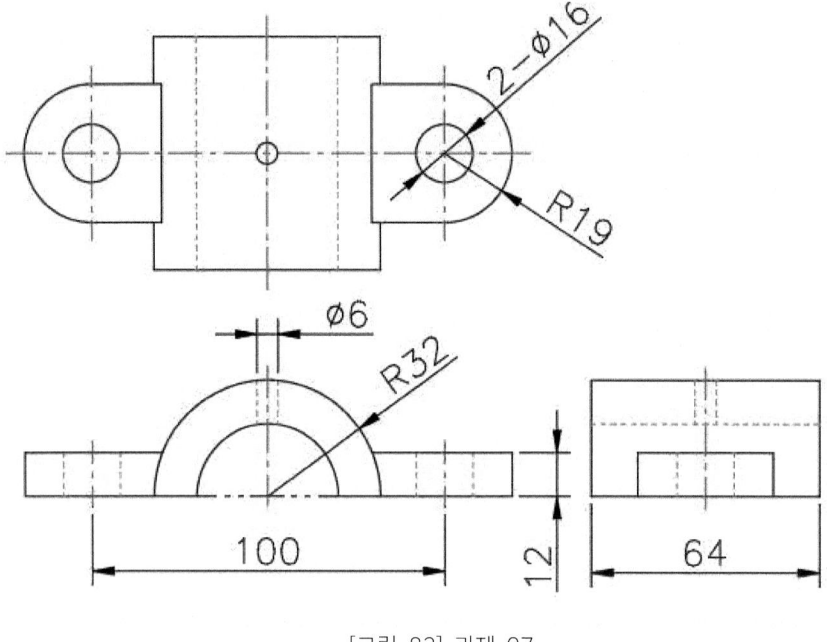

[그림 83] 과제 07

과제 08] 고정대 구조를 작성하시오.

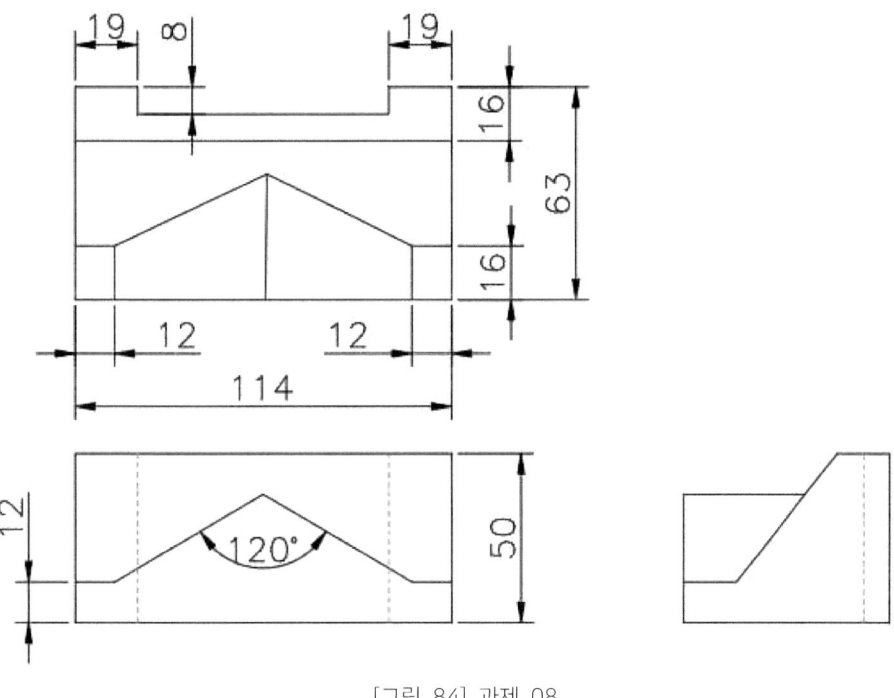

[그림 84] 과제 08

과제 09] 보조 베어링 커버를 작성하시오.

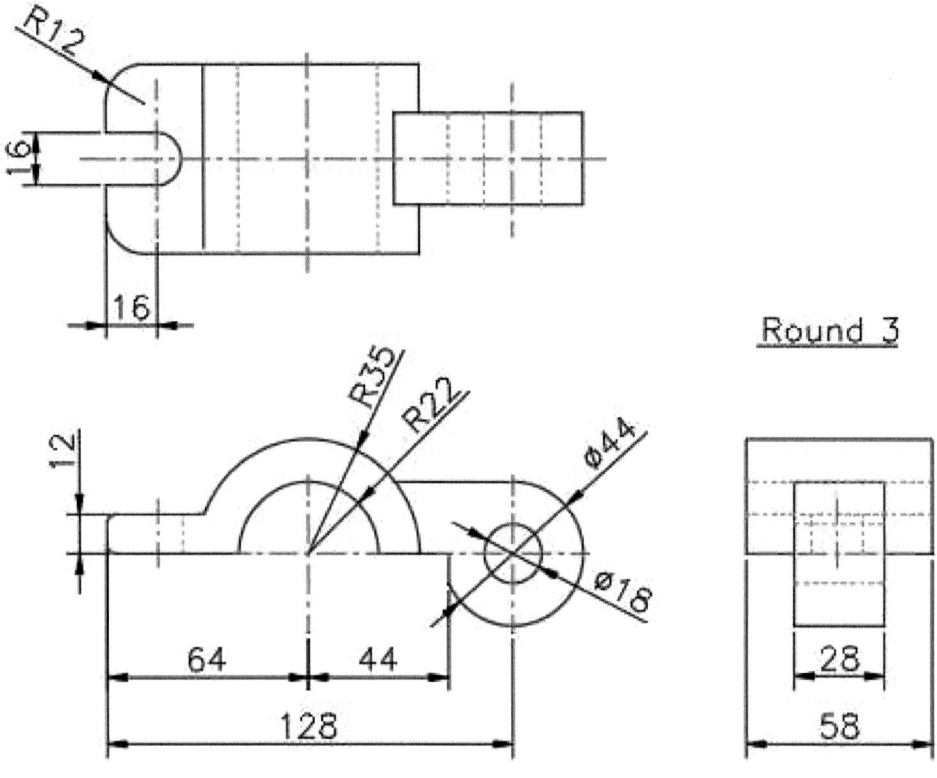

[그림 85] 과제 09

과제 10] 요소 부속 부품 구조를 작성하시오.

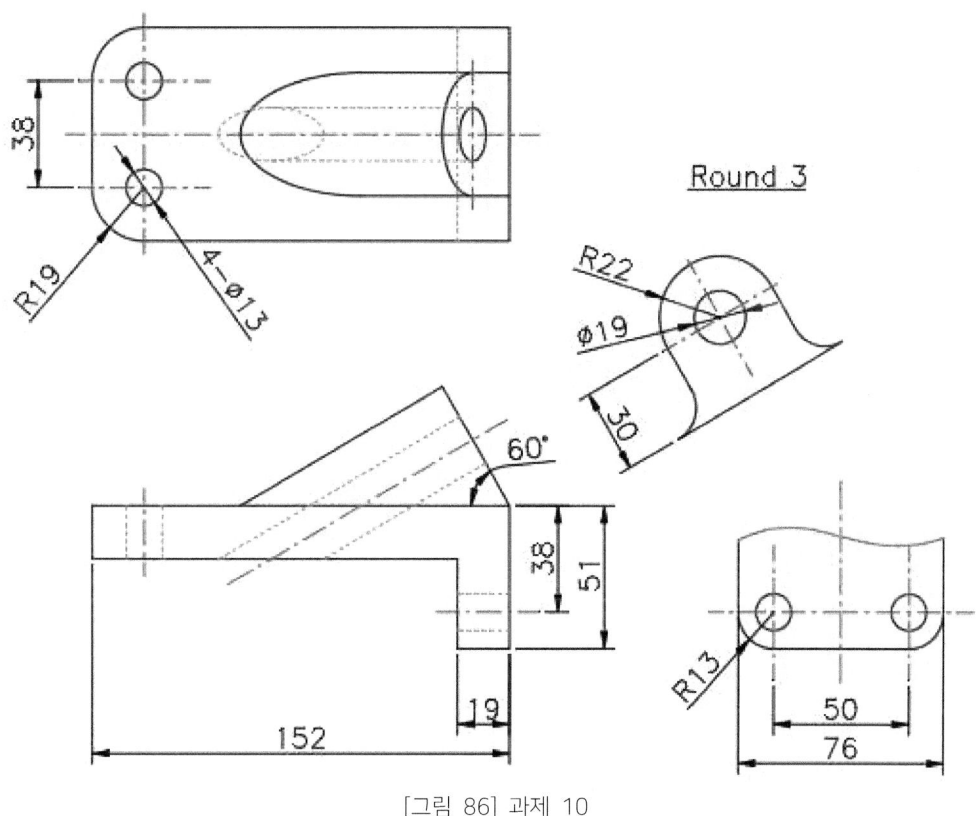

[그림 86] 과제 10

과제 11] 요소 부속 부품 구조를 작성하시오.

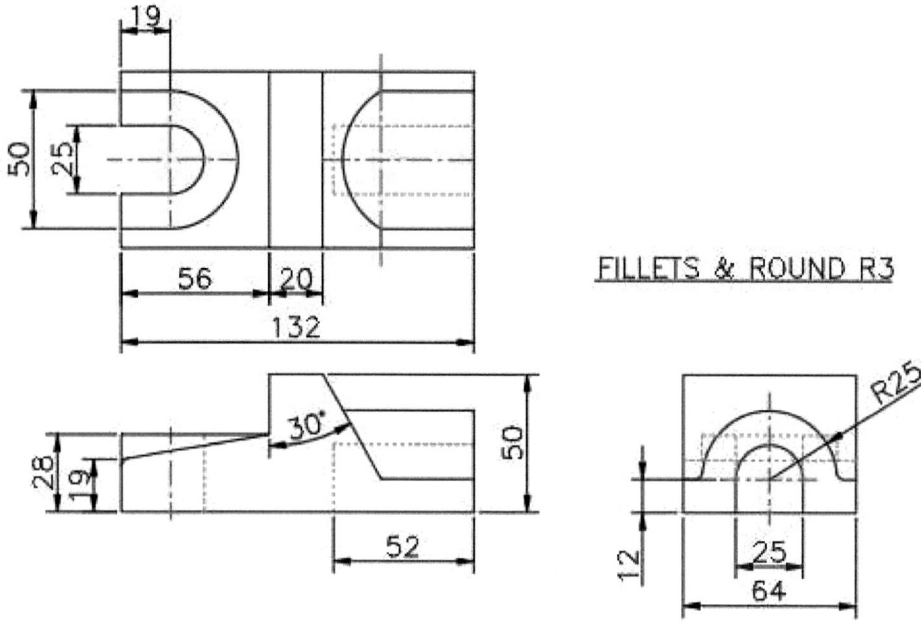

FILLETS & ROUND R3

[그림 87] 과제 11

QLEADER 명령에서 단축키는 LE를 사용한다.

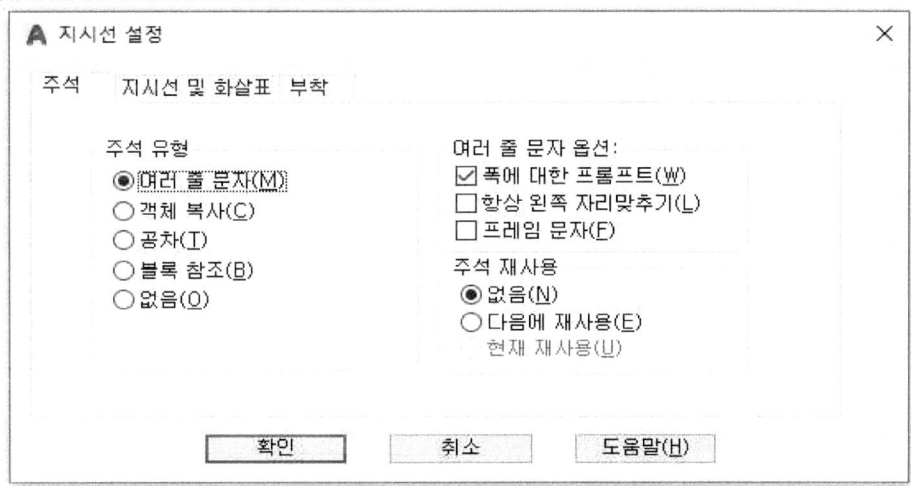

[그림 88] QLEADER 명령과 설정 1

지시선의 설정에서 해당되는 탭은 3가지로 주석을 보면 특정 사항의 문자와 설명이 필요할 때 주서 유형에 여러 줄의 문자로 사용하고, 형상공차 기입 시에는 공차를 선택하여 작업한다.

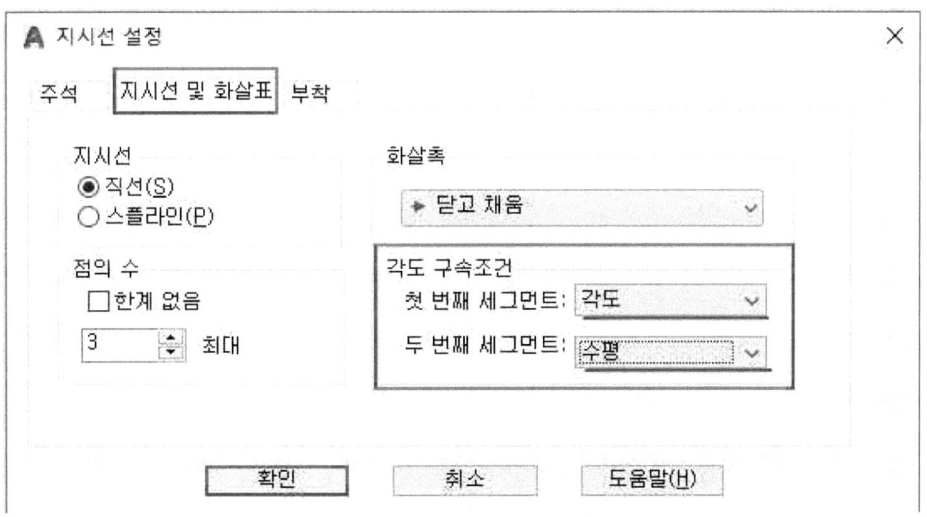

[그림 89] QLEADER 명령과 설정 2

두 번째 탭에서 지시선 및 화살표에 있는 설정 부분에서 [그림 89]와 같이 각도 구속 조건에 있는 두 번째 세그먼트에 수평값을 주도록 하자.

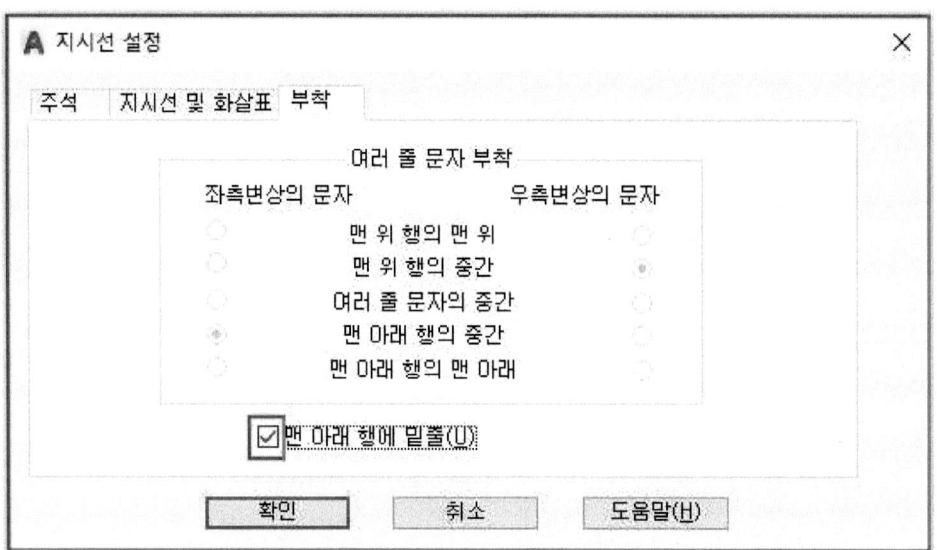

[그림 90] QLEADER 명령과 설정 3

[그림 89]와 [그림 90]처럼 설정하여 지시선을 사용하면 [그림 91]에서처럼 나타나게 된다.

[그림 91] QLEADER 명령과 설정 4

[그림 91]에서 나타나듯이 A점에서 B점 세그먼트에서는 각도가 있는 대각으로 표현되고 두 번째 세그먼트부터는 수평한 선으로 그리고 문자 하단으로 밑줄을 작성한 것과 같은 표현이 된다.

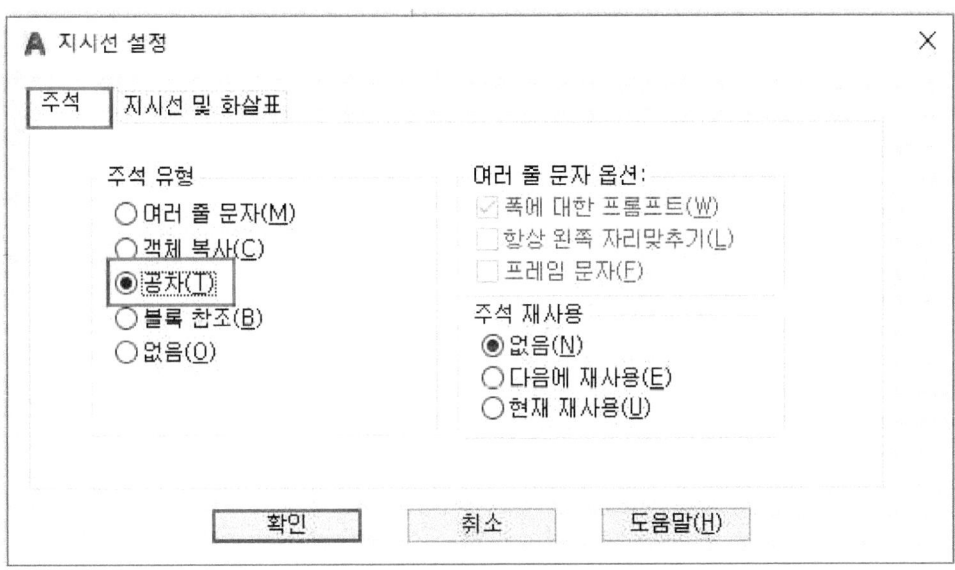

[그림 92] QLEADER 명령과 설정 5

다음은 지시선의 설정에서 공차를 적용하여 도면상 형상공차를 적용하는 것에 대한 설명을 하고자
한다.

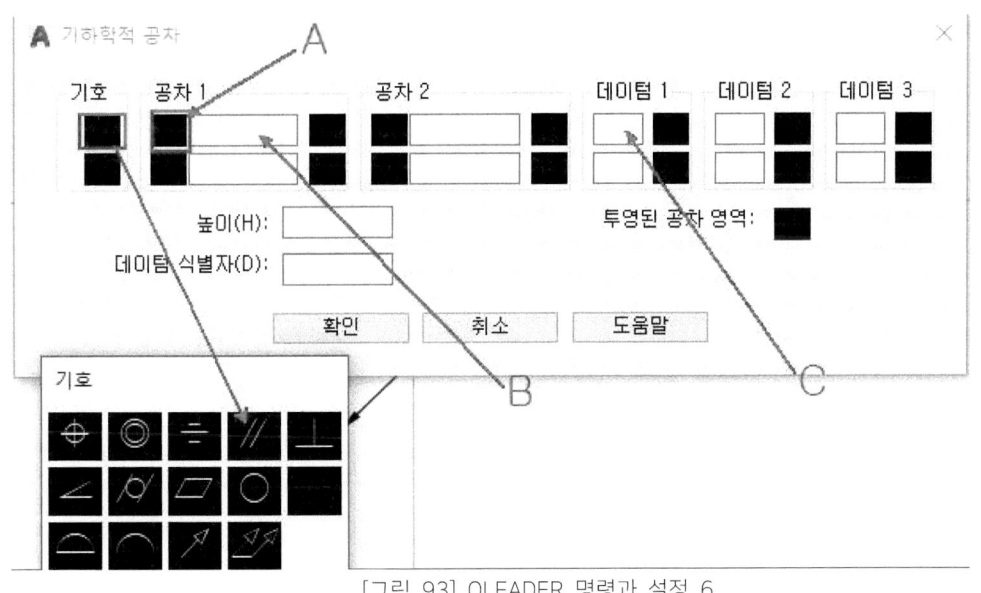

[그림 93] QLEADER 명령과 설정 6

기호 부분은 선택하면 여러 가지 기호가 나타나며 해당되는 형상공차의 기호를 선택하면 기호 칸
이 채워지며 A칸을 선택하면 지름 표시인 ∅가 나타나면 이는 원통이나 원형의 형상의 형상공차
적용 시에 사용한다. 또한, B칸에는 형상공차의 수치적인 영역을 나타내며 C칸은 공차의 기준이
되는 문자를 대문자로 표기한다.

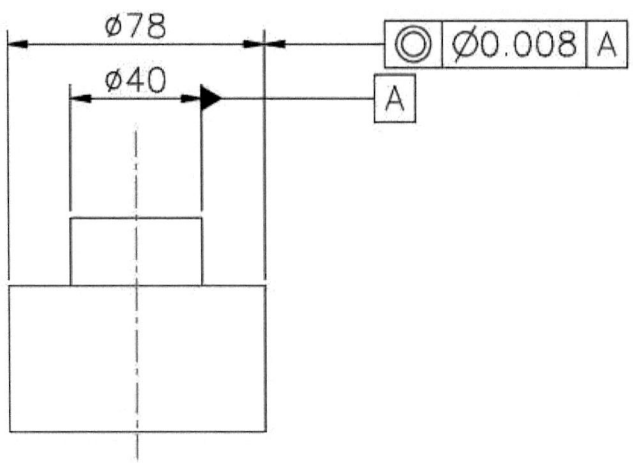

[그림 94] QLEADER 명령과 설정 7

[그림 94]와 같이 형상공차 적용 시 해당되는 기호를 적용을 잘하며 기준이 어디인지 잘 파악하여 적용해 본다.

현재 [그림 91]에서는 기준 지름 40이 되는 원통을 기준 A로 되어 있으며 이에 지름 78인 원통의 동일한 동축의 개념으로 공차역 0.008mm를 값으로 제한하여 표현하였다.

플롯(PLOT) 명령과 설정

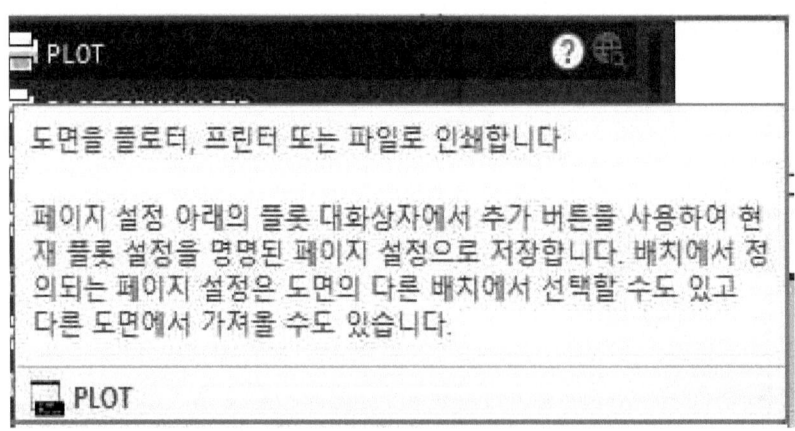

[그림 95] PLOT 명령과 설정 1

도면 작업이 완료되면 출력하여 확인하는데, 출력 시 설정을 올바르게 하여야 설계자의 의도와 일치하게 결과물이 나타나게 된다.

플롯의 설정 시 꼭 해야 할 부분에 대하여 표기(A, B, C, D, E, F, G, H)하였으며 아래 [그림 96]과 같은 창에서 확인한다.

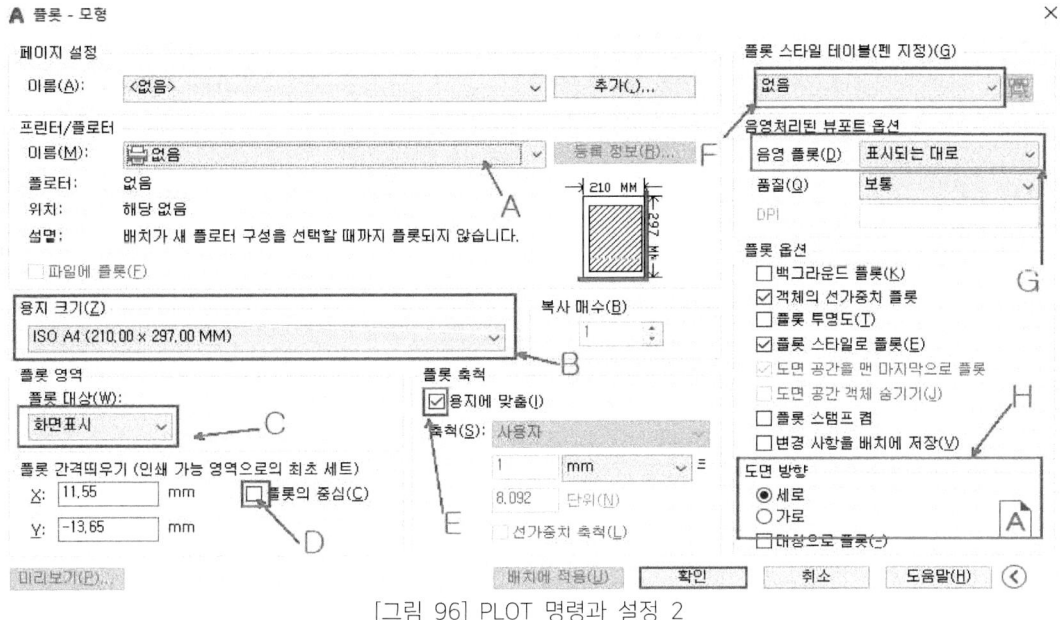

[그림 96] PLOT 명령과 설정 2

[그림 96]에 A는 플로터 장치에 해당되는 것을 찾아 설정해 본다.

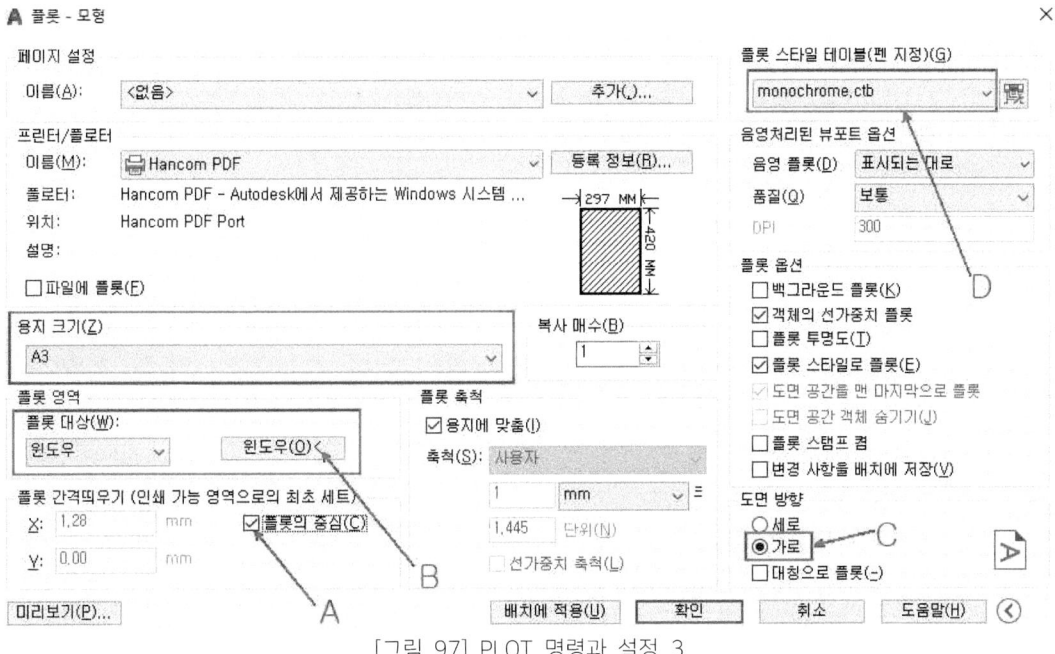

[그림 97] PLOT 명령과 설정 3

용지 크기를 설정하며 B의 윈도우를 선택하면 바탕화면이 나오며 출력하려는 결과물의 전체 모서리의 좌측 하단에서 우측 상단 모서리 끝점이나 반대로 우측 상단의 모서리에서 좌측 하단 모서리를 선택해도 무관하며, 이를 선택한 영역에 내용의 결과치를 출력해 주는 것이다.

[그림 97]의 A의 체크박스 플롯의 중심을 선택하여 용지에 중앙으로 결과치를 배치하며 C에 해당되는 도면 방향을 잘 선택하여 가로 혹은 세로 방향을 설정해 준다.

또한, D에 플롯 스타일 테이블 지정에서 monochrome.ctb를 선택하여 도면층을 설정한 값으로 출력되며 컬러가 아닌 흑백 도면이 출력되게 한다.

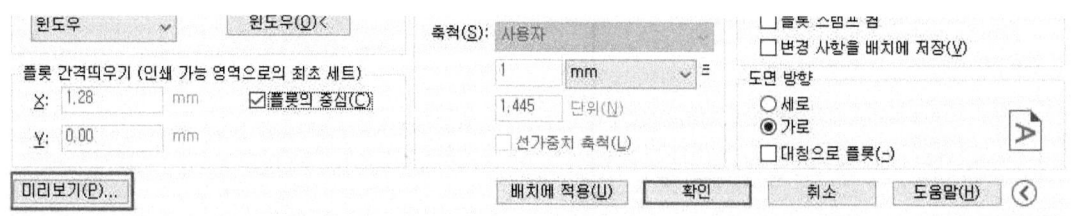

[그림 98] PLOT 명령과 설정 4

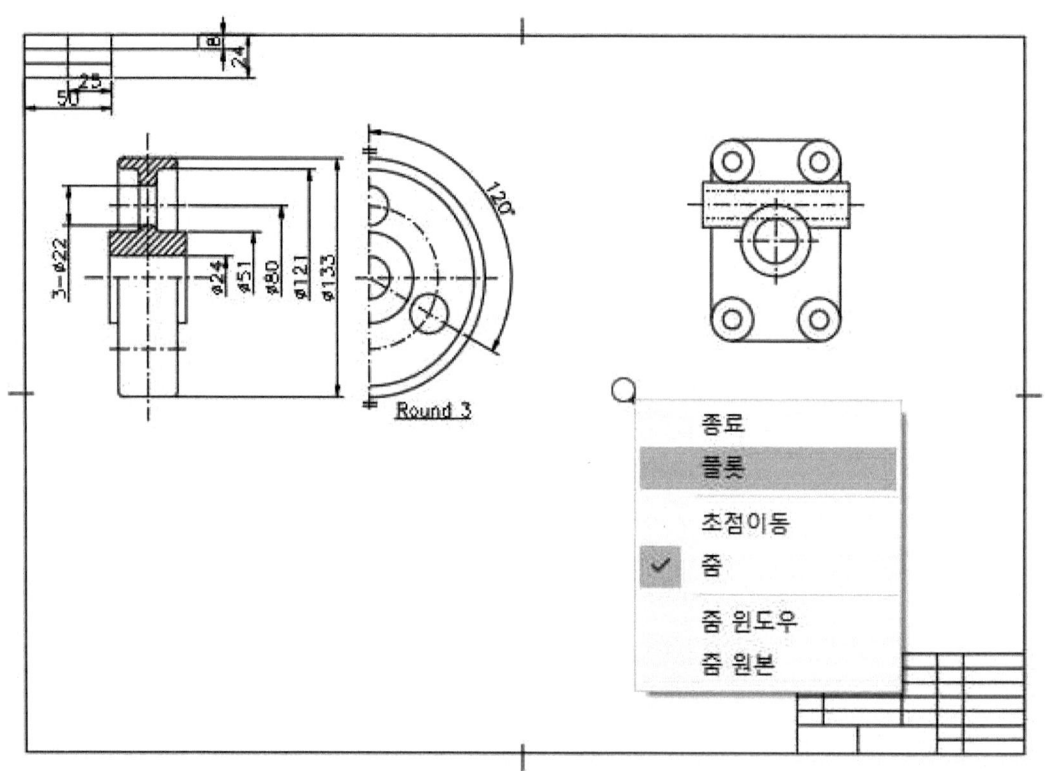

[그림 99] PLOT 명령과 설정 5

[그림 98]처럼 미리보기를 누르면 [그림 99]와 같이 나타나게 되며 이때 선의 굵기와 표현의 이상이 있는지 또한 도면의 형틀에 대한 나타나지 않아야 하는 영역 선(중심 마크 외곽에 있는 사각형 선)이 있는지 유무를 확인 후 마우스 우클릭하면 플롯이라는 것이 나타나면 이를 선택하면 출력된다.

Chapter 04. AutoCAD 응용 명령어

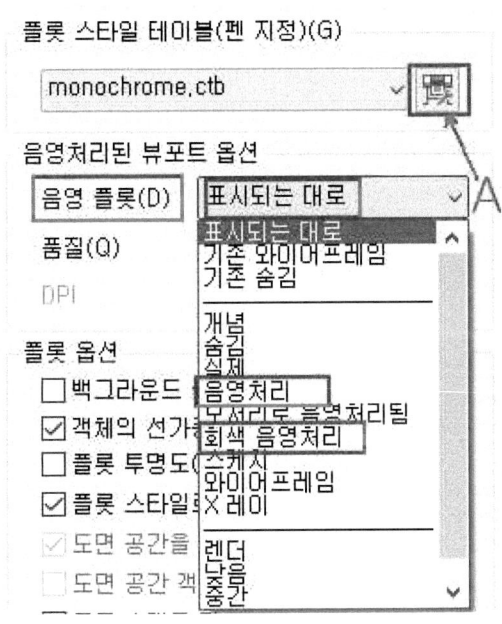

음영 플롯에서 개념이나 숨김 등 현재 표현하고자 하는 부분이 모델링이나 특정한 색상이나 면의 표현이 필요할 시에는 설정을 다시 하여 준다.

출력 시 위에 그림의 A를 선택하면 아래의 플롯 스타일 테이블 편집기가 나타나서 수정도 가능하다.

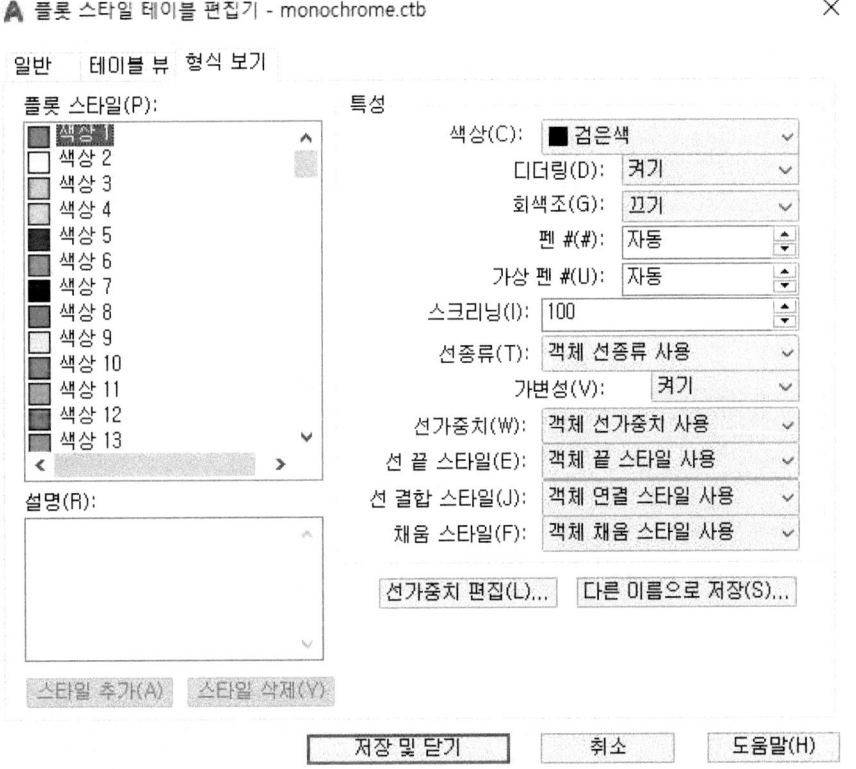

AutoCAD 3D 모델링 기초와 예제 및 과제 도면

AUTO CAD

모델링을 하기 앞서 기본 조건에 대하여 여러 가지 명령을 우선 학습하자.

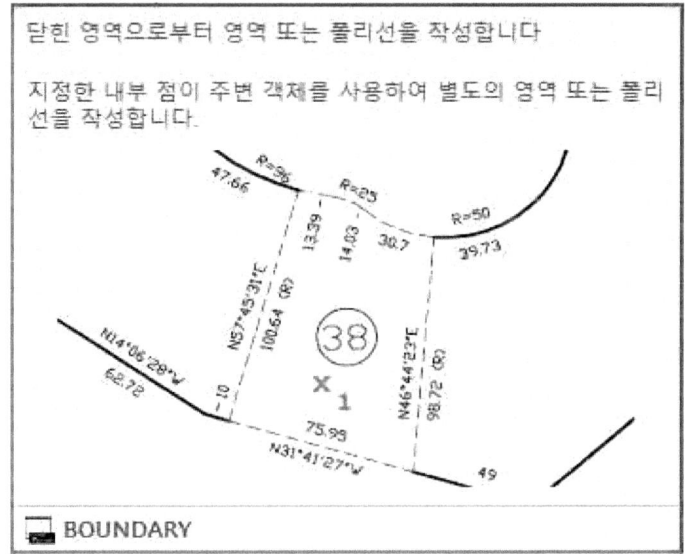

[그림 1] BOUNDARY 명령

3차원으로 모델링을 하기 위해서는 단면의 형상, 즉 닫혀 있는 객체의 형상이 하나의 객체로 만들어져 있어야 된다. 하나의 객체로 작업하기 위해 **BOUNDARY** 명령을 활용하려 한다.

[그림 2]와 같이 A 버튼을 선택하여 원하고자 하는 영역의 공간을 선택하면 [그림 3]처럼 선택되고 [그림 4]와 같이 해당 영역의 객체를 추가로 하나의 객체로 만들어 주게 된다.

[그림 2] BOUNDARY 명령 2

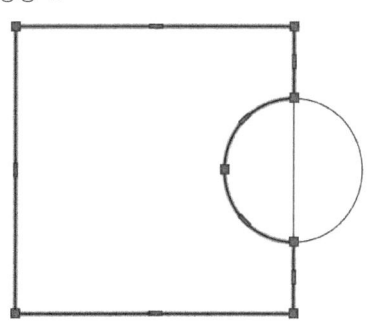

[그림 3] BOUNDARY 명령 3

[그림 4] BOUNDARY 명령 4

영역을 둘러싸고 있는 객체를 영역 객체로 변환합니다

영역은 닫힌 쉐이프 또는 루프로부터 작성되는 2차원 면적입니다. 닫힌 폴리선, 선 및 곡선이 유효한 선택 요소입니다. 곡선에는 원형 호, 원, 타원형 호, 타원, 스플라인이 포함됩니다.

여러 영역을 단일, 복합 영역으로 결합할 수 있습니다.

REGION

[그림 5] REGION 명령 1

REGION 명령은 닫혀 있는 객체의 영역을 면으로 채워 주는 기능으로 마찬가지로 객체를 하나의 영역으로 만들어 준다. 하지만 하나의 객체가 되고 나면 객체에 옵셋 명령이 작동되지 않는다. 이유는 면을 채워 주면서 선의 객체를 면에 붙여 놓은 상태이기 때문에 더 이상 선의 객체가 아니라 면의 객체의 일부가 되었다고 생각하면 된다.

SHADEMODE

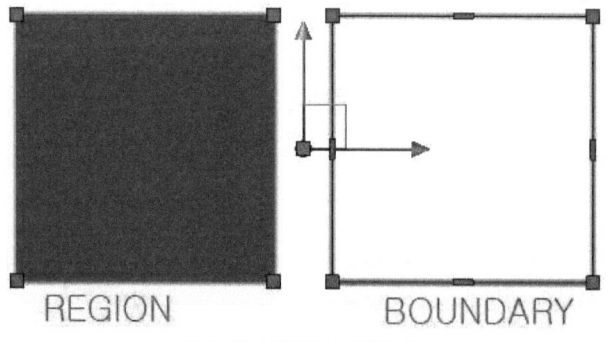

REGION   BOUNDARY

[그림 6] REGION 명령 2

SHADE 명령을 통해 실제 면이 채워진 것을 확인해 본다. 세그먼트의 객체도 더 이상 선의 세그먼트처럼 시작과 끝과 중심이 있는 것이 아니라 면의 모서리에만 세그먼트가 존재하는 것을 확인할 수 있다.

폴리선 및 3D 폴리곤 메쉬를 편집합니다

PEDIT는 일반적으로 2D 폴리선 결합, 2D 폴리선으로 선과 호 변환, 폴리선을 B-스플라인(스플라인-맞춤 폴리선) 근사 곡선으로 변환 등에 사용됩니다.

PEDIT

[그림 7] PEDIT 명령 1

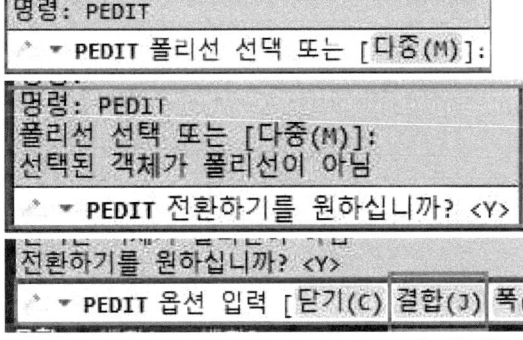

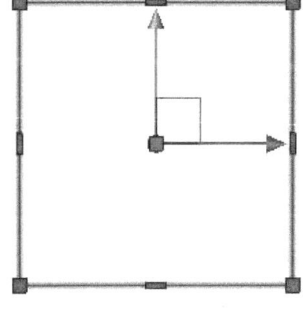

[그림 8] PEDIT 명령 2

하나의 객체를 만드는 마지막으로 **PEDIT** 명령 옵션 중에 결합(J)를 활용하는 방법이다. [그림 8]과 같이 하나의 선 객체를 선택하고 명령어 창에서 나오는 수행 사항을 진행하면 된다.

선택한 객체의 특성 데이터를 표시합니다.

LIST를 사용하여 선택한 객체의 특성을 표시한 다음 텍스트 파일로 복사할 수 있습니다.

LIST

[그림 9] LIST 명령 1

모델링을 하기 전 **LIST** 명령을 활용하여 하나가 된 객체의 데이터값을 확인해 본다.

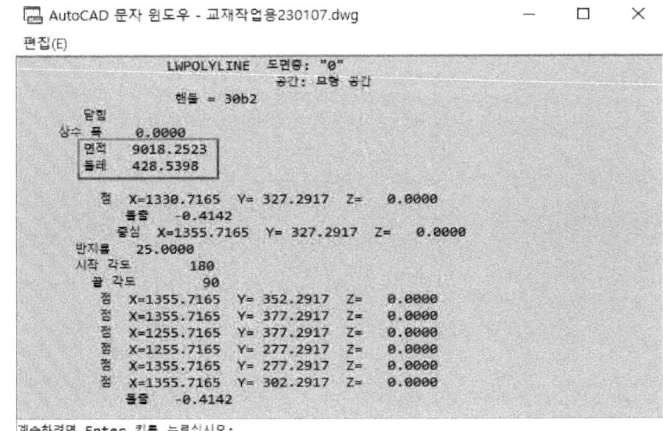

[그림 10] LIST 명령 2

[그림 10]처럼 LIST 명령을 입력하고 나서 객체를 선택하면 선택된 객체의 데이터값을 확인할 수 있는데, 이때 메모장 같은 창에 내용이 나타나며 하나의 닫혀 있는 형상 객체를 선택하면 면적이나 둘레를 쉽게 확인할 수 있다. 단축키는 LI이다.

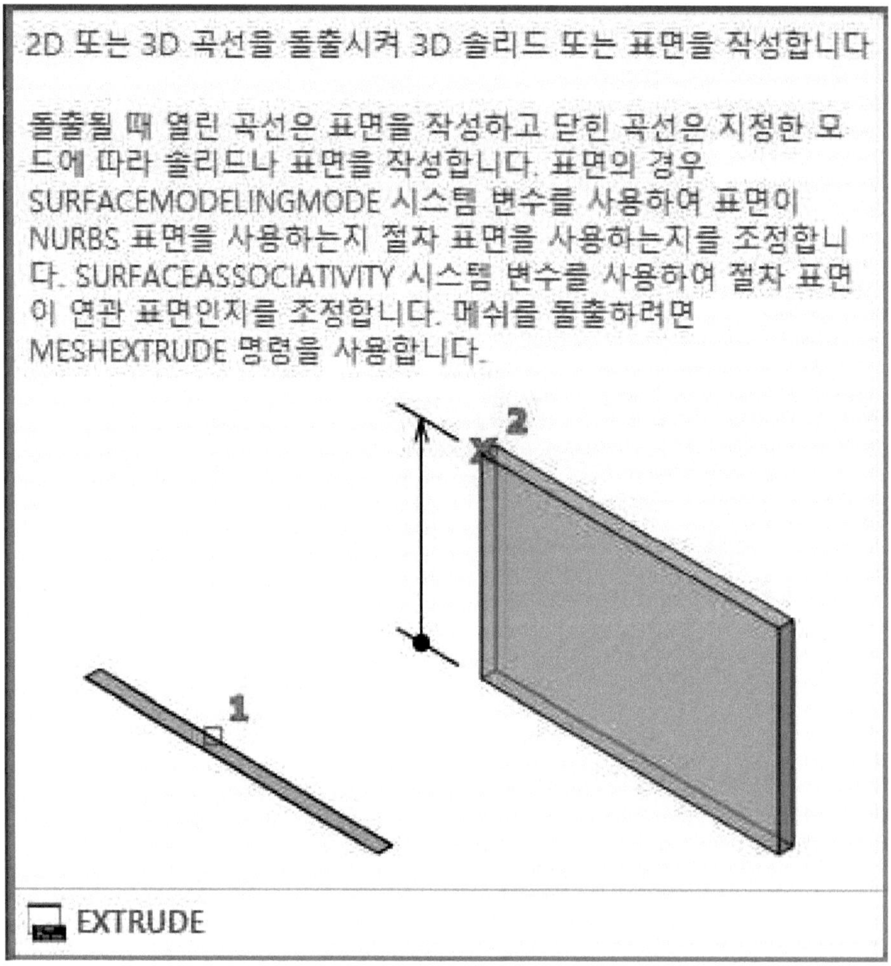

2D 또는 3D 곡선을 돌출시켜 3D 솔리드 또는 표면을 작성합니다

돌출될 때 열린 곡선은 표면을 작성하고 닫힌 곡선은 지정한 모드에 따라 솔리드나 표면을 작성합니다. 표면의 경우 SURFACEMODELINGMODE 시스템 변수를 사용하여 표면이 NURBS 표면을 사용하는지 절차 표면을 사용하는지를 조정합니다. SURFACEASSOCIATIVITY 시스템 변수를 사용하여 절차 표면이 연관 표면인지를 조정합니다. 메쉬를 돌출하려면 MESHEXTRUDE 명령을 사용합니다.

EXTRUDE

[그림 11] EXTRUDE 명령

EXTRUDE 명령은 객체를 돌출하고자 할 때 사용하는 명령으로 3D 모델링의 기본 명령 중 하나이다. 앞서 하나의 객체를 완성한 것을 활용하여 돌출해 본다. 만약 닫혀진 객체가 아니면 면으로 돌출이 되는 결과물이 나타난다.

▼ **EXTRUDE** 돌출 높이 지정 또는 [방향(D) 경로(P) 테이퍼 각도(T) 표현식(E)]:

옵션으로는 방향(D), 경로(P), 테이퍼 각도(T), 표현식(E)이 있으며, 주로 좌표 Z축으로 주로 돌출을 하게 된다. 이는 Auto CAD에서는 작업되는 좌표상의 화면이 XY평면 좌표에서 이루어지기 때문이다.

옵션 중에 경로(P)는 경로가 되는 객체의 선이나 곡선 등 객체는 XY 평면상에서 단면 형상이 다른 각도의 평면상에 있어야 형상이 만들어진다. 이는 SWEEP 명령과 유사하나 SWEEP 명령은 같은 평면상에 있어도 형상이 나타난다.

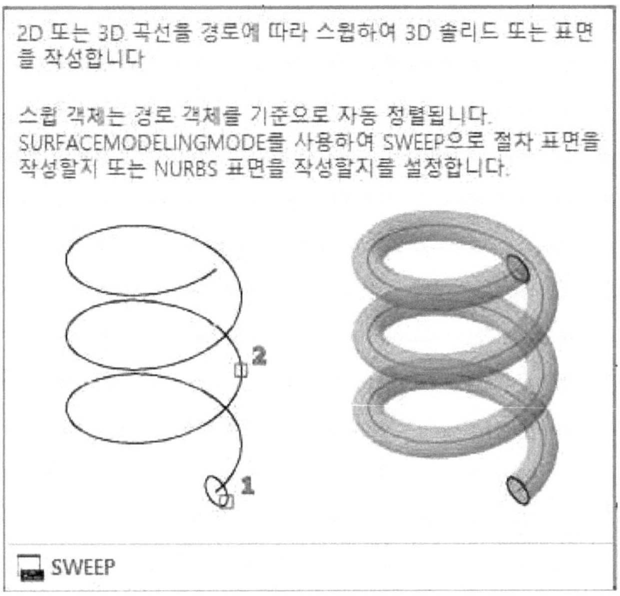

2D 또는 3D 곡선을 경로에 따라 스윕하여 3D 솔리드 또는 표면을 작성합니다

스윕 객체는 경로 객체를 기준으로 자동 정렬됩니다.
SURFACEMODELINGMODE를 사용하여 SWEEP으로 절차 표면을 작성할지 또는 NURBS 표면을 작성할지를 설정합니다.

2

1

SWEEP

[그림 12] SWEEP 명령 1

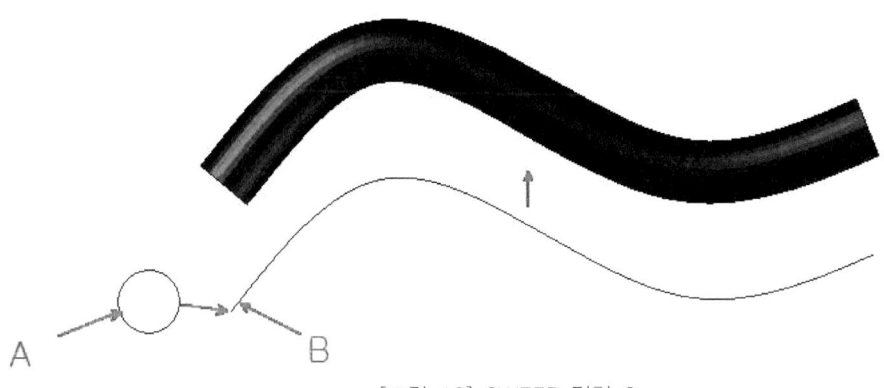

A   B

[그림 13] SWEEP 명령 2

SWEEP은 단면 형상 A에서 경로 선인 B 객체 전체적으로 입혀지는 형상처럼 나타난다.

기본 조건은 단면 형상 1개와 경로가 되는 객체의 선 1개가 기본 조건이 된다.
명령을 실행하고 입체적인 형상을 확인하기 위해 화면 회전을 해 본다. 화면을 회전하기 위해 Shift+마우스 휠을 누른 채로 움직여 본다.
확인 후 다시 XY 평면상으로 복귀 시에는 PLAN 명령을 사용한다.

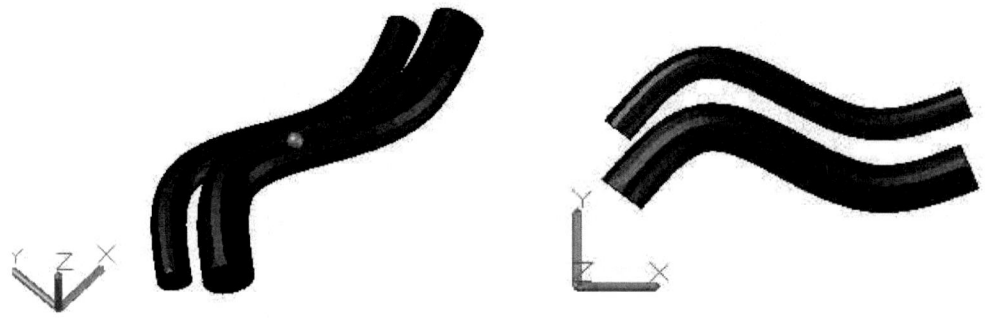

[그림 14] PLAN 명령

XY 평면상으로 복귀 시 PLAN 명령 후 옵션의 표준 (W)를 입력하여 복귀한다.

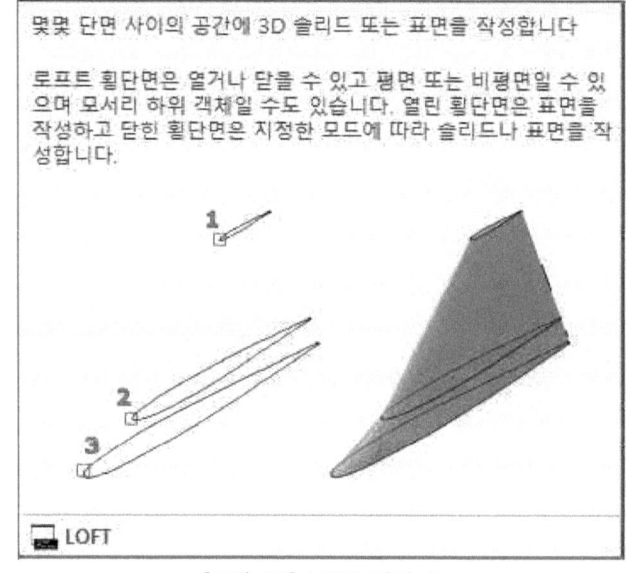

몇몇 단면 사이의 공간에 3D 솔리드 또는 표면을 작성합니다

로프트 횡단면은 열거나 닫을 수 있고 평면 또는 비평면일 수 있으며 모서리 하위 객체일 수도 있습니다. 열린 횡단면은 표면을 작성하고 닫힌 횡단면은 지정한 모드에 따라 솔리드나 표면을 작성합니다.

LOFT

[그림 15] LOFT 명령 1

LOFT 명령은 2개 이상의 단면을 서로 연결하여 솔리드 형상으로 만들 때 사용하는 명령으로 측면부의 경로 및 안내 곡선 등을 활용하여 요구되는 결과치를 만들어 낼 수 있다.

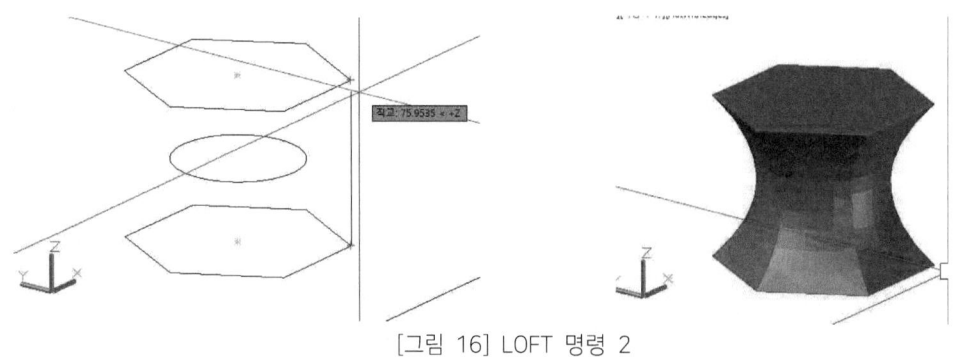

[그림 16] LOFT 명령 2

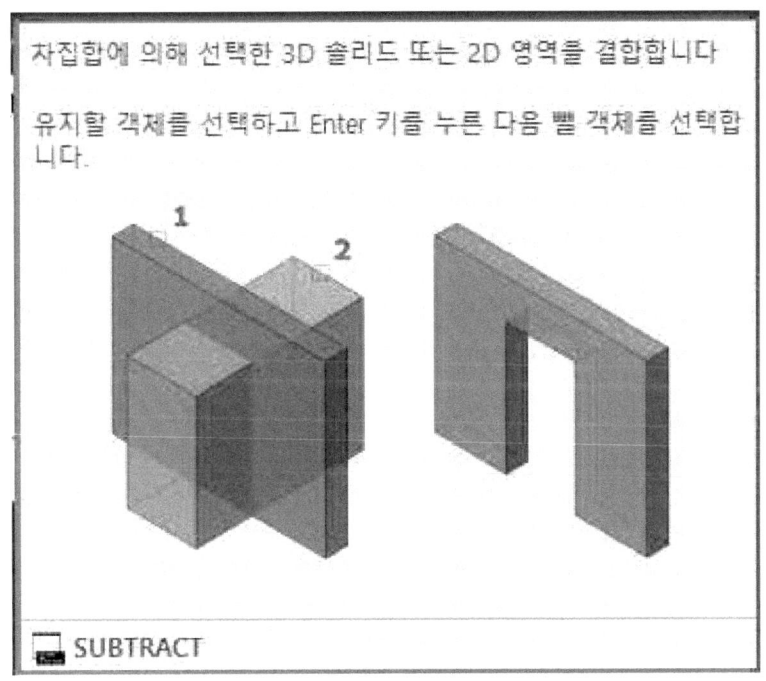

차집합에 의해 선택한 3D 솔리드 또는 2D 영역을 결합합니다

유지할 객체를 선택하고 Enter 키를 누른 다음 뺄 객체를 선택합니다.

SUBTRACT

[그림 17] SUBTRACT 명령 1

SUBTRACT 명령은 원본 객체가 정해지고 제거해야 할 부분이 생겼을 경우 제거해야 할 부분의 솔리드의 형상으로 만들어 제거될 부위에 객체를 가져다 놓고 활용하는 명령이다.

SUBTRACT

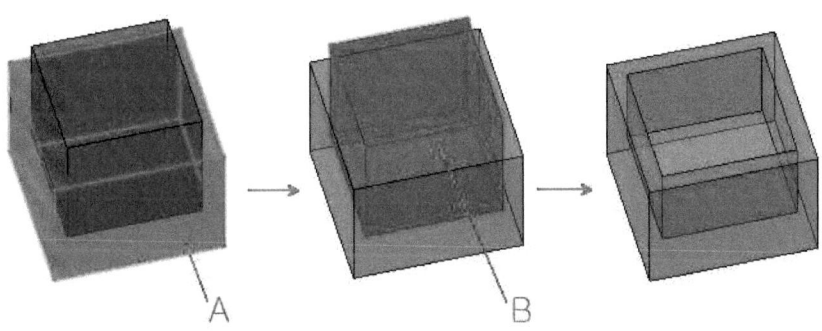

[그림 18] SUBTRACT 명령 2

SUBTRACT 명령의 단축키는 SU이며 원본 객체와 제거될 객체가 명확하게 선택되어야 한다.

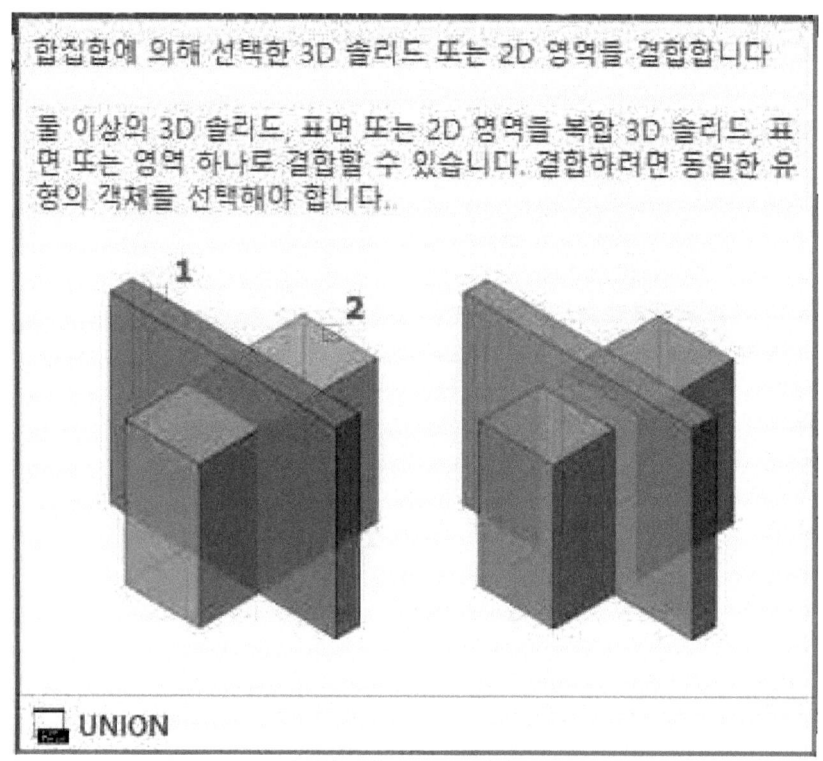

합집합에 의해 선택한 3D 솔리드 또는 2D 영역를 결합합니다

둘 이상의 3D 솔리드, 표면 또는 2D 영역를 복합 3D 솔리드, 표면 또는 영역 하나로 결합할 수 있습니다. 결합하려면 동일한 유형의 객체를 선택해야 합니다.

UNION

[그림 19] UNION 명령 1

UNION

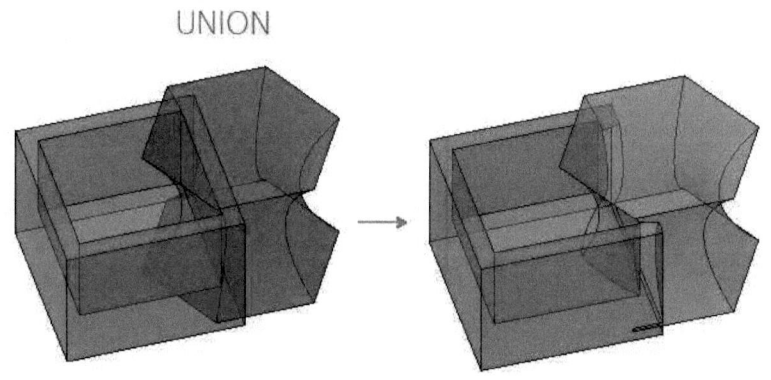

[그림 20] UNION 명령 2

UNION 명령의 단축키는 UNI이며 2개 이상의 솔리드 객체를 하나의 객체로 합치기 위한 명령으로 원하고자 하는 위치 및 부위에 각각의 솔리드 객체를 이동하여 작업한다.

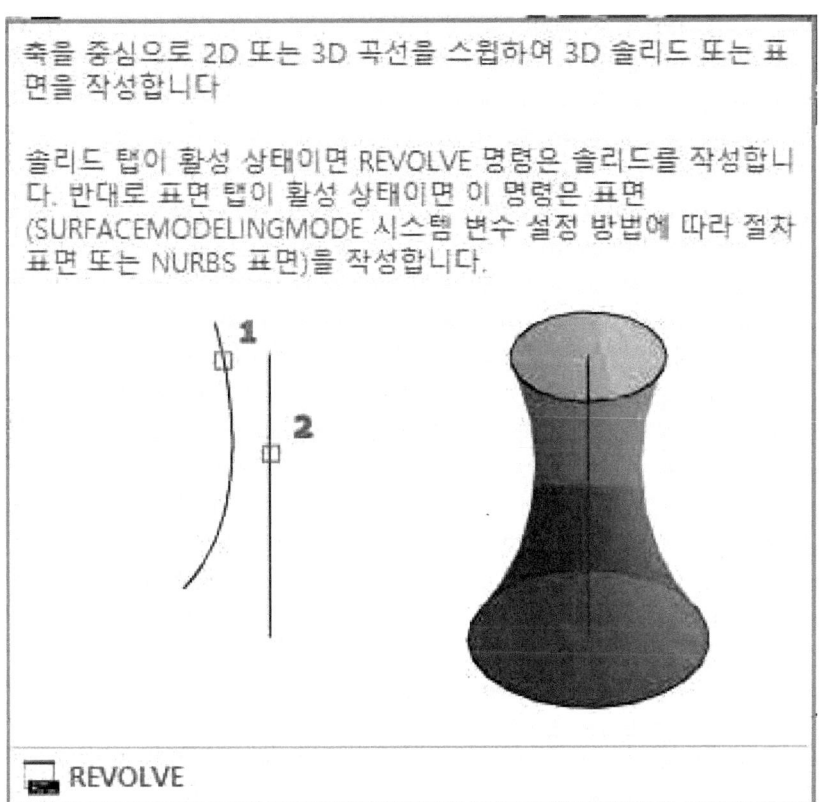

축을 중심으로 2D 또는 3D 곡선을 스윕하여 3D 솔리드 또는 표면을 작성합니다

솔리드 탭이 활성 상태이면 REVOLVE 명령은 솔리드를 작성합니다. 반대로 표면 탭이 활성 상태이면 이 명령은 표면 (SURFACEMODELINGMODE 시스템 변수 설정 방법에 따라 절차표면 또는 NURBS 표면)을 작성합니다.

REVOLVE

[그림 21] REVOLVE 명령 1

REVOLVE 명령은 회전 돌출시키는 명령이며 원하는 단면 형상의 중심의 축을 사용하여 축을 기점으로 회전하면서 돌출되는 명령이다.

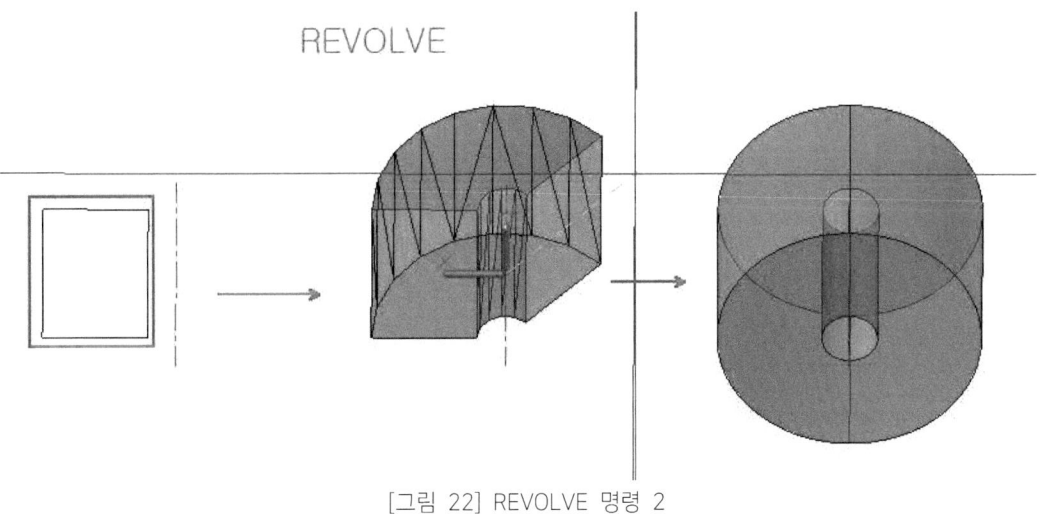

REVOLVE

[그림 22] REVOLVE 명령 2

단축키는 REV이며 중심의 축선 위치와 각도 설정에 따라 형상의 변화가 달라질 수 있다.

작업 평면의 위치를 조정하기 위하여 좌표를 회전 또는 변환하는 명령으로 UCS 명령을 사용하여 본다.

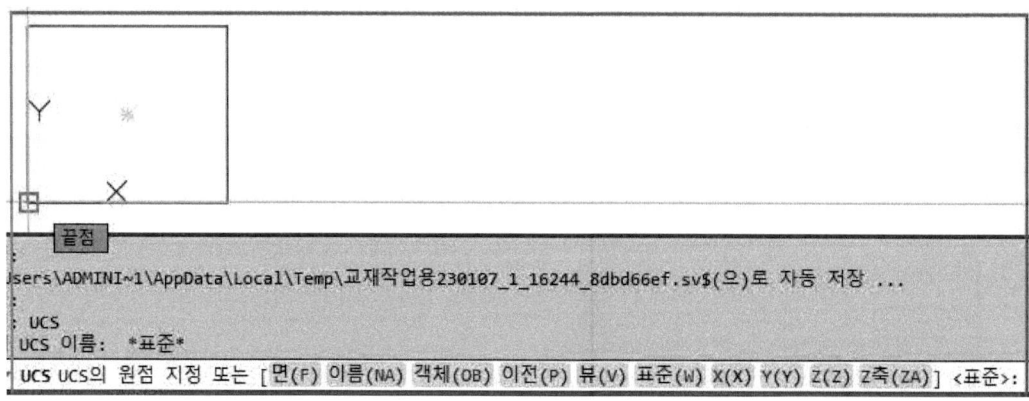

[그림 23] UCS 명령

현재의 좌표에서 X, Y, Z축을 기점으로 각도를 지정하면 원하는 만큼 회전하며 또한 어떠한 면에 맞추어 XY 평면이 움직일 경우도 UCS에 명령을 활용한다.

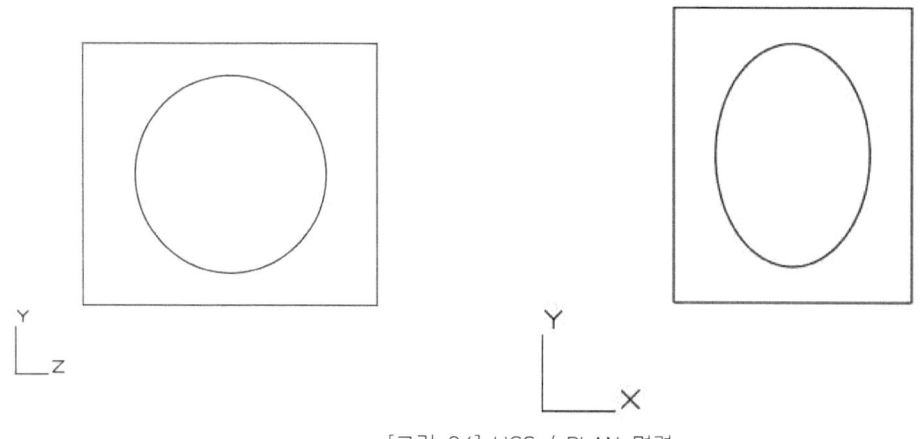

[그림 24] UCS / PLAN 명령

이때 화면상의 XY 평면의 축은 회전하여 보이지만 실제 작업 화면은 변화하지 않으며, **PLAN** 명령 옵션 중 현재 (UCS) C를 활용하면 제대로 좌표가 적용된 것을 확인할 수 있다.

UCS를 활용하여 작업 평면의 좌표를 바꾸었다가 원래 상태(초기 상태)로 복귀 시에는 UCS 명령 옵션 중 표준(W)을 사용하면 된다.

UCS UCS의 원점 지정 또는 [면(F) 이름(NA) 객체(OB) 이전(P) 뷰(V) 표준(W) X(X) Y(Y) Z(Z) Z축(ZA)]

다음의 등각도로 정면도, 평면도, 우측 면을 기본으로 작도하고 3차원 형상으로 모델링한다.

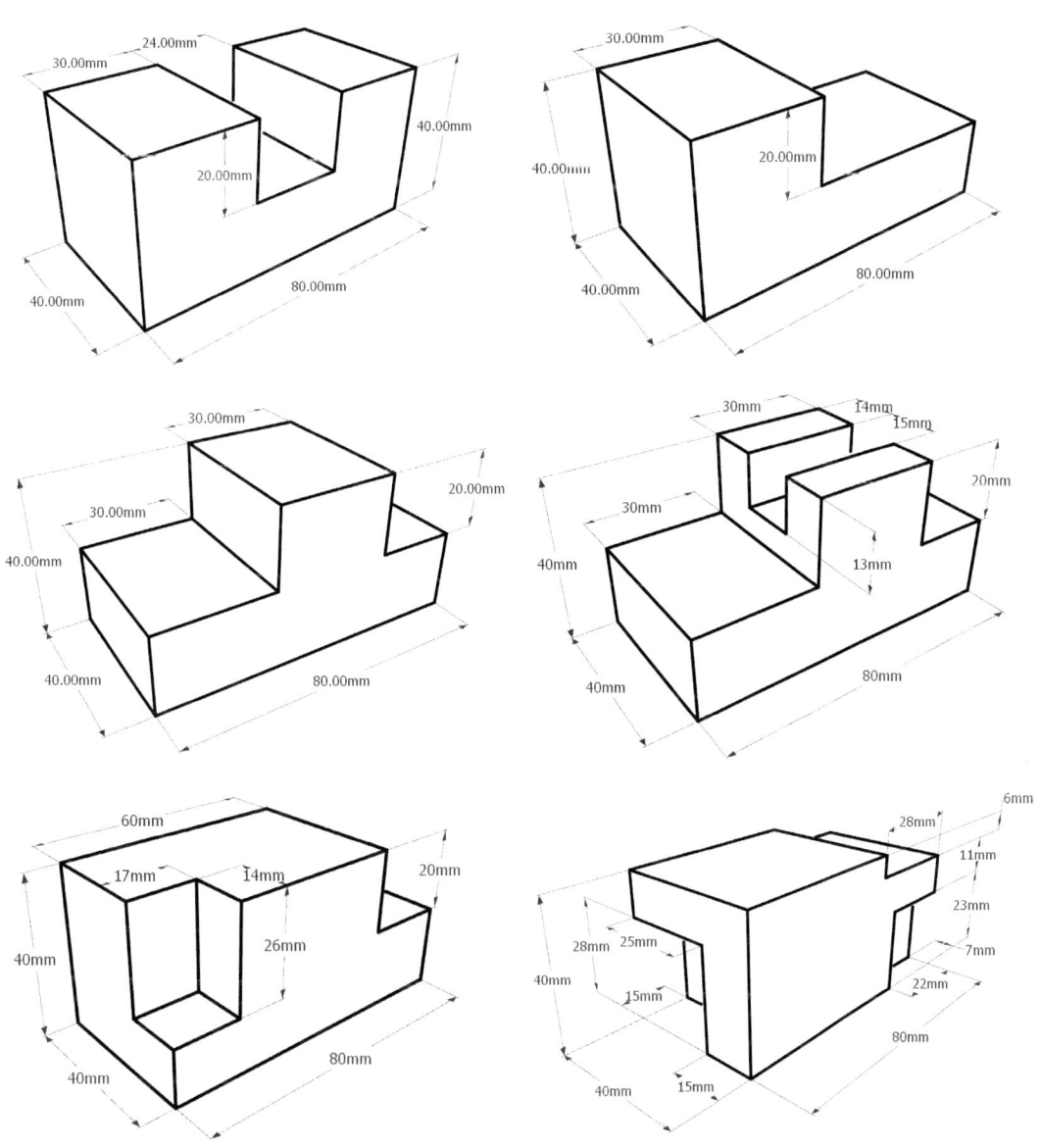

[그림 25] 정투상도 3차원모델링 예제 1-6

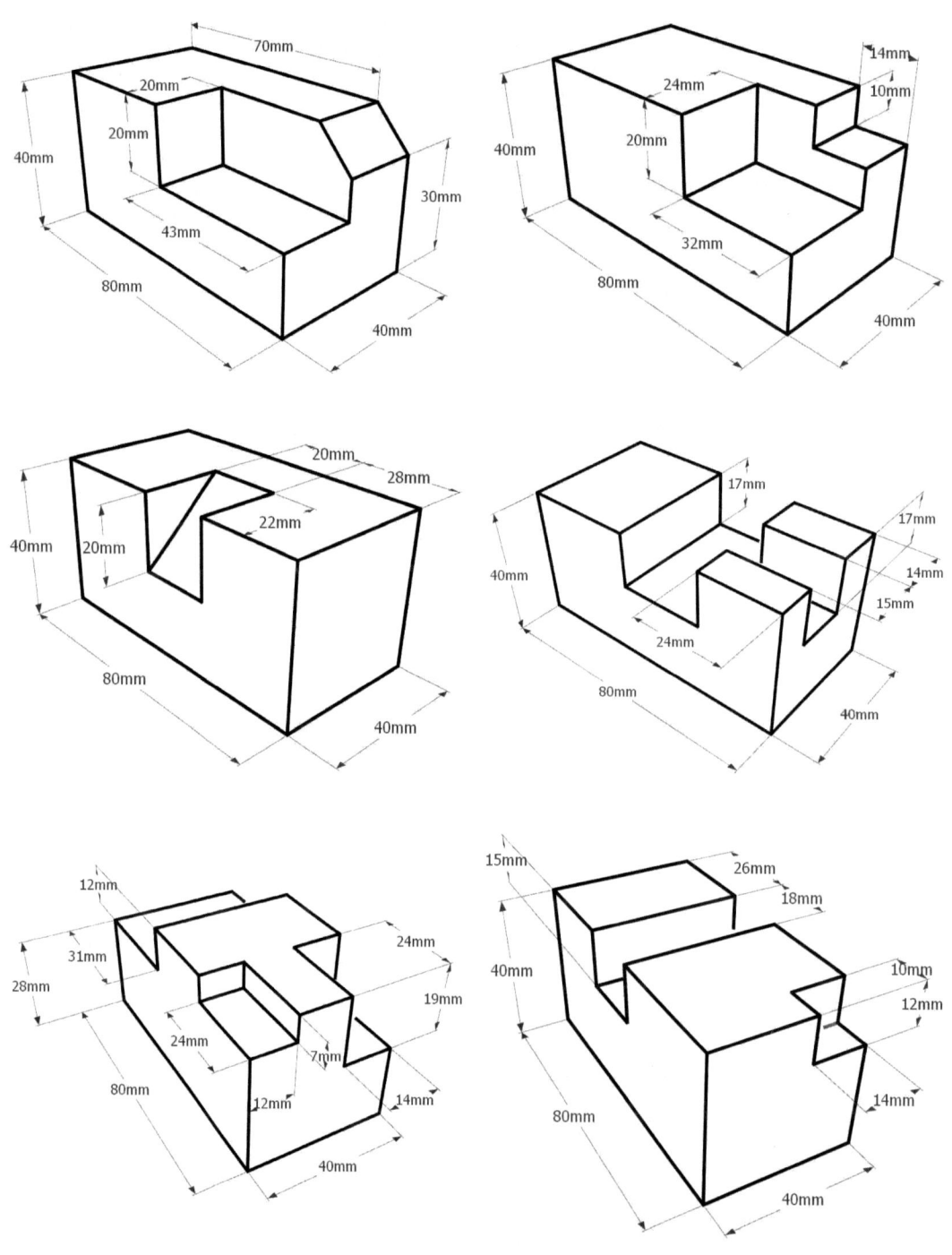

[그림 26] 정투상도 3차원 모델링 예제 7-12

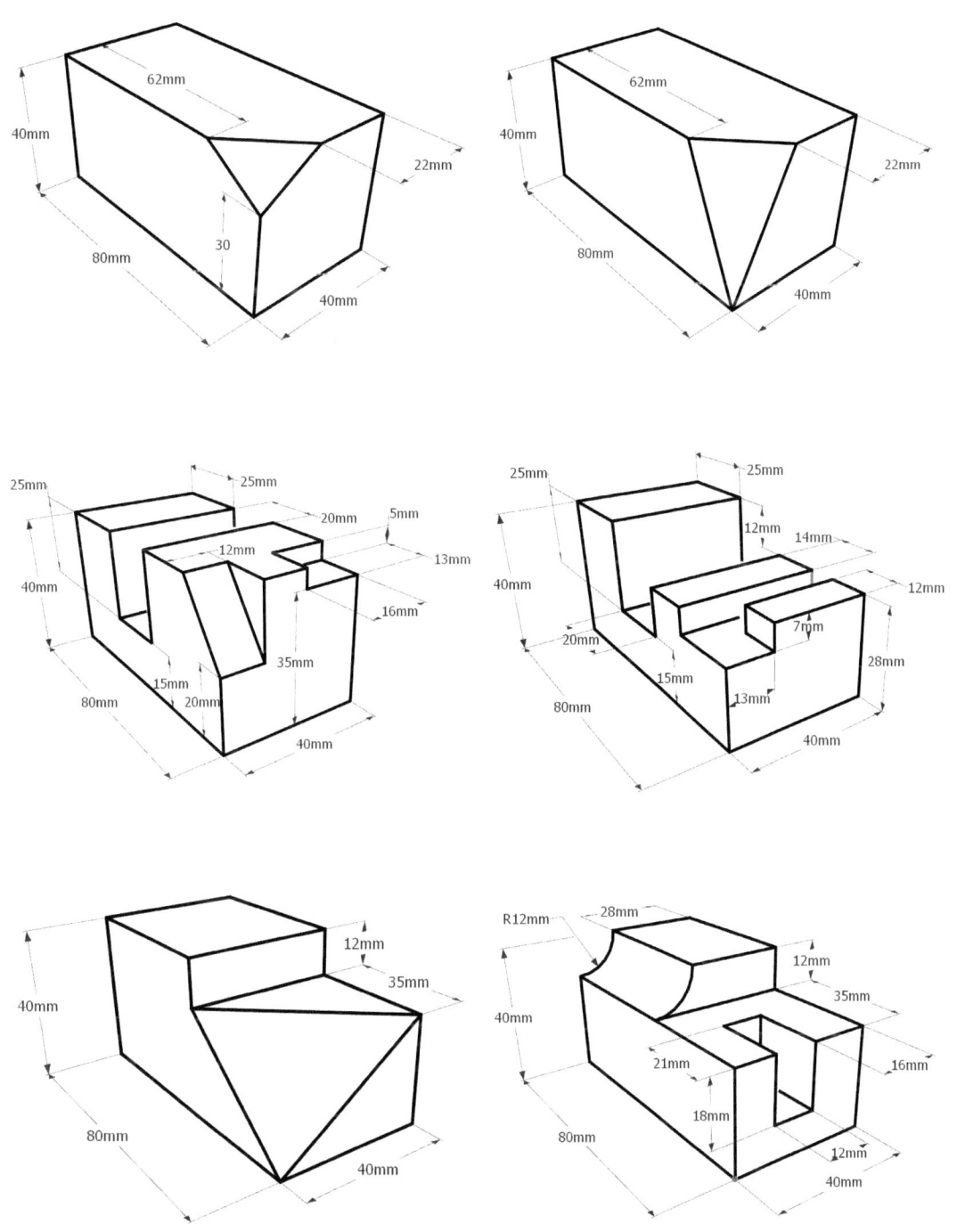

[그림 27] 정투상도 3차원 모델링 예제 13-18

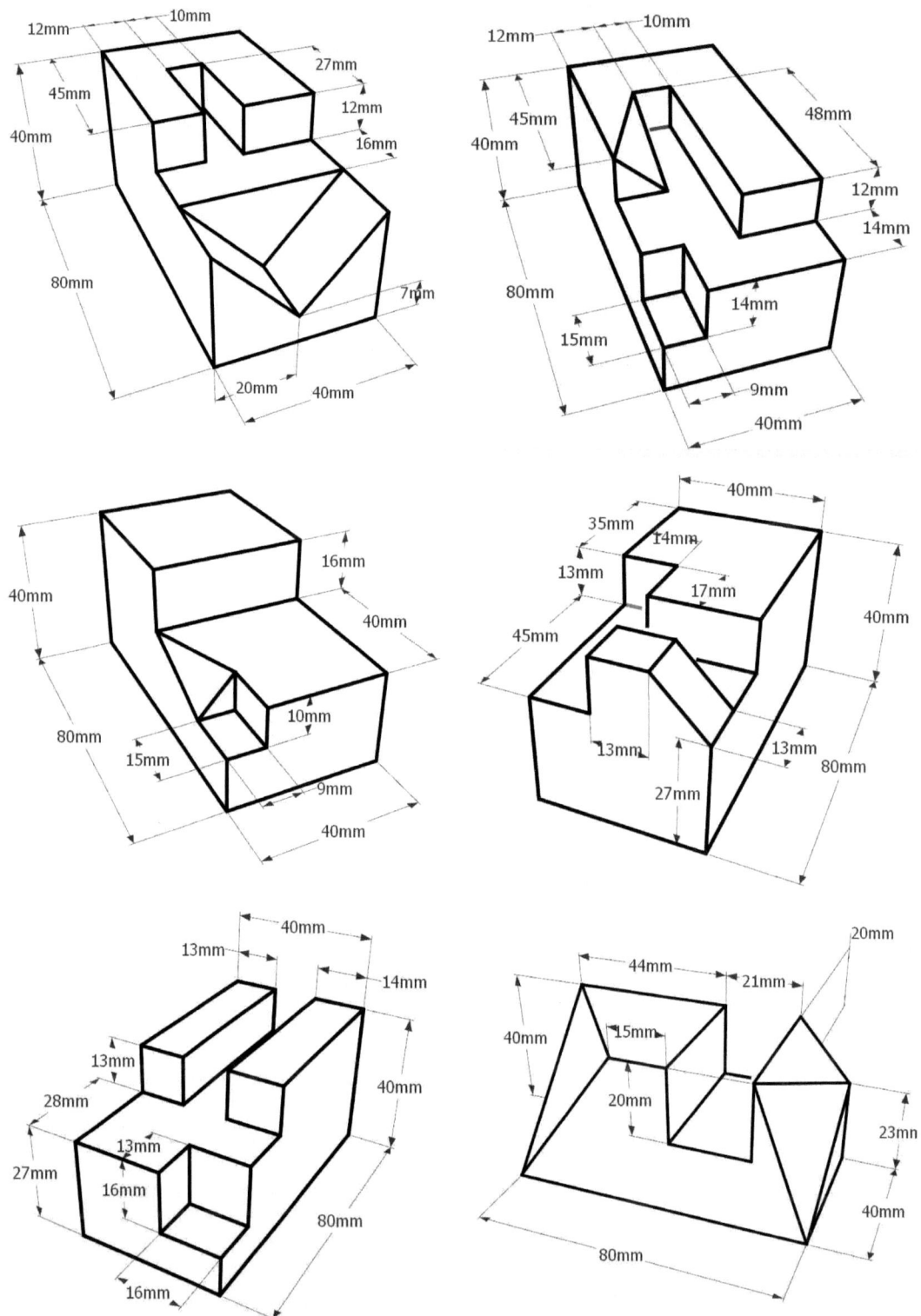

[그림 28] 정투상도 3차원 모델링 예제 19-24

Chapter 05. AutoCAD 3D 모델링 기초와 예제 및 과제 도면

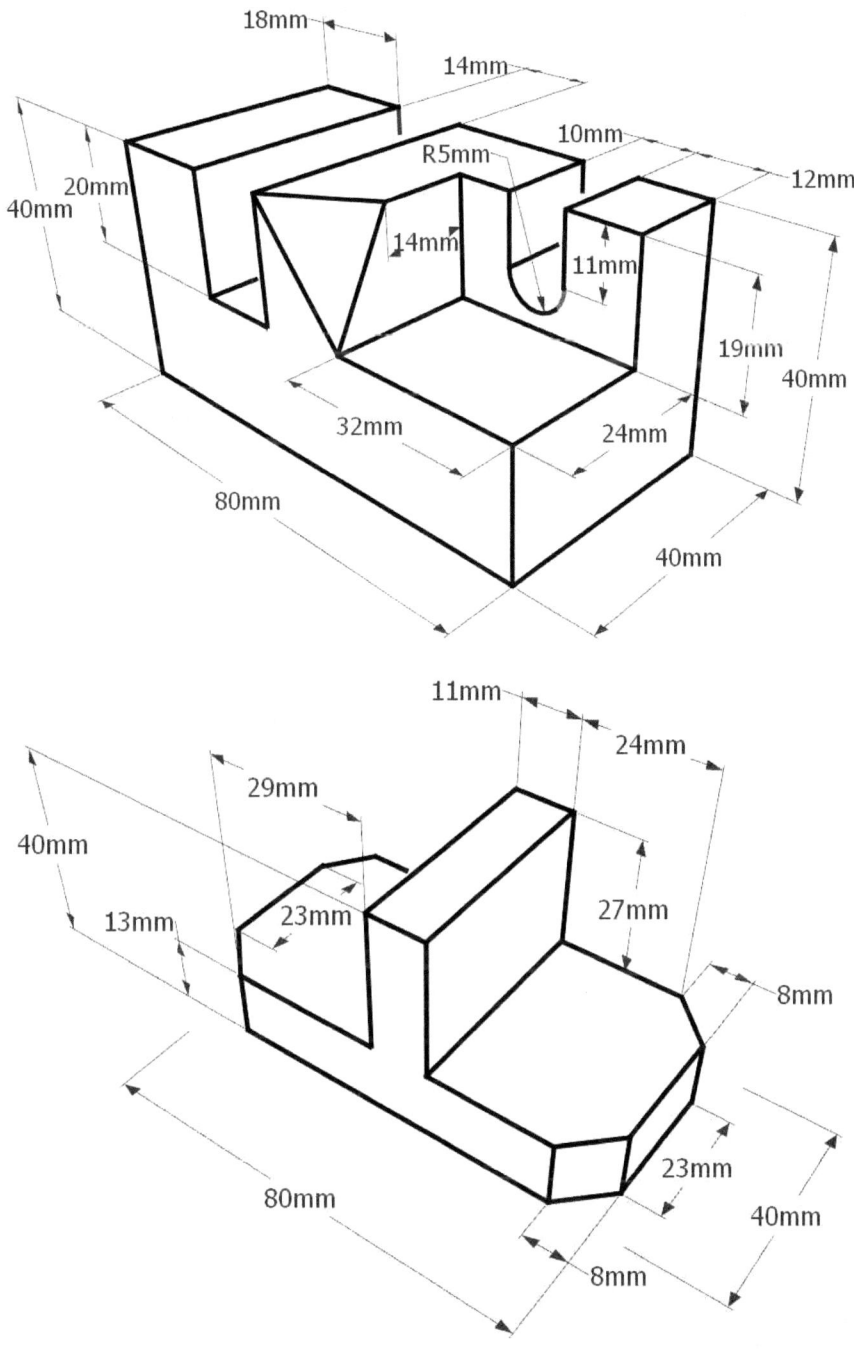

[그림 29] 정투상도 3차원 모델링 예제 25-26

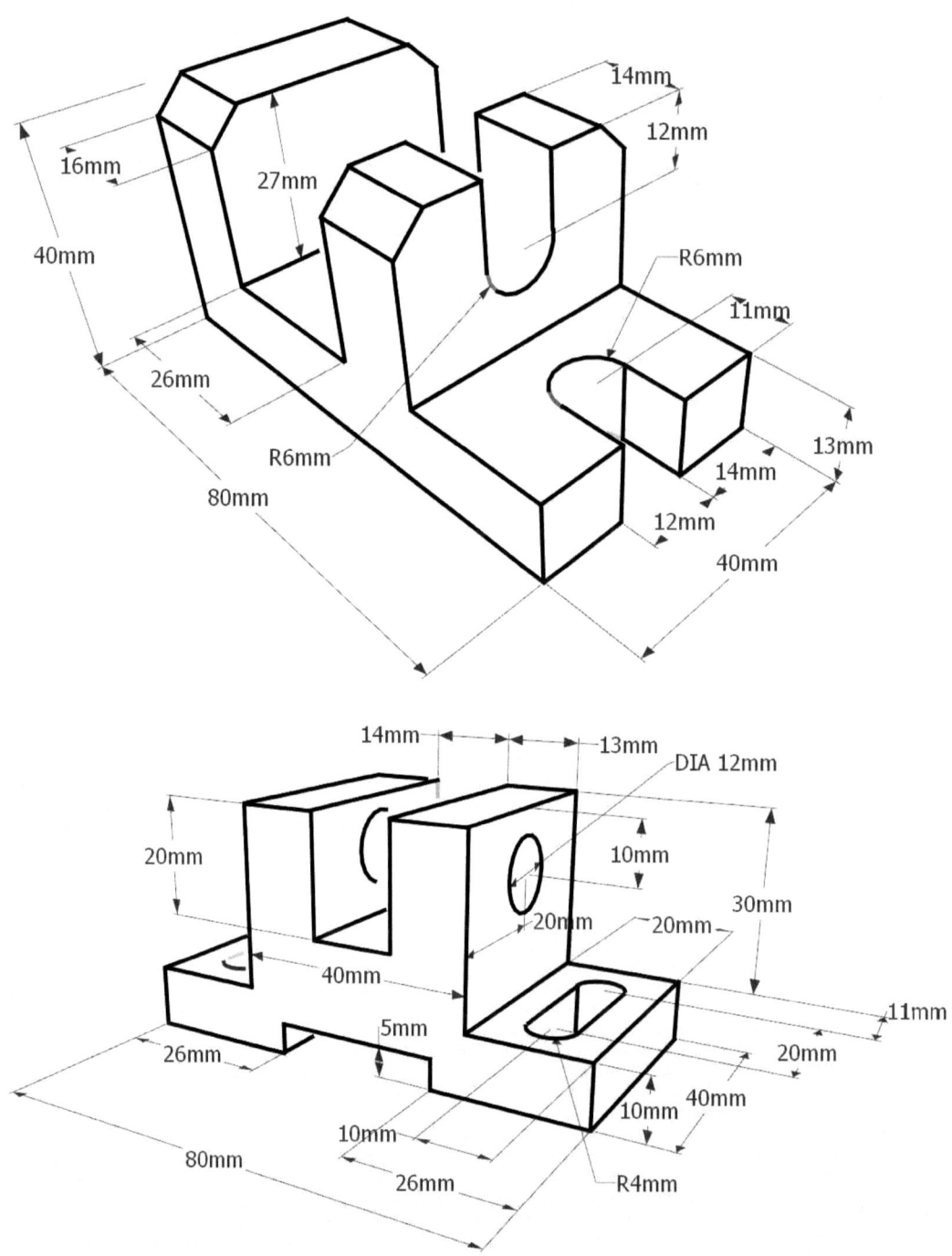

14mm

12mm

16mm

27mm

40mm

R6mm

11mm

26mm

13mm

R6mm

14mm

80mm

12mm

40mm

14mm　　　13mm　　DIA 12mm

20mm

10mm

30mm

40mm

20mm　　　20mm

5mm

11mm

26mm

20mm

10mm

40mm

80mm

10mm

26mm

R4mm

* "상면의 모따기 값은 C5로 한다."

[그림 30] 정투상도 3차원 모델링 예제 27-28

정투상도를 보고 3차원 모델링을 해 보자.

모눈 눈금 한 칸이 10mm이다.

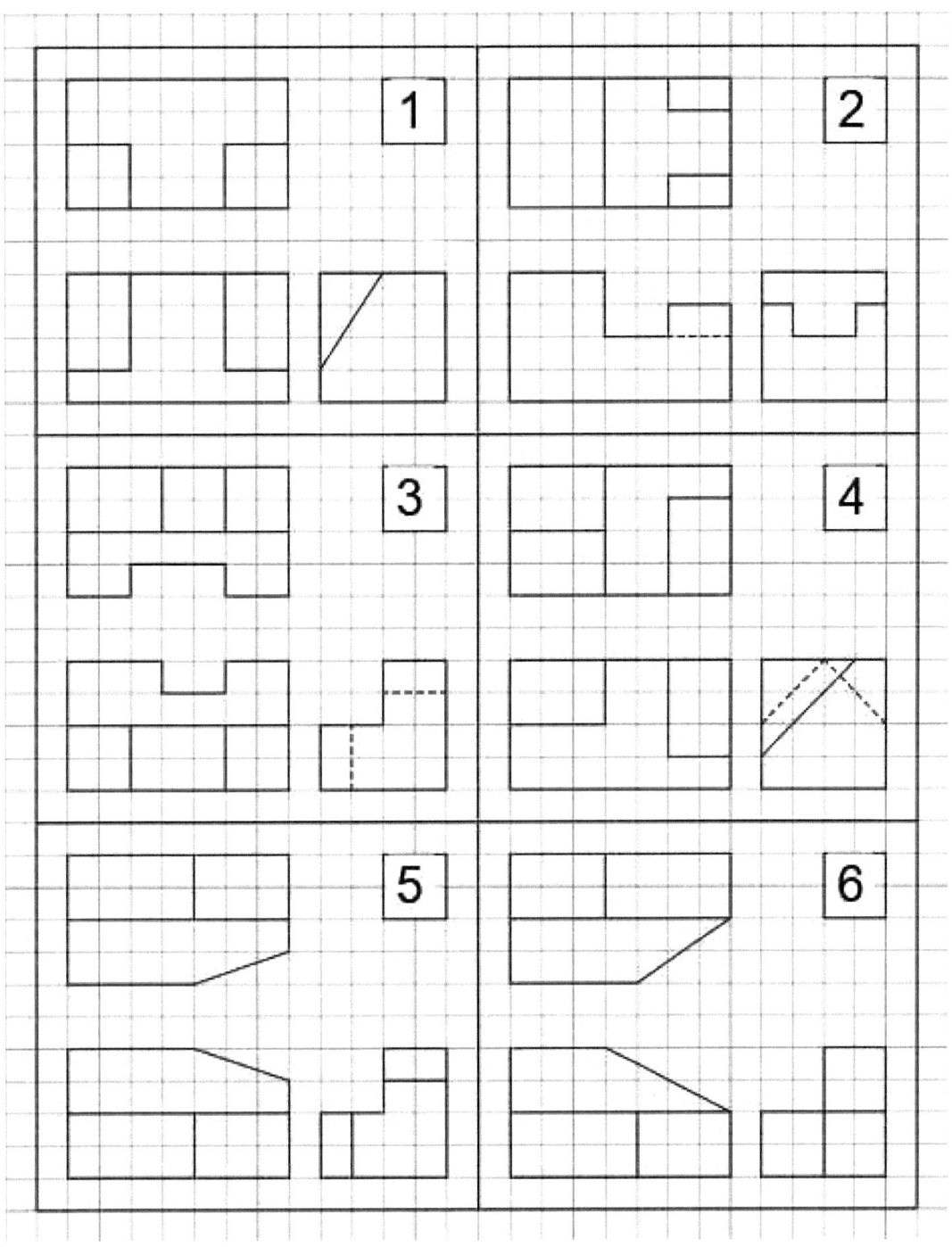

[그림 31] 3차원 모델링 예제 01-06

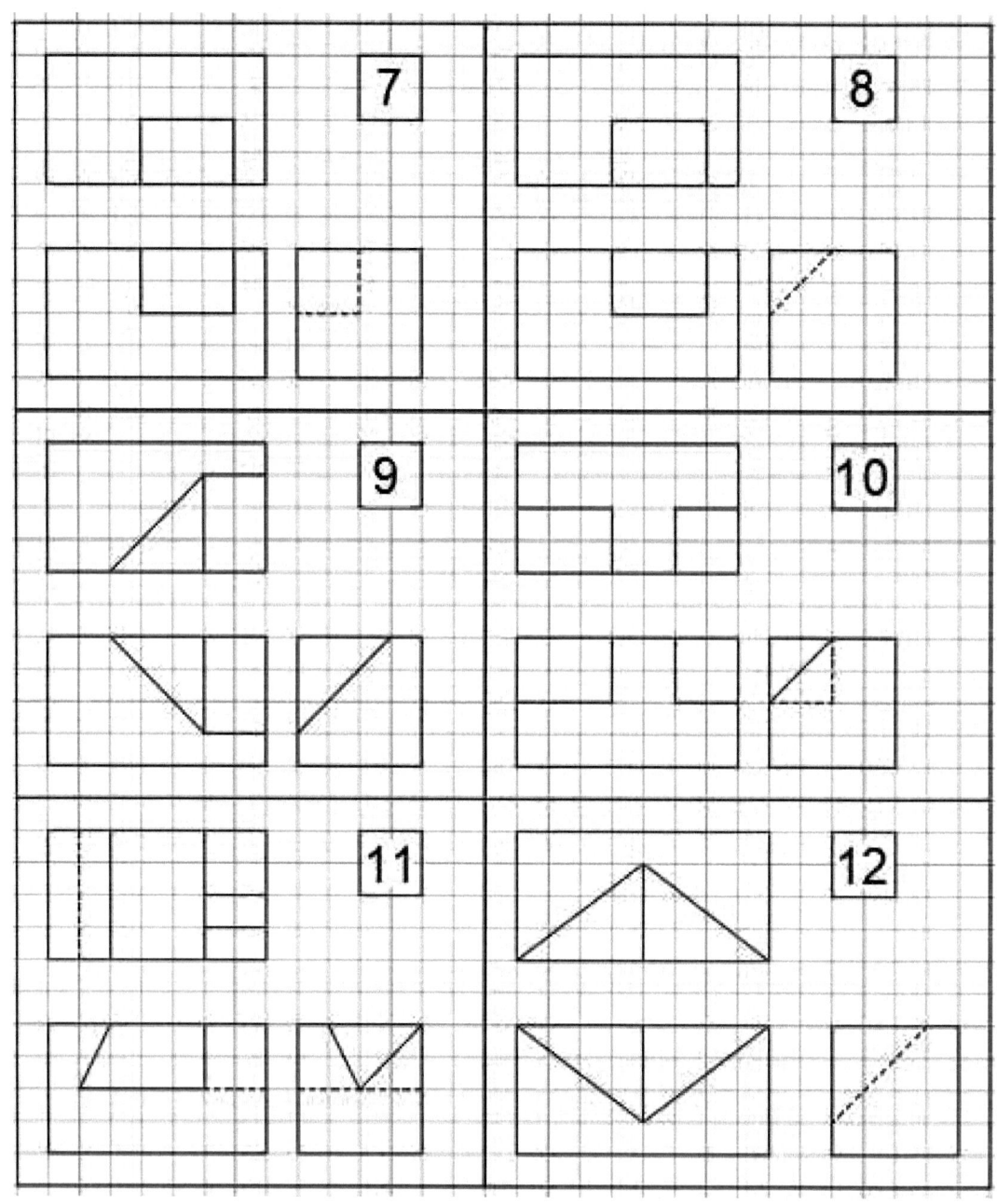

[그림 32] 3차원 모델링 예제 07-12

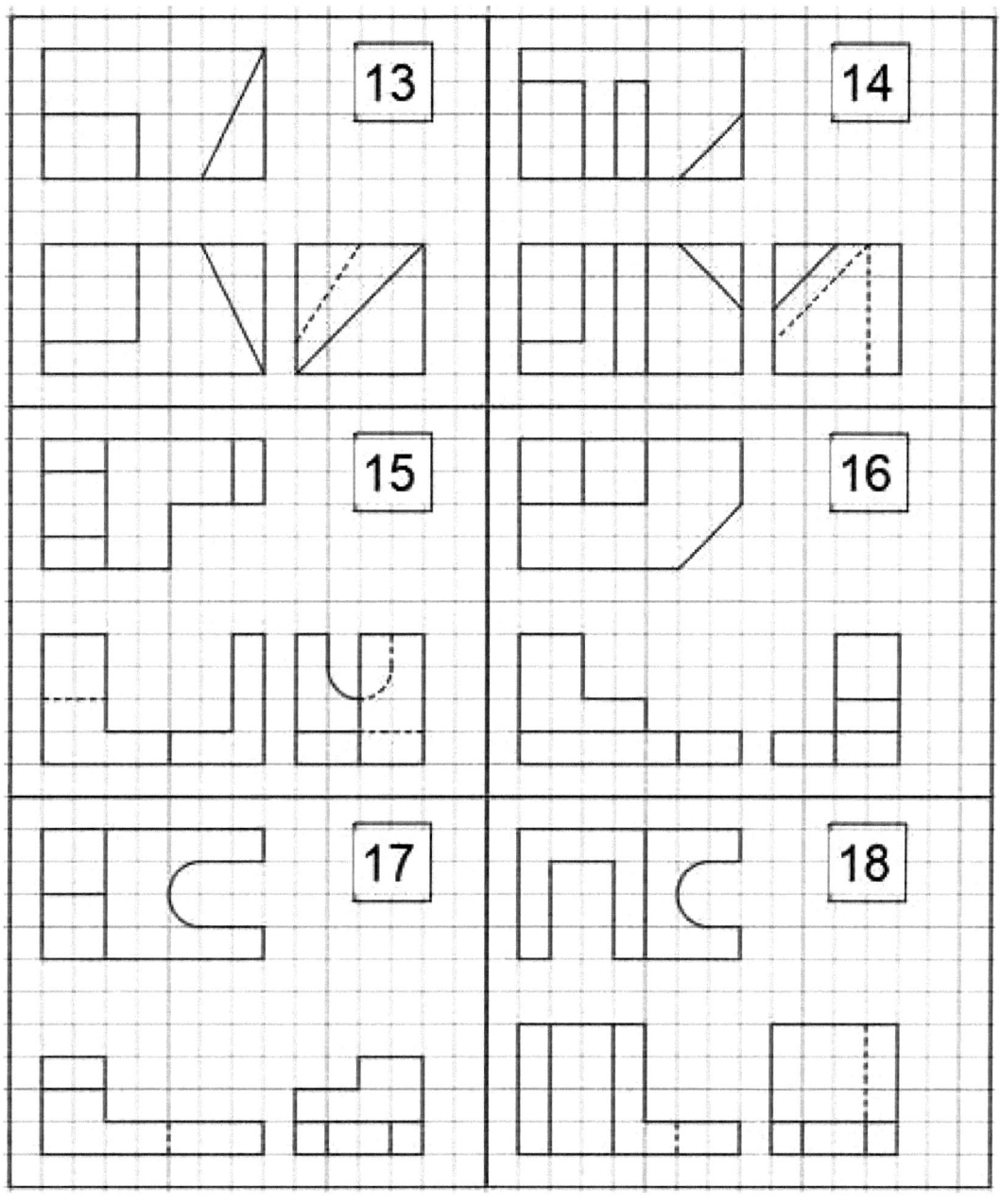

[그림 33] 3차원 모델링 예제 13-18

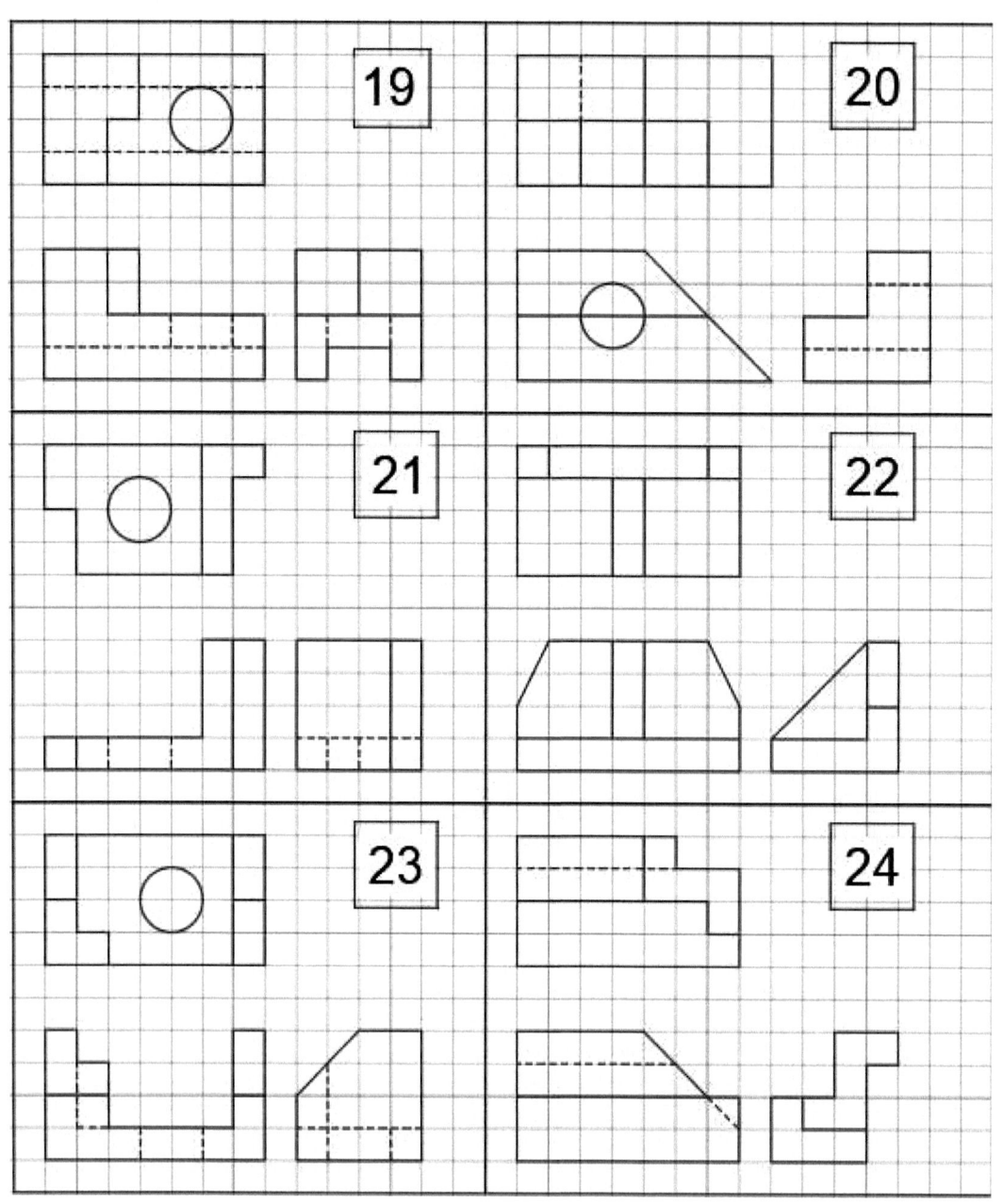

[그림 34] 3차원 모델링 예제 19-24

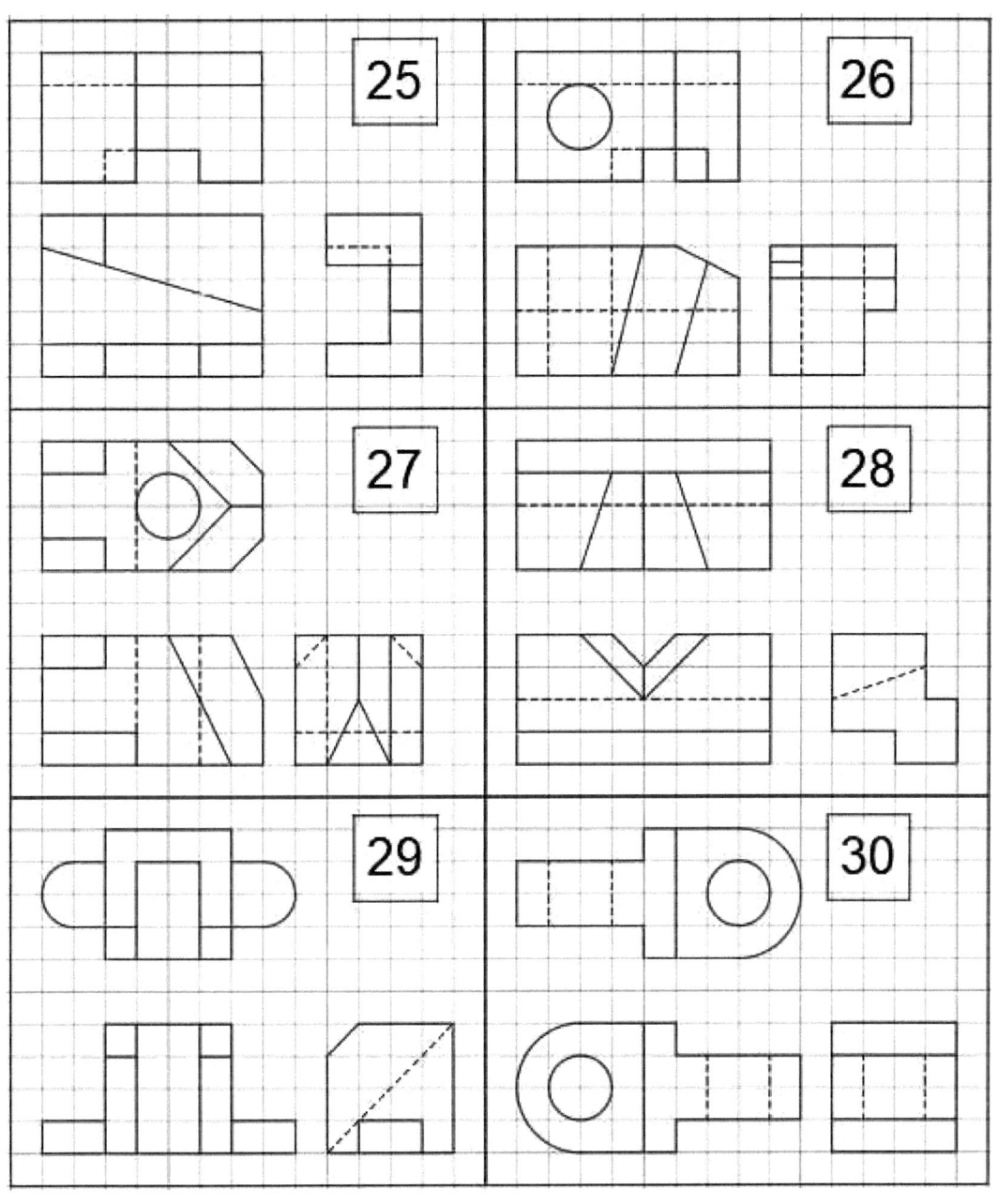

[그림 35] 3차원 모델링 예제 25-30

다음의 기계요소 부품을 작도하고 모델링하시오.

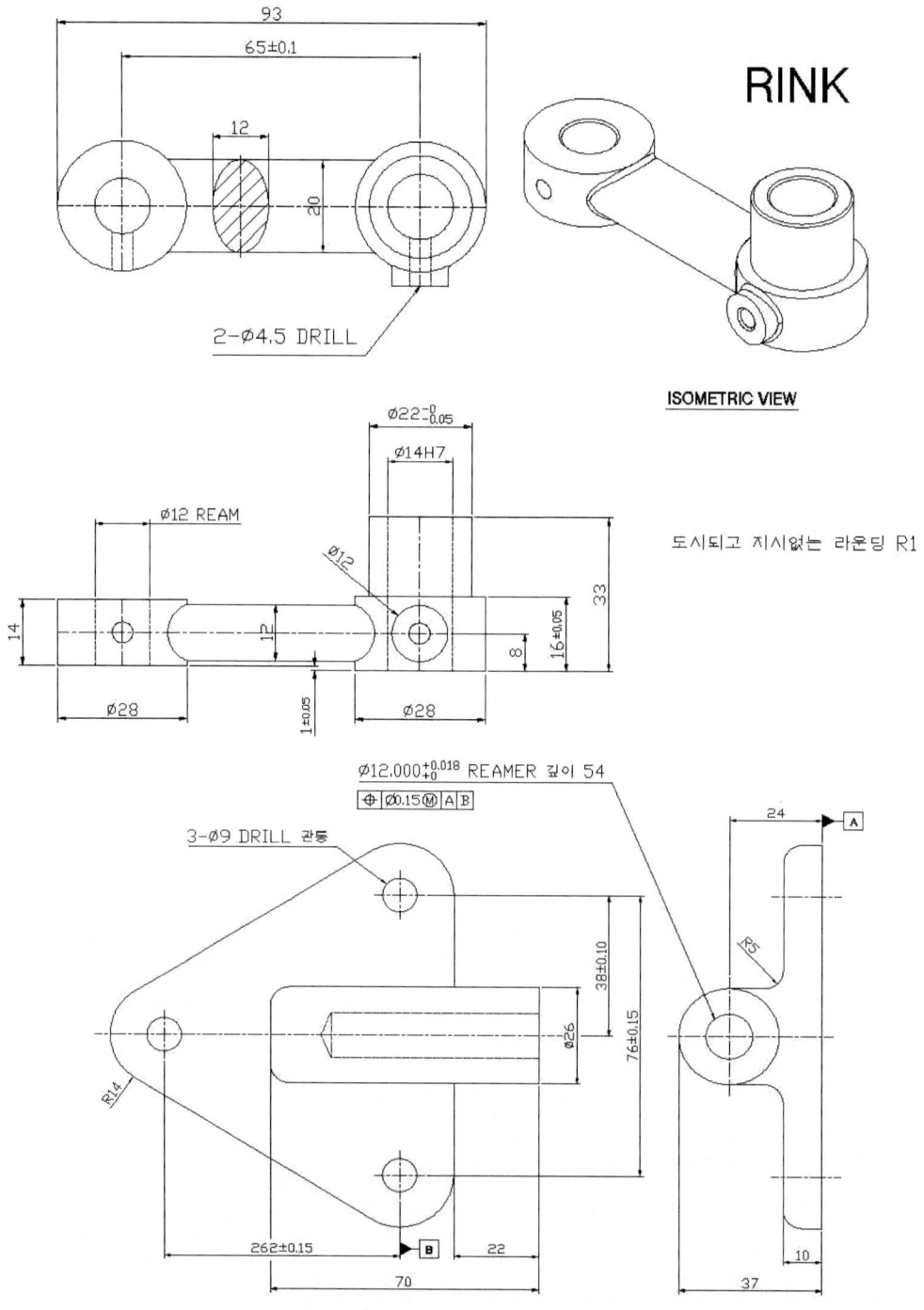

RINK

ISOMETRIC VIEW

도시되고 지시없는 라운딩 R1

[그림 36] 기계요소 부품 1 모델링 과제 1

다음의 기계요소 부품 2를 정투상법(3각법)으로 작도하고 모델링하시오.

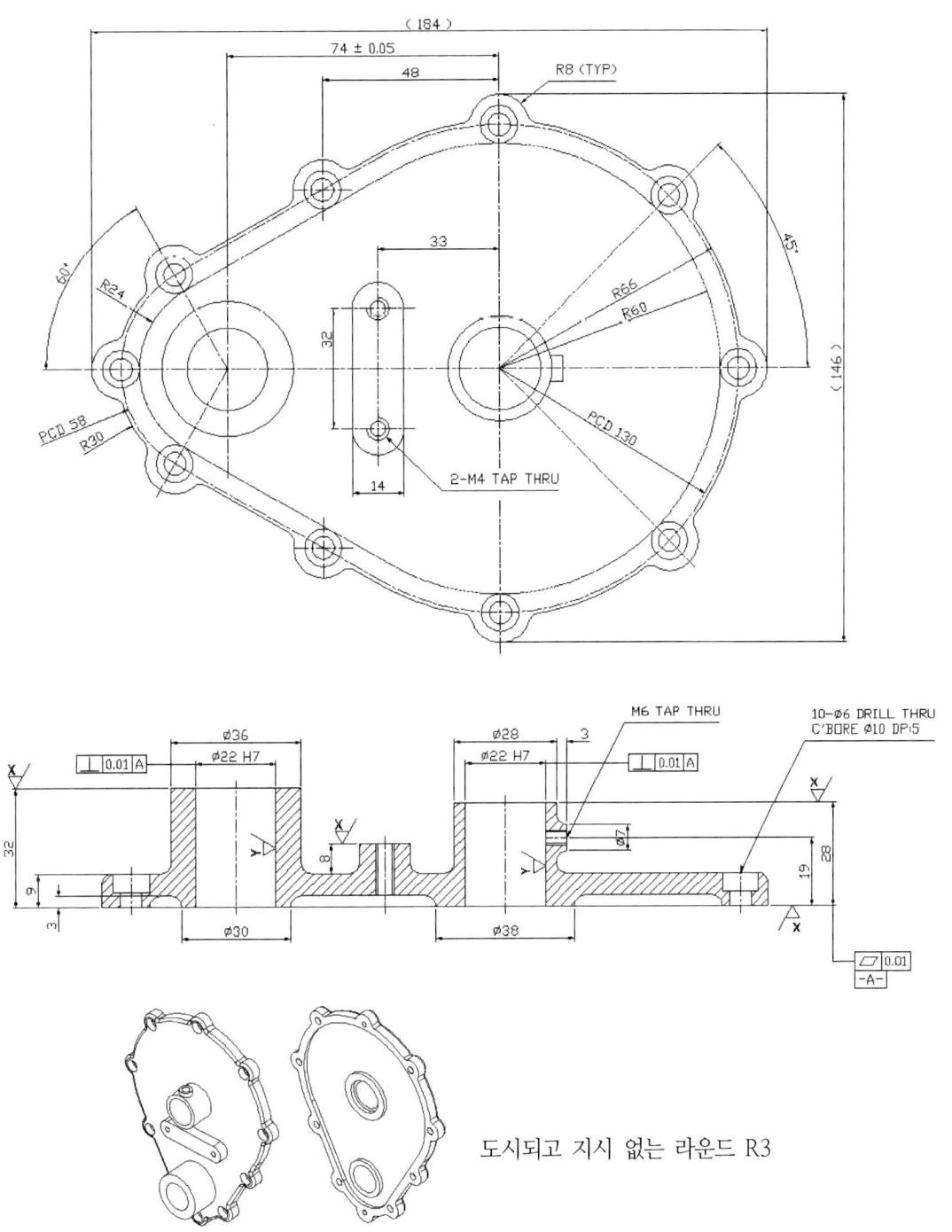

도시되고 지시 없는 라운드 R3

ISOMETRIC VIEW

[그림 37] 기계요소 부품 2 모델링 과제 2

다음의 클램프 중 1번 부품과 2번 부품을 정투상도로 작도하시오.

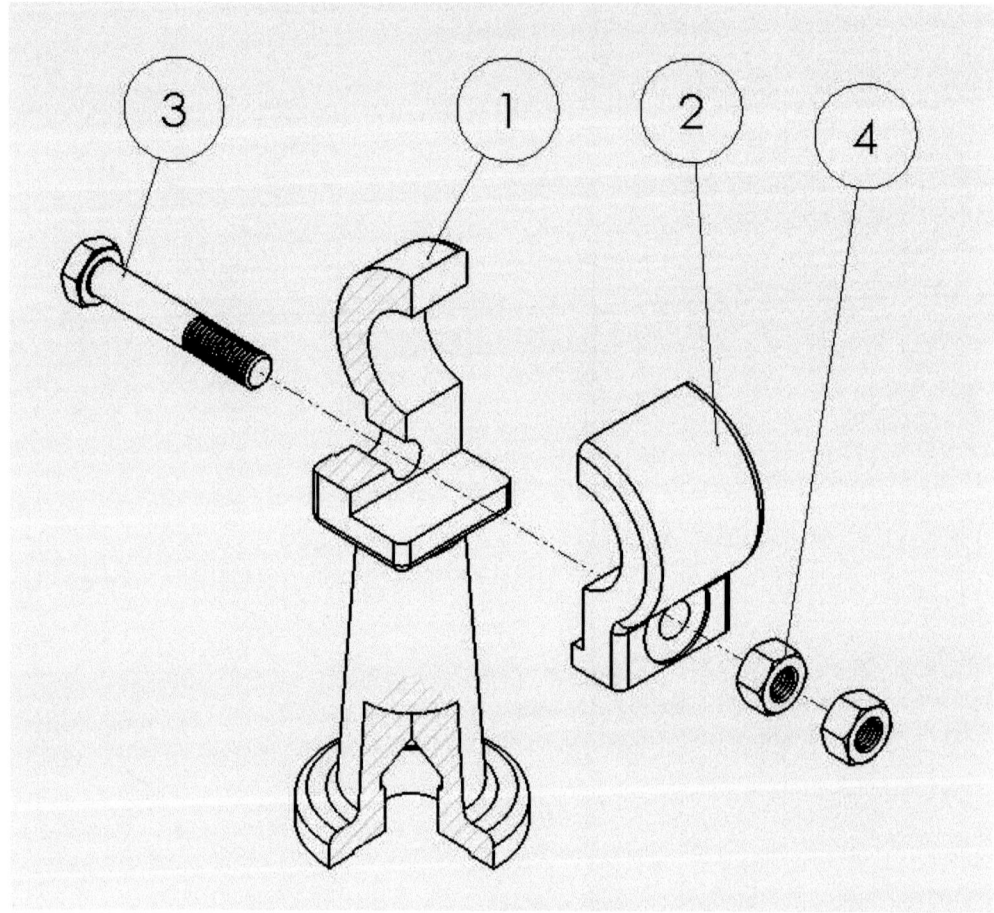

[그림 38] 클램프

해당 1번 부품부터 2번 부품까지 3각법으로 작도해 본다.
본 과제의 도면상 치수가 상이한 부분이 몇 군데 있으며, 이를 3각법을 통하여 작도하면서 수정 작업을 하여 문제에 대한 해결 능력을 키워 보자.

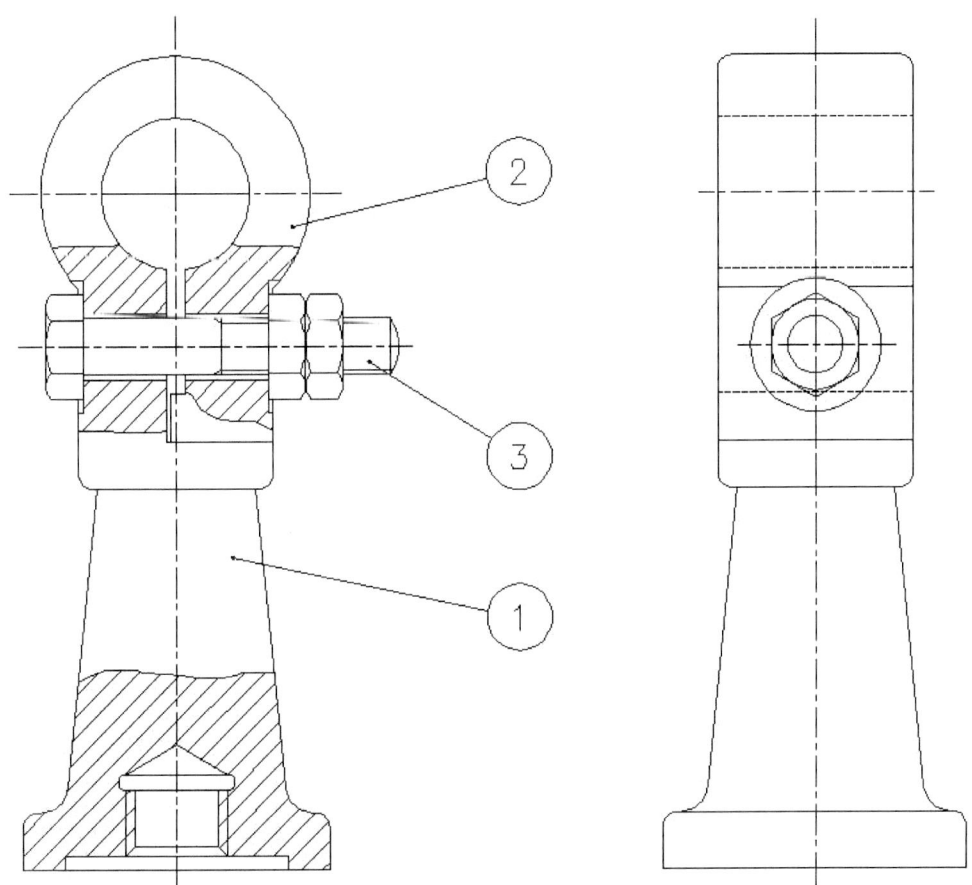

[그림 39] 클램프 조립 구성도

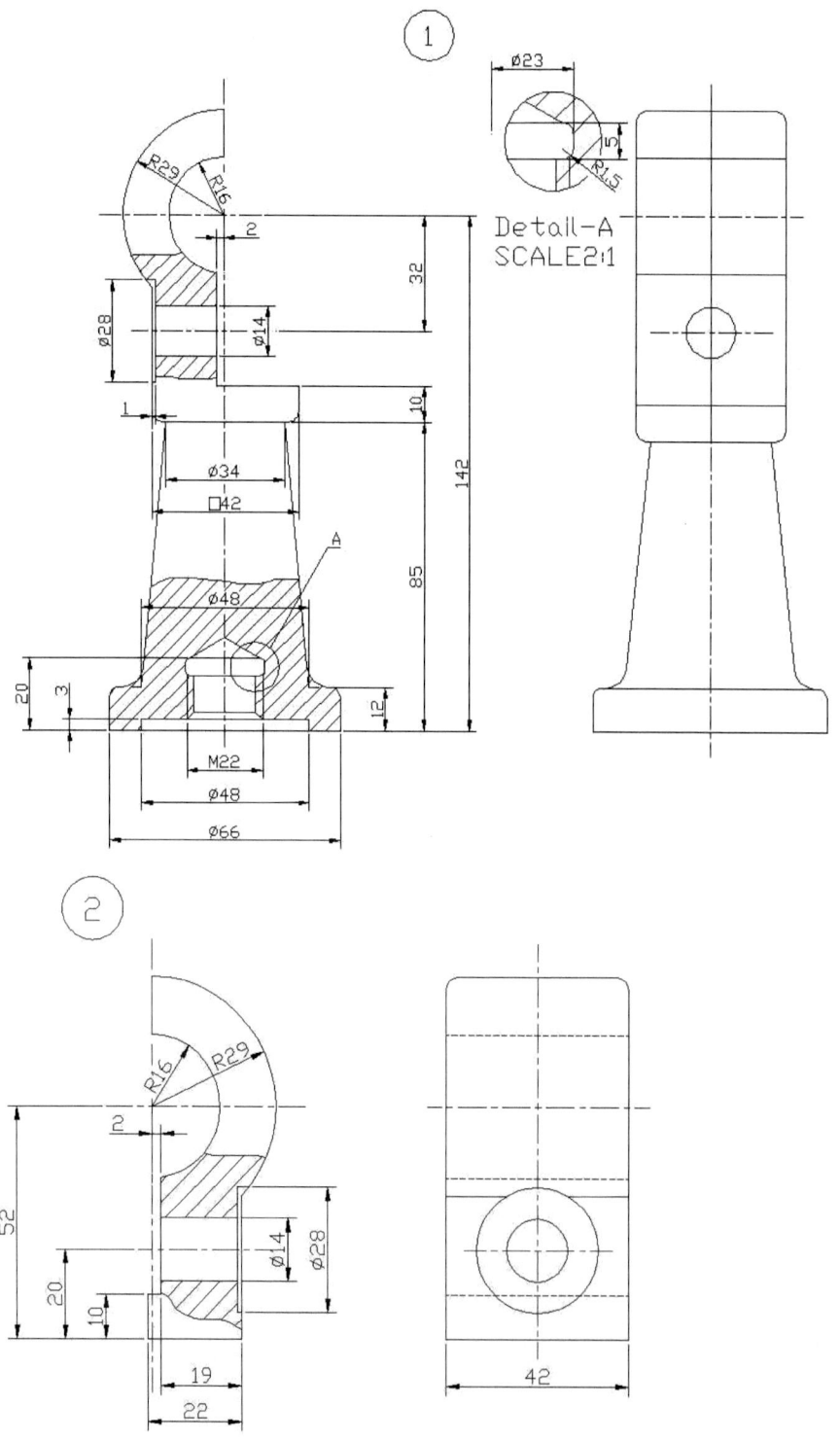

①

Ø23

R29

R16

2

32

Ø28

Ø14

Detail-A
SCALE2:1

R1.5

1

Ø34

□42

142

10

A

85

Ø48

20

3

12

M22

Ø48

Ø66

②

R16

R29

2

52

Ø14

Ø28

20

10

19

22

42

[그림 40] 클램프 부품 1, 2

부품 1번 작도 순서

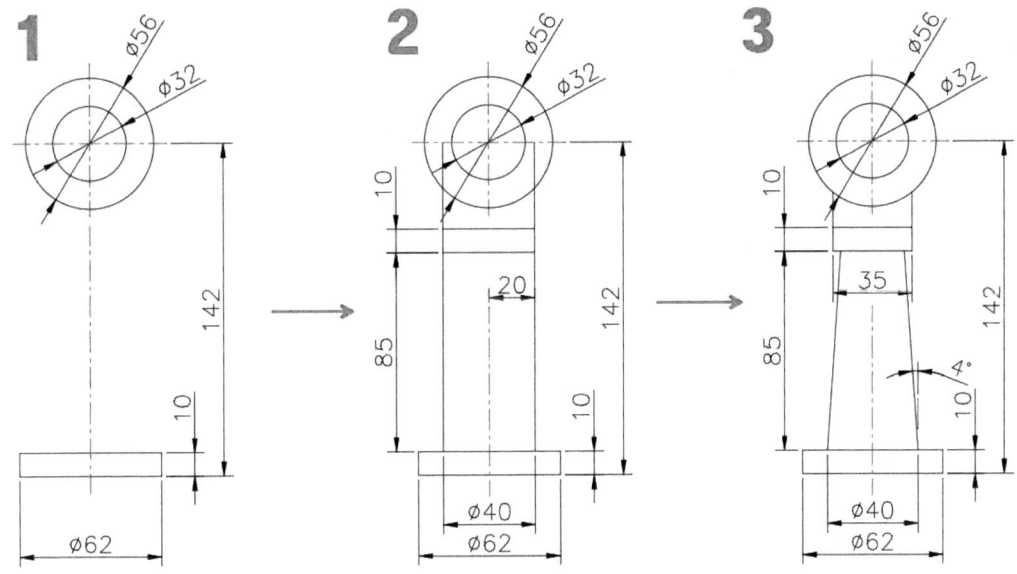

[그림 41] 클램프 부품 1_01단계

외형의 중심선과 윤곽을 먼저 작도하고 치수가 큰 부위부터 작업한다.

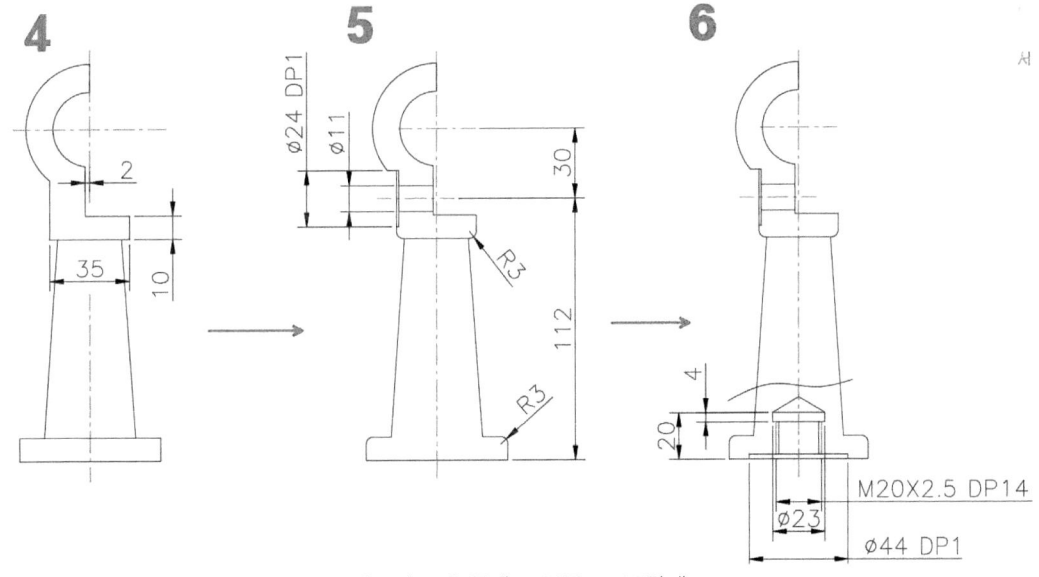

[그림 42] 클램프 부품 1_02단계

하단부 내측 형상 M20 탭 구멍의 표현에서는 부분 단면으로 표현하기 위해 스플라인으로 (SPLINE) 영역을 표시하도록 하였다.

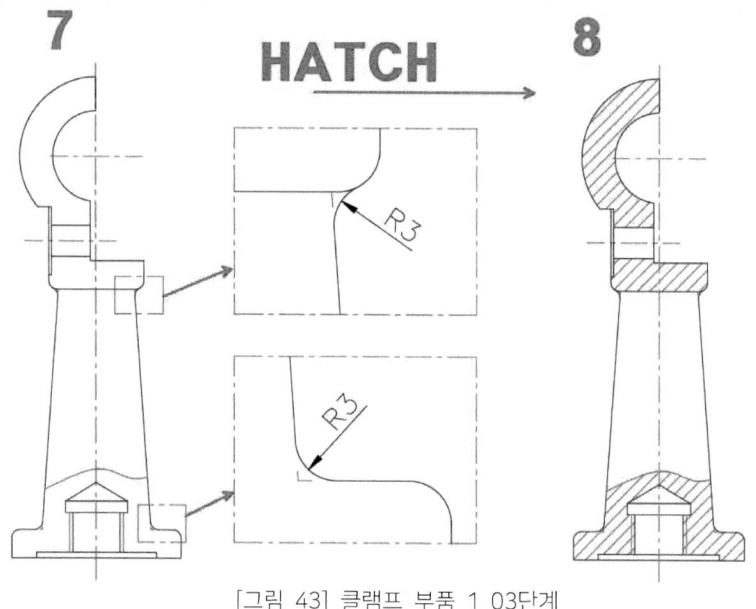

[그림 43] 클램프 부품 1_03단계

모서리 라운드 R3 처리 후 치수를 표기하기 위해 [그림 44]와 같이 작업한다.

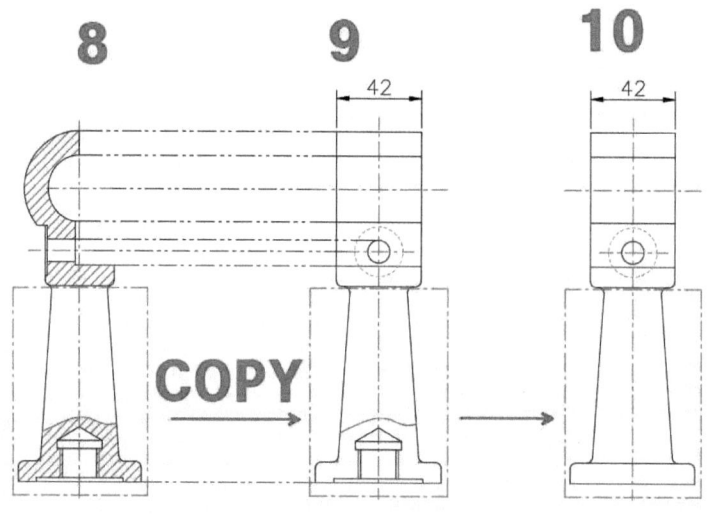

[그림 44] 클램프 부품 1_04단계

정면도가 완성되면 우측면은 하단부 형상을 복사하여 활용하면 된다. 이는 하단부 형상이 원통으로 되어 있기 때문이다. 완성되고 나면 되도록 정면도에 치수를 표기하도록 한다.

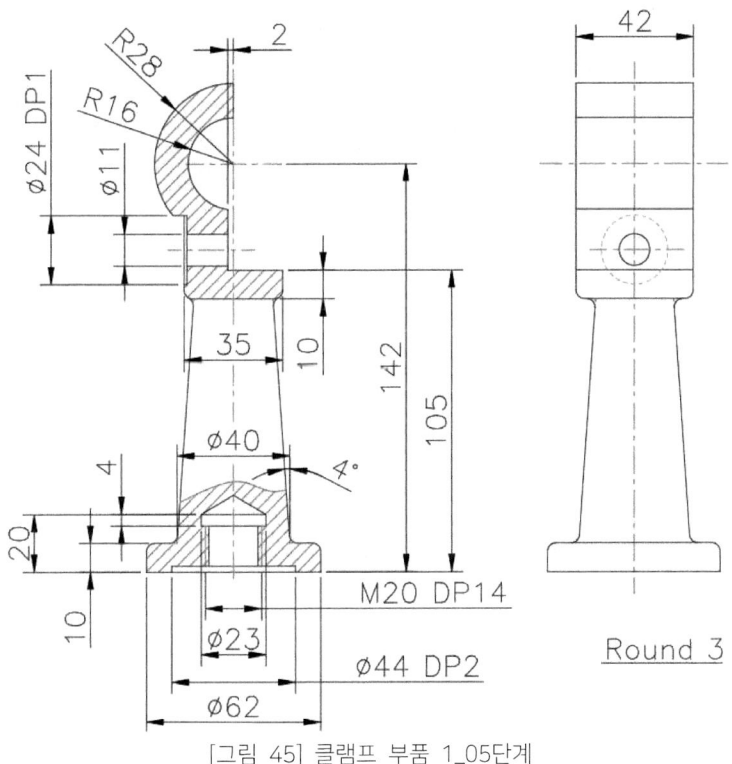

[그림 45] 클램프 부품 1_05단계

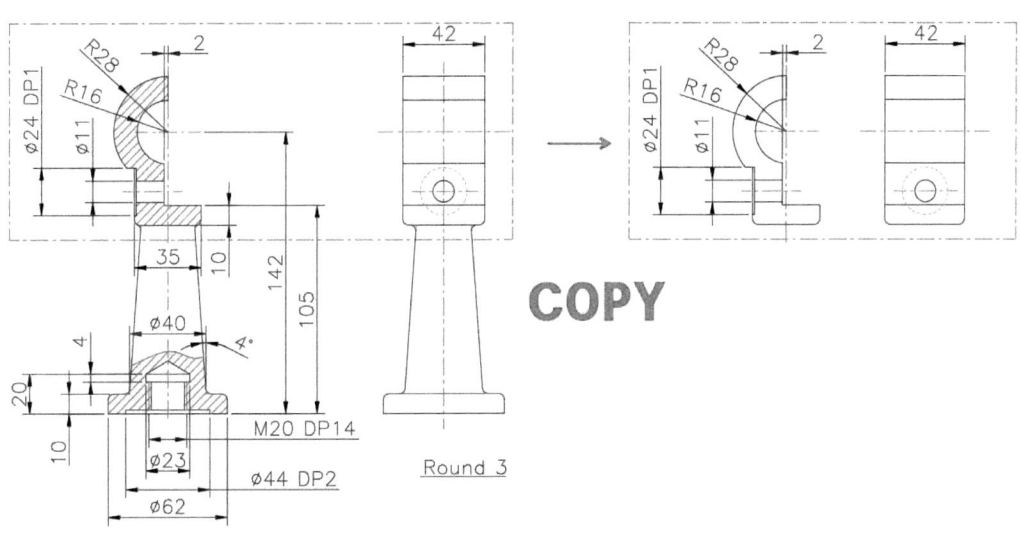

[그림 46] 클램프 부품 1/2_06단계

현재 도면상의 치수가 우측면상에서 부품을 작도 시 지름 11mm인 원의 아래쪽의 공간이 7mm 치수가 나올 수 없는 상황이 발생하였고 따라서 정면과 우측면의 아래쪽 부위에 스트래치를 활용 하여 치수를 조정해 준다.

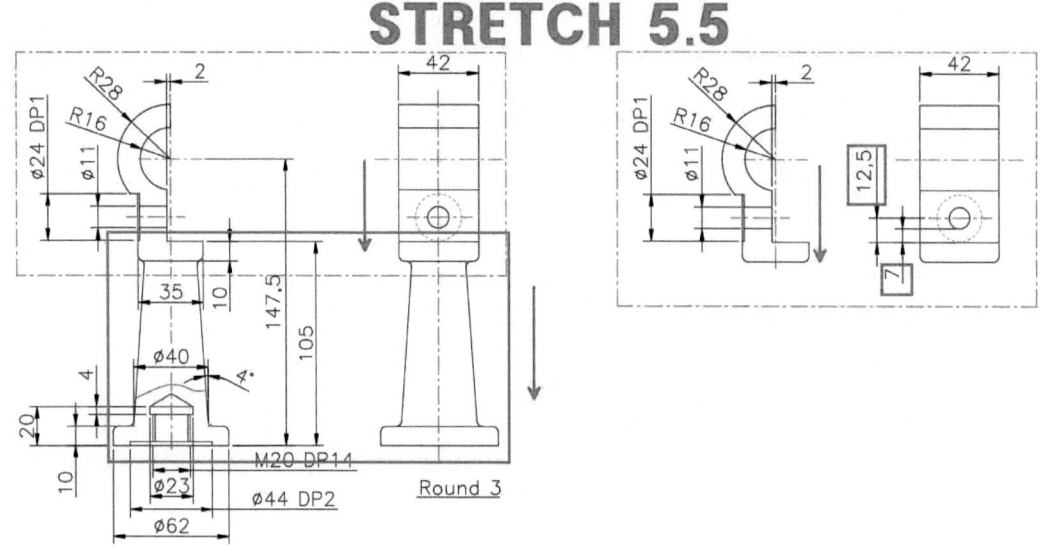

[그림 47] 클램프 부품 1/2_07단계

[그림 47]과 같이 스트래치를 활용하여 작업한 결과 바닥에서부터 반지름 16mm인 원호 중심선까지의 기준 길이의 차이가 5.5mm인 것으로 나타난다. 복사된 것을 [그림 48]과 같이 대칭 복사를하고 [그림 49]와 [그림 50]과 같이 기준점을 활용한 블록으로 만들어 작업을 진행한다.

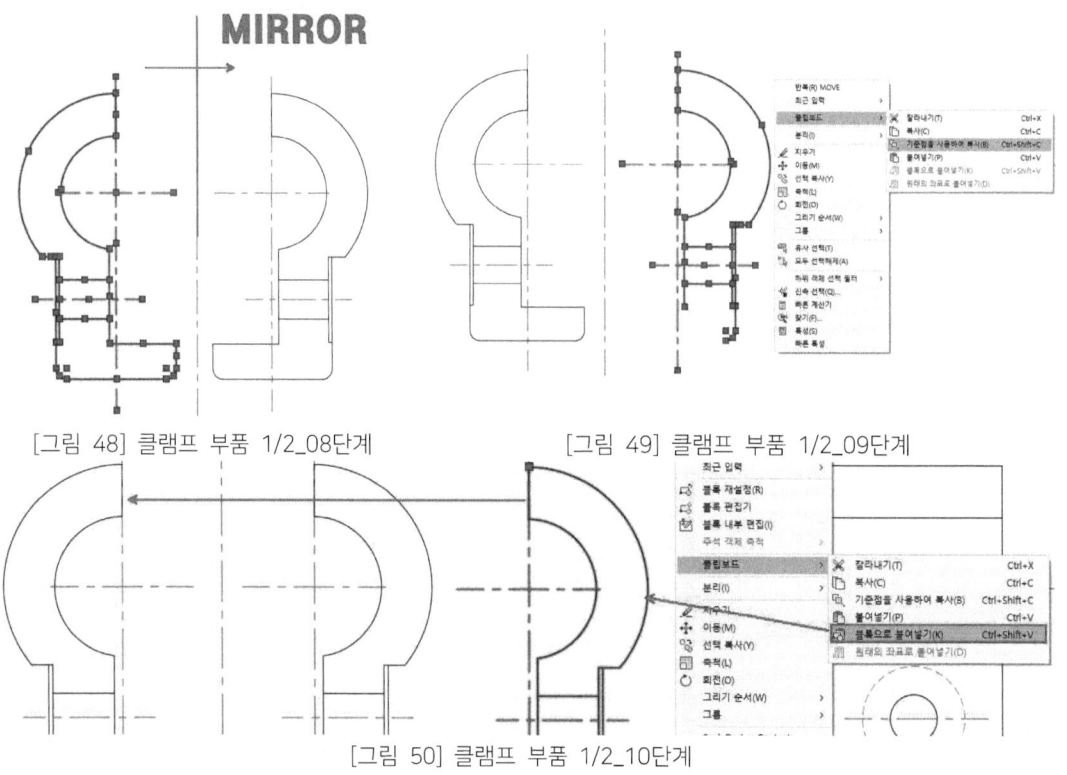

[그림 48] 클램프 부품 1/2_08단계   [그림 49] 클램프 부품 1/2_09단계

[그림 50] 클램프 부품 1/2_10단계

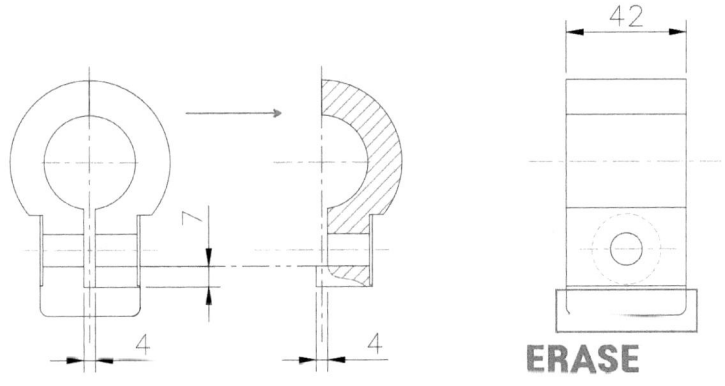

[그림 51] 클램프 부품 1/2_11단계

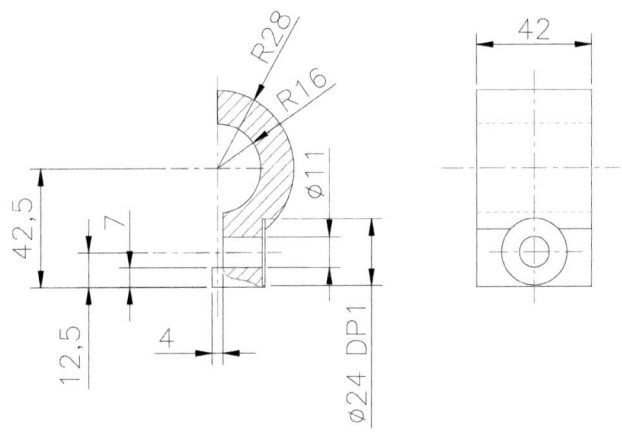

[그림 52] 클램프 부품 2

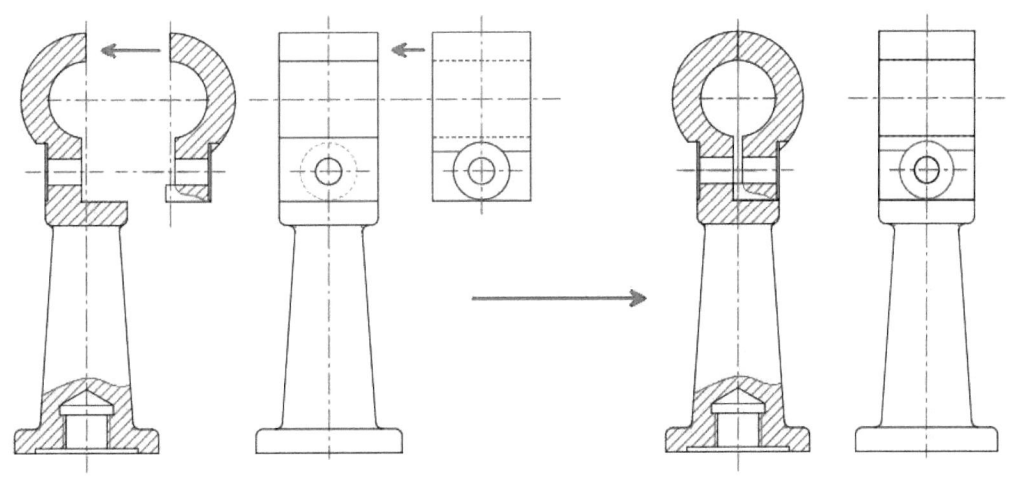

[그림 53] 클램프 부품 1/2 조립

해당 부품 1, 부품 2를 블록화하여 조립성 테스트를 하여 본다. [그림 53]은 조립에서 나타난 결과물이 된다.

다음의 도면을 보고 작도하고 3차원 모델링을 해 보자.

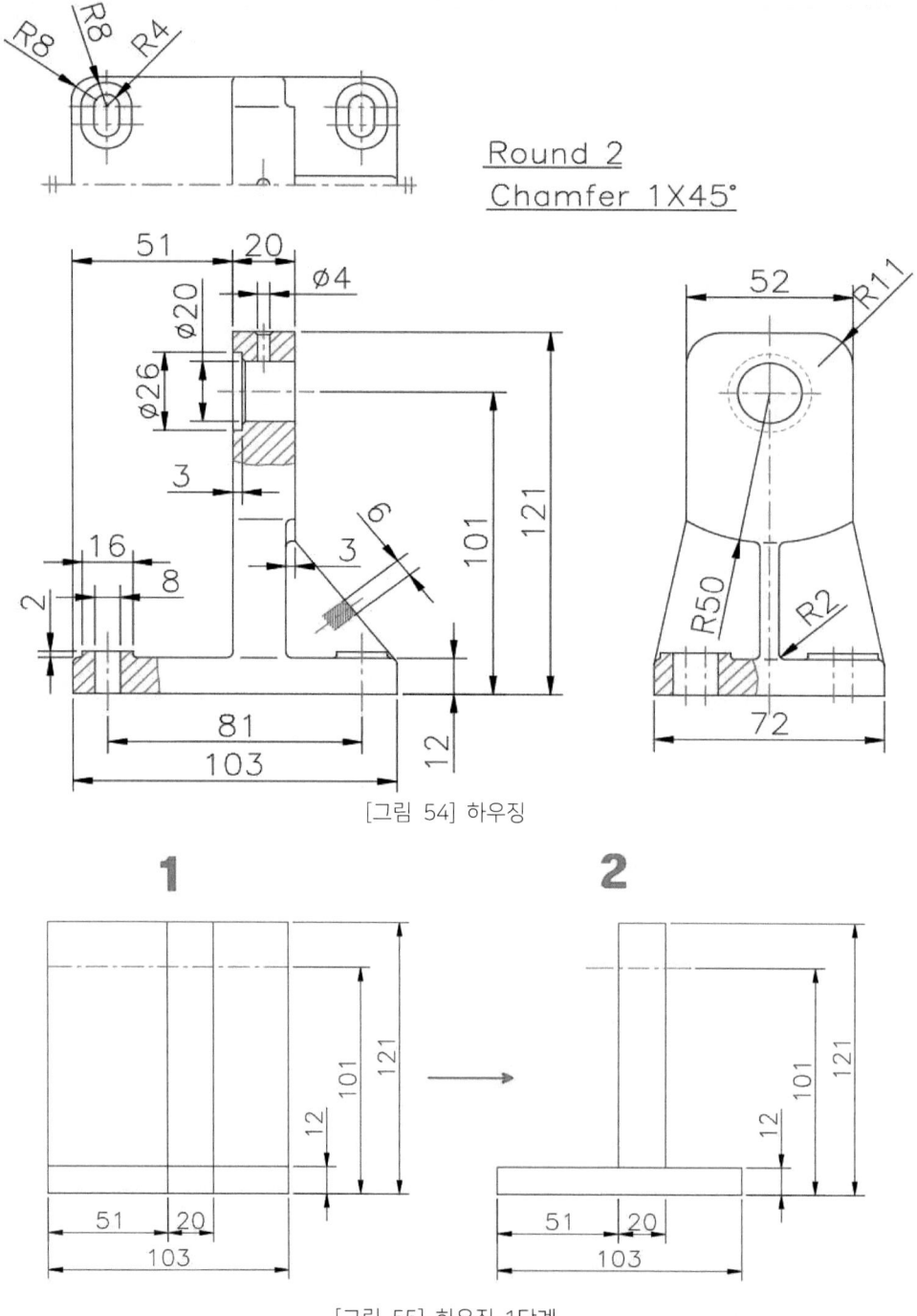

Round 2
Chamfer 1X45°

[그림 54] 하우징

전체 윤곽을 작도하고 옵셋으로 기준되는 외형의 형상을 나타내어 본다.

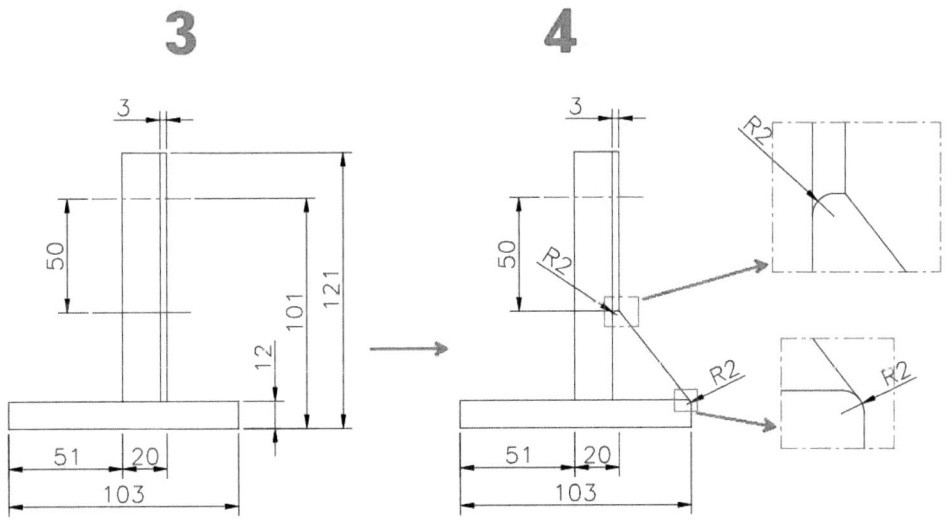

[그림 56] 하우징_2단계

[그림 56]처럼 R2 지점과 보강대가 접하는 부분은 접선으로 처리한다.

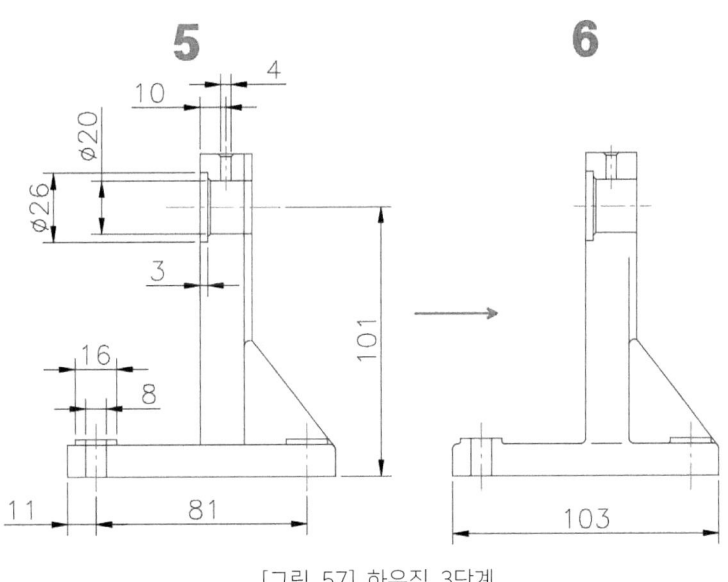

[그림 57] 하우징_3단계

[그림 57]에서는 선 정리를 한 것을 보여 주고 있다. 또한, 정면도를 완성하기 위해서는 우측면도
가 필요한 것이 보인다.

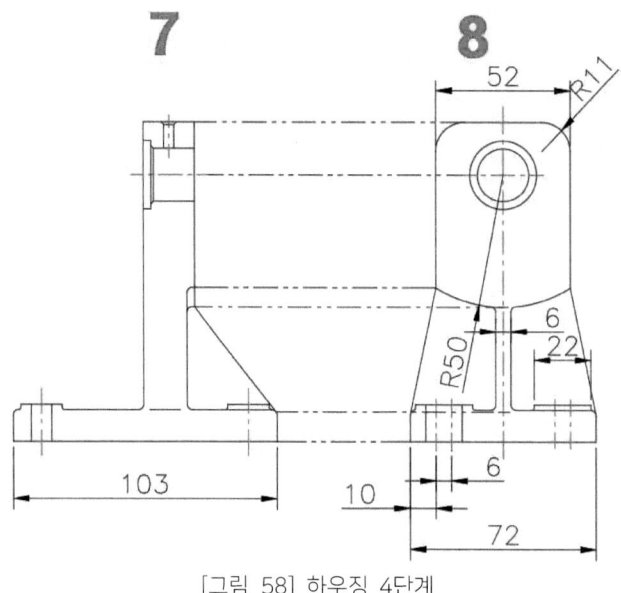

[그림 58] 하우징_4단계

우측면도를 작도하면서 R50인 끝점과 정면도에 표현되는 부분이 나타나게 된다.

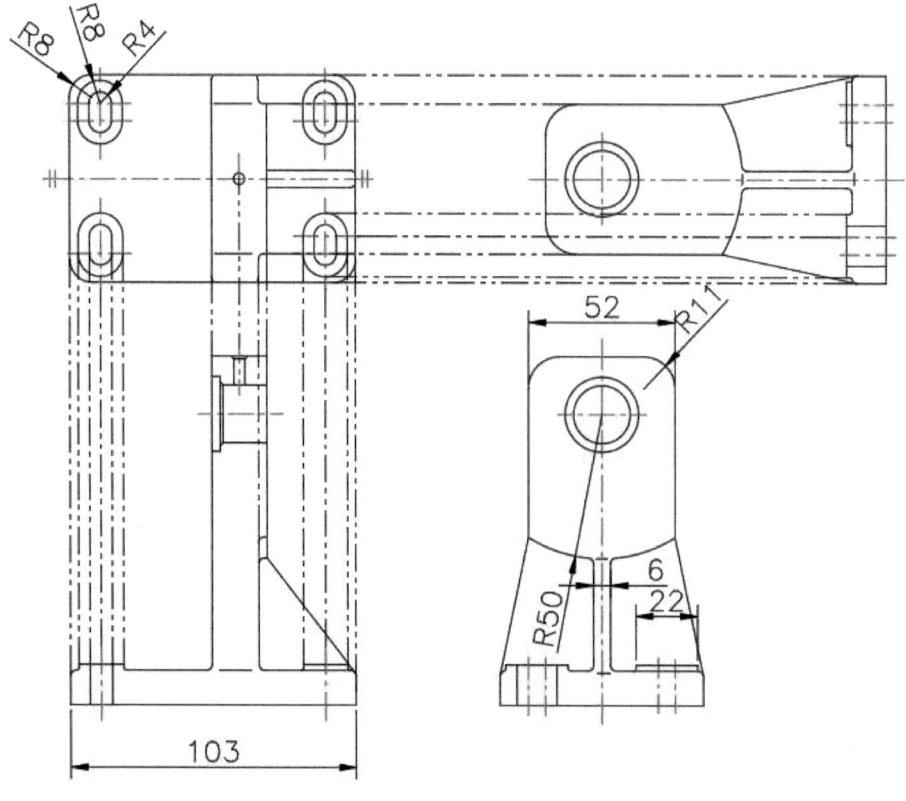

[그림 59] 하우징_5단계

정면도와 우측면도가 완성되면 우측면도를 90도 방향으로 회전하여 평면도를 작성해 보자.

3차원으로 모델링하기 위해서는 돌출되는 부분의 형상을 BOUNDARY를 활용하여 그룹 단위로 묶어 준다.

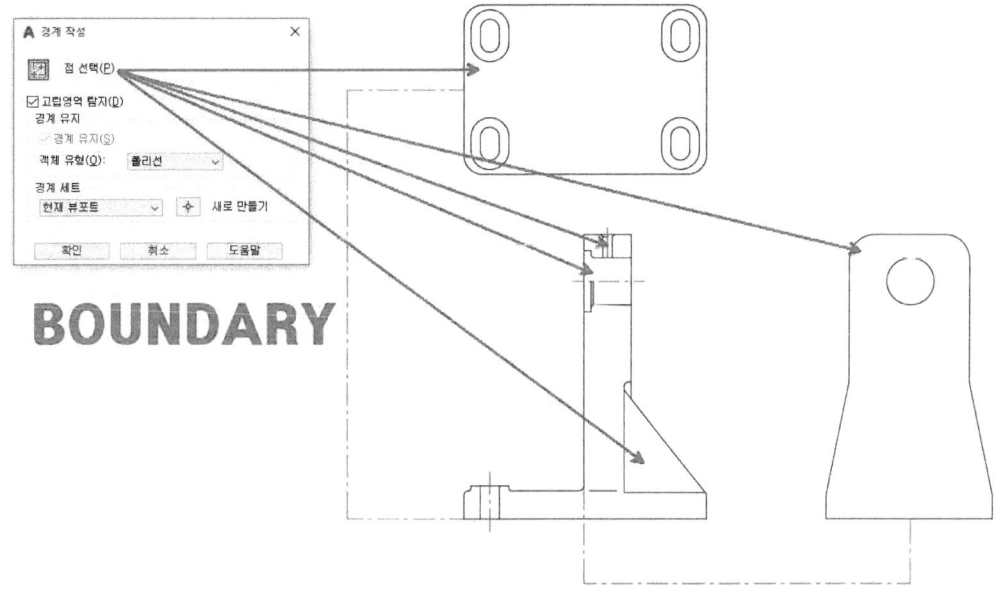

[그림 60] 하우징_6단계

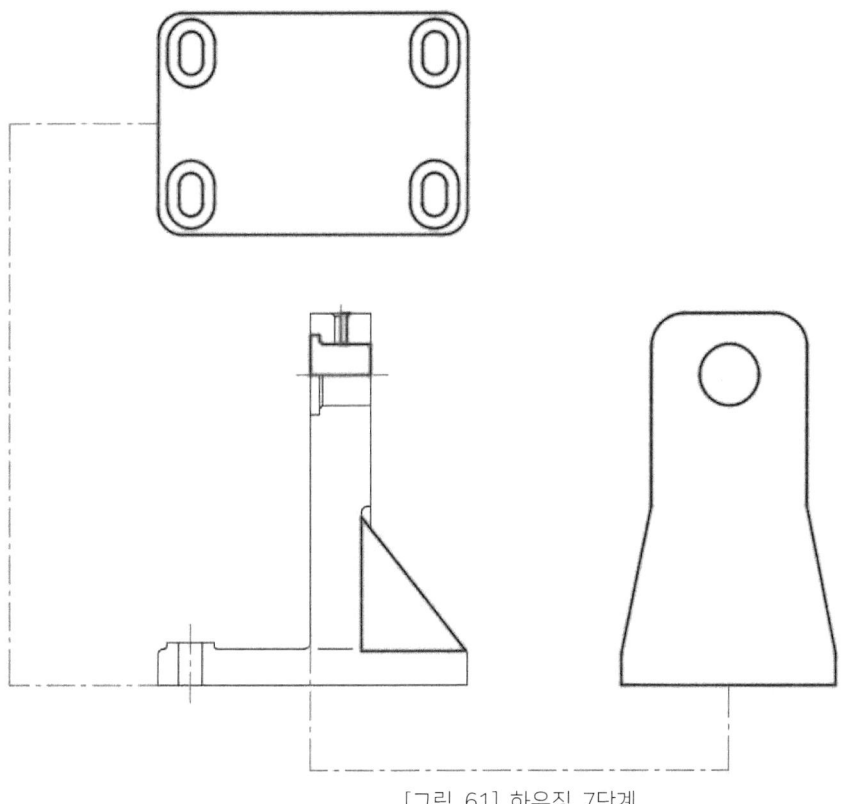

[그림 61] 하우징_7단계

[그림 62]부터 [그림 66]은 각각의 형상을 돌출 및 제거와 합치거나 회전하여 위치 조정 등 3차원 모델링 과정을 보여 주고 있다.

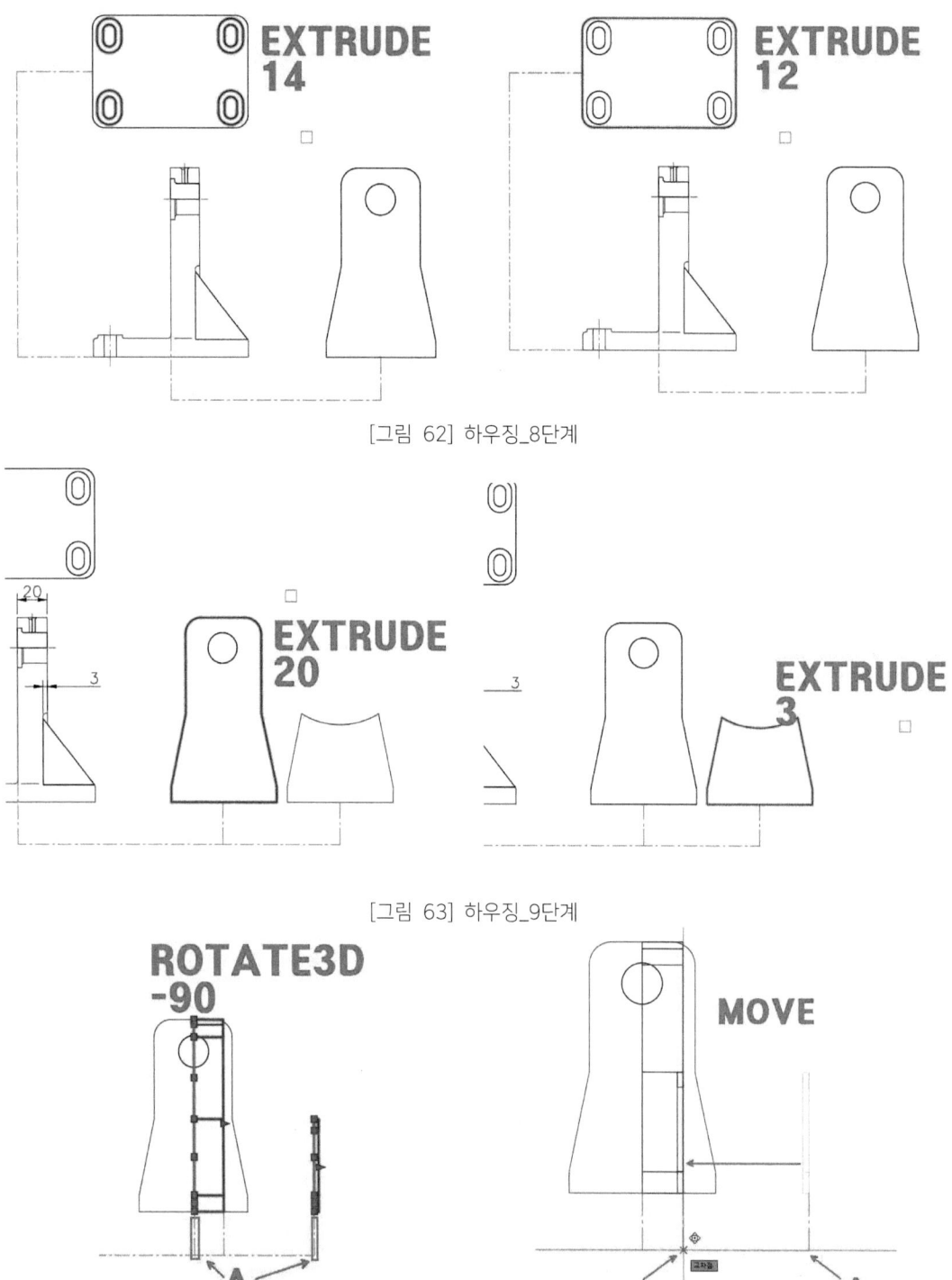

[그림 62] 하우징_8단계

[그림 63] 하우징_9단계

[그림 64] 하우징_10단계

Chapter 05. AutoCAD 3D 모델링 기초와 예제 및 과제 도면

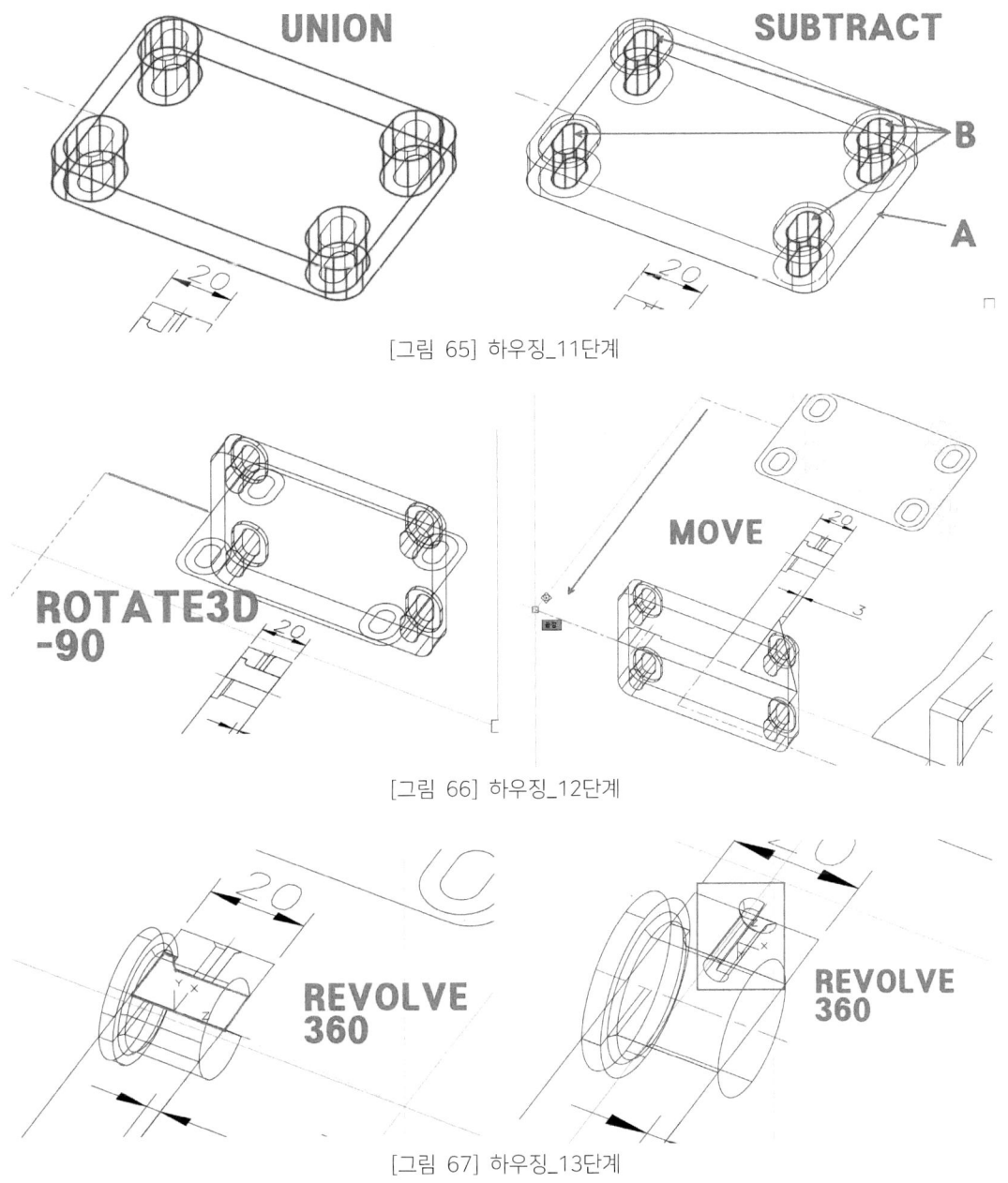

[그림 65] 하우징_11단계

[그림 66] 하우징_12단계

[그림 67] 하우징_13단계

[그림 67]에 나타난 회전 돌출되는 형상 중 지름 4mm인 원통은 지름 20mm인 원통 부분을 완전히 제거하기 위해서는 조금 더 길게 형상을 수정하여 회전 돌출시켜야 한다.

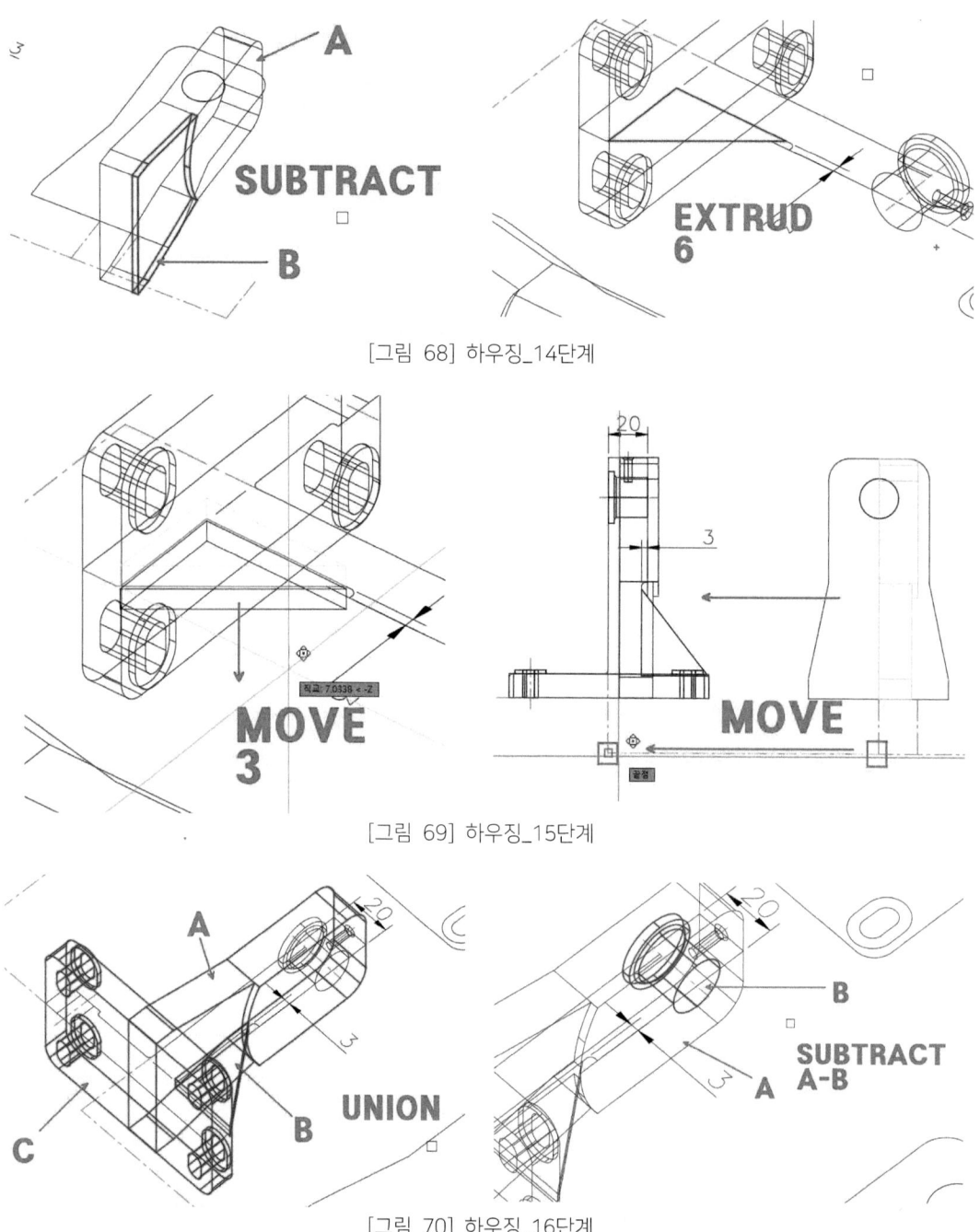

[그림 68] 하우징_14단계

[그림 69] 하우징_15단계

[그림 70] 하우징_16단계

형상 돌출된 것들을 합치기 위한 위치점들을 중심선으로 표현하여 위치 조정 시 어렵지 않도록 하며 합칠 것들과 빼내어야(제거) 할 것들을 잘 구분하여 작업하도록 한다.

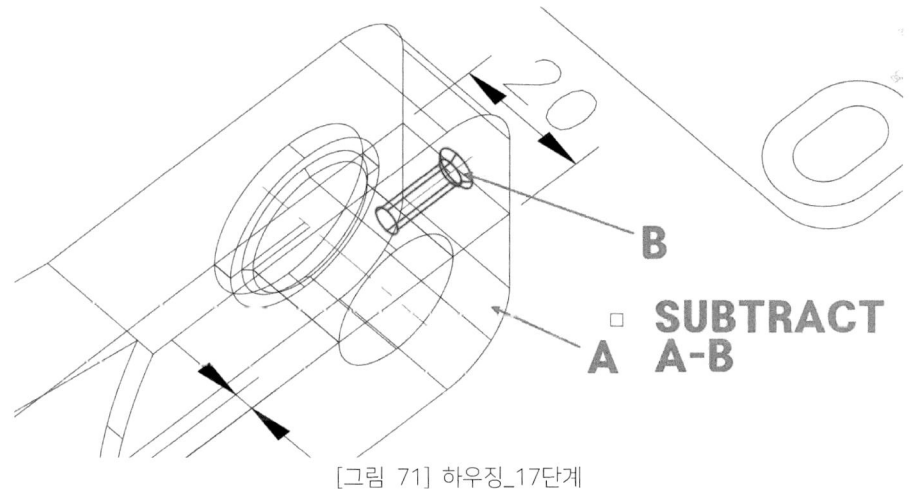

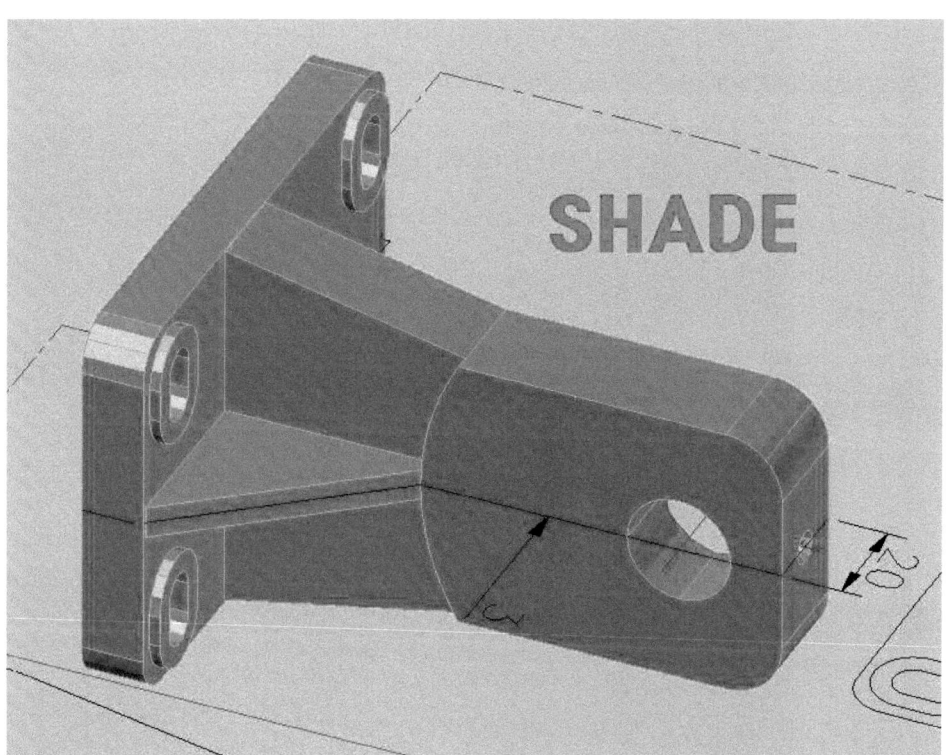

[그림 71] 하우징_17단계

B

☐ SUBTRACT
A A-B

SHADE

[그림 72] 하우징_18단계

작업이 완성된 3차원 형상을 2D 와이어 프레임으로 보이는 것을 SHADE 명령을 활용하여 입체
적으로 표현해 본다.

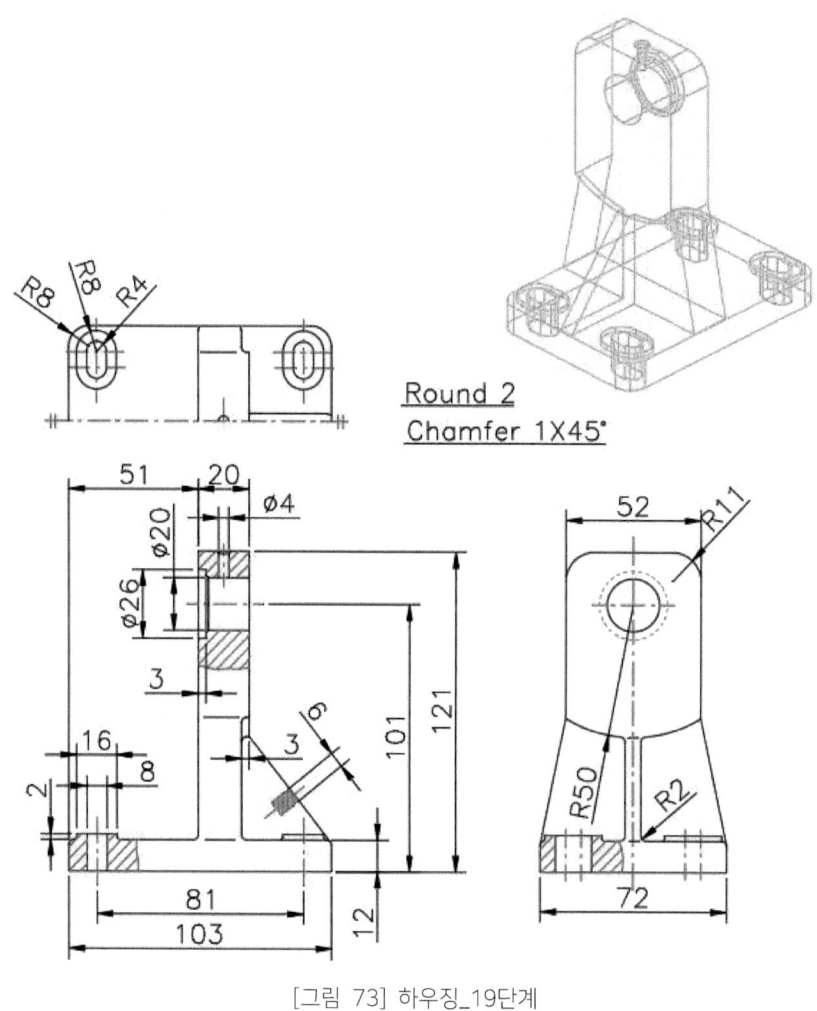

Round 2
Chamfer 1X45°

[그림 73] 하우징_19단계

전체 도면 작업이 완성되면 치수 및 3차원 모델링을 등각도로 표현하여 우측 상단에 배치하여 마무리 작업을 해 본다.

다음의 V벨트 풀리를 작도하여 보자.

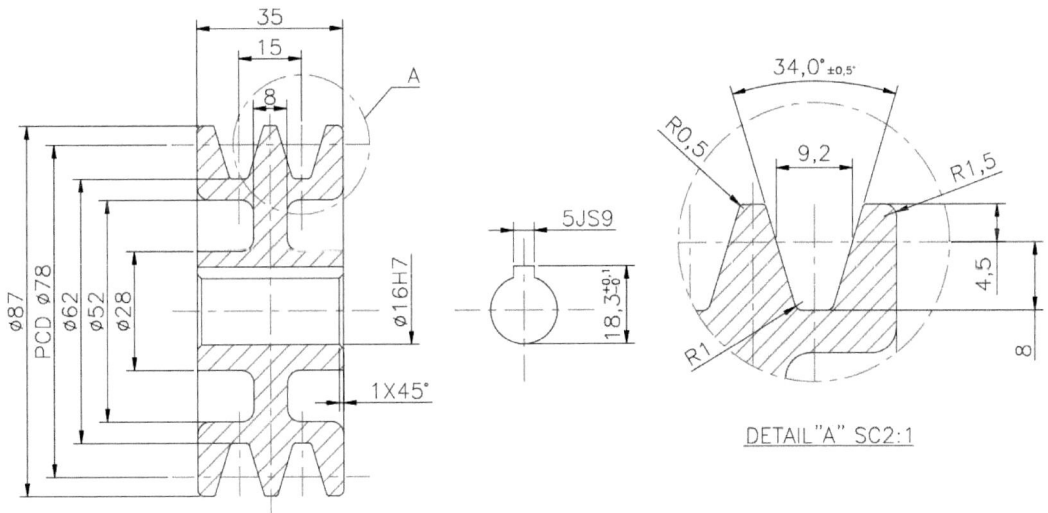

[그림 74] V벨트 풀리

V벨트 풀리 작도를 하면서 KS 규격집에 나타난 호칭 치수를 확인하여 작도해 본다.

40. V 벨트 풀리

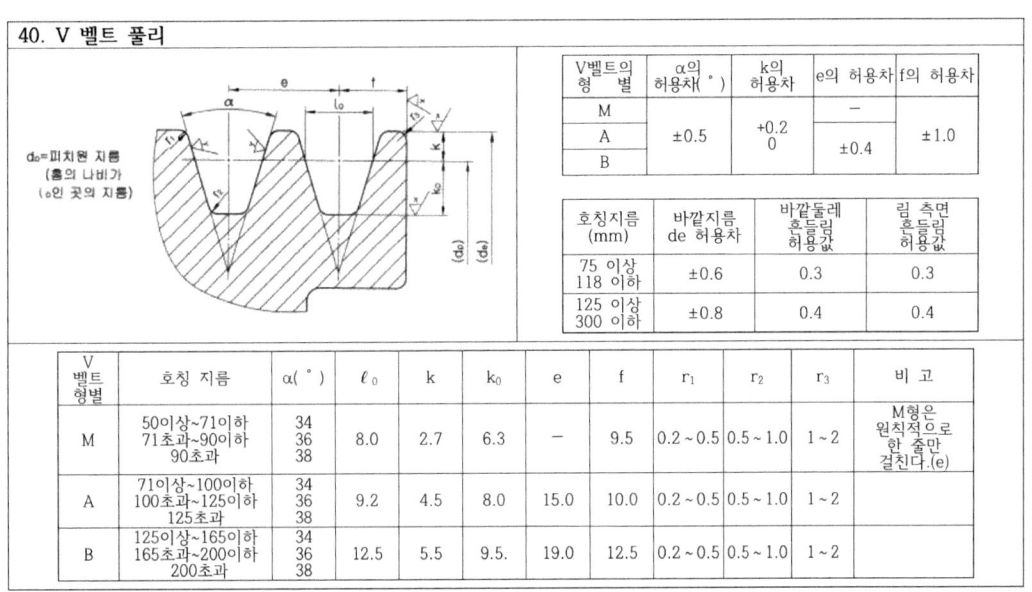

V벨트의 형 별	α의 허용차(˚)	k의 허용차	e의 허용차	f의 허용차
M			—	
A	±0.5	+0.2 0	±0.4	±1.0
B				

호칭지름 (mm)	바깥지름 de 허용차	바깥둘레 흔들림 허용값	림 측면 흔들림 허용값
75 이상 118 이하	±0.6	0.3	0.3
125 이상 300 이하	±0.8	0.4	0.4

V 벨트 형별	호칭 지름	α(˚)	ℓ_0	k	k_0	e	f	r_1	r_2	r_3	비 고
M	50이상~71이하 71초과~90이하 90초과	34 36 38	8.0	2.7	6.3	—	9.5	0.2 ~ 0.5	0.5 ~ 1.0	1 ~ 2	M형은 원칙적으로 한 줄만 걸친다.(e)
A	71이상~100이하 100초과~125이하 125초과	34 36 38	9.2	4.5	8.0	15.0	10.0	0.2 ~ 0.5	0.5 ~ 1.0	1 ~ 2	
B	125이상~165이하 165초과~200이하 200초과	34 36 38	12.5	5.5	9.5.	19.0	12.5	0.2 ~ 0.5	0.5 ~ 1.0	1 ~ 2	

출처: 한국산업인력공단

[그림 75] V벨트 풀리 KS 규격집

다음의 도면 축 1을 보고 작도하여 보자.

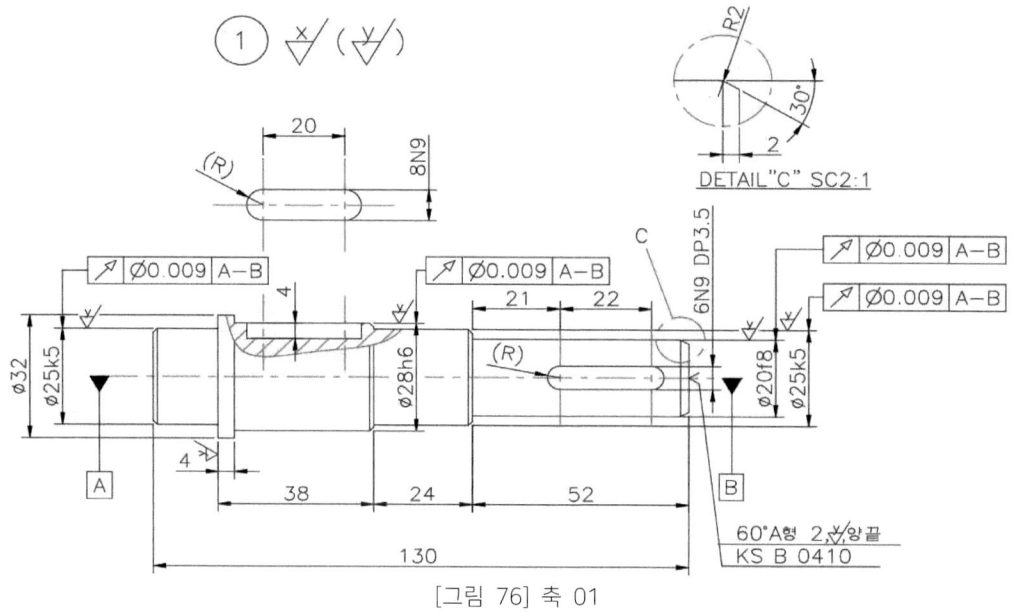

[그림 76] 축 01

공차 적용에 여러 가지 형상공차에서 수치 값을 KS 규격집을 활용하여 작도해 본다.

2. 끼워 맞춤 공차

기준 구멍	축의 공차역 클래스									
	헐거운		중간				억지			
H6		g5	h5	js5	k5	m5				
	f6	g6	h6	js6	k6	m6	n6	p6		
H7	f6	g6	h6	js6	k6	m6	n6	p6	r6	
	f7		h7	js7						
H8	f7		h7							
	f8		h8							

기준 축	구멍의 공차역 클래스									
	헐거운		중간				억지			
h5			H6	JS6	K6	M6	N6	P6		
h6	F6	G6	H6	JS6	K6	M6	N6	P6		
	F7	G7	H7	JS7	K7	M7	N7	P7	R7	
h7	F7		H7							
	F8		H8							
h8	F8		H8							

3. IT 공차   단위 : μm

치수 등급 초과	이하	IT4 4급	IT5 5급	IT6 6급	IT7 7급
-	3	3	4	6	10
3	6	4	5	8	12
6	10	4	6	9	15
10	18	5	8	11	18
18	30	6	9	13	21
30	50	7	11	16	25
50	80	8	13	19	30
80	120	10	15	22	35
120	180	12	18	25	40
180	250	14	20	29	46
250	315	16	23	32	52
315	400	18	25	36	57
400	500	20	27	40	63

출처: 한국산업인력공단

[그림 77] KS 규격집

다음의 도면 축 2를 보고 작도하여 보자.

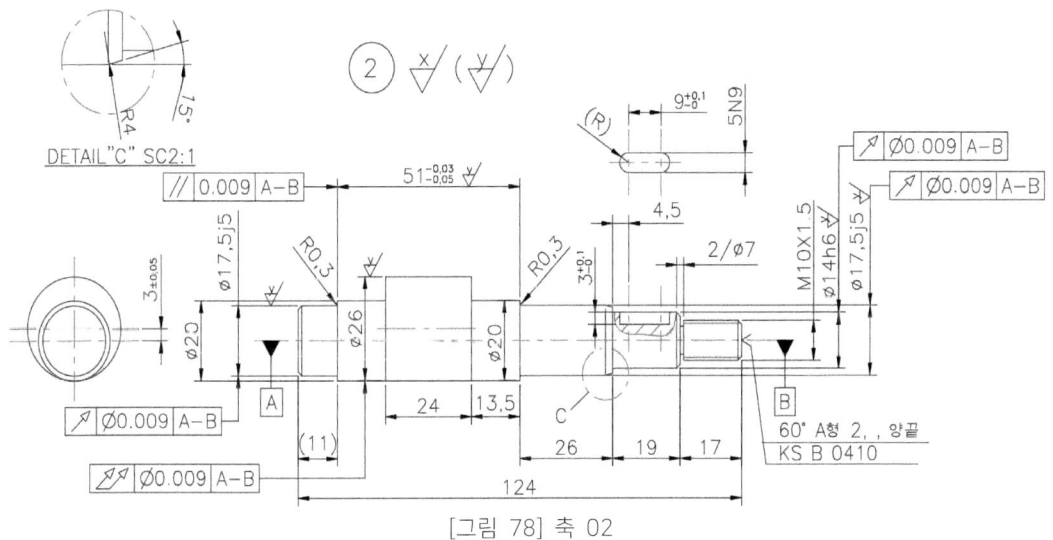

[그림 78] 축 02

축 작도 후 치수를 적용하고자 할 때 기하공차 적용과 끼워맞춤 적용 및 표면거칠기 기호를 어디에 적용해야 하는지에 대하여 기준을 만들어 보고자 한다.

첫 번째는 끼워맞춤에 대한 부분은 상대 부품과 접촉되는 부위에 적용하면 될 것이다. 또한, 동작성이나 힘의 작용 및 조립성과 밀접한 관계가 있다.
두 번째는 끼워맞춤이 적용되었다면 당연히 형상공차도 적용되어야 구동부나 동작성이 있는 부위가 제대로 기능을 발휘할 것이며, 또한 표면 정밀도가 높아야 하기에 표면거칠기 값이 높아야 할 것이다.

그렇다면 공식을 만든다면 공차 적용이나 끼워맞춤 적용이 되는 부분에는 표면거칠기가 적용되고 형상공차까지 같이 적용이되는 부위라고 생각하면 될 것이다.

제일 중요한 것은 작도하고 있는 제품에 대한 구조나 원리 사용 용도에 대한 내용을 정확하게 파악을 하는 것이 중요하고, 제품에 대한 기준이 정확히 잡혀 있어야 제대로 된 도면이 작도될 것이다.

과제명: 1. 크랭크 구동 구조

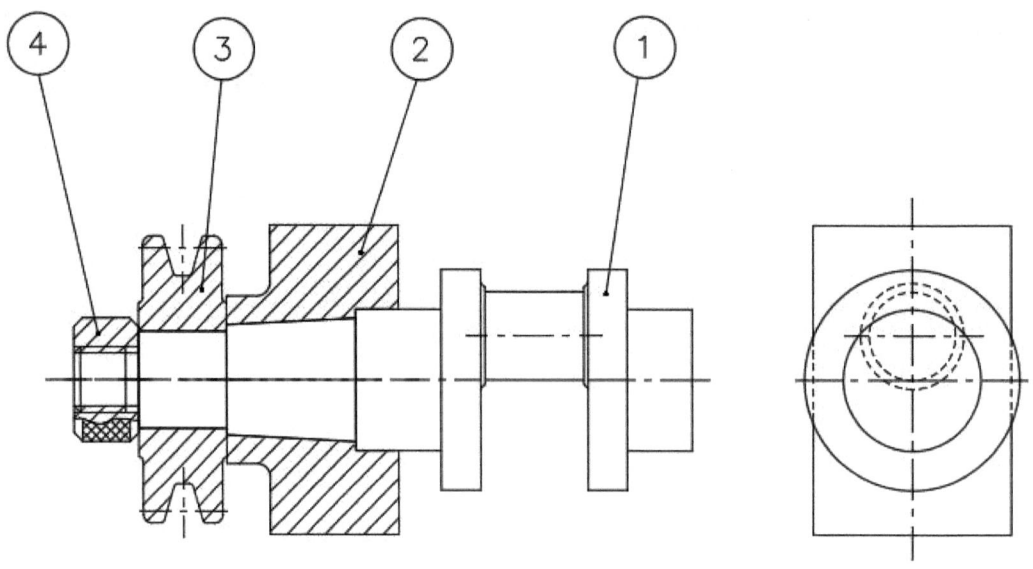

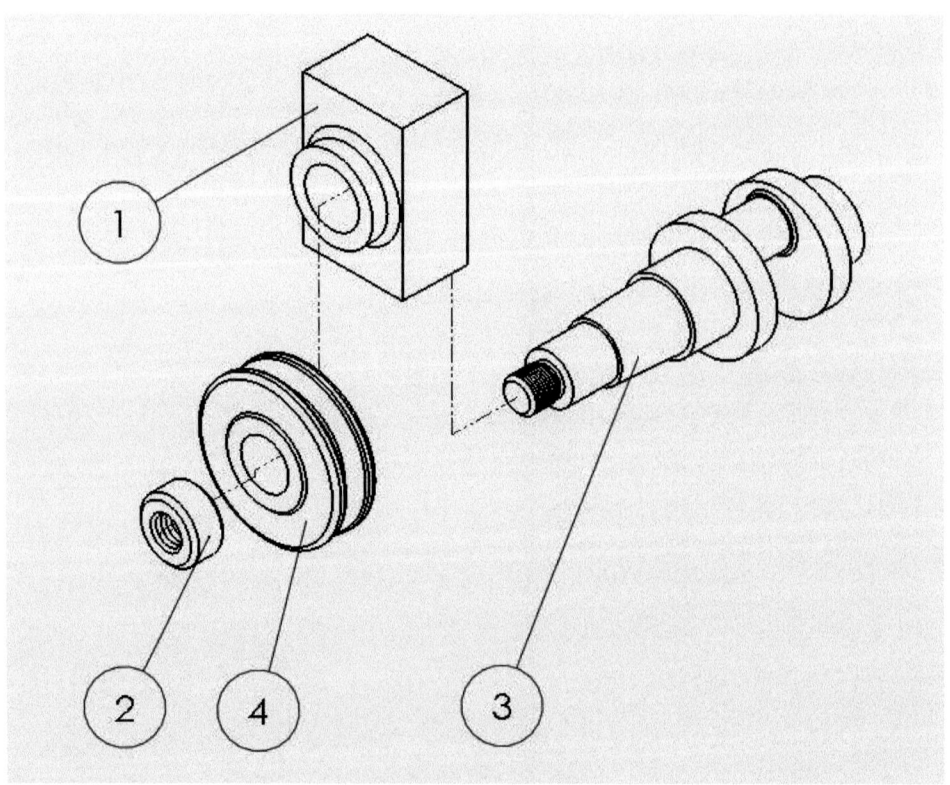

[그림 79] 크랭크 구동 구조

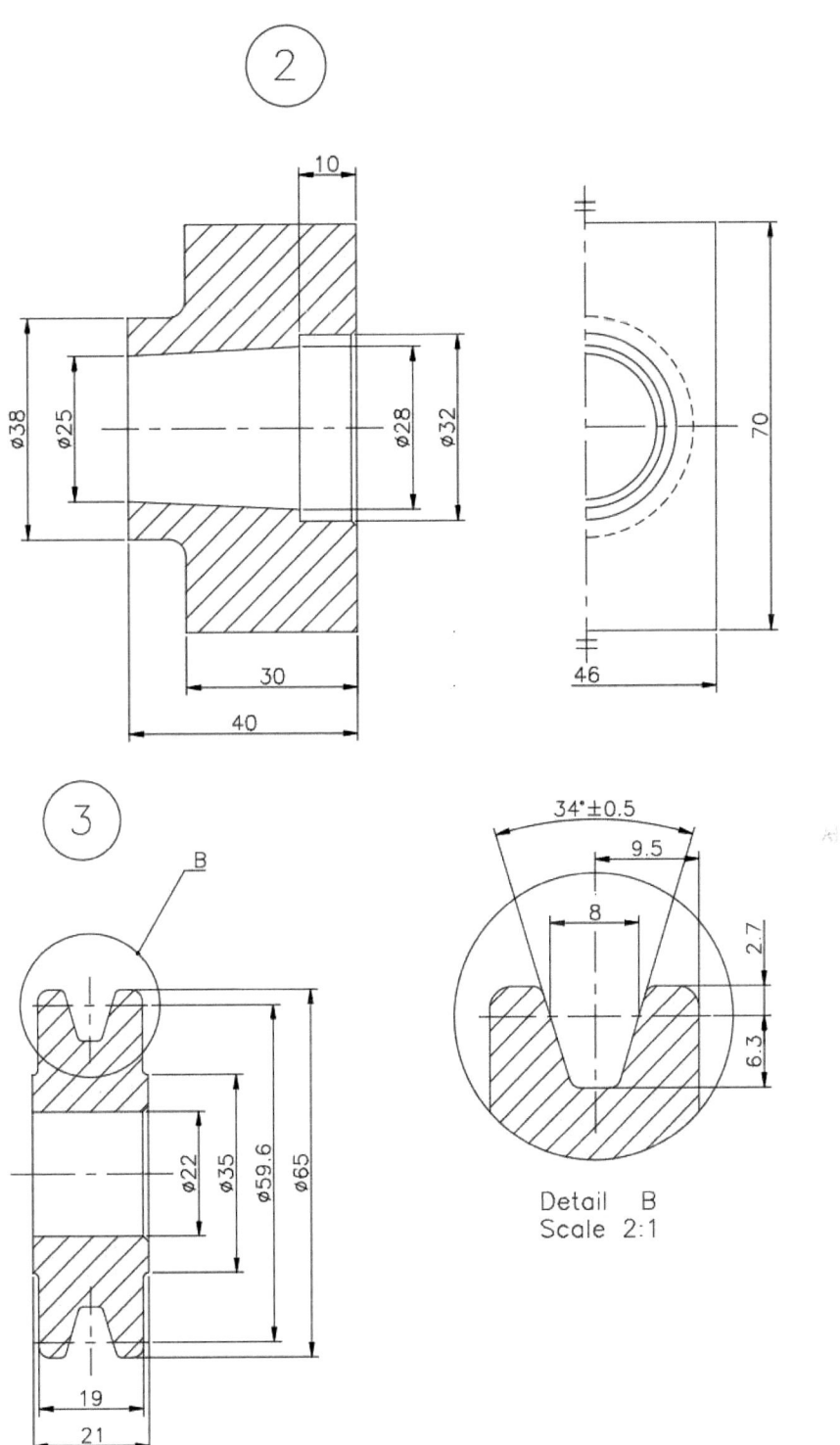

[그림 80] 슬리브와 벨트 풀리

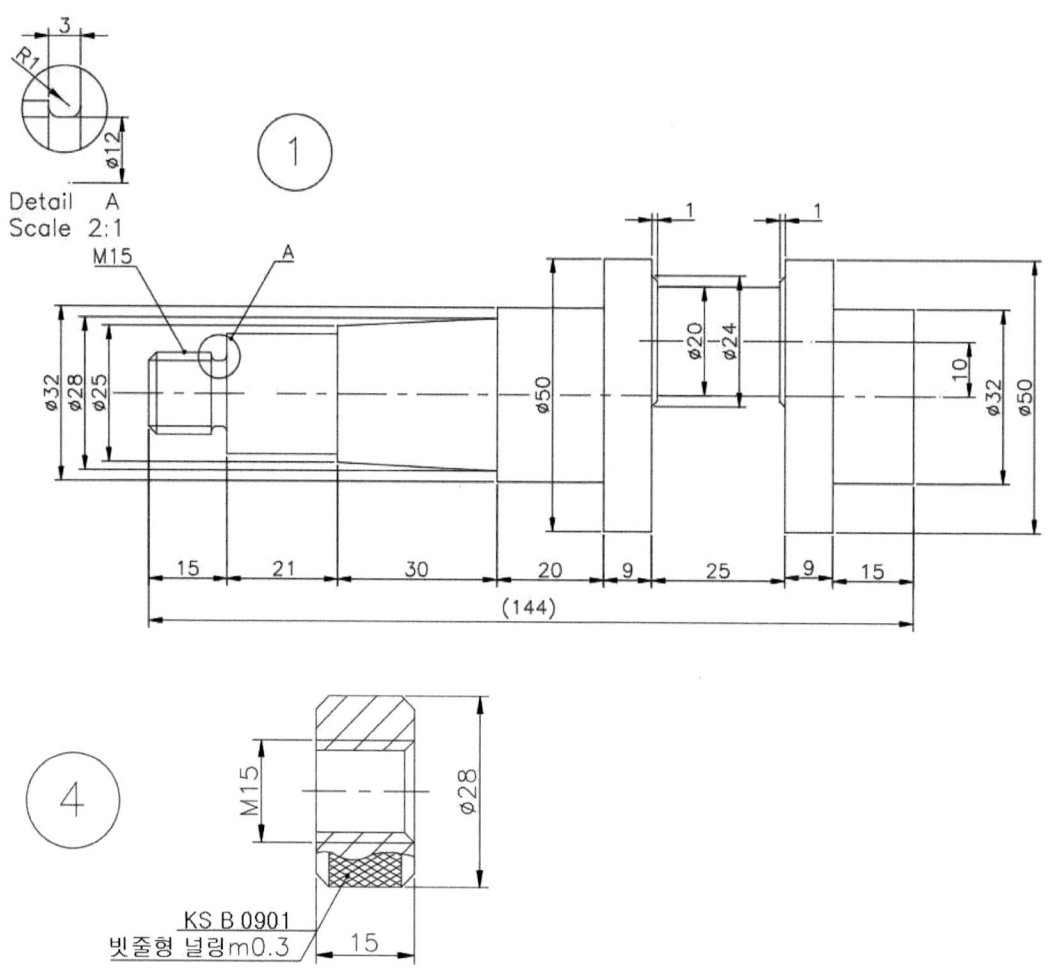

Detail A
Scale 2:1

[그림 81] 크랭크축과 너트

과제명: 2. 평벨트 구동장치

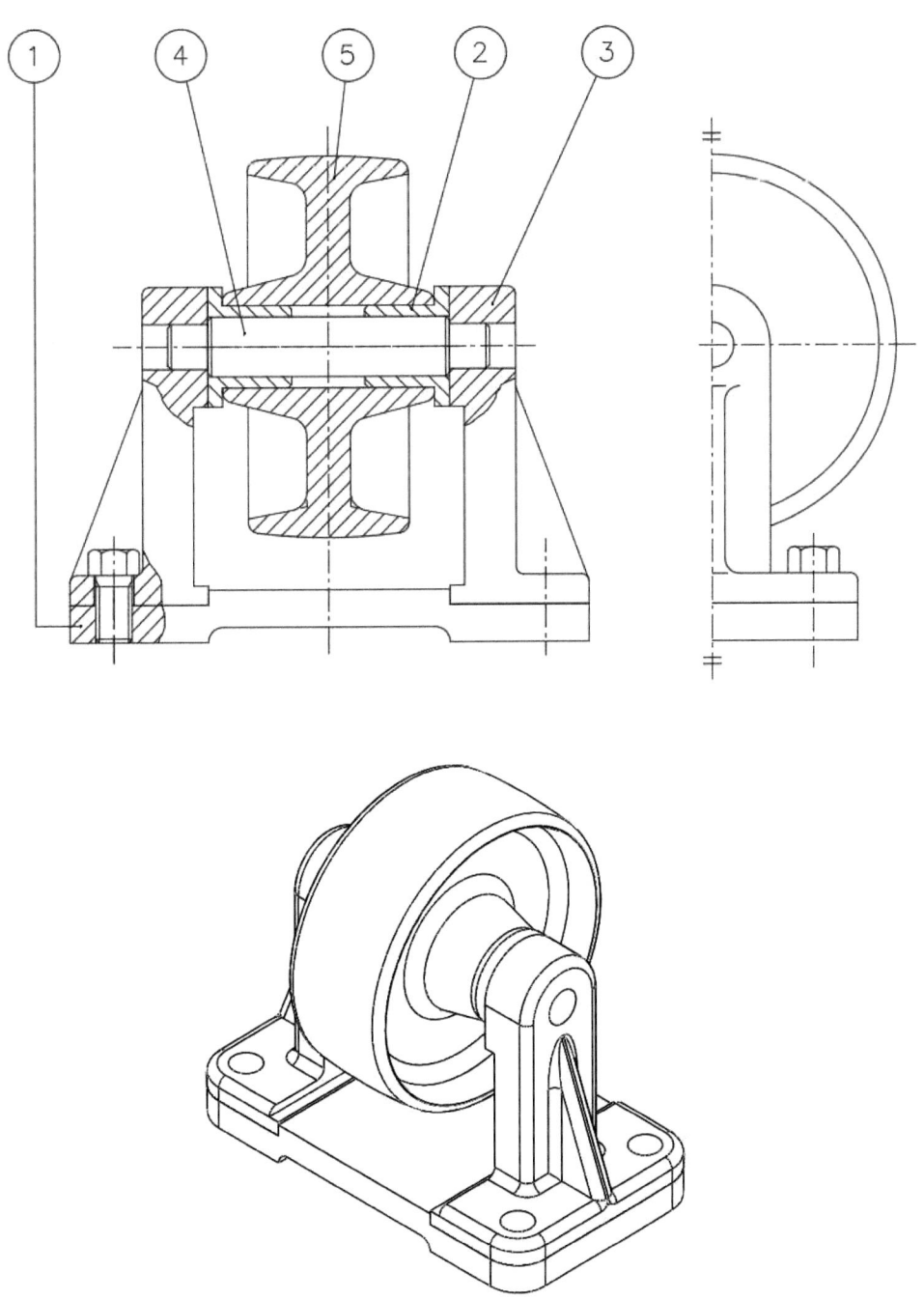

[그림 82] 평벨트 구동장치

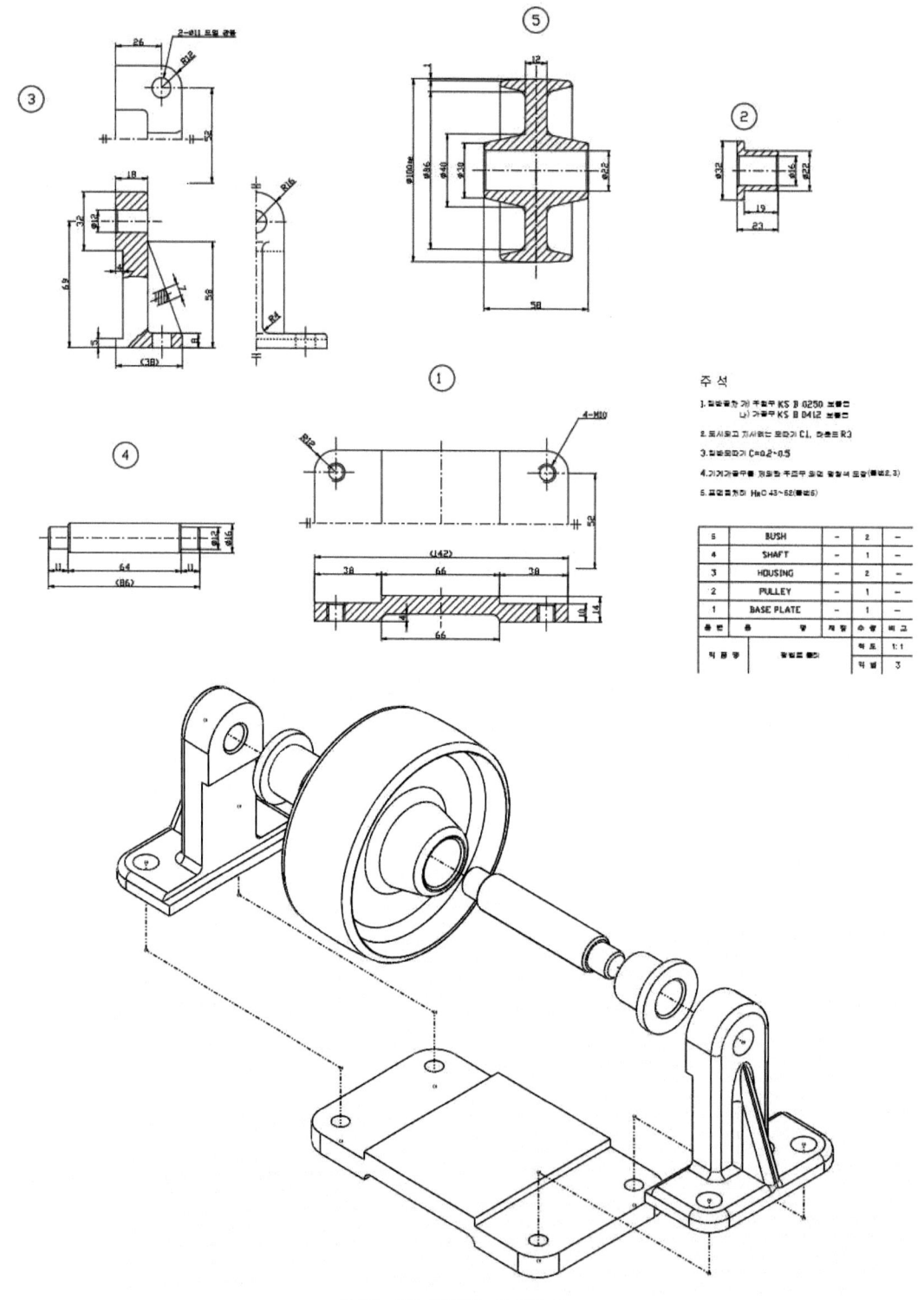

[그림 83] 평벨트 구동장치

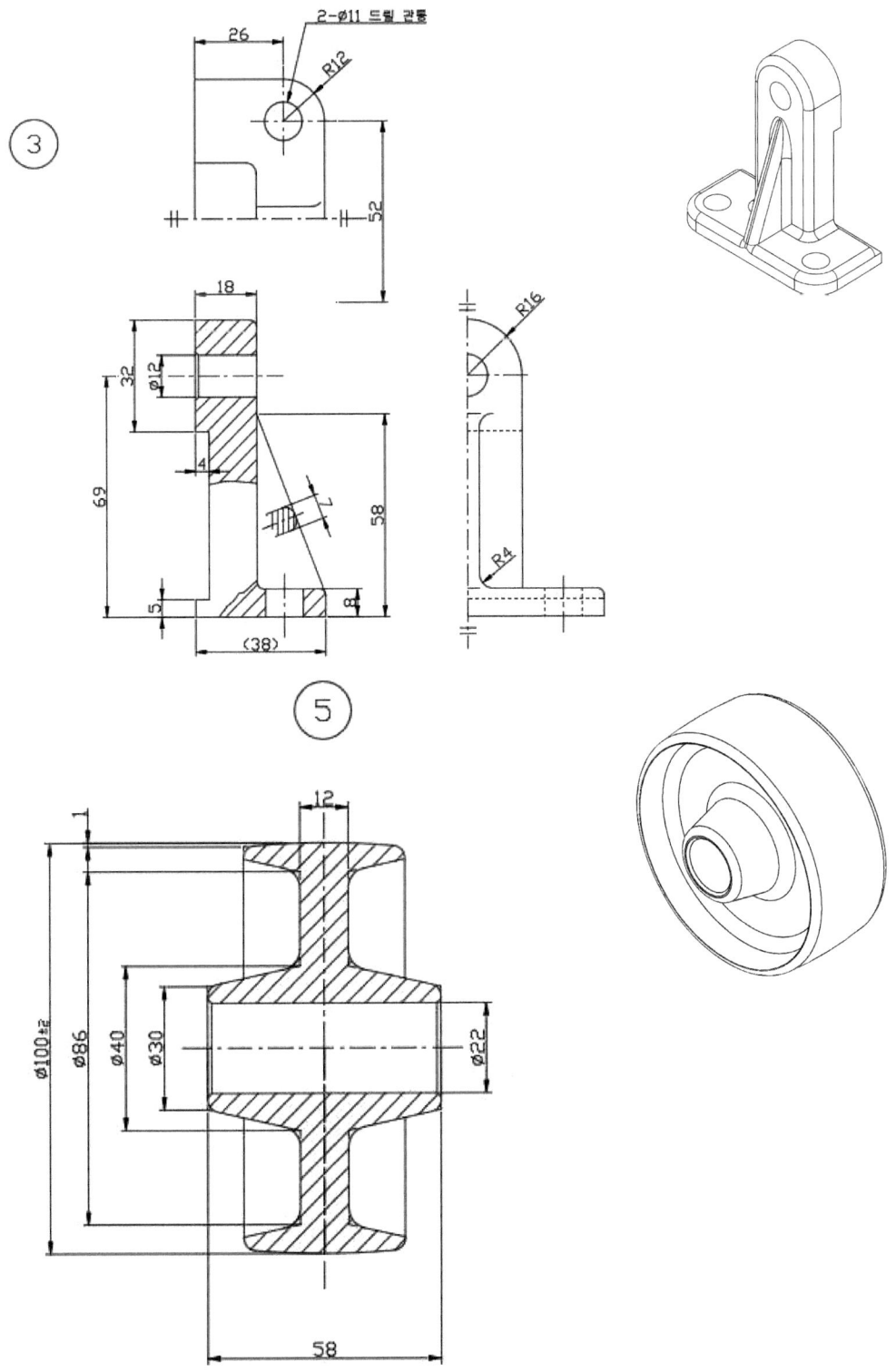

③

2-Ø11 드릴 관통

26

R12

52

18

32

Ø12

4

69

7

58

(38)

5

8

R16

R4

⑤

12

1

Ø100±2

Ø86

Ø40

Ø30

Ø22

58

[그림 84] 하우징과 풀리

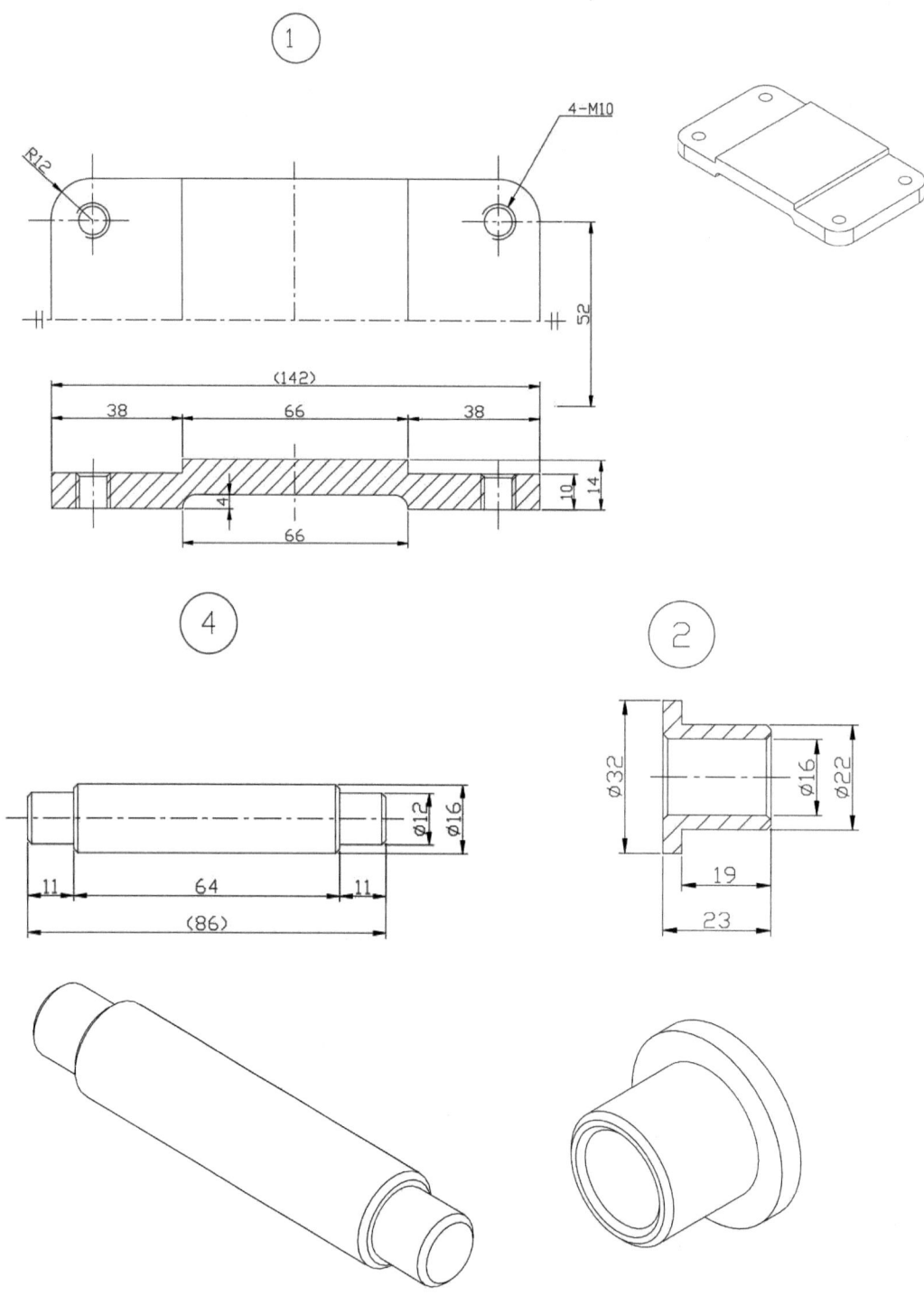

[그림 85] 베이스와 축 그리고 부쉬

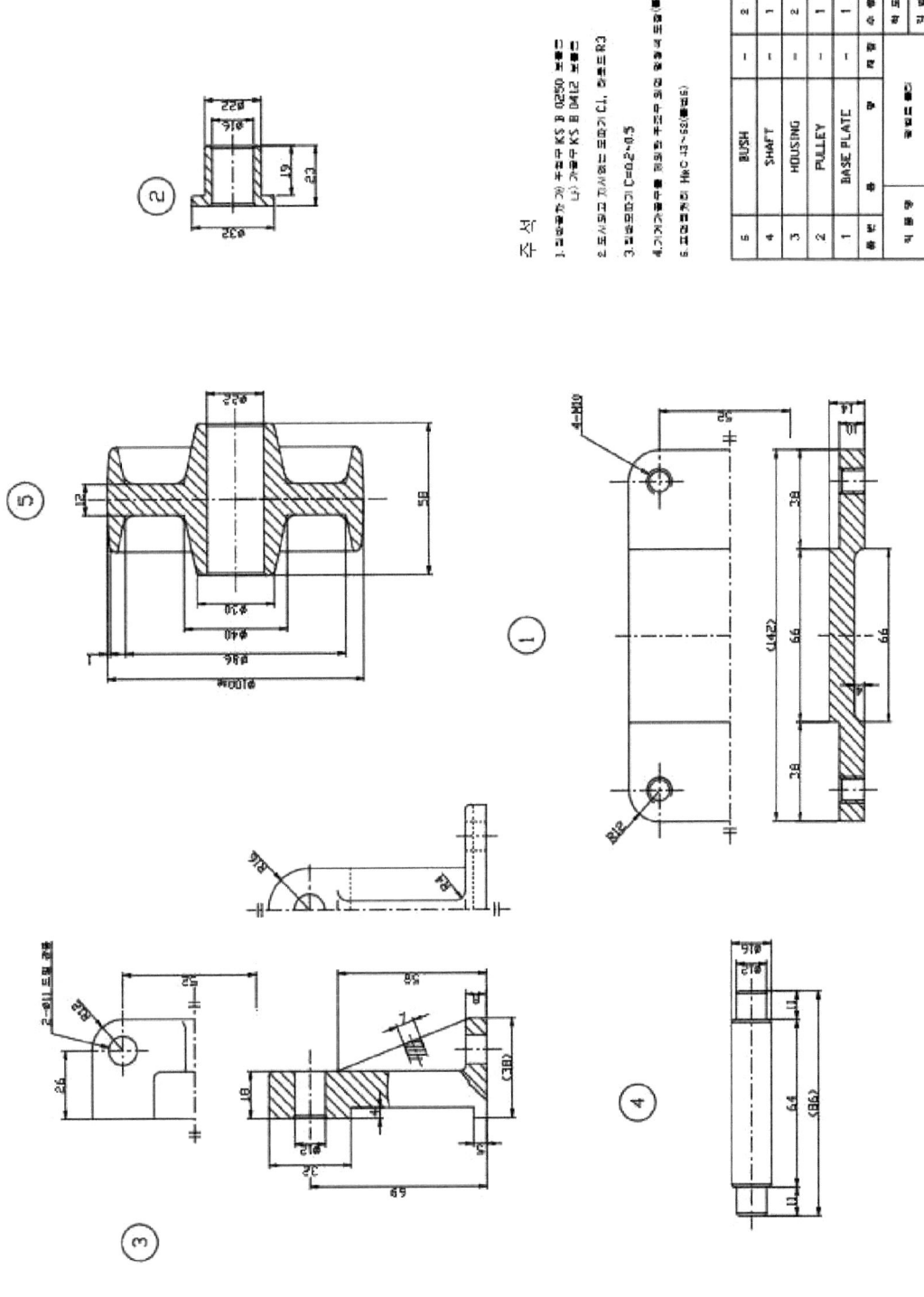

[그림 86] 완성된 전체 부품 도면

과제명: 편심구동 펌프

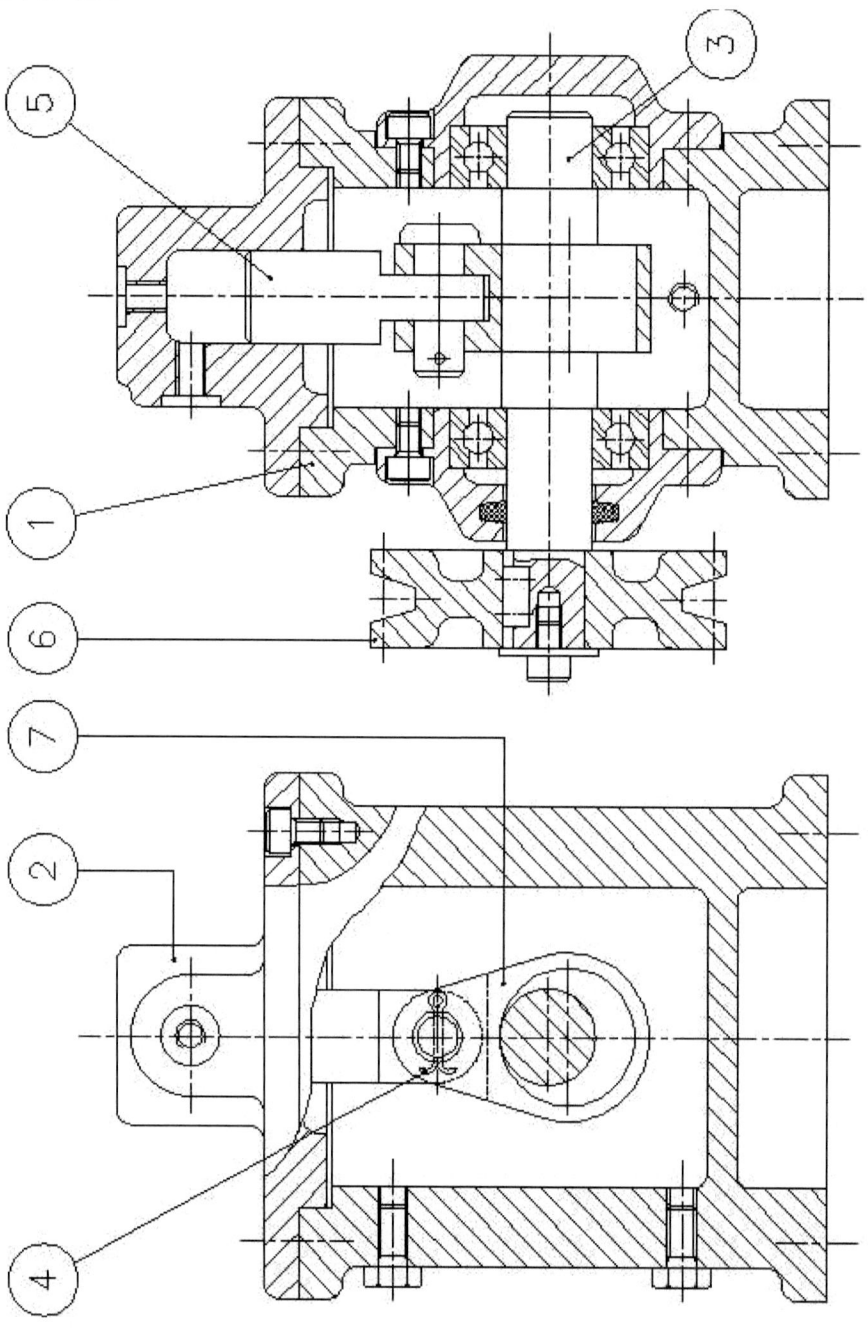

[그림 87] 편심구동 펌프 조립도

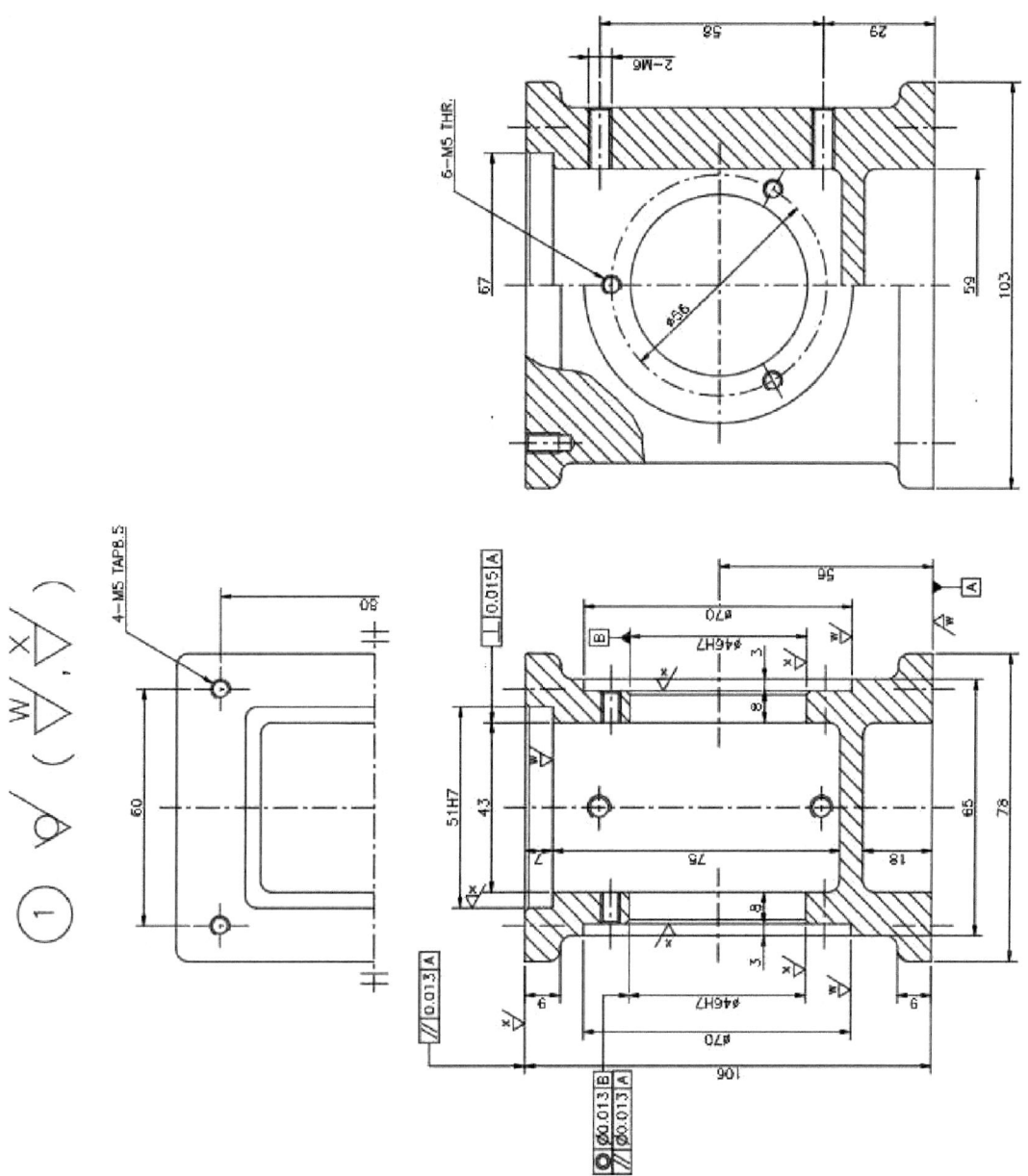

[그림 88] 편심구동 펌프 부품 1

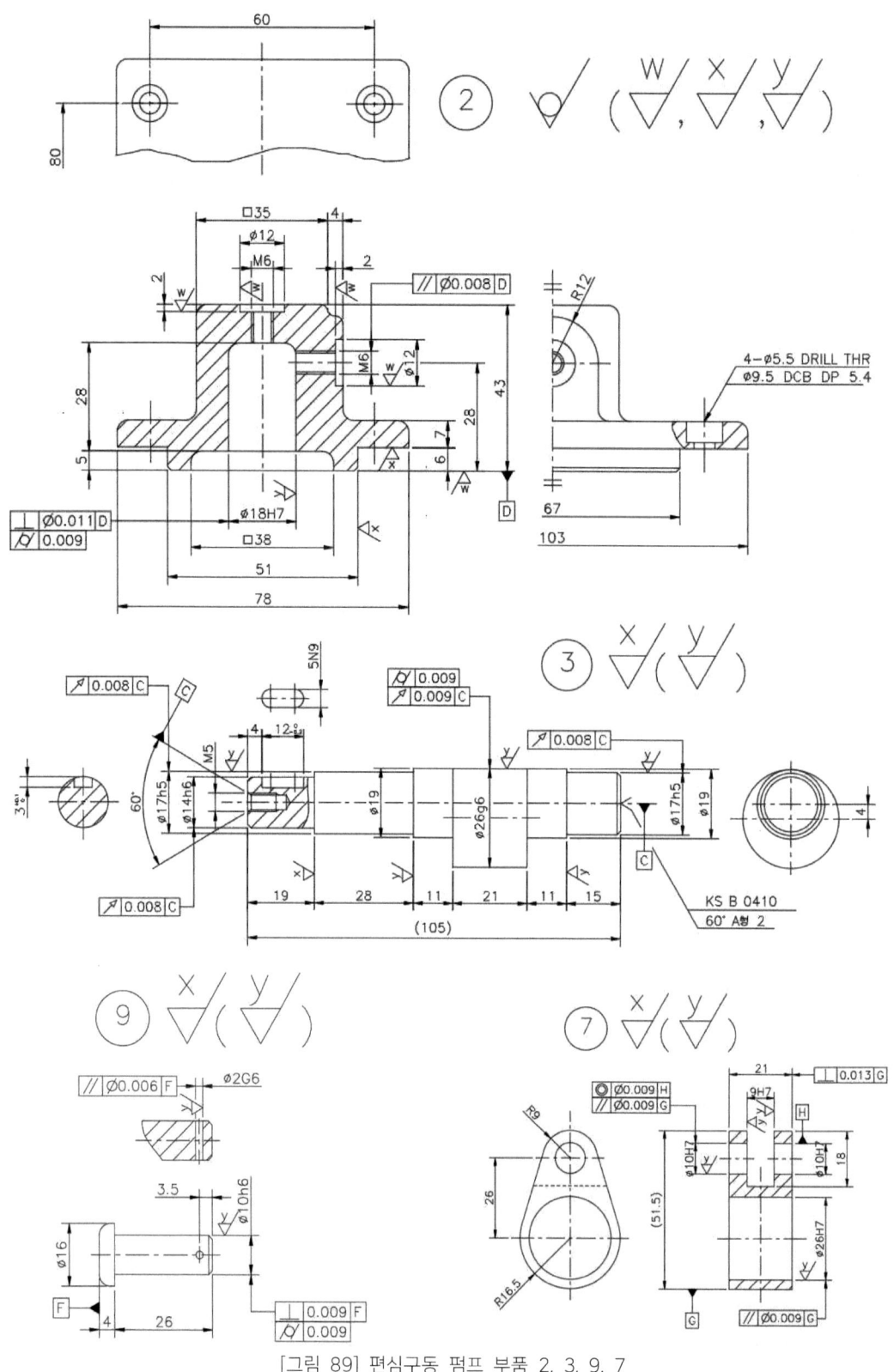

[그림 89] 편심구동 펌프 부품 2, 3, 9, 7

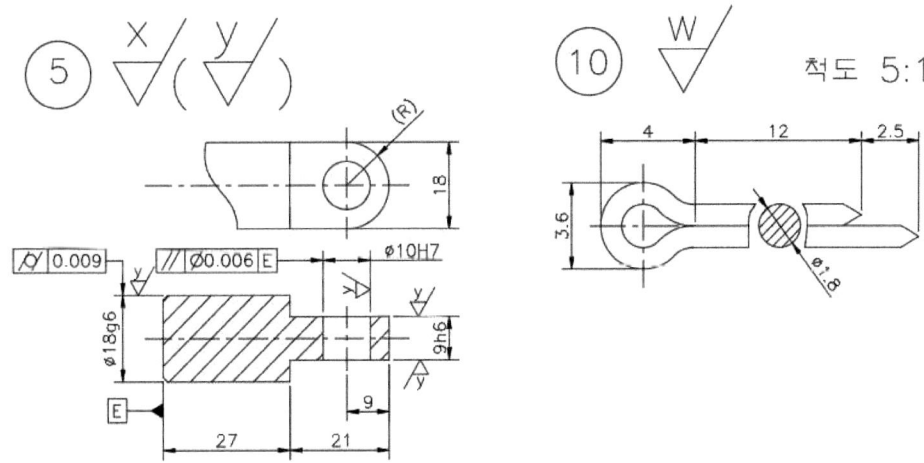

[그림 90] 편심구동 펌프 부품 5, 10

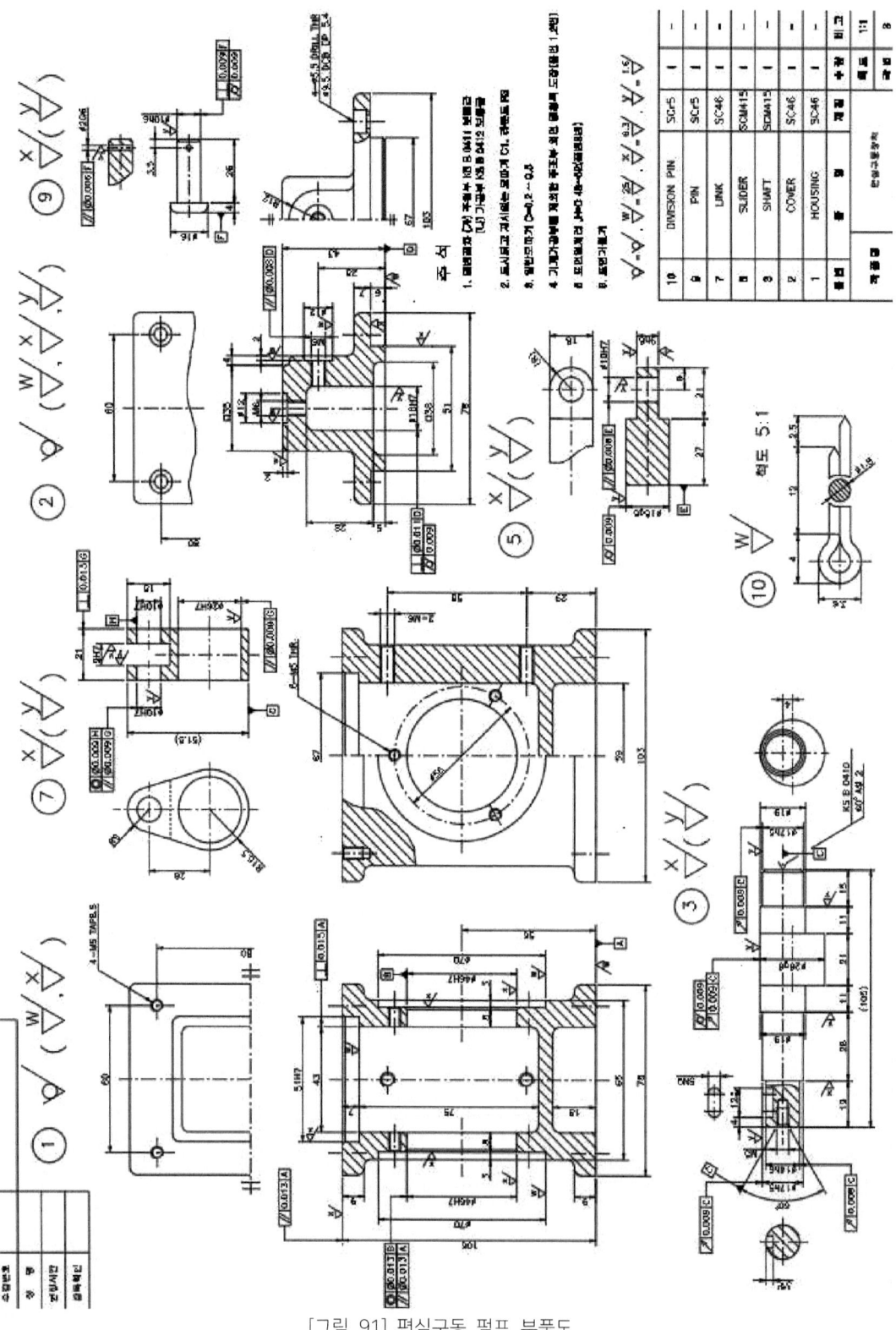

[그림 91] 편심구동 펌프 부품도

과제명: 기어박스

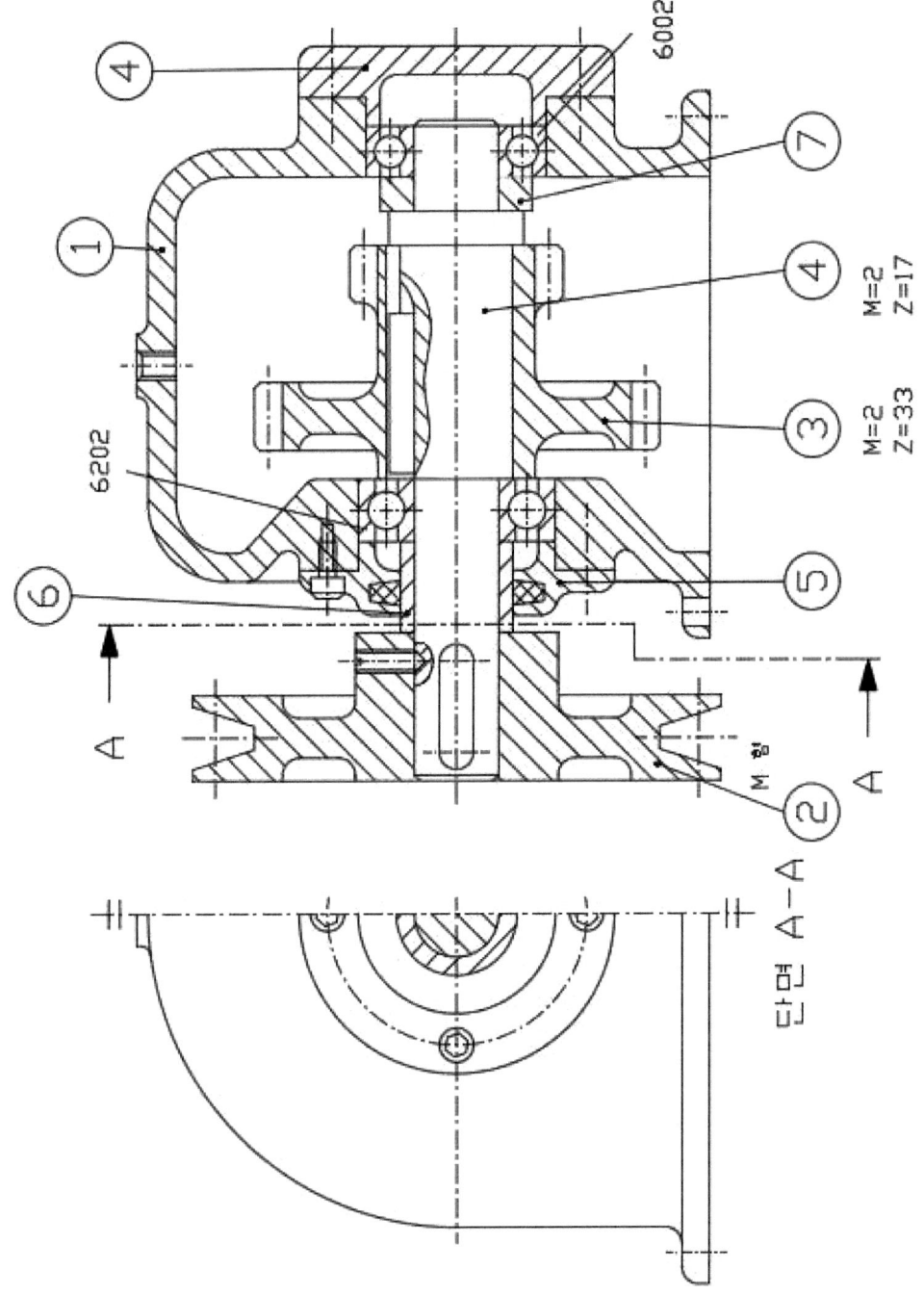

[그림 92] 기어박스 조립도

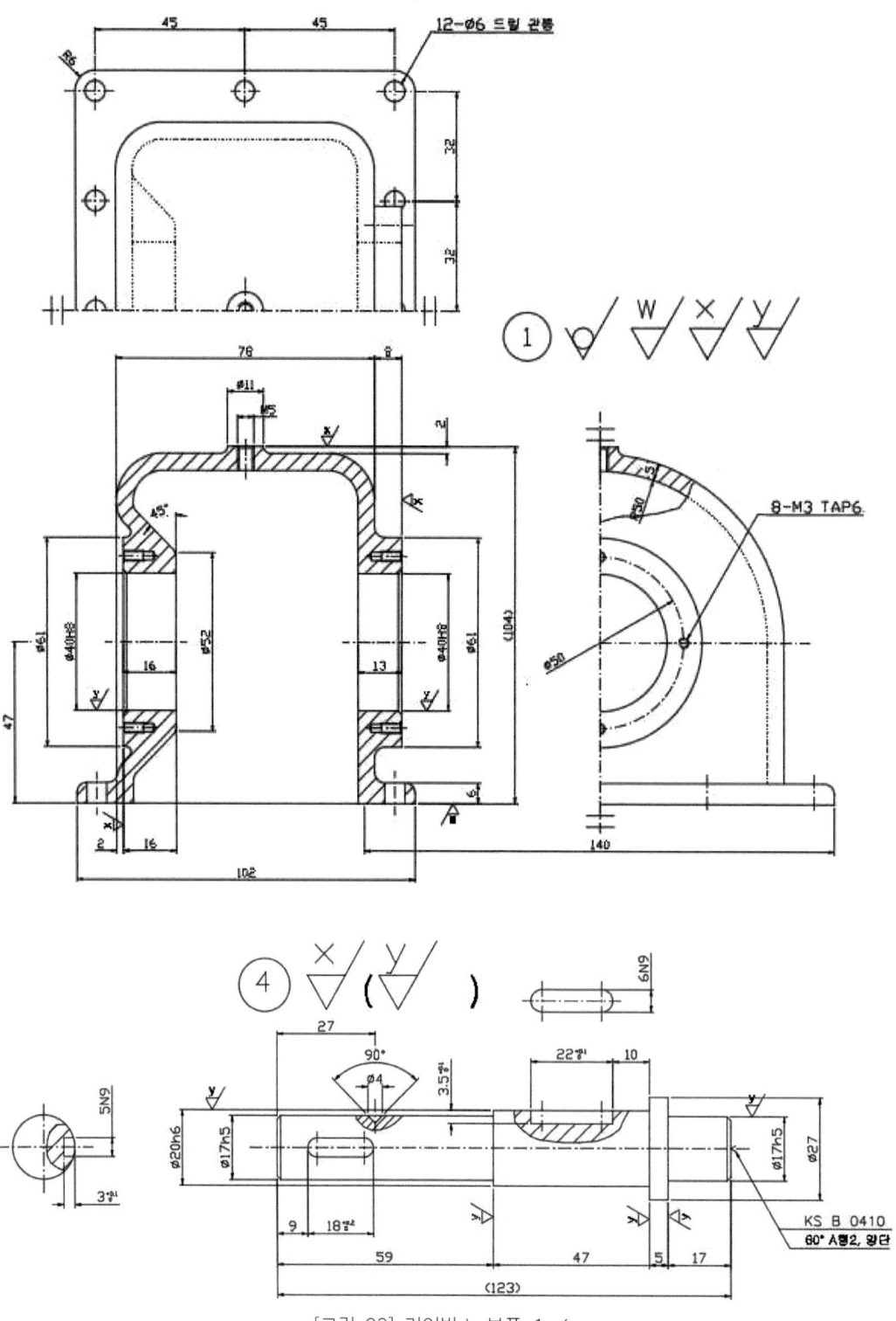

[그림 93] 기어박스 부품 1, 4

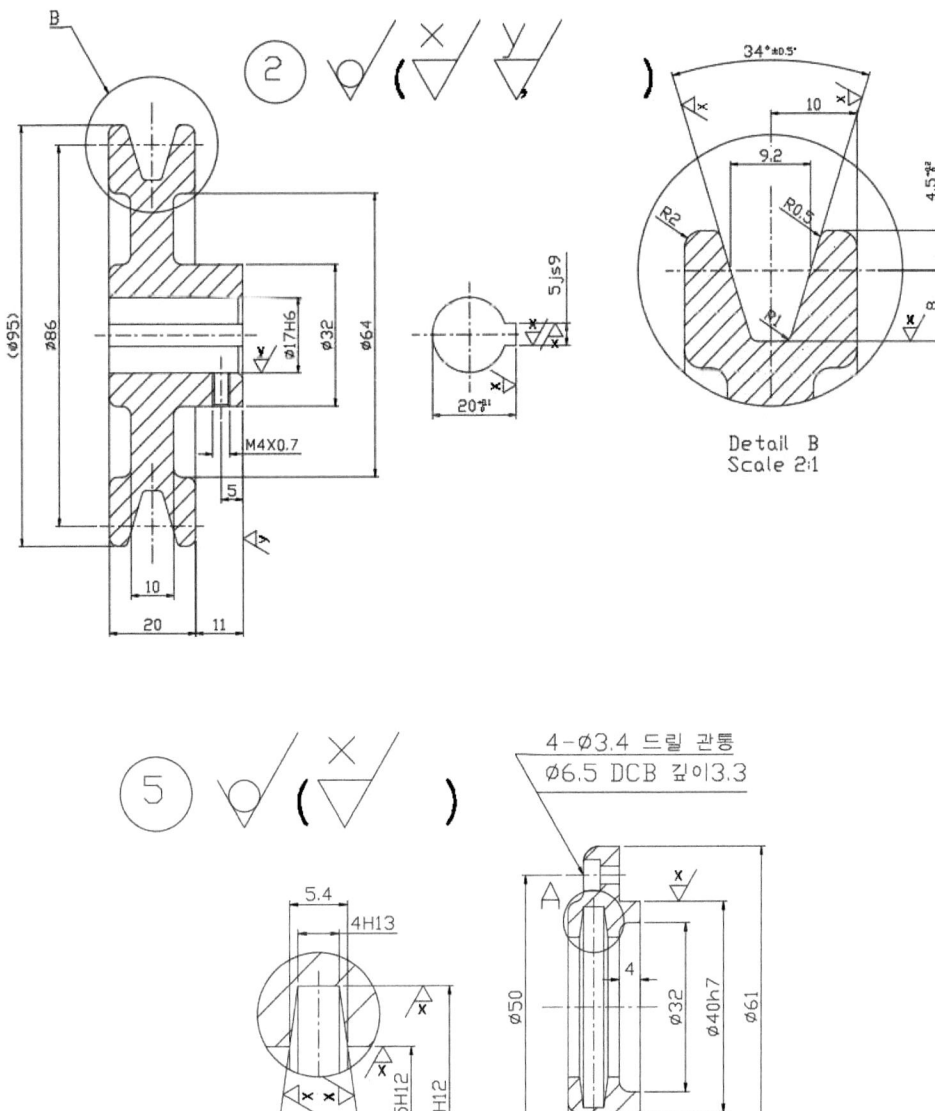

[그림 94] 기어박스 부품 2, 5

참고문헌

한국산업인력공단 _ 기계제도실기
집필위원 _ 송풍요(성림기계공업(주)) ISBN: 978-89-5923-121-8 93550
한국산업인력공단 _ 국가기술자격 CAD 실기시험 KS기계제도 규격(2017년)
시험용 PDF 활용

핵심만 가득
AutoCAD
(기초부터 3D 모델링까지)

| 2024년 | 2월 22일 | 1판 | 1쇄 | 인 쇄 |
| 2024년 | 2월 29일 | 1판 | 1쇄 | 발 행 |

지 은 이 : 이　　　해　　　진

펴 낸 이 : 박　　　정　　　태

펴 낸 곳 : **광　　　문　　　각**

10881
파주시 파주출판문화도시 광인사길 161
광문각 B/D 4층
등　　록 : 1991. 5. 31 제12 - 484호
전　화(代): 031-955-8787
팩　　스 : 031-955-3730
E - mail : kwangmk7@hanmail.net
홈페이지 : www.kwangmoonkag.co.kr

ISBN : 978-89-7093-027-5　93550

값 : 22,000원

※ 교재와 관련된 자료는 광문각 홈페이지
　자료실(www.kwangmoonkag.co.kr)에서
　다운로드 할 수 있습니다.

한국과학기술출판협회
Korean Science & Technology Publisher Association